日本列島の自然史

国立科学博物館叢書 ④

日本列島の自然史

国立科学博物館編

東海大学出版会

A Book Series from the National Science Museum No.4
Natural History of the Japanese Islands
edited by the National Science Museum
Tokai University Press, 2006
ISBN978-4-486-03156-7

まえがき

　私たちの住む日本列島は，地形や地質，気候，あるいは生き物が変化に富んでいて，多様だとよくいわれる．自然の理解は自然を構成する要素を記述することに始まる．それは，日本においても，近代科学が導入される以前から行なわれてきたし，明治時代以降着々と続けられ，さらに現在でも続けられている．動物学，植物学，地質学・古生物学，人類学などの自然史科学の分野では，自然を構成する諸要素を記述し，標本資料として保管し活用していくことがとくに重要である．自然史博物館はその様な機能の中核を担っている．

　日本の自然史博物館が，私たちの住む日本列島の自然史をさまざまな角度から探求していくことはごく自然で，また必須のことである．その探求の方法にはいろいろなアプローチがある．研究を行なった時点での最新の自然観は，研究のスタイルや自然の事象の理解に大きな改変をもたらすのが常である．例えば，1960年代後期のプレートテクトニクスに代表される地球科学の変革は，それまでの地球の見方を根本的に変えていった．そのかなり前，1912年にウェーゲナーによって提唱された大陸移動説は，大陸移動のメカニズムが説明できなかったため，学界から葬り去られた．大陸移動説の根拠となったものに，グロッソプテリスなどの植物化石や現生の動植物の分布がある．当時，それらの自然史標本がかなり蓄積されていたという背景がある．これら標本資料の価値は，プレートテクトニクスの時代になってもいささかも損なわれることはなく，むしろ再評価されている．最近では，遺伝子情報を手掛かりにした分子生物学的な研究がめざましい進歩を遂げている．これまでの生物の形態に基づいた系統論を大きく改変し，あるいは補足・実証し，生物分類学に新しい波を送りこんでいる．この場合でも，蓄積された動植物標本（コレクション）の価値は損なわれるわけでなく，ますます必要とされ，新たな研究の可能性を提供している．

　国立科学博物館では，日本列島の自然の実体と特性を明らかにするためにさまざまな調査研究を行っている．昭和42年度から平成13年度までの35年にわたって続けられた「日本列島の自然史科学的総合研究」は，そうした調査研究の代表的なプロジェクトであった．調査の結果，収集された標本資料は膨大で，当博物館のコレクション充実に極めて大きい役割を果たした．調査年度毎の成果は「国立科学博物館専報」に報告されているが，その成果をもとに日本列島の自然史を広く一般の方々に紹介したいというのが，本書企画の出発点である．

日本の自然と題した本は，これまでにも幾つか出版されている．一口に自然といってもその内容は多岐にわたるので，それぞれの本で力を入れた対象が異なっている．さらに，日本の自然を包括的に盛り込んだ本は意外に少ない．本書では，自然地理学を含めた自然史に焦点をあて，日本列島の姿や見方を紹介することにした．これまでの類書とは違って，動植物種など自然を構成する要素をできるだけ示すようにした．取りあげられた内容は，執筆者によってかなり異なり，総括的な内容から一般の人の目に止まらない生物群まで含められている．変化にとんだ日本列島に，さまざま生き物がすんでいるのが多様性の世界なら，その記述に幾分変化にとんでいるのも許されるだろう．自然保護，環境保全が叫ばれるなか，どの様な研究手法，対象，あるいは生物群を取りあげるにせよ，われわれの住む日本列島の自然を理解する一助になり，今後の自然探求のヒントになれば幸いである．

日本列島の自然史編集委員会

目　次

まえがき／日本列島の自然史編集委員会 …………………………………… v

1　四季の織りなす豊かな風土／植村和彦 ……………………………… 1

2　日本列島の生い立ち ………………………………………… 9
2.1　海に囲まれた島列：島弧／小疇　尚　　　　　　　　　　　　　11
2.2　日本列島の形成／斎藤靖二・横山一己・堤　之恭・谷村好洋　　　23
●コラム　大和堆の湖沼珪藻土／谷村好洋　　　　　　　　　　　　　34
●コラム　日本の鉱物／松原　聰　　　　　　　　　　　　　　　　　41
2.3　古い地層に残された動植物／猪郷久義　　　　　　　　　　　　　43
2.4　日本列島の生い立ちと動植物相の由来／小笠原憲四郎・植村和彦　60
●コラム　古黒潮／谷村好洋　　　　　　　　　　　　　　　　　　　66

3　北の大地からマングローブの島々へ …………………………… 79
3.1　南北に長い森の国／門田裕一　　　　　　　　　　　　　　　　　81
●コラム　日本のツリフネソウ属植物（ツリフネソウ科）／秋山　忍　93
3.2　日本列島の哺乳類／川田伸一郎　　　　　　　　　　　　　　　　94
3.3　海を越えてきた鳥たちの今／西海　功　　　　　　　　　　　　　98
●コラム　日本列島にヒラタハバチを追う／篠原明彦　　　　　　　108
3.4　氷期が残した北方由来の動物／上野俊一　　　　　　　　　　　109
3.5　氷期が残した北の植物／門田裕一　　　　　　　　　　　　　　116
3.6　日本の熱帯系コケ植物はどこから来たか／樋口正信　　　　　　124
3.7　オキナワルリチラシの生活史戦略，南から北へ／大和田守　　　133
3.8　日本で分化した動物／上野俊一　　　　　　　　　　　　　　　137
3.9　日本で分化した植物／門田裕一　　　　　　　　　　　　　　　147
●コラム　キムラグモは日本の宝／小野展嗣　　　　　　　　　　　161
3.10　小さい虫たちの大きい世界／友国雅章　　　　　　　　　　　162
●コラム　微小甲虫アリヅカムシから見た日本列島／野村周平　　　173
●コラム　淡水珪藻における汎世界種と地域固有種／辻　彰洋　　　174
3.11　動物でも植物でもない菌類の世界／細矢　剛　　　　　　　　176
●コラム　細胞性粘菌の不思議な分布／萩原博光　　　　　　　　　188

4 氷海からサンゴ礁まで ………………………………………………… 191

4.1 日本近海のクジラとイルカ／山田　格　　　　　　　　　　　193
4.2 日本列島の魚たち／松浦啓一・篠原現人　　　　　　　　　　205
4.3 南のタコ・北のイカ／窪寺恒己　　　　　　　　　　　　　　217
4.4 海底を彩る役者たち／武田正倫・長谷川和範・齋藤　寛・藤田敏彦・
　　　　　　　　　　　並河　洋・倉持利明　　　　　　　　　　227
●コラム　昭和天皇も参加された日本列島調査／並河　洋　　　　246
4.5 海の草原と森林－海藻の世界／北山太樹　　　　　　　　　　252

5 日本列島の人々の成り立ち ……………………………………… 261

5.1 日本列島の旧石器人／馬場悠男　　　　　　　　　　　　　　263
5.2 縄文人の世界／山口　敏　　　　　　　　　　　　　　　　　276
●コラム　現代人とは歯並びが異なっていた縄文人／海部陽介　　284
5.3 アジア大陸から来た弥生時代人／溝口優司　　　　　　　　　286
●コラム　最先端の手法で日本人の歯を見る／河野礼子　　　　　294
5.4 遺伝子で探る日本人の成り立ち／篠田謙一　　　　　　　　　296

6 自然と人 …………………………………………………………… 309

6.1 森林の変容と自然保護／近田文弘　　　　　　　　　　　　　311
6.2 レッドデータブック／上野俊一　　　　　　　　　　　　　　318
6.3 絶滅危惧種と日本列島調査／柏谷博之　　　　　　　　　　　321
6.4 都市化と自然／大和田守　　　　　　　　　　　　　　　　　325

付録　日本列島自然史科学的総合研究／日本列島の自然史編集委員会 ……331
索引 …………………………………………………………………………333

装丁　中野達彦

1 四季の織りなす豊かな風土

ユーラシア大陸と太平洋に挟まれた中緯度にあって,春夏秋冬の四季折々の変化を見せる日本列島には,豊かな自然が育まれている.変化に富んだ地形や地質は,日本列島の生い立ちに関係がある.その大地を舞台に亜寒帯から亜熱帯の多彩な生き物たちが存在し,私たち人間の生活が展開する.

1 四季の織りなす豊かな風土

植村和彦

風土という言葉には，地域によって風も土も異なるという意味がこめられている．風は大気の循環，つまり気象，さらには気候の違いを意味する．土は元をただせば，土の母材になる岩石，そして地形や気候の違いにより異なってくる．岩石はその土地の地質や地史に関係している．また，植物や土壌動物，微生物は土の生成に深く関わっている．さらにいうと，それぞれの土地にはそこに生活している人がいて，しかも人々の生活の歴史がある．人々の歴史には，地形条件による利点や制約があり，長い目で見ると気候などの自然環境の影響がある．風土は，いわば自然と人が織りなした土地柄である．日本には面積の割に多様な風土がある．それは多様な自然とみて差し支えない．なぜ多様なのだろう．

南北に長い

現在の日本列島は，南北（北東－南西）に長い島列をなしている（図1）．南北にして約2,600 km，全長は3,000 kmを超える．それに対し，もっとも幅の広い本州島でも幅は200 km前後である．地球上の位置と気候から見ると，日本列島は低緯度の熱帯でもなく，高緯度の寒帯でもない，中間の緯度に位置している．そこに温帯の気候を中心にしながら，北の一部では亜寒帯，南の一部では亜熱帯の気候が見られる．熱帯から寒帯へと漸移する中間帯で，地域さまざまな気候環境に日本列島は置かれている．北海道北部の稚内では年平均気温が6.5℃，最暖月（8月）と最寒月（1月）の平均気温がそれぞれ19.9℃，−5.5℃，沖縄県石垣島では年平均気温24.0℃，最暖月（7月）と最寒月（1月）の平均気温がそれぞれ29.4℃，18.2℃である（気象庁，1992）．年較差は稚内で25.4℃，石垣島で11.2℃となる．稚内，石垣島とも海に近く，海抜も10 m未満の観測点のデータであるが，内陸部や標高の高い地点になると気温は低下し，年較差も増大する．日本列島と同じような緯度の地域と比較して，夏が暑く冬が寒いという特徴がある．その原因は冬の北西季節風，夏の南東季節風それぞれが季節の風を運ぶモンスーン気候下に日本列島が置かれていることによる．

中緯度に位置する日本列島が南北に長いため，列島内でも場所によって気候も著しく異なり，そこに生育する動植物に大きな影響をおよぼしている．

島弧の日本列島

日本列島の東には太平洋，西にはユーラシア大陸がある．日本列島は太平洋側に弓形に張り出した弧状の列島で，地形的にも大きな特徴がある．例として，東北地方を太平洋側から日本海側を横断する方向で見てみよう．太平洋の深海部（北西太平洋海盆）から，東北地方の陸側に近づくと深さ8,000 mを超える日本海溝があり，さらに陸側に向かって浅海域（前弧海盆）が拡がる．陸上部では北上山地や阿武隈山地の非火山性の隆起部（外弧あるいは外帯），北上川や阿武隈川に沿った凹地を挟んで，火山を伴った隆起部（内弧あるいは内帯）が配列し，日本海へと続く．内弧はさらに，脊梁山地（奥羽山脈），横手盆地や山形盆地の凹地列，鳥海山や月山の火山列，秋田平野や庄内平野の低平地が並行して配列する．これらの特徴はプレートの運動に

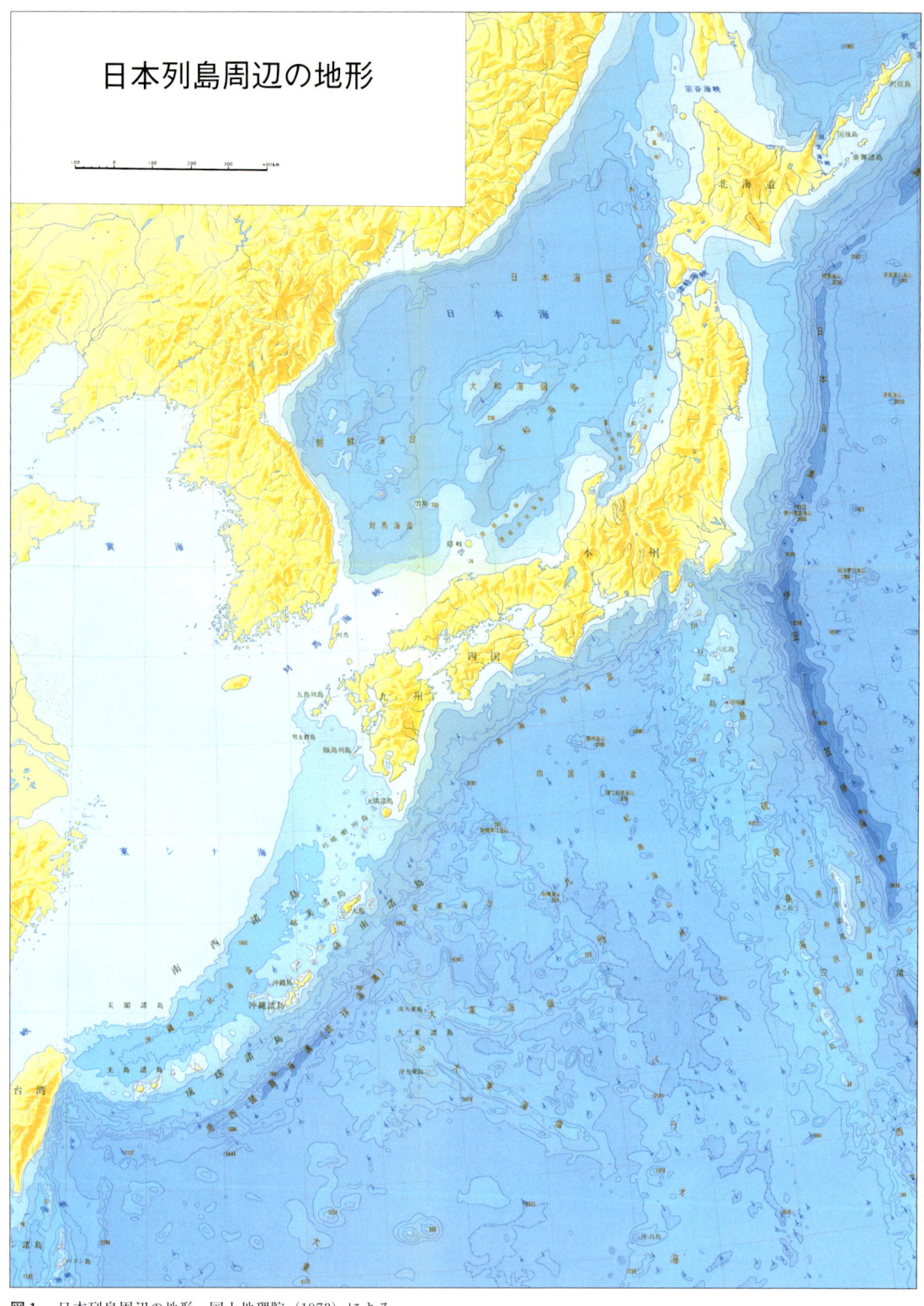

図1　日本列島周辺の地形．国土地理院（1973）による．

よって形づくられたもので，太平洋プレートが陸側のプレートに沈み込む地球のダイナミックな営みに起因している．日本列島の自然は，プレートの運動によって形づくられた島弧（弧状列島）の自然である．

日本海の存在もまた島弧の典型的な姿—島弧の内側（大陸側）に拡がる縁海（背弧海盆）—である．日本海の拡大・生成は2,000〜1,500万年前の新第三紀中新世に始まる．日本列島内には20億年の歴史が記録されているが，日本列島の生成は新しい時代の出来事である（平，1990；小疇・斎藤，2001）．

島弧としての日本列島にはもう一つ大きな特徴がある．それは日本列島が単一の島弧ではなく，千島弧，東北日本弧，伊豆・小笠原弧，西南日本弧，琉球弧の五つの島弧からなることである．これら五つの島弧はそれぞれ独自の形成史がある．東北日本弧と西南日本弧は日本海の拡大によって形成されたが，拡大を始めた時期は東北日本弧が先行する．千島弧は日本海の拡大と同時か少し遅れてオホーツク海の拡大が始まり，その後，西進し東北日本弧と衝突・合体した．また，伊豆・小笠原弧は第三紀末に東北日本弧と西南日本弧に衝突・合体した．琉球弧は第三紀末以降に島弧形成が始まった，より若い島弧である．地震や火山，温泉は島弧としての日本列島の特徴でもあり必然でもある．

本書第2章では，現在の日本列島の地形や気候の特性，さらに日本列島に刻まれた歴史を地質や古生物からひもとき，日本列島の形成史を紹介している．

日本列島は森の国

日本列島は雨の多い湿潤な地域である．北海道東部や長野県長野盆地，瀬戸内海沿岸の地域は日本では雨の少ない地域であるが，それでも年間降水量は800 mm以上となる．一定以上の雨量があるところでは，樹木が生育し，森林が成立する．水田や畑など，森林のないところでも放置しておくと，林が復活するという世界的にも恵まれた立地に日本列島は置かれている．現在の日本に全く人手の入っていない原生林は数えるほど少ないが，国土の約7割が森林に覆われている．日本列島は森の国なのである（吉良ほか，1976；堀越・青木（編），1985）．

世界の植生分布を見ると，大陸には砂漠やステップなど，乾燥気候下で樹木の少ない植生が拡がっているのに気付く．その中で，熱帯から寒帯まで湿潤な森林植生が続いているのは，日本を含むユーラシアの東岸地域だけである（吉良，1967）．植生を規制する気候要因は温度（気温）と湿度（降水量）であるが，ユーラシア東岸地域の森林植生は主に温度条件による変化を示している．

図2は，日本の湿潤植生を植物の生活型や季節性などの相観から区分したものである（吉岡，1973；山中，1979）．北海道の亜寒帯針葉樹林から，針葉樹・広葉樹混交林，ブナ林で代表される落葉広葉樹林，常緑広葉樹林（照葉樹林）へと変化する森林植生のようすが見て取れる．落葉広葉樹林と常緑広葉樹林の間に，温帯針葉樹のモミ・ツガ林があるのは日本の森林植生の特徴である．森林限界を越えた高山帯には草本植生が分布する．

原生林でも二次林，里山でも，豊かな森林は多くの生き物の生活を支えている．本書第3章では哺乳類・鳥類から菌類までの多様な世界が述べられている．

海に囲まれた日本

日本列島の自然を語るうえで，日本を取り囲む海もまた，陸上に劣らず変化に富んだ環境があり，そこに多様な海生の生き物が分布していることを述べなければならない．

日本海溝のような世界有数の深海があり，火山活動によって形成された火山島や海底火

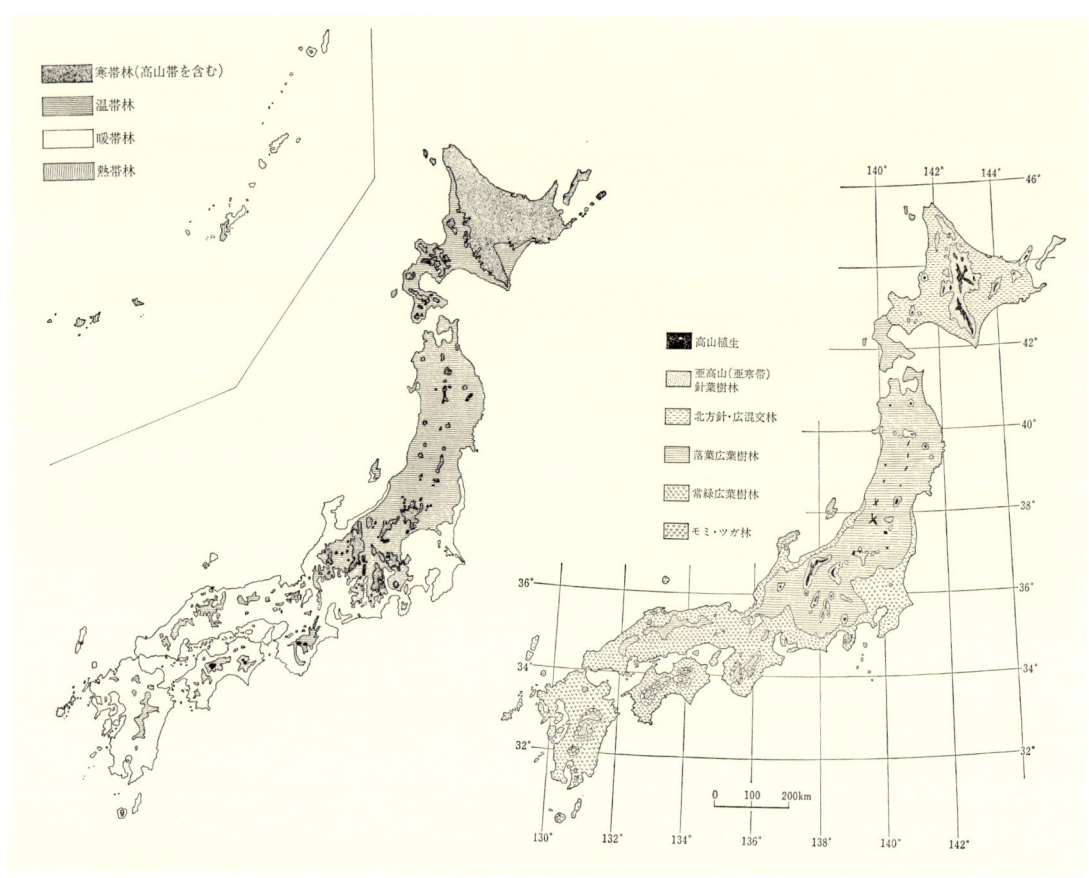

図2　日本列島の植生（本田，1912；中山，1979；吉岡，1973による）．

山があるのも島弧としての日本列島の特徴である．潮間帯から大陸棚，さらに深海への地形変化に応じて，多様な底生の動物が生活している．また，海洋表層，中層，深層の空間にはそれぞれに適応した生き物の活動の場となっている．

日本列島近海には黒潮で代表される暖流と，親潮で代表される寒流が流れている（奥谷・鎮西，1976；堀越・長田・佐藤（編），1986など）．黒潮はフィリピン・ルソン島の沖合あたりを源とする表層暖流で，世界有数の大海流である．その流速は毎秒2m，5,000万トンに達する海水を運んでいる．九州，四国，紀伊半島沖合を蛇行しながら流れる黒潮は房総半島沖まで達し，東方に向かう．日本海に流れる対馬暖流は，黒潮表層水と東シナ海の水の混合水によって形成され，本州沿岸に沿って北上する．一方，親潮はベーリング海に源があり，千島列島，北海道東南部，三陸沖を南下する．親潮と黒潮の会合する海域には漸移域（混合水域）がある．さらに，親潮の冷たく重い海水は表層の黒潮の下に潜り込み（親潮潜流），本州南西方の深層域に達する．日本の豊かな海洋生物相は，変化に富んだ海底地形，黒潮，親潮などの海流系と変化に富んだ沿岸水によって育まれたものである．本書第4章では多彩な海生動物と海の森林－海藻類が紹介されている．

変化する自然と日本人

屋久杉の原生林をみて悠久の時間を感じる人は多いのではないかと思う．このスギの巨

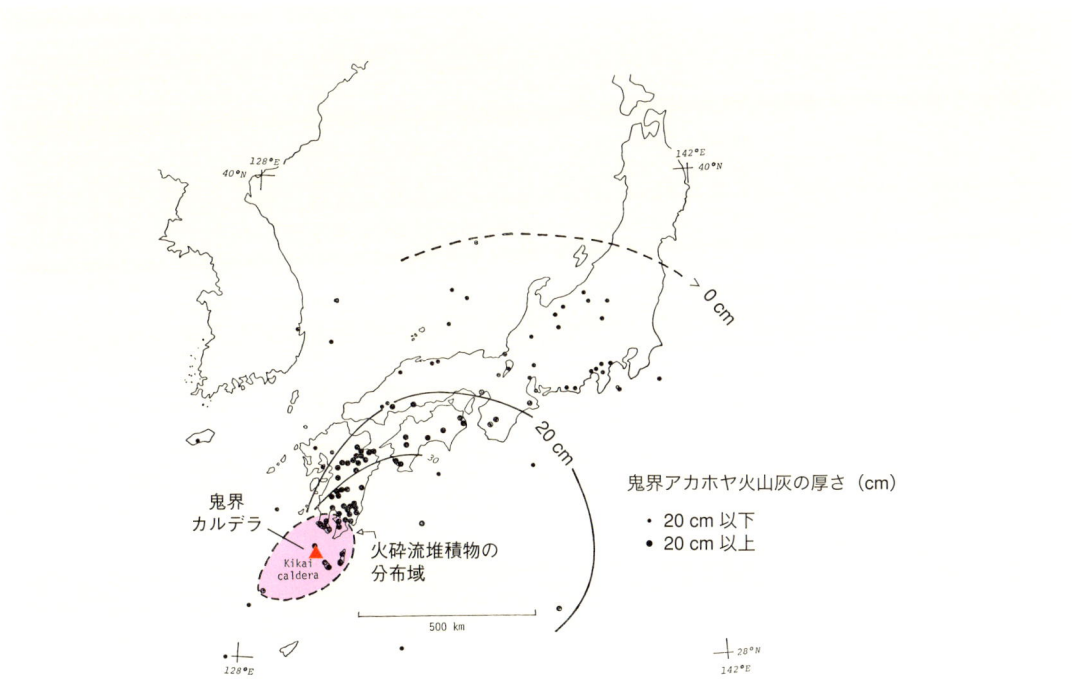

図3 鬼界アカホヤ火山灰の分布（町田・新井，1978ほかの資料による）．

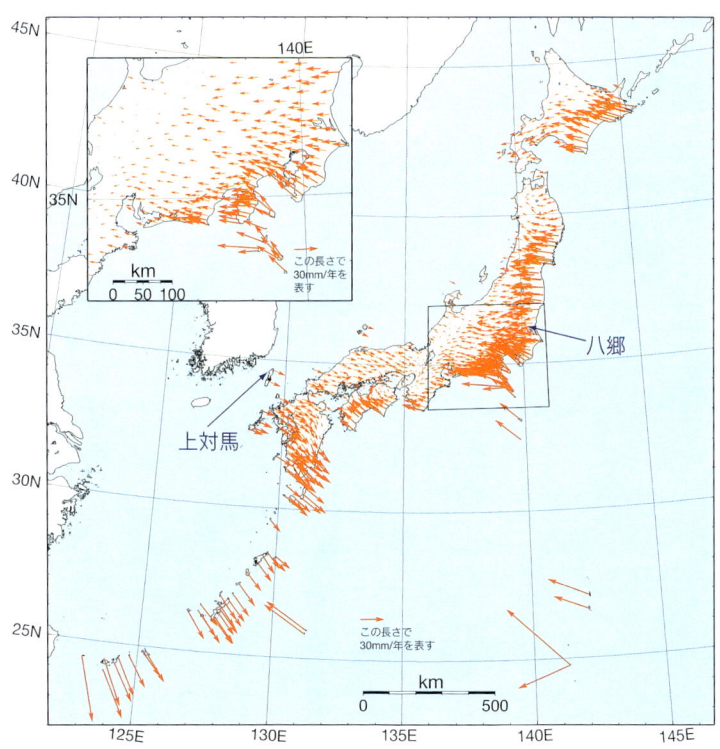

図4 人工衛星の捉えた日本列島の地殻水平運動．国土地理院の1996年から2000年までのGPS連続観測による．

1 四季の織りなす豊かな風土——7

木林がどれほど以前からあったのかは，実ははっきりしない．よく話題になる縄文杉は周辺のスギの大きさから類推して，7,000年前頃，縄文時代から生き続けたと考えられていたが，炭素の同位体から求められた年代は2,000年ほどであるという．屋久杉の歴史を考えるとき，無視してはならない事実がある．それは約6,300年前，屋久島の北，硫黄島付近の鬼界カルデラで大噴火が起こったことである（図3）．噴火による火砕流は海を渡り，屋久島，種子島，九州南部を覆いつくした（町田・新井，1978；町田・小島（編），1986）．時は縄文時代，九州南部の森林は壊滅的な打撃を受け，縄文人の生活・文化にも重大な影響があったであろう．屋久島のスギ林や常緑広葉樹林は少なくとも噴火後に再びよみがえったのである．より巨大な噴火は姶良カルデラや阿蘇カルデラなど時代を遡れば枚挙のいとまがない．

地震国日本で，大地が動かないと信じる人はほとんどいないだろう．しかし，それをわが身で実感している人は少ないのではないかと思われる．人工衛星を使った全地球測位システム（GPS）の観測結果は大地の動きを明瞭に捉えている（図4）．中部日本の山岳の隆起は100万年前以降顕著になり，現在も続いている．南極やグリーンランドの氷床コアには，地球の環境変動が詳細に記録され，気候もまた地球規模で大きく変化している．自然は常に変化していることを以上の例は示している．変化する自然環境は，そこにすむ生き物や人類に影響し，それらもまた変化してきたことを認識する必要がある．

本書第5章では，旧石器人，縄文人，弥生人の人骨に残された特徴が述べられ，日本人がどこからやってきて，どのような歴史を経て現代日本人に至ったのかが紹介されている．また，第6章では，人と自然の関わりの一端が述べられ，環境や生態系の保全の問題に触れられている．そうした問題に対して，急を要する対処的方策は必要であるが，やはり自然の実体や特性を深く理解することが何よりも重要で，自然史科学が寄与する点は多い．

文献

地学団体研究会（編）．1977．日本の自然．平凡社，東京．223 pp.

本田静六．1912．改正日本森林植物帯論．本田造林学前論ノ三．三浦書店，東京．400 pp.

堀越増興・青木淳一（編）．1985．日本の生物．日本の自然，6．岩波書店，東京．216 pp.

堀越増興・永田 豊・佐藤任弘．1987．日本列島をめぐる海．日本の自然，7．岩波書店，東京．299 pp.

吉良竜夫．1967．日本文化の自然環境．Energy, 4(4).（吉良竜夫，1971．生態学からみた自然．149-157．河出書房，東京．に再録）

吉良竜夫・四出井綱英・沼田 真・依田恭二．1976．日本の植生—世界の植生配置での位置づけ．科学，46: 235-247.

気象庁．1992．累年気候表（1981-1990）．日本気象協会，東京．216 pp.

小疇 尚・斎藤靖二．2001．グラフィック日本列島の20億年．岩波書店，東京．198 pp.

町田 洋・新井房夫．1978．南九州鬼界カルデラから噴出した広域テフラ—アカホヤ火山灰．第四紀研究，17: 143-168.

町田 洋・小島圭二（編）．1986．自然の猛威．日本の自然，8．岩波書店，東京．218 pp.

奥谷喬司・鎮西清高．1976．日本をめぐる海とその生物．科学，46: 248-258.

平 朝彦．1990．日本列島の誕生．岩波新書，148．岩波書店，東京．226 pp.

竹内 均（編）．2000．竹内均の日本の自然．Newton別冊 Geographic. ニュートンプレス，東京．181 pp.

山中二男．1979．日本の森林植生．築地書館，東京．219 pp.

米倉伸之・貝塚爽平・野上道夫・鎮西清高（編）．2001．日本の地形，I．総説．東京大学出版会，東京．249 pp.

吉岡邦二．1973．植物地理学．生態学講座，12．共立出版，東京．84 pp.

2 日本列島の生い立ち

日本の地質には寄木細工のような複雑な配列が見られる．そこには，20億年前以降の超大陸の断片や，はるか遠い場所から移動してきた岩石を含む付加体が見られ，さらに日本海の形成に始まる，現在の弧状列島の歴史を見ることができる．地層や岩石・鉱物と，化石に残された動植物から日本列島の歴史をひもといてみよう．

2.1 海に囲まれた島列：島弧

小疇 尚

日本列島の骨組

1）太平洋西岸の島弧—大陸と大洋の境界

　日本列島は，地球上で最大の大陸と大洋の境界に位置する弧状に連なる島の列，島弧の一つである．太平洋の縁辺は，地震が頻発し多くの活火山が分布する地殻変動が地球上もっとも活発な地帯で，環太平洋造山帯とよばれている．

　環太平洋造山帯の高まりは，太平洋東岸の北，南両アメリカ大陸ではその縁に接した陸弧（大陸縁弧）になっているが，西岸では北からアリューシャン列島，千島列島，日本列島とつづき，南太平洋のニュージーランドの北まで，大陸から海を隔てた島弧のつながりになっている（図1）．

　この違いは，太平洋をめぐる造山運動の原動力であるプレートが生まれる東太平洋海膨が，太平洋の東に偏っていることに関係している．海洋底のプレートはそれが生まれる中央海嶺から離れるにしたがって徐々に沈降する．そのため東太平洋海膨の東側では海が浅く（図1），海洋底のプレートがあまり距離をおかずに大陸のプレートにぶつかって沈み込み，その縁に大山脈を出現させた．これに対して海膨から1万km以上も隔たった西側では海が深く，太平洋プレートは大陸の前で沈み込んで海溝をつくり，その背後の大山脈が弧状の島の列になっているのである．

　日本列島はそのようにして太平洋の北西部

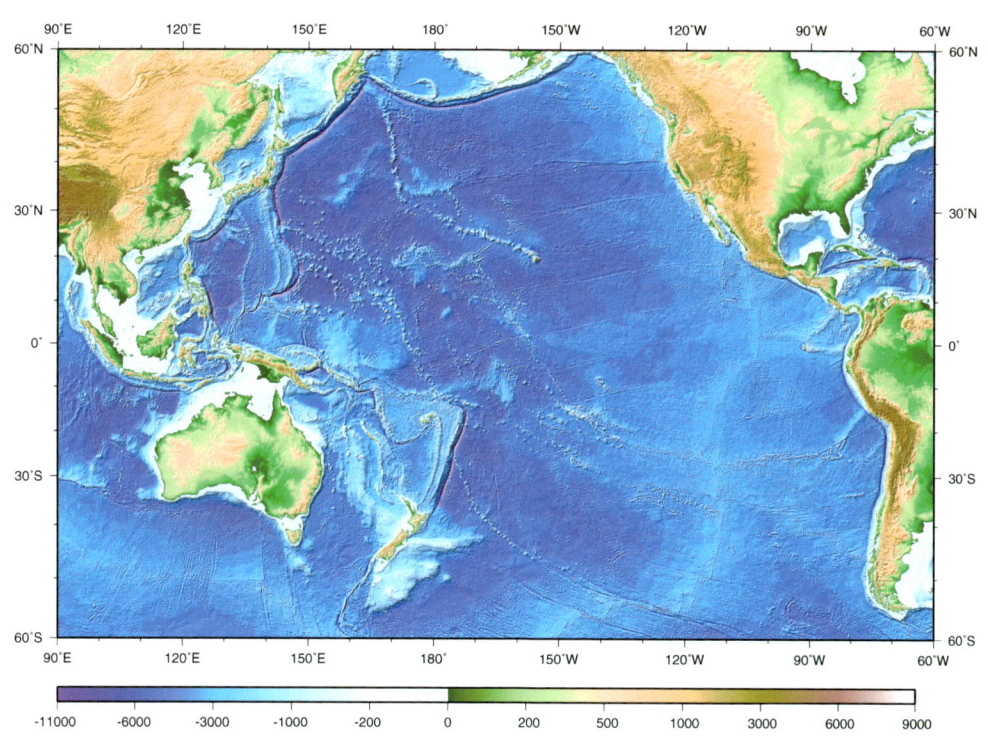

図1　太平洋と東西両岸の地形の違い鳥瞰図．米国海洋気象局地球物理学データセンター（NOAA/NGDC）のETOPO2をもとに辻野匠が作成．

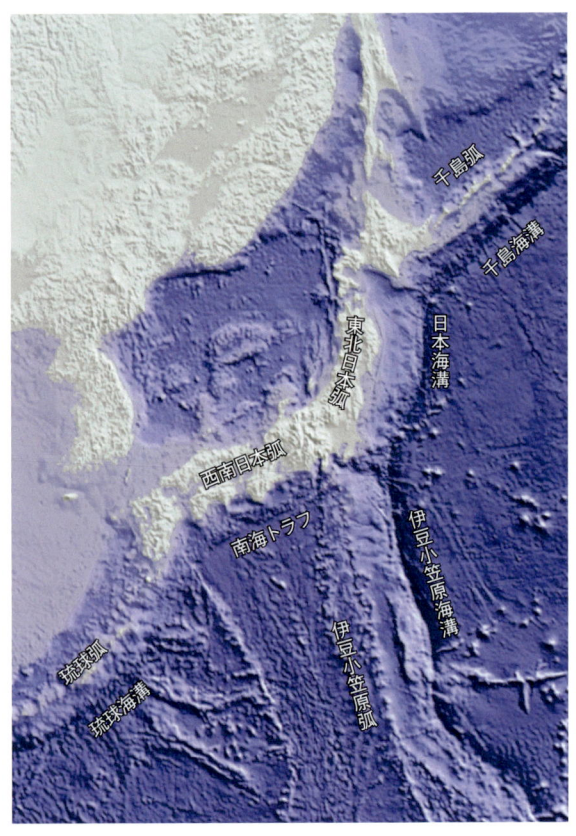

図2 日本列島とその周辺の陸上と海底の地形陰影図．NOAA/NGDC の ETOPO2 をもとに辻野匠作成．

に誕生した，延長3,000 km あまりの島弧である．しかしその形成には太平洋プレートのほか，ユーラシア，フィリピン海，北アメリカの各プレート，合わせて四つのプレートが関わっているため（図1），アリューシャン列島や千島列島のような単一の島弧ではなく，いくつかの島弧のつながりから成り立っている（貝塚ほか，1980）．

2）島弧の骨格―海溝背後の大山脈

まず日本列島の基本的な骨格を見てみよう．日本列島周辺の陸地と海底の地形を表した図2を大観してまず気がつくのは，海溝と島弧の平行性であろう．島弧は海溝に平行する幅約500 km の，海溝側が急で反対の縁海側が緩やかな地殻の盛り上がりで，ユーラシアの縁がまくれ上がったようにも見える．海溝の底から見れば高さ1万m，延長3,000 km にもおよぶヒマラヤなみの大山脈である．

海岸線の張り出したところを結んだ陸地の外縁線も，太平洋側，日本海側ともに海溝の軸に平行していて，陸地の幅は四大島の部分では北海道と関東，中部で広くなるが，200～250 km でほぼ一定している．伊豆小笠原諸島と南西諸島は小さな島の列であるが，海面下の部分の地形を見ると四大島と同じく，太平洋側に海溝を伴う幅数百キロメートルの海底の隆起部分であることがわかる．

火山の分布も海溝と関係がある．火山は島弧の太平洋側の外縁線から100 km 前後，海溝の軸から約300 km 離れたところから現れて，帯状に分布している（図3）．その太平洋側の分布限界を結んだ線が火山フロントで，東日本と西日本の二つの系統に分かれている．

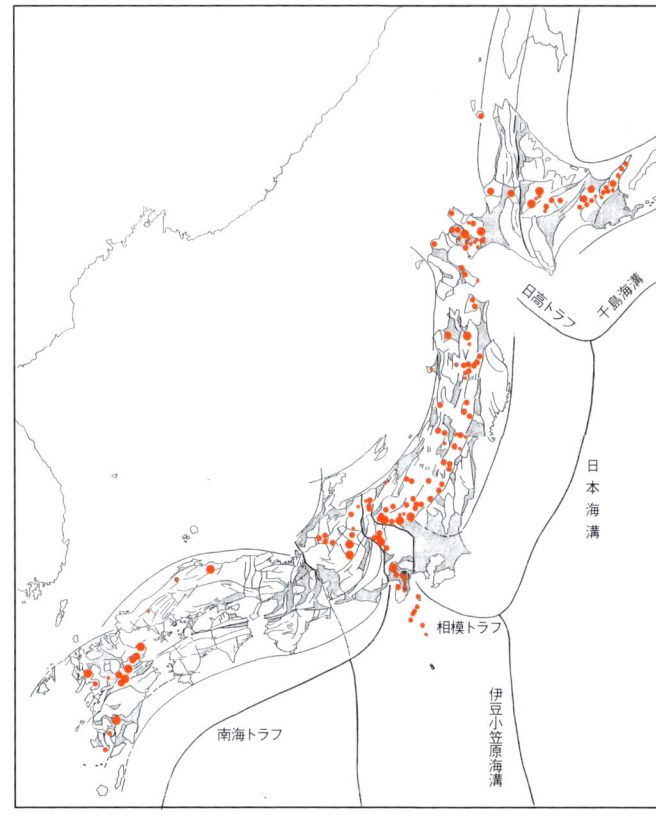

図3　日本の地形構造（岡山, 1974）.

赤丸：火山
陸上の線：高度不連続線
海の細線：陸地外縁線
海の太線：海溝の軸
アミの部分：平野

火山フロントが海溝から一定の間隔を保っているのは，地震の震源の深度分布などからプレートが150 kmの深さまで沈み込まないと，マグマが発生する温度に達しないからだと考えられている（杉村, 1978）．そのためプレートの沈み込みの角度が急であれば，海溝から火山フロントまでの距離が短く，緩やかだと長くなる．このように島弧と海溝は一体と見なされるので，島弧海溝系といわれる．

島弧はこの火山フロントを境に，火山のない太平洋側の外弧または非火山性外弧と，火山のある側の内弧または火山性内弧に分けられる（貝塚ほか, 1980）．

3）島弧の連なり—島々の花づな

日本列島をもう少し細かく見ると，陸地が海溝とともに数ヶ所で折れ曲がり，伊豆小笠原諸島や南西諸島が枝を出すようにつながっていて，一続きの単純な島弧ではないことがわかる．山脈や大きな谷などの地形の並びもそこで向きが変わる．それぞれの屈曲点の間の比較的なめらかな弧を描くカマボコ状の高まりが，一つの島弧のいわば胴体で屈曲する部分は複数の島弧の接合部なのである．

つまり日本列島は，北東から南西へ，千島弧，東北日本弧，伊豆小笠原弧，西南日本弧，琉球弧の五つの島弧が花づなのようにつながって成り立っているのである．そして千島弧，東北日本弧，伊豆小笠原弧は太平洋プレートが沈み込む千島海溝，日本海溝，伊豆小笠原海溝に，西南日本弧と琉球弧はフィリピン海プレートの沈み込みによる南海トラフと琉球海溝に対応して形成された．

これら五つの島弧のほかに，北海道は宗谷

海峡をへて北のサハリンに続く延長1,500 km以上，幅数百キロメートルの本州島よりも長い高まりの南3分の1の部分にあたっている．この高まりは以前から蝦夷山系とよばれていたもので（瀬川，1974），海洋プレートの沈み込みではなく，ユーラシアプレートと北米プレートの衝突によって生まれたものである（木村，2002）．そのため海溝を伴っていない，火山フロントが山系の並びの南北ではなく千島海溝に平行な東西方向であるなど，他の島弧とは性質が少し違っている．しかしその他の地形の配列は島弧と同じなので，島弧の仲間に入れてもよいであろう．これを加えると日本列島は四つのプレート境界にできた，六つのカマボコ状の高まりがつながって成り立っていることがわかる．

日本列島の姿

1）地形の並び—山地の配列

日本列島は大山脈の上部だけが海面から現れているようなものなので，山地の並びが全体の地形の配列を代表しているといってもよい．それを示したのが図3で，陸上部の線は高さが大きく食い違うところ，つまりそれぞれの山地の境界線にあたり，ほかに平野をアミで，火山を赤丸で示している．海の部分の線は太実線が海溝の軸，細実線が島弧のもっとも張り出した部分をつないだ陸地の外縁線である．山地の境界線はほとんどが海溝に平行していて，川などの侵蝕ではなく地殻変動によって決定されたと考えられ（岡山，1974），実際に多くの場所で活断層が確認されている．したがって山脈や谷などスケールの大きな大地形の配列は，基本的に主要な断層によって決定されていると考えてよい．

地殻の深いところで起こっているプレートの沈み込みそのものを目にすることはできないが，陸上の地形の配列が基本的に海溝と平行していることから，その影響が地表面にもおよんでいることがうかがえる．それがもっとも明瞭なのは東北日本弧で，西南日本弧もわかりやすい．

しかし北海道では，サハリンにつづく南北方向の蝦夷山系の地形の並びがまず目につき，千島海溝に沿う方向は火山フロント以外にはあまり目立たない．それよりも知床半島に代表される北東‐南西方向，積丹半島の北西‐南東方向の並びも目を引き，島の輪郭そのものがこの二つの方向の組み合わせになっている．北海道では蝦夷山系の高まりに千島弧が，さらに石狩低地帯から西の半島部では東北日本弧と千島弧が交わっており，それが地形の配列を複雑にしているのである．

中部地方は東北日本弧，西南日本弧，伊豆小笠原弧の三つの島弧の交わるところで，山地の並びが海岸線と平行していない．九州も西南日本弧と琉球弧の交わるところで，ここも同様に海岸線と山の並びの方向がずれている．北海道，中部地方，九州では，一見すると複雑な地形の配列もよく見ると，交わる島弧それぞれの延長方向と，その挟角の二等分角の方向になっている．地形の配列にもこのような規則性があるのである（岡山，1974）．

2）隆起を続ける山地—高さのそろった山々

山地を遠望すると，山の高さがよくそろっていて個々の山を見分けるのが難しいことも少なくない．山頂の高さがよくそろっているのを山地の等高性といい，山に登ると頂上が広く平らな平頂峰になっていることもある．山の上の平坦面や凹凸の少ない小起伏面の多くは，主に古第三紀から中新世に陸地が低くまで侵蝕されて，ほとんど平らな準平原かそれに近い小起伏面になっていたものが，その後の地殻変動で今の高さまで持ち上げられたと考えられている（阪口ほか，1980）．

多くの山地は新第三紀鮮新世に隆起を始め，それが本格化するのは第四紀に入ってからで

ある．地域によって違うが，その間の山地の平均隆起速度は年平均1～5 mm程度で，今の山の高さの約半分が過去200万年間に獲得されたと見られている（国立防災科学技術センター，1969）．隆起の様式もさまざまで，北上山地や阿武隈山地，中国山地などは大きな山塊全体が盛り上がるように隆起し，日本アルプスの飛騨，木曽，赤石山脈から鈴鹿，比良，六甲までの中部と近畿の山地は，どれも東麓に大きな断層があって東側が大きく持ち上がり，西に傾くような傾動運動で隆起した（藤田・太田，1977）．北海道の夕張山地も同じような西に傾く傾動山地で，地層が西側に倒れこむように激しく褶曲している（貝塚・鎮西，1986）．ほとんどの山地は少なくともその一方を断層で区切られていて，断層の活動が活発化するのと同時に山の隆起がはじまっている．活断層のすべてが山地の隆起に関わっているわけではないが，各地の山麓では活断層が確認されている（活断層研究会，1991；藤田，1983）．

大地が年5 mmの割合で隆起を続けたとすると，第四紀全体の半分の100万年で5,000 mの山ができることになるが，日本列島にはそんなに高い山はない．隆起の激しくなった時代がもう少し遅く，第四紀の半ば以降なのかもしれない．たとえば，近畿の六甲山地は約50万年前から急速に隆起したと考えられている（藤田，1983）．また，川による侵食が進んで両側の山腹斜面が切りあって山稜が成立すると，山地が隆起しても川が谷を掘り下げる分だけ山も削られて山は一定の高さを保つ，という考えもある（野上，2001）．

第四紀には地殻変動とともに火山活動も活発化して，多くの火山が噴出した．火山の寿命は数万年から数十万年で，形態が明瞭な火山はほとんどが後期更新世以降のものである．富士山も，現在の新富士火山は1万年あまり前から活動を始めた新しい火山であるが，その土台になっている小御岳火山の活動は40万年前以降，古富士火山は10万年前以降とされている．火山の分布で目を引くのは，大型のカルデラ火山が二つの島弧の交わる北海道南部と九州のみに分布していることである．また，西南日本弧には火山がたいへん少ない．これについては，南海トラフで沈み込むプレートの沈み込み速度が小さく，マグマの生産量が少ないのではないかと考えられている（守屋，1983）．

3）沈降する平野—山からの土砂のたまり場

日本の平野は，長い間の削剥作用で大地が削られて平らになった大陸の広大な侵蝕平野とは異なって，侵蝕される山地からもたらされた土砂が堆積してできた堆積平野である．堆積物を受け入れる器である平野や盆地は，山地の隆起とは反対に第四紀をつうじて沈降を続けていて，過去200万年間の沈降量が関東平野では1,500 m以上，石狩平野，濃尾平野では500 m以上に達している（国立防災科学技術センター，1969）．これらの沈降量の大きな平野は島弧の接合部に位置していて，双方の山地からの河川が集まって大量の土砂がもたらされるので面積も広い．

降水量の多い日本では，山地の河川は水量が豊かで深い谷をうがって流れ，河床に岩が露出する峡谷を形作っているところも少なくない．このような川は隆起する山地を刻んで河床を低下させ，谷壁から崩壊や地すべりでもたらされる土砂を下流へと運搬し，流れの勢いがおとろえると運搬した土砂を堆積する．普段はきれいに澄んだ水の流れる渓流も，台風や集中豪雨のときには流量が数十倍あるいはそれ以上にも達して流速が増し，河床にたまっていた砂礫や崩れてきた土砂を一気に押し流す．そして川幅が広がって水深が浅くなると，流速がおとろえてその土砂を堆積する．山地と平野の境は断層で区切られていること

が多く，川が山麓に達すると流れを導いていた谷壁の枷がそこで突然なくなるので，流れが広がって氾濫し，渓口を中心にして自由に流路を変えてまず山麓に砂礫を堆積する．砂礫層は隙間が多いので透水性がよく，洪水流が横に広がるばかりでなくかなりの水が地下に浸透するので，河川の運搬力が急速におとろえて山の出口に大きく重い砂礫がつぎつぎに堆積し，平野の中では傾斜の急な扇状地が発達する．

山が海に迫っている北陸や東海地方では扇状地がそのまま海に面しているが，関東平野や濃尾平野など大きな平野では，細かい土砂がさらに下流の低地に運ばれて，氾濫のたびに河道の脇に砂が堆積して自然堤防を発達させ，その背後に泥が堆積して後背湿地を形成する．その部分が自然堤防帯で，それより下流では川が分流して河口まで三角州が広がる．かつては自然堤防上に古くからの集落や畑，交通路が立地し，後背湿地が水田に利用されていたので，車窓からも平野の微起伏がよくわかったが，今では人工による土地の改変が進んで三角州の干潟も干拓地に変わり，さらにその先には埋立地がつくられて自然の微起伏を見分けるのが困難になってしまった．しかし，いったん川が氾濫すると，自然堤防ではすぐ水が引くのに旧河道や後背湿地では湛水し，浸水被害が発生すると改めて本来の自然の姿が思い起こされる．

列島をめぐる海と大気

日本列島は，最南端の孤島沖ノ鳥島の北緯20度25分を別とすれば，北緯24度から45度30分まで，大陸の東縁に沿って緯度差21度30分，3,000 kmにわたってのびている．

これは赤道からベーリング海峡までの北西太平洋を3分割した場合，ちょうど中央の3分の1の部分にあたっている．そのため海流も気流も，南からの暖かい流れと北からの冷たい流れの双方が列島周辺で出会い，あるいはそれぞれが時期を変えて現れる．南北3,000 kmの隔たりは大きく，南の要素が支配的な琉球諸島は年平均気温が20℃を超える亜熱帯，北からの影響を強く受ける北海道は全域が年平均10℃以下で冷帯に属している．

海では図4のように，南から世界でもっとも優勢な暖流の黒潮が銚子沖まで太平洋岸に沿って北上し，毎秒5,000万トンという流量で南から莫大な熱を運んでくる（堀越ほか，1987）．日本海には黒潮の分流の対馬海流が宗谷海峡まで達して沿岸を暖め，東北と北海道では同緯度で比較すると日本海側の方が太平洋岸よりも暖かい．北からは太平洋岸を寒流の親潮が南下しているが，流量は黒潮の4分の1程度と少なく，流速も遅い．オホーツク海ではサハリン東岸沿いに南流する東樺太海流が冬には流氷を運んでくる．

日本列島は，亜熱帯から赤道にかけての北東貿易風（熱帯東風）帯と中緯度の偏西風帯の，地球上における二つの大きな風系にまたがっているため，夏と冬で異なる風系に属することになる（図5）．

冬にはそれに加えて北西のシベリア気団からの寒気が，チベット・ヒマラヤの高地に南下を妨げられて東へ吹き出し，寒冷な北西の季節風となって列島にほぼ直角に吹きつける．寒冷な北西風は，対馬海流から大量の水蒸気と熱をえて不安定になり，脊梁山脈で上昇して雪を降らせる．とくに上空の気温が-35℃以下になると広い範囲で豪雪になる（武田・二宮，1980）．西高東低の気圧配置のときの日本海側と太平洋側の天気の違いは著しく，図6はそのときの降水の有無を指標の一つとした気候区分（鈴木，1962）である．

夏には東方洋上の小笠原気団からの風が，熱せられて低圧部になった大陸内部に吹き込む南東の季節風となって，南の多湿な暖気を列島にもたらす．初夏には中国南部からのび

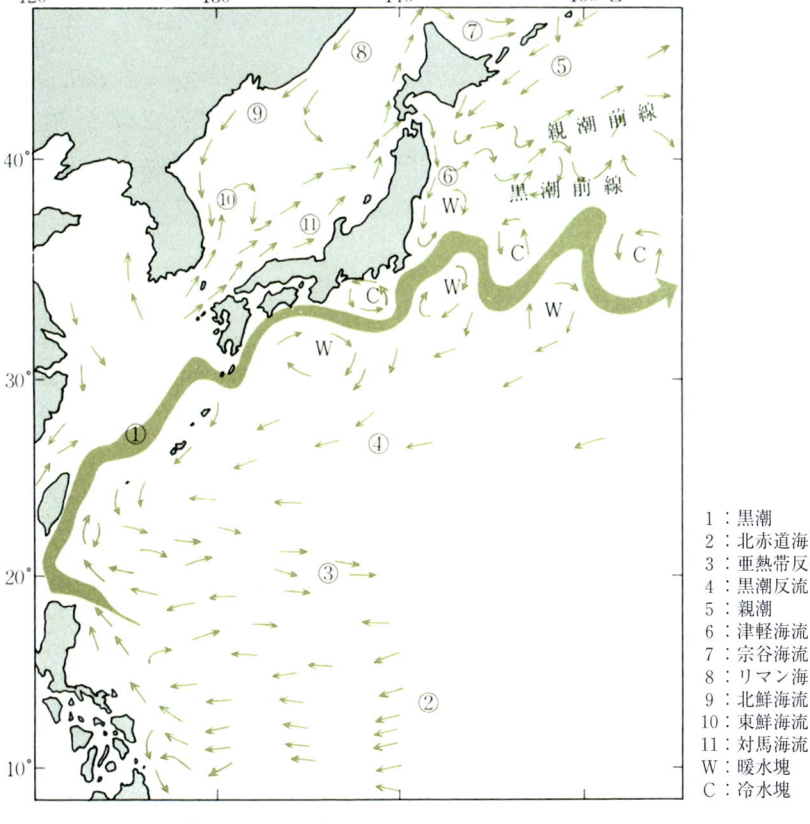

図4　日本近海の海流（堀越ほか，1987）．

る梅雨前線が北海道以南の日本列島上に停滞して長雨をもたらし，夏から秋にかけては南方海上に発生した台風が，小笠原高気圧の縁をまいて列島に襲来する．

列島の南と北の気温の差は冬の方が大きく夏には小さい．稚内と那覇の最寒月の平均気温の差は22℃もあるが，最暖月ではその差が9℃に縮まる．また，最高気温は全国の都市で30℃を上回っていて，あまり大きな差はない．盛夏には北海道の北部を除いて，列島全体が高温の熱帯気団におおわれるからである．

列島をめぐる海と，その上を吹き渡ってくる風によってもたらされる，湿潤で夏高温の気候は列島を豊な森林でおおい，変化に富む地形とあいまって多様な生態系を支えている．

氷期の痕跡

1）氷河と永久凍土—寒冷気候の産物

最近の約200万年の第四紀は，地球の気候が大きな変化を繰り返した氷河時代で，とくに約70万年前からは，ほぼ10万年間隔で寒冷な氷期と現在と同じように温暖な間氷期が反復し，その間にも亜氷期と亜間氷期とよばれる寒暖の小さな変化があった．その70万年間をとおして見ると，現在より温かかった時期はごくわずかで，寒かった時期の方が圧倒的に長かった．日本列島でも当然その影響を受けてきた．

氷期には地球上の氷河面積が今の3倍前後に拡大し，日本の山地でも日本アルプスや日高山脈をはじめ，谷川岳や利尻山など北国の

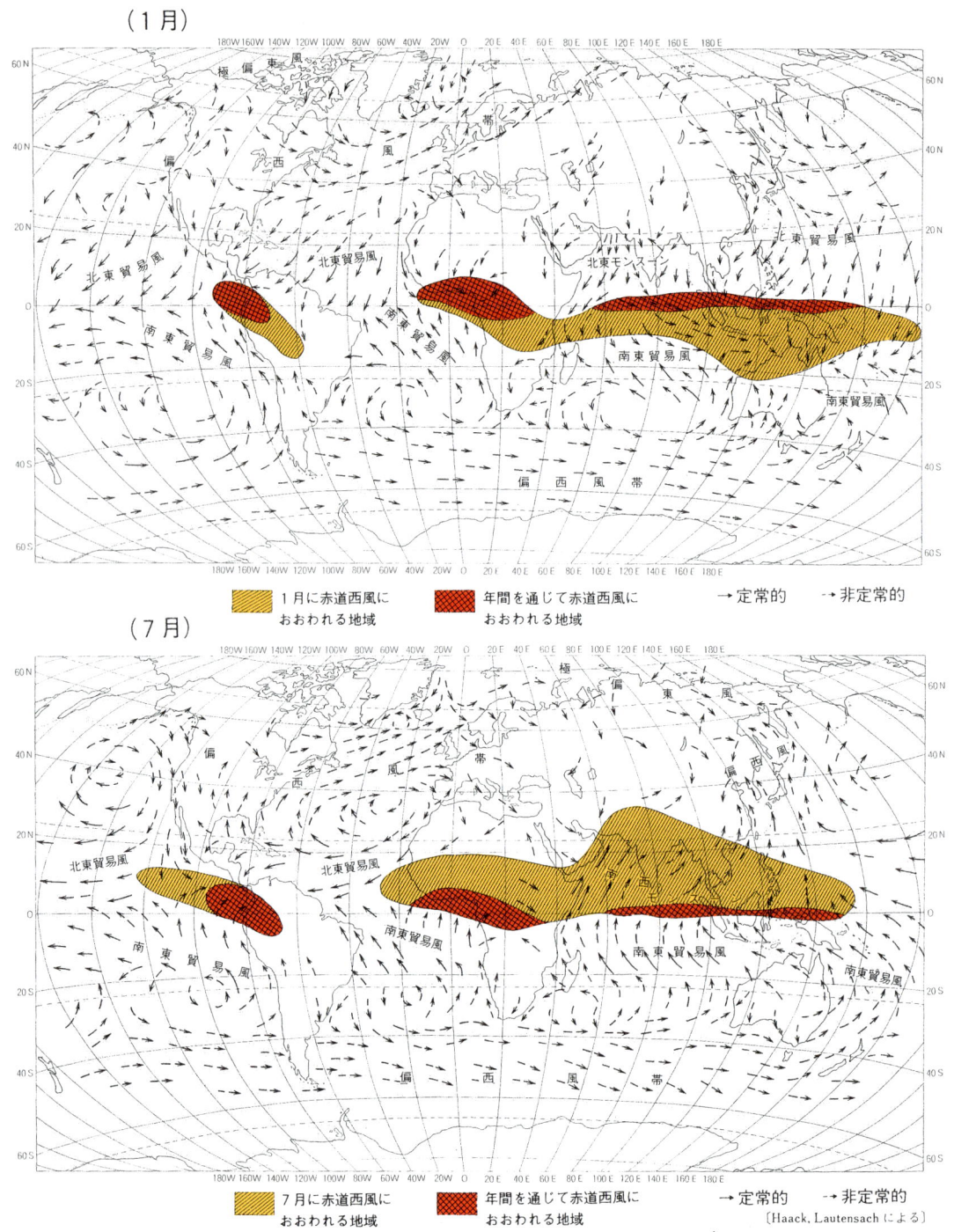

図5　地球上の風系の分布（福井ほか，1985）．

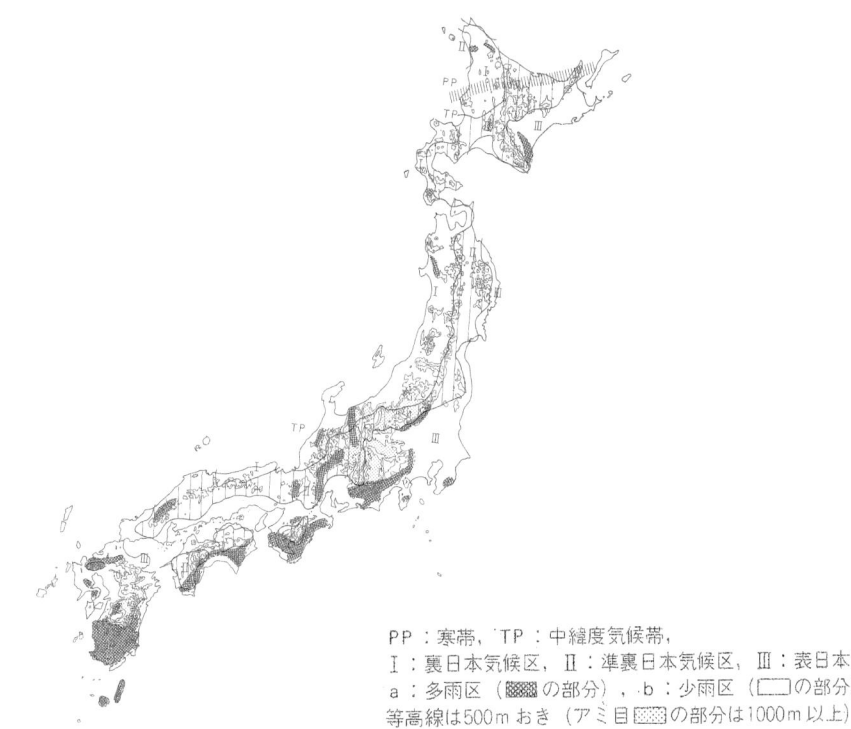

PP：寒帯，TP：中緯度気候帯，
Ⅰ：裏日本気候区，Ⅱ：準裏日本気候区，Ⅲ：表日本気候区，
a：多雨区（■の部分），b：少雨区（□の部分）．
等高線は500mおき（アミ目■の部分は1000m以上）．

図6　日本の気候区分（鈴木，1962）．

山々に氷河が発達して，圏谷（カール）や氷蝕谷（U字谷）などの氷河地形が形成された（図7）．氷河は運搬してきた岩屑をその末端に堆積して端堆石堤を残すので，それによって氷河が槍穂高連峰の梓川の谷では標高1,700 m，白馬岳では1,000 m，谷川岳では850mまで流下したことがわかっている（五百沢，1979；小疇・高橋，1999）．氷河が前進した時期は，日本の山地では約2万年前の最終氷期後半の亜氷期，同7万年前頃の最終氷期前半の亜氷期と，十数万年前の最後から一つ前の氷期である（小疇・岩田，2001）．山地の隆起速度と気温の低下量から，理論的にはより古い氷期にも氷河が存在していた可能性もあるが，山地では地形の変化が速いためその痕跡は削り取られて残っていない．

氷河は気温と降雪量の兼ね合いで拡大縮小するから，当時の降雪量がわからなければ気温がどれくらい低下したか判断できない．し かし気温が低下すれば地面が凍り，その程度によっては永久凍土ができる．富士山と大雪山の頂上付近には今も永久凍土があり（藤井・樋口，1972；高橋・曽根，2003），氷期にはその下限が1,000 m以上低下して北海道の大部分に永久凍土が形成されていた．永久凍土地域でも年平均気温が−6℃以下のところでは，凍土が収縮してできた割れ目に浸み込んだ融け水が凍って図8aのような楔状の氷の脈，氷楔ができる．気候が温暖化して凍土が融解すると，氷のなくなった氷楔の部分にそれをおおっていた土砂が，鋳型に溶かした鉄を流し込むように落ち込んで，図8bのような化石氷楔ができる（小疇，1999）．このような化石氷楔は北海道東部や北部の宗谷地方，根釧原野，十勝平野などで見出されていて，その地方の現在の年平均気温が6℃程度であることから，永久凍土中に氷楔ができた頃の気温は今より12℃も低かったことがわ

図7 槍ヶ岳の氷河地形．槍ヶ岳（3,180 m）の頂上直下から手前にのびるのがU字形の断面をもつ槍沢の氷蝕谷．最低位の堆石堤は画面手前の尾根にかくれて見えない（蝶が岳上空から）．

図8 a：永久凍土中の氷楔（アラスカ北極海沿岸，北緯70度）b：宗谷地方の化石氷楔（スケールは縦3 m，横2 m）．

かる．当時の北海道は低地にもハイマツが生え，石狩低地帯から東にはツンドラが広がって，マンモスやオオツノジカが生息していた（小野・五十嵐，1991）．

2）海面の変動と平野—階段状になった平野

氷期には大量の水が氷河となって陸上に蓄積されるため海面が低下し，最終氷期の最寒冷期にはその量が140 mに達して大陸棚が陸化した．その結果，北海道はサハリンとつながってユーラシア大陸の半島になり，本州，四国，九州は瀬戸内海が陸化して一つの島になっていた．さらに黄海と東シナ海が干上がって日本海が湖になり，対馬海流が消滅したため日本海側の降雪量は今よりかなり少なかったと考えられている．日本海北部は冬期に結氷し，オホーツク海も出口が狭まって冬に

はほとんど全面が凍りつき，北海道ではとくに冬の気温が大幅に低下したと考えられる．黒潮は勢力が弱まって今よりも南で日本沿岸から離れていたと見られ，台風の発生数が減少して降水量も少なくなったであろう．山地の垂直分布帯と森林限界は千数百メートル降下して，九州山地や四国山地でも高い山の山頂部は森林限界を抜いていたし，中部以北の山地では高山帯の領域が著しく拡大して（小疇・岩田，2001），岩の割れ目に浸み込んだ水の凍結で岩が割れて大量の岩屑が山腹をおおい，川がそれを山麓まで運搬して扇状地を発達させた．日本には400あまりの扇状地があるが，その多くは氷期に砂礫を堆積して大きく発達し，後氷期にはそれが侵蝕されて台地や段丘に姿を変えた（戸谷ほか，1971）．最終氷期最寒冷期と現在の日本列島の自然の

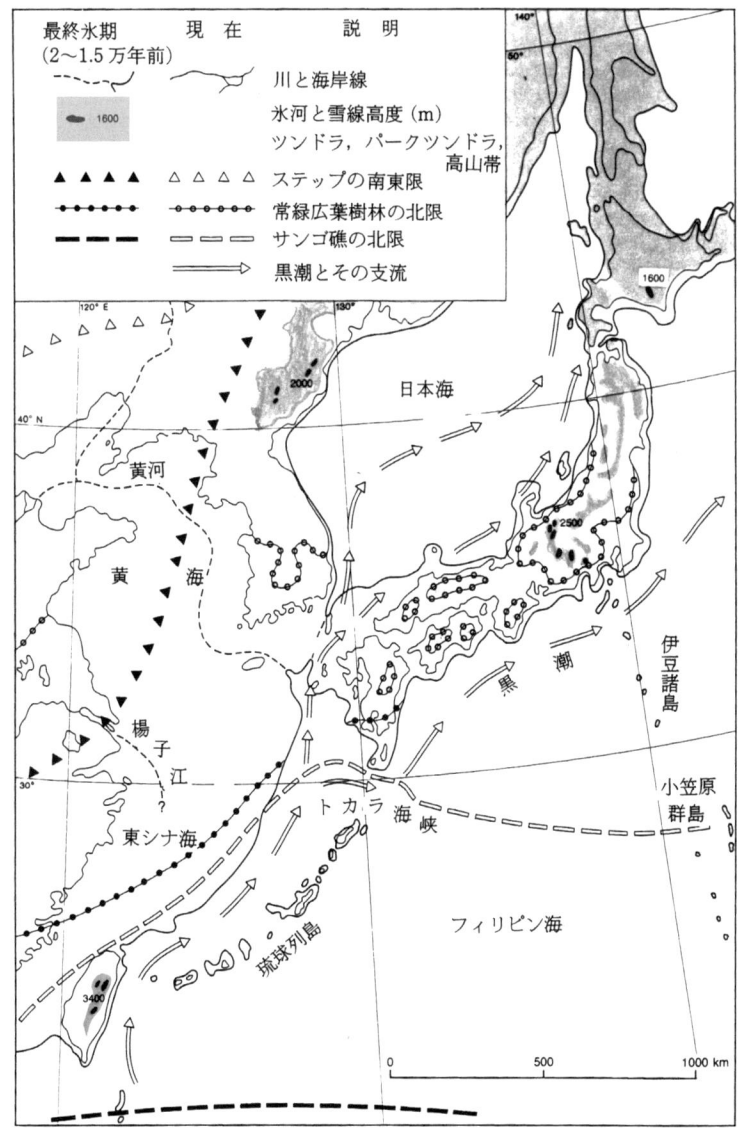

図9 日本列島の現在と最終氷期最寒冷期の比較（貝塚，1990）．

ようすは，図9のようにまとめられている（貝塚，1990）．

　間氷期と後氷期の最も暖かかった時期には海面が今より数メートル高くなり，沿岸の低地は海に没し，川の下流には海が侵入して溺れ谷が形成され，海岸線の出入りの大きなリアス海岸が各地に出現した．関東平野では，ほぼ海抜10mの等高線沿いに縄文時代の貝塚や遺跡が残されていて，当時の海面が今より高かったことがよくわかる．

　陸上の氷河の増減に制御された汎世界的な氷河性海面変動に，地域差の大きな地殻変動が重なって，過去数十万年間隆起を続けている平野では，海面上昇期に浅海底でできた平坦面が陸上に現れて台地，海岸段丘，隆起サンゴ礁などの階段状の地形が発達した．沈降を続ける大平野でも，6千数百年前の後氷期の海進以降には沖積地が急成長して，現在の地形ができあがった．

文献

藤井理行・樋口敬二．1972．富士山の永久凍土．雪氷，34, 173-186.

藤田和夫．1983．日本の山地形成論．蒼樹書房，466.

藤田和夫・太田陽子．1977．第四紀地殻変動．日本第四紀学会（編）：日本の第四紀研究．東京大学出版会，127-152.

五百沢智也．1979．鳥瞰図譜＝日本アルプス．講談社，190.

貝塚爽平．1990．富士山はなぜそこにあるのか．丸善，174.

貝塚爽平・鎮西清高編．1986．日本の自然2　日本の山．岩波書店，259p.

貝塚爽平・松田時彦・中村一明．1980．日本列島の構造と地震・火山．阪口　豊（編）日本の自然．岩波書店，71-85.

活断層研究会．1991．［新編］日本の活断層―分布図と資料．東京大学出版会，437p.

木村　学．2002．プレート収束帯のテクトニクス学．東京大学出版会，271p.

小疇　尚．1999．大地にみえる奇妙な模様．岩波書店，155.

小疇　尚・岩田修二．2001．氷河地形・周氷河地形．米倉伸之・貝塚爽平・野上道男・鎮西清高（編）：日本の地形1　総説．東京大学出版会，149-163.

小疇　尚・高橋和弘．1999．谷川岳東斜面の氷河地形．日本地理学会予稿集，56：92-93.

国立防災科学技術センター．1969．第四紀地殻変動図．同センター．

守屋以智雄．1983．日本の火山地形．東京大学出版会，135.

野上道男．2001．日本列島の地形特性―DEMによる定量的記述．米倉伸之・貝塚爽平・野上道男・鎮西清高（編）：日本の地形1　総説．東京大学出版会，10-20.

岡山俊雄．1974．日本の山地地形．古今書院，246p.

小野有五・五十嵐八重子．1991．北海道の自然史．北海道大学図書刊行会，219p.

阪口　豊・高橋　裕・鎮西清高．1980．日本の地形．阪口　豊（編）：日本の自然．岩波書店，125-136.

瀬川秀良．1974．日本地形誌　北海道地方．朝倉書店，303p.

杉村　新．1978．島弧の大地形・火山・地震．笠原慶一・杉村　新（編）：岩波講座　地球科学10，変動する地球．岩波書店，159-181.

鈴木秀夫．1962．日本の気候区分．地理学評論，35：205-211.

高橋伸幸・曽根敏雄．2003．大雪山の周氷河現象―現存する永久凍土．小疇　尚・野上道男・小野有五・平川一臣（編）：日本の地形2　北海道．東京大学出版会，133-139.

戸谷　洋・町田　洋・内藤博夫・堀　信行．1971．日本における扇状地の分布．矢沢大二・戸谷　洋・貝塚爽平（編）：扇状地―地域的特性．古今書院，97-120.

2.2 日本列島の形成

斎藤靖二・横山一己・堤 之恭・谷村好洋

　日本は，海域を含めても世界の0.84％の領域しか占めていない小さな国である．しかし，この狭い島国では，世界の地震の約10％が発生し，活火山も世界の10％が集中している．このような現象は，世界に十数枚あるプレートのうちの4枚のプレートが日本周辺で衝突し，潜り込んでいることによる（図1, 2）．現在，地球表面の現象を説明するのはプレートテクトニスの考えであり，大陸の移動も数億年前まで遡ることができ，時代ごとの大陸の配置が詳しく求められてきた．日本列島は，きわめて複雑な地質体から構成されているが，その考えと海溝における付加体の成因が明らかになって，明解に解読されるようになった．

　日本列島の地質には，先カンブリア時代およそ7億年前の超大陸が分裂していった時代，古生代の5億年前から中生代を経て，新生代はじめ2千数百万年前に至る海洋プレートの沈み込みの時代，その後に大陸縁辺が切り離されて，日本海が誕生して島弧となった時代，これらの記録が残されており，それぞれが地球の大きな営みを反映している．地球上に，古生代石炭紀の3億年前から中生代三畳紀の2億年前頃に超大陸パンゲアが存在したことはよく知られているが，それを遡ること6～5億年前頃には超大陸ゴンドワナ，10～7億

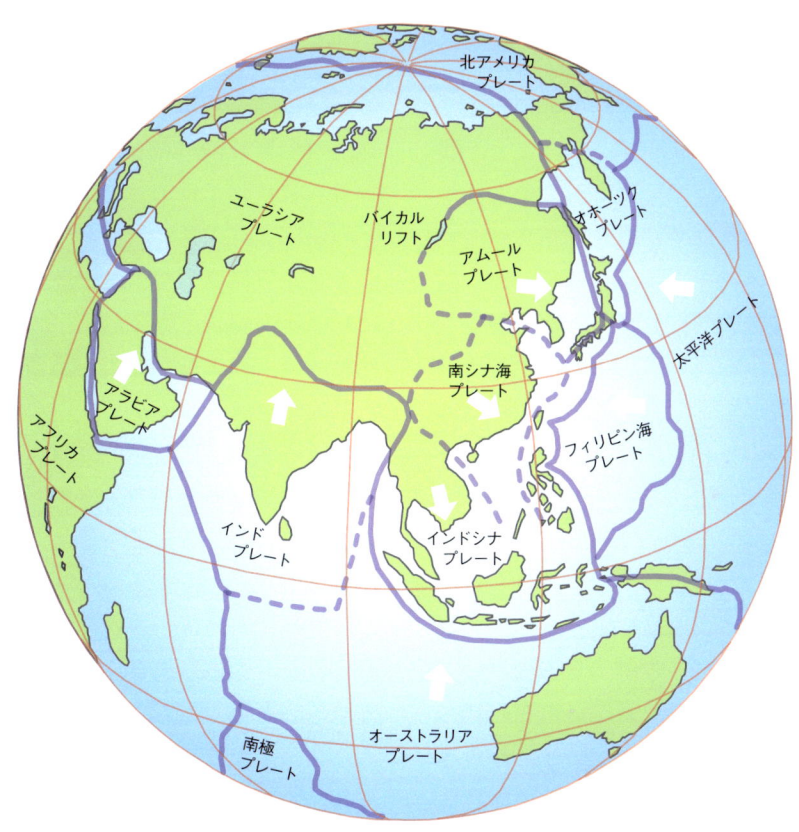

図1　現在のプレートの配置と動き．

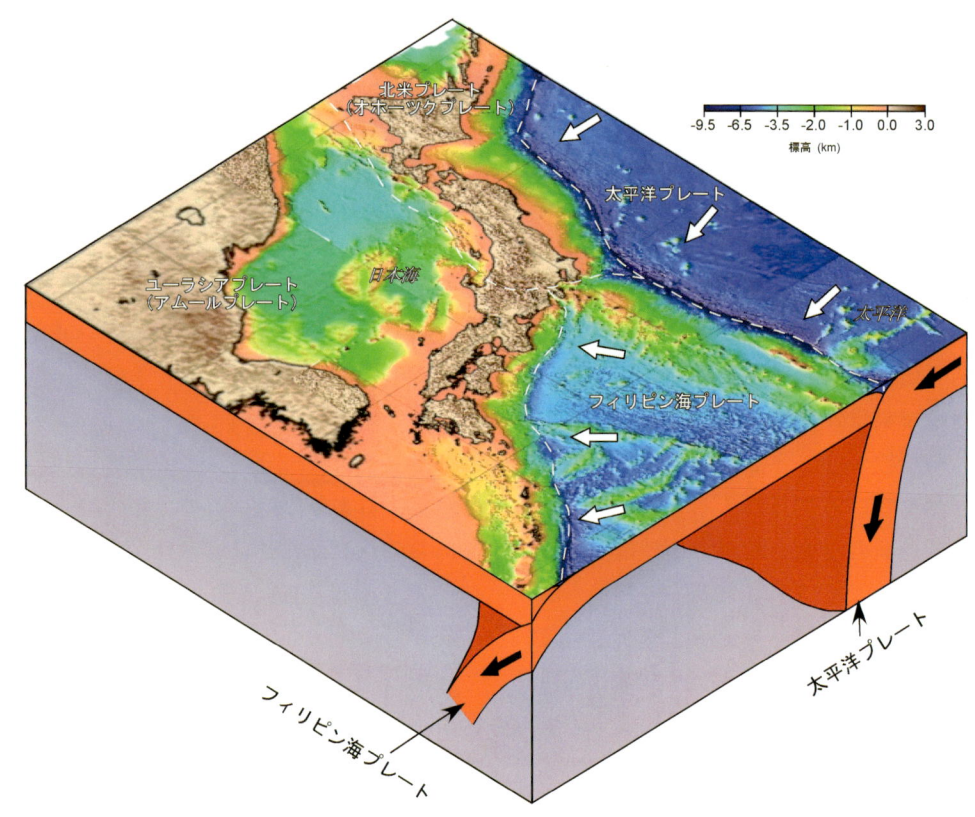

図2 日本列島周辺のプレートの動き．

年前頃には超大陸ロディニア，さらに19億年前には最初の超大陸ヌーナがあったことが推定されており，超大陸の分裂に始まる大陸地塊の離合集散が繰り返されたと考えられている．地質記録は時代を遡れば遡るほど断片的となり，さらに初生の性質が失われてわかりにくいものとなっているが，寄木細工のような日本列島の構成要素からでも，地球のはるかな時の流れの中で起こったさまざまな地学現象が解読されている．

日本列島の基盤地質

現在の日本列島の表面は，第四紀の火山岩や堆積岩でおおわれているが，日本列島の基盤は，寄木細工のように，いろいろな時代の地質体でできている（図3）．長年にわたる研究の結果，それぞれの地質体がどの時代にでき，どのような場所で形成されたものであ

るかはほぼ明らかにされている．日本列島の骨格の大部分は，現在の日本海溝のような場所で形成された付加体で，ペルム紀から第三紀にかけて形成されたものである．その他の大きな地質体としては，大陸の一部と考えられている飛騨帯と大陸縁辺部で形成された南部北上帯，および変成帯がある．変成帯の中でも高圧変成帯は，プレートの沈み込みで形成されるもので，基本的には付加体が変成作用を受けたものである．また，低圧変成作用を受けた領家帯や阿武隈帯も，付加体が変成作用を受けたものである．これら以外の重要な構成物としては，古生代の堆積岩，変成岩，深成岩などの古期岩類を含む蛇紋岩が主体の構造帯がある．これらの構造帯は，最大幅数キロメートルで，図3では点や線でしか示されないが，付加体の形成される前の時代の断片を多く含んでいる．

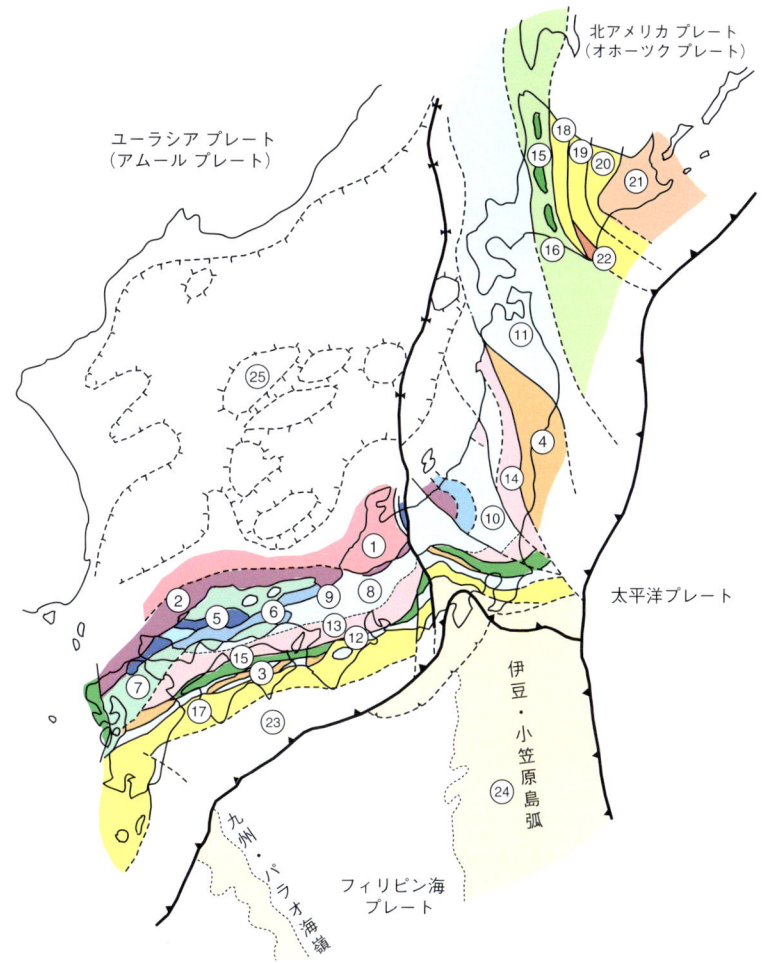

図3 日本列島の基盤地質構造区分. ①飛騨変成帯, ②飛騨外縁帯, ③黒瀬川構造帯, ④南部北上帯, ⑤秋吉帯, ⑥舞鶴・超丹波帯, ⑦三郡帯, ⑧美濃帯, ⑨丹波帯, ⑩足尾帯, ⑪北部北上帯, ⑫秩父帯, ⑬領家帯, ⑭阿武隈帯, ⑮三波川帯・神居古潭帯, ⑯空知・蝦夷帯, ⑰四万十帯, ⑱イドンナップ帯, ⑲日高帯, ⑳湧別・常呂帯, ㉑根室帯, ㉒日高変成帯, ㉓南海付加体, ㉔伊豆・小笠原弧とその付加体, ㉕日本海の大陸地塊. 黒い太線はプレート境界. Taira (2001) および平 (2004) に基づく.

超大陸の断片の記録

　日本列島の古期岩類には, 花崗岩類や高度変成岩に加えて, 非変成の古生層を含む大陸的な地質体が知られている. それらは飛騨外縁帯, 南部北上山地, 阿武隈山地東部, 黒瀬川構造帯 (紀伊から九州), 長門構造体 (山口県) などに分布している. その地質は, 日本列島基盤の主体をなす海洋プレートの沈み込みで形成された付加体とは異なっている. 花崗岩類や高度変成岩の年代は, 4～5億年と古い. 古生層は, 大陸起源の砕屑岩や浅海性の石灰岩および火山岩類である. オルドビス紀やシルル紀の化石を多産する石灰岩は, 暖かく浅い陸棚の環境を表し, デボン紀の砂岩や泥岩からは亜熱帯～熱帯の植物化石が多産する. これらの地質体が当時どこで形成されていたのか, まだ不確かではあるけれども, 日本列島の古期岩類が古い大陸地塊の断片であることは確かなことといえよう.

　南部北上山地や阿武隈山地東縁に見られるような, 付加体と違って正常に積み重なっている古生層は, 浅海域が拡がる大陸地塊のへりで陸棚相として堆積したものである. シルル紀のサンゴやデボン紀の腕足類など海棲動物化石には, オーストラリアの化石と共通す

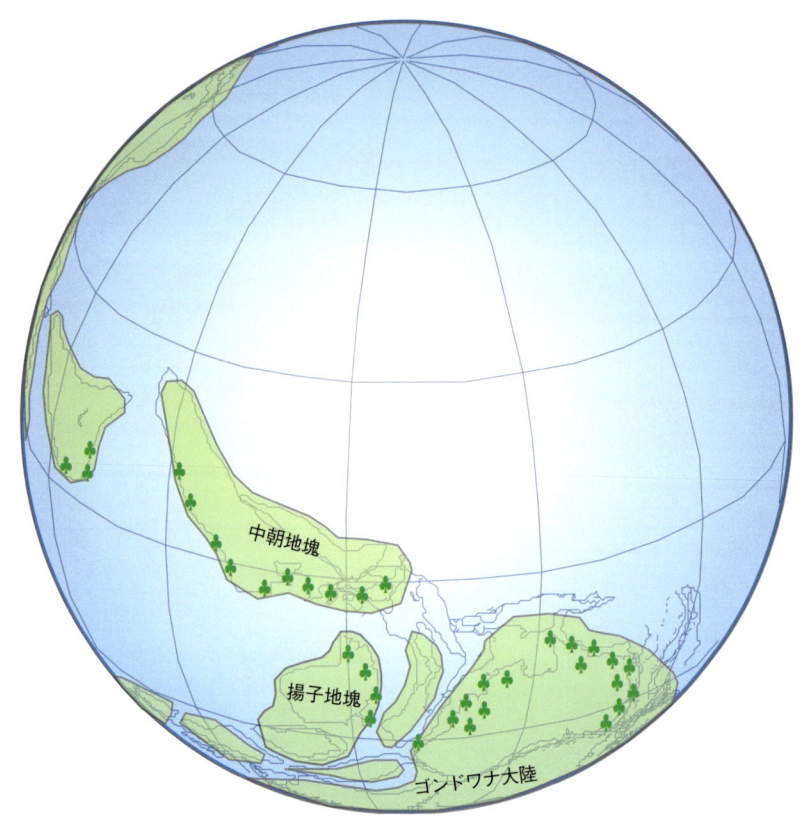

図4 デボン紀の古地理図．緑色で示したのは，熱帯～亜熱帯の植物化石 *Leptophloeum* の産地．
日本では南部北上山地，阿武隈山地，四国の黒瀬川構造帯（横倉山）から産出．

るものが多く，亜熱帯～熱帯を特徴づけるデボン紀の植物化石もまたオーストラリアや揚子地塊のものと共通している（図4）．この傾向は石炭紀前期まで続くが，石炭紀中頃には揚子地塊と同じような貴州サンゴなど，テチス海を代表する海棲動物化石群で特徴づけられる．こうした事実は，古期の地層は揚子地塊で形成されたことを強く示唆する．ペルム紀に入ると，中朝地塊を含む東アジアで知られている温帯を示すカタイシア植物群が認められるようになる．このような化石内容の変遷は，日本列島の古期の地層が古太平洋を漂流し，ゴンドワナ大陸のあった南半球から赤道帯のテーチス海を越えて，揚子地塊と中朝地塊が衝突合体して東アジアの原形がつくられていった北半球のパンサラッサ海に至るまで，古地理の変遷状況を反映しているように見える．

日本列島の中で唯一大陸の地殻を構成していたと考えられているものが飛騨帯である．飛騨帯は，片麻岩，角閃岩，結晶質石灰岩などの変成岩と花崗岩類からなり，ペルム紀から三畳紀にかけてのマグマ活動と変成作用によって形成されたもので，日本海の大和堆にも同じ岩石が報告されている．日本海が開く前の時代には中朝地塊の一部であったものである．

海洋プレートの沈み込みによる成長

大陸プレートより重い海洋プレートが地球内部へ沈み込むところでは，地表に海溝がつくられ，そこには陸側から運ばれてきた砂泥からなる海溝充填堆積物がたまる．さらに，海洋プレートをつくる中央海嶺玄武岩や

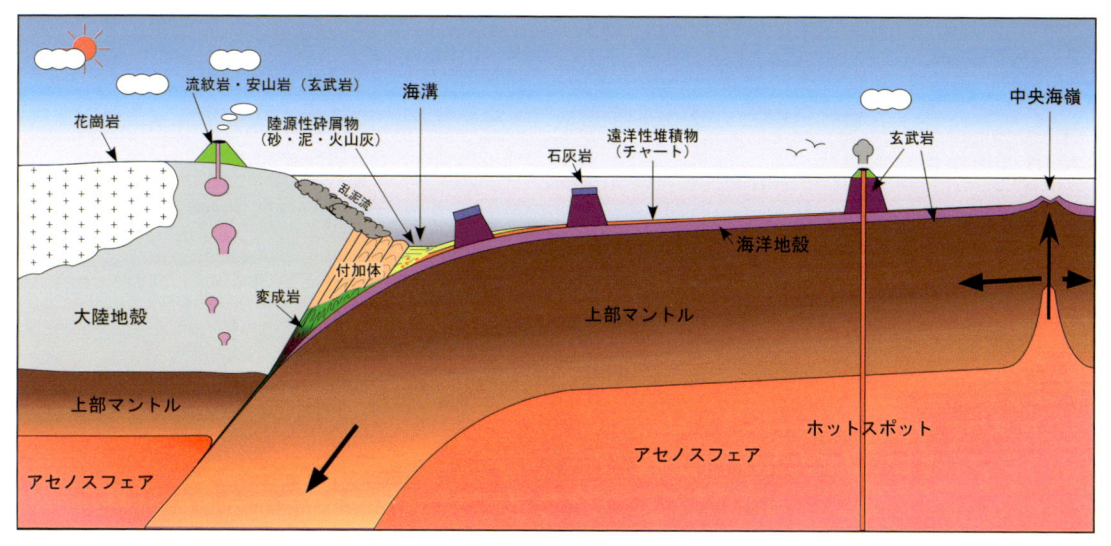

図5 海洋プレートの沈み込みと付加体および変成帯の形成.

海山の玄武岩，その上にたまった遠洋性深海堆積物のチャート，サンゴ礁起源の石灰岩なども海側から運ばれてくる．海洋プレートの沈み込みに伴って，崩壊したものは海溝充填堆積物中に混在し，剥ぎ取られてできたスライスは幾重にも重なるように下方へと付け加えられていく（図5）．このようにして形成された地質体は，通常のきれいに積み重なった地層とは異なり，陸側と海側という二つの異なる起源の岩石や地層からなり，陸側に押し付けられて大陸を成長させていくので，付加体とよばれている．海洋プレートにのって移動してきた岩石や地層は，当然のことではあるが，異地性のものであり，地質年代でいえば海側の岩石や地層がより古く，それがまぎれ込む陸源の砂泥の方が若い．このような付加体の実体は，日本列島の四万十帯における放散虫微化石による生層序学的研究がきっかけとなって，初めて明らかにされた．1980年代に日本で確立された付加体地質学の成果は，世界の変動帯研究者に大きな衝撃を与えた．「放散虫革命」ともよばれた付加体の研究は，日本列島の生い立ちを根本から変えるとともに，世界の造山帯研究にも新たな検討をせまることとなった．

日本列島の基盤は，花崗岩類を除くと，年代の古い方からペルム紀〜三畳紀の付加体，ジュラ紀の付加体，白亜紀〜中新世の付加体と，それらが変成作用を受けたものとで構成されている．これらは，大局的には，形成順序に従って大陸側から海洋側へ成長したように分布している．いずれも上下を衝上性の断層で切られた地質体として構造的に重なっていて，海洋プレートの沈み込みに規制された構造とよく似たものとなっている．また，マグマ活動による花崗岩類や火山岩類も，大陸側から海洋側へ成長した傾向が認められ，それらは付加体をつくる砕屑物質の供給源となっている．

1）古生代の付加体

西南日本の中国地方には，飛騨・隠岐帯の南側に，3億年前頃の高圧型変成岩からなる三郡・蓮華帯が分布する．この変成帯に伴う非変成〜弱変成の堆積岩類は，見つかってはいないが，これが日本のもっとも古い付加体の一部と考えられる．その南には，揚子地塊と中朝地塊とが衝突合体した時代に符号する

2.2億年前頃の高圧型変成岩からなる周防帯が知られている．この変成帯に伴って，玄武岩，石炭紀～ペルム紀の石灰岩，遠洋性堆積物や陸源堆積物を含む秋吉帯・舞鶴帯・超丹波帯が分布している．これらはペルム紀～三畳紀付加体と考えられており，高圧型変成帯もその沈み込みに伴って形成されたものである．飛騨外縁帯の青海から，阿哲台，帝釈台，秋吉台，そして北九州の平尾台に見られる石灰岩台地は，3.5億年前には陸域から遠く離れたサンゴ礁として海底火山の上に形成されたもので，それらは当時の海山列をなしていたと推定されている．超大陸の分裂片であった揚子地塊にプレートが沈み込むにつれ，海山列は接近していき，ついには海溝堆積物の砕屑岩中に崩壊しつつ，遠洋堆積物とともに付加し，断層による覆瓦構造をつくりながら，日本列島で古い骨格をなすペルム紀～三畳紀付加体を形成した（図6）．また，この地塊の陸域から浅海にかけて，陸源砕屑物からなるペルム紀～三畳紀の地層も堆積しており，各地に断片的に残されている．

三畳紀には，揚子地塊と中朝地塊とが衝突合体し，さらにシベリア地塊にブレア地塊やカザフスタン地塊なども衝突合体して，東アジア大陸の原形が形成されていった．これらの地塊がペルム紀まで独立してあったことは，アンガラ植物群，北カタイシア植物群，南カタイシア植物群の存在から知ることができる．また，飛騨・隠岐帯の2.5～1.8億年前の片麻岩・花崗岩類や宇奈月帯の中圧型変成帯は，この頃の事件に関係して形成されたのかもしれない．こうして大きな大陸が形成され，それを縁取る長い海溝域で，東アジアで広範囲の分布が認められるジュラ紀の付加体が形成されることになったのであろう．

2）ジュラ紀の付加体

日本列島の骨格の大部分は，花崗岩類を除くと，ジュラ紀の付加体からできているといってよい．この時代の付加体は，ペルム紀～三畳紀付加体の外側，すなわち太平洋側の中国・近畿地方から，中部地方，足尾山地，北部北上山地，北海道渡島半島のほかに，九州から四国の中央部を経て，関東山地まで広く分布している．後者の分布地帯は秩父帯とよばれ，そこの石灰岩から出るペルム紀のフズリナやサンゴや腕足類などの化石に基づいて，その地質はかつては秩父古生層とよばれていた．また，中部から近畿の美濃・丹波帯から，足尾帯，北部北上帯，渡島帯も，同じように古生層と見なされていた．ところが，1970年代に入ってチャートや砥石に使われる泥岩から三畳紀のコノドントが発見され，さらに大阪市立大学の八尾昭らによってジュラ紀の放散虫が次々に発見されていき，古生層としていたものが実はジュラ紀の地質体であることが明らかにされるに至った．足尾山地や岐阜赤坂などのペルム紀石灰岩はイザナギ・プレート上の海山群の一部と考えられ，三畳紀のチャートとともに，陸源の砂泥のとどかない陸から離れた海域で形成されたものである．それらは海洋プレートの移動と沈み込みに伴って海溝まで移動し，陸側に堆積していたジュラ紀の泥質物質中に混在したものであった．見かけ上厚く見えるチャートは，薄く剥がされて幾重にも重なる覆瓦構造をなしており，やはり付加作用によって形成されたものであった．当時の付加作用をもたらしたのは，揚子地塊へのイザナギ・プレートの沈み込みであった（図7）．

ジュラ紀の付加体は，中央構造線をはさんで北側（内帯）と南側（外帯）に二重に分布している．内帯は，近畿から関東北部に広く分布する美濃・丹波帯，足尾帯，八溝帯で，外帯は，九州から四国，さらに中部を経て関東山地に至る秩父帯のように，同様な地質体が繰り返しているのである．このようになっ

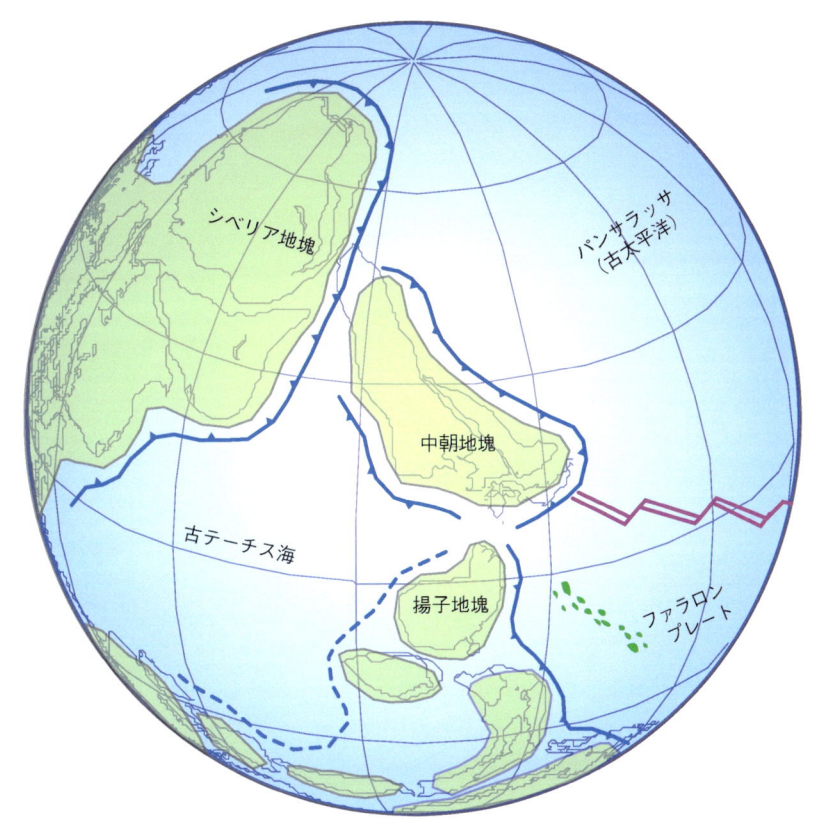

図6　ペルム紀後期の古地理図．日本列島の古期基盤は中朝地塊や揚子地塊の一部であった．ファラロンプレート上に緑色で示したのは秋吉海山列．Maruyama, et al. (1997) および磯崎（2000）に基づく．

た原因として，プレートの斜め沈み込みに伴う横ずれ断層運動によるとする考えがある．一方，衝上断層によるとの考えもあり，内帯から外帯へ移動してきたものが上位に重なっているとする．こうした激しい構造運動は，地下深部からの高圧型変成帯の上昇や花崗岩類をつくるマグマ活動も含めて，古太平洋に形成された中央海嶺の沈み込みに起因するのではないかと考えられている．

3）白亜紀〜第三紀の付加体

日本列島の太平洋側すなわちジュラ紀付加体の外側に，四万十帯とよばれる地質体が沖縄から西南日本を経て関東地方まで，およそ1,300 kmにわたって分布している．同じような地質体は北海道日高山脈の東側の日高・常呂帯にも知られている．四万十帯は主に砂泥互層からなり，化石がほとんど産出しなかったために，長い間時代不詳の地層とされてきた．さらに地質構造が複雑で解読ができず，その形成史は謎に包まれたままであった．ところが1970年代になって，放散虫という微化石を利用して，それまで無化石と思い込まれていたチャートや珪質頁岩や泥岩について地質年代が次々に決定され，四万十帯の層序，時代，構造，発達過程などが詳細に解明されていった．海洋底をつくっていた玄武岩溶岩に伴う石灰岩がもっとも古く，次いでチャート，火山灰を挟む多色頁岩の順で若くなり，これら海側からの岩石は剪断された泥岩の中にブロックとして混在していた．このような複雑な混在岩はメランジュとよばれ，陸源の厚い砂泥互層の中に何列か繰り返して挟み込まれている．そして，それらを取り囲む砂岩

図7 ジュラ紀後期の古地理図．東アジアの縁で日本列島の骨格となる付加体が形成された．緑色で示したのは御荷鉾緑色岩類．Maruyama, et al. (1997) および磯崎 (2000) に基づく．

や泥岩がもっとも若いことも実証された．陸域の地質で，海洋プレートの沈み込みによる付加体の内容を初めて明らかにした四万十帯の研究は，海洋研究開発機構の平朝彦（当時は高知大学・東京大学海洋研究所）や高知大学の岡村真・田代正之らが中心となって進められたもので，日本の地質研究を急展開させ，新たに変動帯地質学といった分野を確立したといえる．それは，学生たちとともに行った野外調査と，膨大な岩石試料を処理して得られた生層序学の成果であった．

白亜紀前期に，東アジアの縁辺へのイザナギ・プレートの斜め沈み込みが，横ずれ運動を引き起こし，古期岩類やジュラ紀付加体を再配列させた．このときに形成された断層が，中央構造線や黒瀬川構造帯などの原型となったと考えられている．続く太平洋プレートの沈み込み方向が変わって，膨大な堆積物からなる四万十帯が形成されることになった．四万十帯を微化石年代で見ると，北側から南側へ，前期白亜紀，後期白亜紀，始新世，中新世前期の順で若くなるように配列しており，海溝域における付加作用によって太平洋側へと成長を続けてきたことがうかがわれる．白亜紀には，地下深部で高圧型の変成帯と花崗岩マグマ活動による高温型変成帯が形成されていたのであろう．当時，海溝から沈み込んでいたのは，北方へ移動するイザナギ・プレートで，それを追いかけるように太平洋プレートが続いて移動してきた．両プレートの境界であった中央海嶺の沈み込みは，マグマ活動や変成帯を上昇させるきっかけとなったと考えられている（図8）．一方，浅海域でも地層が堆積していたが，中央構造線に沿って

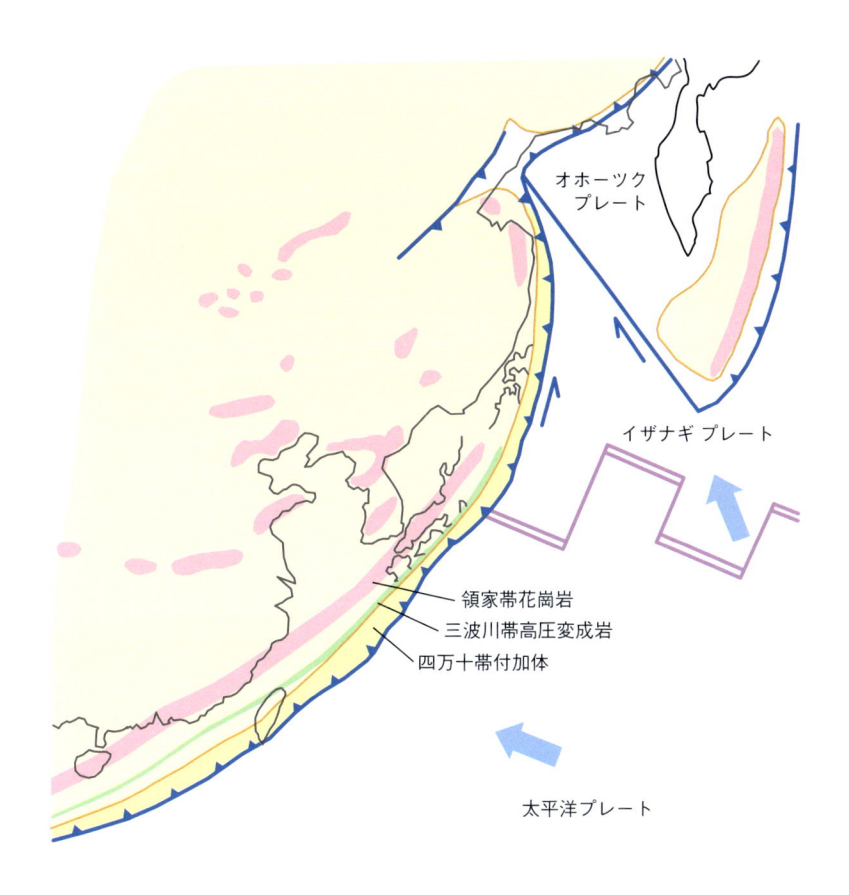

図8 白亜紀後期の古地理図．東アジアの縁で四万十帯付加体が形成され，地下深部では高圧型変成作用とマグマ活動があった．Maruyama *et al.* (1997)，磯崎（2000）および白尾ほか（2001）に基づく．

細長く分布する和泉層群は，中央構造線の左横ずれ運動に伴ってできた堆積盆で形成されたものである．さらに北方の陸域には，流紋岩やデイサイトおよび花崗岩類が広く分布しており，プレートの沈み込みに伴って約1億年前から約6千万年前頃まで，激しい酸性マグマ活動が繰り返しあったことを示している．白亜紀後期に東アジア縁辺の海溝で付加体ができていた頃，陸域ではいくつもの巨大な火山が形成され，火砕流が地表を広くおおっていた．

四万十帯と同時代の付加体は，北海道日高山脈の両側に知られている．西側では，ジュラ紀から白亜紀の海洋地殻の断片を含む付加体と高圧型の神威古潭変成岩の上に，アンモナイトを多産する蝦夷層群が衝上している．一方，東側の付加体が日高・常呂帯である．両者の時代配列の向きはまったく逆となっていて，海洋プレートの沈み込み方向が異なっていたと考えられている．西部の付加体は本州から続くものであり，東部のそれは北東方のオホーツク・プレートで別の地質体として形成され，後に両者が衝突して日高山脈を上昇させることになる．

古第三系の復元

白亜紀に北海道中央部から東方に拡がっていた海は，オホーツク・プレートが移動してきて閉じたために陸化し，白亜紀の火山噴出物や花崗岩などをおおって，石炭を含む砂岩

図9 古第三紀の古地理図．東アジアの大陸縁が割れた地溝帯に湖ができ，炭田も形成された．Maruyama *et al.* (1997)，磯崎（2000）および白尾ほか（2001）に加筆．

や泥岩の地層が堆積した．白亜紀半ばをピークに寒冷化していく中で，この頃は北海道でも常緑広葉樹の植物化石が多産するほかにヤシ科の化石も出ており，亜熱帯気候で大森林が繁茂する環境であったと推定されている．炭田が形成されたのは，5,300万年前から3,400万年前頃のことである．ともに産出する淡水〜汽水あるいは浅海生の貝化石も，亜熱帯的なもので，同様な環境を指示している．当時の炭田としては，北海道の天北，留萌，石狩，釧路，東北の久慈，常磐，中国の宇部，北九州の小倉，築豊，福岡，西九州の唐津，佐世保，高島，三池，天草などが知られている．また，韓半島から沿海州にかけて淡水湖ができるような地溝状の低地帯が形成されており，これは大陸縁辺部が切り離されていく始まりであった（図9）．そこには，世界的な温暖化の影響で海水面が上昇した結果，海水が入り込んでいき，大陸の縁には浅海で取り巻かれた島々が誕生することになった．

海域では，九州の東方海域に高まりとしてあった古伊豆・小笠原弧に太平洋プレートが沈み込み，島弧は分裂し始めようとしていた．フィリピン海プレートの東縁となる伊豆・小笠原弧は，約4,700万年前に海洋性島弧として誕生したものである．およそ2,000万年前頃から，この島弧の背弧海盆として四国海盆が拡大していったために，現在の伊豆・小笠原弧と九州・パラオ海嶺に分かれた．伊豆・

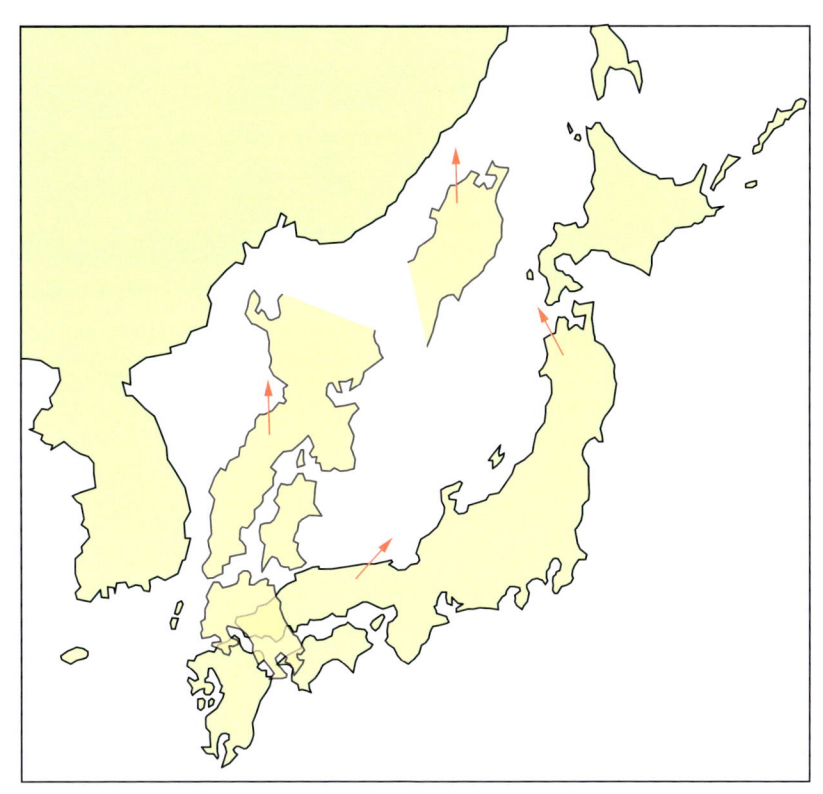

図10 古地磁気から復元された，およそ2,000万年前より古い時代の日本列島．現在の日本列島でずれている古地磁気の方向を，北向きになるように回転させたもの．鳥居ほか（1985）および浜野・当舎（1985）による．

小笠原弧は，伊豆諸島から鳥島，西之島，硫黄島とつづく火山性内弧と，父島や母島など小笠原諸島からなる非火山性外弧からなる．

日本列島の誕生

日本海やオホーツク海のように，大陸と島弧の間に拡がる海を，縁海あるいは背弧海盆とよんでいる．日本列島の成立は，まさに日本海の誕生すなわち背弧海盆の形成が鍵を握っているといえる．背弧海盆は大陸の縁辺部が割れて開いたものであり，とくに西太平洋と南太平洋に見られ，形成年代が2,000万年前頃からの中新世であるという特徴がある．プレートの押しが働いている大陸縁辺部がなぜ割れて拡大するのか，その成因についてはウェッジマントルにおける上昇流あるいは対流が考えられているが，地域や時代が限られることなど十分に説明されているわけではない．

日本海が，いつ，どのように開いたのか，決定的な証拠がないままに多くの議論がなされてきたが，1980年代半ばに古地磁気の研究から刺激的な提唱がなされた（図10）．西南日本のいろいろな時代について，神戸大学の乙藤洋一郎，岡山理科大学の鳥居雅之（当時は京都大学），同志社大学の林田明らが岩石の磁化方向を調べたところ，1,500万年より古いものでは北磁極の方向が東へ約50度も偏っていた．このことは，西南日本が大陸に対して1,500万年前頃までに時計回りに回転した，つまり韓半島あるいは大陸から分離移動してきたことを意味していた．一方，東京大学の浜野洋三と当舎利行（現在，産業技術総合研究所）は東北地方の古地磁気を調べて，東北日本が中新世前期から中期にかけて，反時計回りに20数度回転して，沿海州から分離

大和堆の湖沼珪藻土

谷村好洋

　日本海は日本列島と大陸に囲まれた深い海である．北部には水深3,000 mを超える広大な深海平原が広がり，本州の西には水深2,000～3,000 mの舟底形深海盆がある．さらに，朝鮮半島の東にも水深2,000 mの深海平原が広がっている．日本海のほぼ中央に，これらの深海に囲まれるように南西から北東にのびる大きな高まりがある．この高まりが，漁場として有名な大和堆である（図1）．

　コロンビア大学の海洋調査船リチャード・コンラッド号により，大和堆北東斜面の水深2,338 mから長さ約6 mのピストンコアが採取された．コアの上位は海に堆積した地層であり，下位は淡水の湖に堆積した珪藻土であった．海に堆積した地層の年代が中新世の終わりから鮮新世にかけてであったため，「この頃に日本海が淡水湖になった」と推定された．

　大和堆コアの化石珪藻群集とよく似た群集からなる湖沼珪藻土が，日本海周辺に分布している（図1の●印）．それらのすべてに，アウラコセイラ属（*Aulacoseira* spp.）あるいはアクチノキクルス属（*Actinocyclus* spp.）の珪藻が優占する（図2）．温帯性の落葉広葉樹林を示す植物化石を伴うのもこの湖沼珪藻土の特徴である．

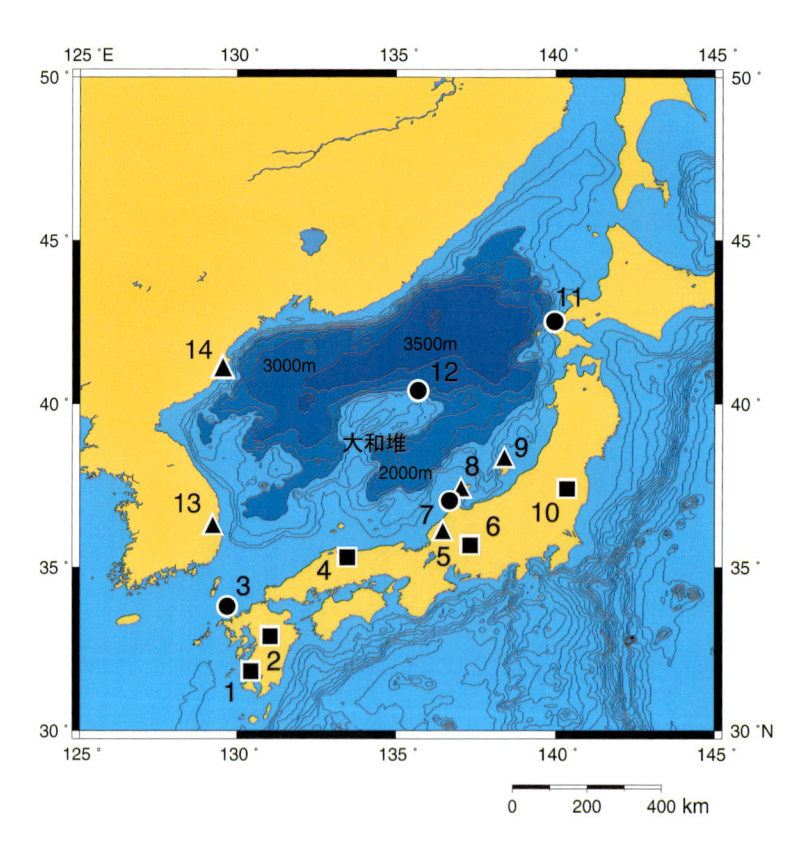

図1　湖沼珪藻土の産地（記号の説明は本文中）．1，川内；2，玖珠；3，壱岐島；4，八束；5，福井；6，美濃白鳥；7，能登中島；8，穴水；9，佐渡島；10，塩原；11，長万部；12，大和堆のピストンコア；13，Changgi；14，Yongdong．［地図はGMT (the Generic Mapping Tools) のOMC (Online Map Crelation; http://www.aquarius.geomar.de/omc/omc_intro.html) によった］．

現生アウラコセイラ属は湖によく出現するプランクトンである．一方，現生アクチノキクルス属は沿岸や汽水湖に稀に出現する．時代をさかのぼると，アクチノキクルス属は湖沼堆積物にも産出し，種類も量も著しく多くなる．北米大陸西部の各地に発達する1,600万年前前後の湖沼堆積物にアクチノキクルス属珪藻の大発展が確認されている．アクチノキクルス属の大発展はこの1回に限られ，これ以前に堆積した湖沼珪藻土（図1の▲印）にも，これ以降の淡水珪藻土（図1の■印）にもほとんど産出しない．

　珪藻群集の変化と日本海成立のシナリオを考え合わせると，日本海沿岸の淡水珪藻土は，日本海拡大初期に湖沼で形成されたものであり，大和堆の珪藻土も大陸と日本列島の間に発達した湖沼に堆積した珪藻土であるということになる．日本海側に発達する最古の海成層は1,900万年〜1,700万年前まで下がるという調査結果がある．また，約1,800万年〜1,500万年前に照葉樹林が本州から北海道南部にまで広がったのは，暖かい海水が大陸と日本列島の間に浸入したからであるとする考えがある．日本海の拡大初期，浅い海が広がり湖も点在する，そのような古地理が描かれている．

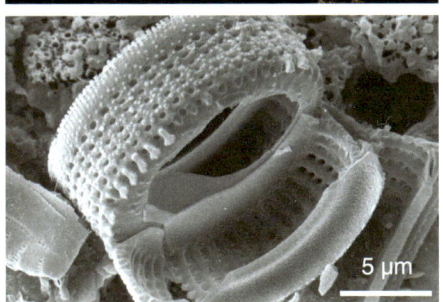

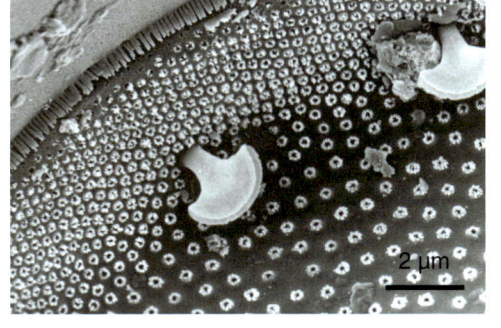

図2　左上：日本海形成前の湖沼に堆積した珪藻土（壱岐島，長者原層）．左下：浮遊性珪藻アウラコセイラ（*Aulacoseira* sp.，能登中島，山戸田層）．右：浮遊性珪藻アクチノキクルス（*Actinocyclus* sp.，大和堆のピストンコア）．内側から見た殻（上）と特徴的な突起（下）．

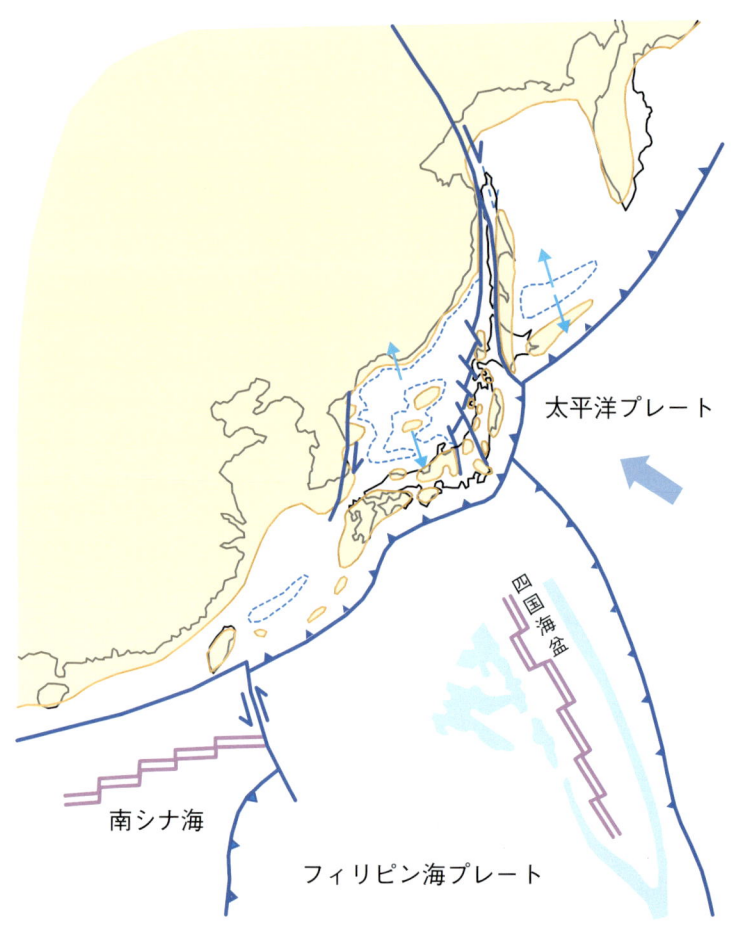

図11 中新世の古地理図．日本海の誕生と日本列島の成立．鹿野ほか（1991），Maruyama et al. (1997)，磯崎（2000），白尾ほか（2001）および平（2002）に基づく．

してきたことを明らかにした．日本列島の成立を語るうえでもっとも重要な事件，日本海の誕生は，古地磁気の研究からおよそ2,000万年前頃から1,500万年前に起こったと考えられるようになったのである．近年の日本海の海底掘削の結果によると，拡大は2200万年前頃に始まったといわれている．

日本海側や韓半島および沿海州の中新世の地層から，冷温帯性の落葉広樹林を示す植物化石や淡水性の珪藻化石が産出するが，次いで水深3,000 m を越えるような深海で堆積した地層に転化したことが，秋田大学の的場保望らによって明らかにされている．当初は，マングローブが繁茂するような暖流の影響を受けていたが，後に寒流のもとで厚い地層が形成された．こうした水深の急激な変化は，古地磁気の変化に対応するものであり，日本海の誕生がどのようなものであったかを示唆している．中新世前期から中期には全地球的に温暖で，島弧として切り離されたとはいえ，日本列島は広く水没して多島海のような状況にあった（図11）．

島弧が発達するにつれて，日本海は太平洋から隔離されて独自の閉鎖的環境へと変化していくが，割れて拡大し始めた頃は，大規模な海底噴火によるグリーンタフが堆積した．海底から噴出する金属イオンを多量に含む熱水活動は，黒鉱鉱床が形成されるような嫌気性環境を所々に形成していた．1,500万年前から1,000万年前頃までは，南部が韓半島と

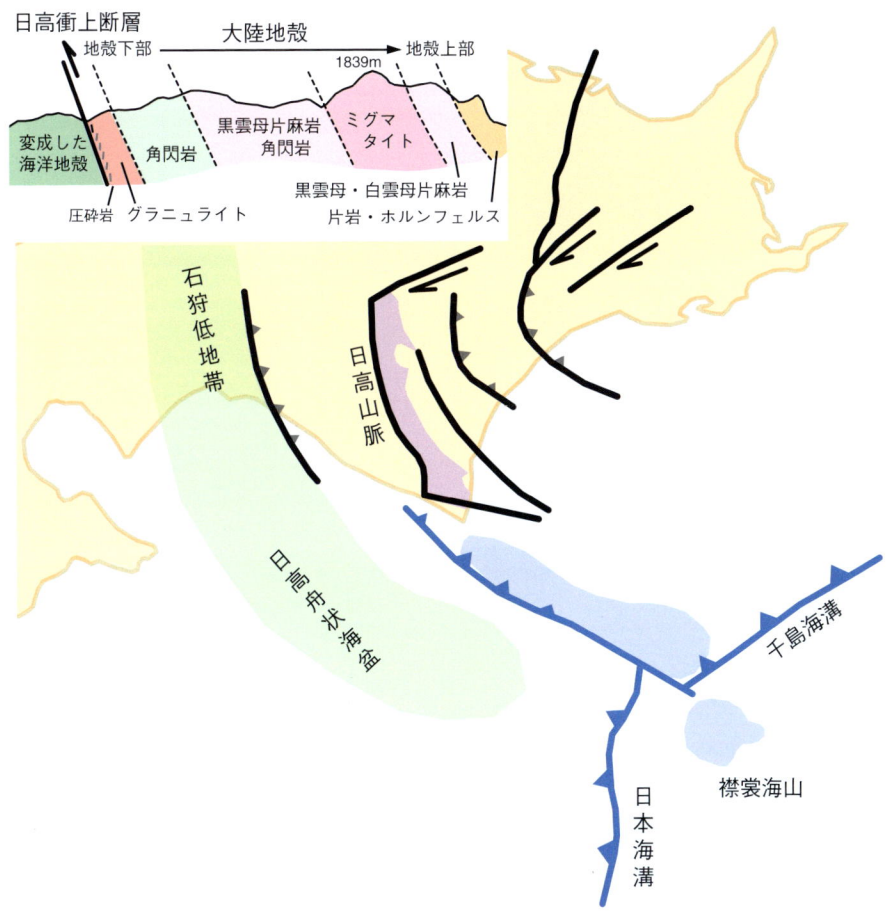

図12 北海道における島弧どうしの衝突と日高山脈の形成．日高山脈の地質断面に大陸地殻の下部から上部までを見ることができる．木村（2002）による．

の間で閉鎖されて暖流が入ってこなくなり，北に開いた大きな湾となった．ここに北方から入った海流の生物生産量は高く，珪藻を主体とする厚い地層が堆積した．多量の有機物を含む泥質岩は，石油の母岩となった．当時，西南日本は日本海の拡大に伴って南下し，約2,600万年前頃から拡大していた四国海盆にのし上がっていった．このことは，四国海盆の横ずれ断層（トランスフォーム断層）で切られていた海嶺が沈み込んだことと同じ現象であり，瀬戸内地方では約1300万年前頃に高マグネシウム安山岩を特徴とする火山活動を引き起こした．その後四国海盆の拡大は停止してしまったが，四国海盆を含むフィリピン海プレートは北北西に移動して，その東縁の伊豆・小笠原弧が本州に衝突合体していくことになる．

島弧の衝突

日本海が形成されていた頃，千島海盆も拡大していた．東北日本弧と千島弧の間に挟まれ短縮場にあった北海道中央部は，割れて海とならずに厚い地殻を発達させた．そこに形成された日高山脈は，新生代に変成作用を受けた大陸下部地殻がめくり上がったように露出し，島弧を横切るような地形の高まりとなっている．この激しい現象は，本州すなわち東北日本弧の延長にあたる北海道西部に対して，オホーツク・プレートの千島弧とそれに連なる北海道東部が衝突したためと考えられ

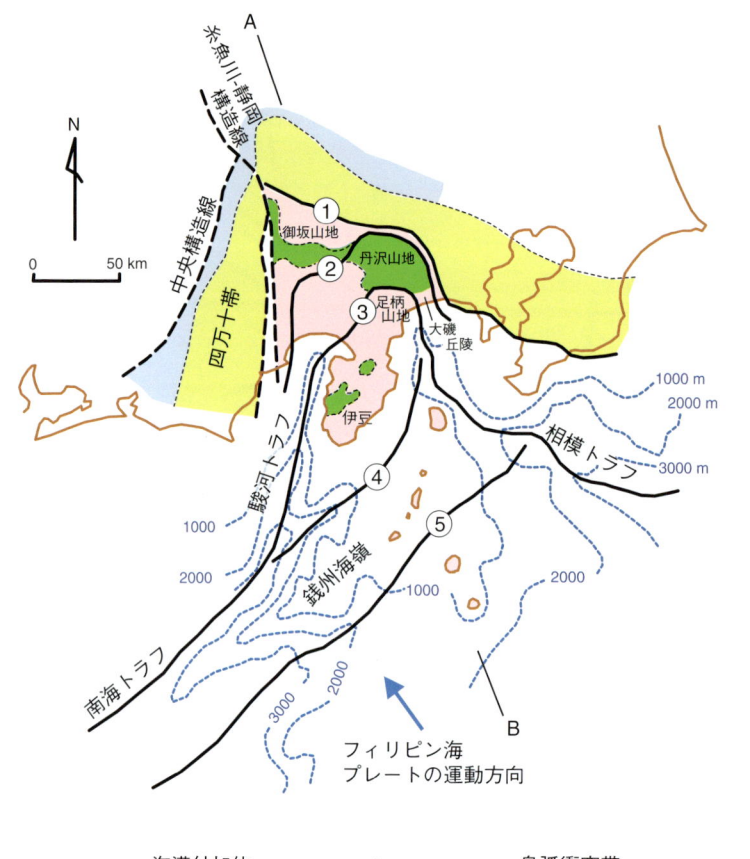

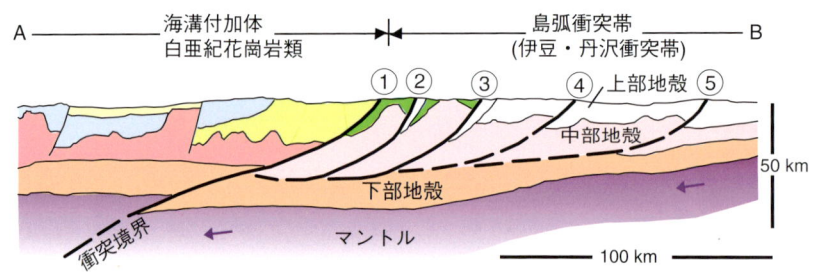

図13 南部フォッサマグナにおける島弧どうしの衝突．伊豆・小笠原弧は衝突に伴う断層によって地殻付加体となっており，本州側の地質体は大きく曲げられて変形している．Taira et al. (1992) および平 (2004) による．

ている．日高山脈の南方延長の襟裳海脚が，千島海溝と日本海溝の会合部にあたっていることは，日高山脈が島弧と島弧の衝突によって形成されたことを示す．その西側，石狩炭田地帯や石狩低地帯でも，衝突の影響で生じた衝上断層や褶曲の発達が知られている（図12）．隆起がいつ起こったかは，山脈山麓部に堆積した粗粒砕屑岩層から推定されており，およそ1,200万年前以降に急激な上昇が起こったことが明らかにされている．

島弧と島弧が衝突することは，プレートが沈み込む境界では当然起こる現象であり，南部フォッサマグナにおける伊豆・小笠原弧と本州との衝突はよく知られている．伊豆・小笠原弧の火山地塊が衝突してもぐり込むと，陸側は隆起して浸食され，前面の海側に粗粒砕屑物からなる三角州～海底扇状地をつくる．次々に火山地塊が衝突してくると，火山岩地

帯と粗粒堆積物からなる地質体が断層で繰り返すことになる．南部フォッサマグナでは，御坂山地や巨摩山地が約1,500万年前に衝突し，丹沢山地が800万年前頃，伊豆地塊は約150万年前頃に衝突・付加したことが明らかにされている．この多重衝突によって本州の島弧は著しい変形をこうむっている．かつて直線上に延びていた四万十帯，秩父帯，三波川帯，そして中央構造線は八の字型に折れ曲がった構造となっており，衝突域西側では，赤石，木曾，飛騨のように，地形の配列にも影響を与えている．フィリピン海プレートの沈み込み境界は，衝突に伴って南へ移動したが，現在では相模トラフから伊豆半島のつけ根を通って駿河トラフへと続いている．今なお続く沈み込みによって，海域には銭州海嶺の高まりや，それに平行な断層も形成されている（図13）．北西方向に移動するフィリピン海プレートは，南海トラフに対して右斜めに沈み込み，西南日本の前弧が西方に引きずられるように移動するため，中央構造線は右横ずれ運動をしている．この西南日本弧は，九州・パラオ海嶺が衝突している付近で，琉球弧の北端にあたる九州と会合しており，衝突によって形成された四万十帯の大規模な変形を見ることができる．そこでの変形構造は，北薩の屈曲とよばれている．

氷期と間氷期

およそ260万年前頃から，10万年余りの間隔で寒冷期と温暖期がリズミカルに繰り返すようになり，日本列島も何度も氷期におそわれた．数万年前から1万年前までの最終氷期には，海からの水蒸気が氷となって陸域に固定されたため海水面は120 mほど低下して，日本列島は大陸と陸続きになった．北海道には，低地にも永久凍土が発達したが，北方の島々を通してシベリアからはマンモスなどが渡ってきており，亜寒帯の動物のヒグマやヘラジカなども本州まで南下した．一方，西南日本は韓半島と壱岐対馬を通して大陸とつながり，そこはやはり動物が往来する経路となった．そのような時期には日本海は閉ざされた海となり，北からも南からも海水の出入りがなくなったために，貧酸素状態の環境となった．中部山岳地帯や越後山地や日高山脈のように，高山地帯であったところでは氷河が発達した．氷河の発達した地域には特徴的な地形が形成され，氷河が運んできた堆石堤も残されたりした．中部山岳地帯の1,600 mから2,000 m付近に見られる堆石堤は，氷河がどのように前進後退したかを示すとともに，その後の温暖化により氷河が消滅したことを教えてくれる．温暖化した間氷期には海水面が上昇するために，海岸に面した平野は海におおわれ，そこには広く海成層が堆積した．およそ12万5,000年前頃に，日本各地の平野部に海が侵入して，地層が広く形成された．関東以北の地層からも温暖な海にすむ貝化石が知られており，このときの海の侵入は下末吉海進とよばれている．また，6,500～5,500年前に海面が現在より数メートルほど高く，このときにおおわれた平野部の地層からは，亜熱帯の海に生息していた貝類が発見されている．この海面上昇と陸への海の侵入は，約9,000年前頃から始まり，6,000年前頃にピークとなり，当時は房総半島に80種以上のサンゴが群生していたことが確認されている．その後，現在に向かって，海水温が下がるとともに海面も低下していったが，その時期の海の侵入は縄文海進として知られている．

文献

天野一男．1986．多重衝突帯としての南部フォッサマグナ．月刊地球，8: 581-585.

Chinzei, K. 1991. Late Cenozoic zoogeography of the Sea of Japan area. *Episode*, 14: 231-235.

浜野洋三．当舎利行．1985．東北日本の運動と古地磁気学，55: 476-483.

磯崎行雄・丸山茂徳．1991．日本におけるプレート

造山論の歴史と日本列島の新しい地体構造区分．地学雑誌，100: 175-184．

Isozaki, Y. 1996. Anatomy and genesis of a subduction related orogen: A new view of geotectonic subdivision and evolution of the Japanese Islands. *The Island Arc*, 5: 289-320.

磯崎行雄．2000．日本列島の起源，進化，そして未来―大陸成長の基本パターンを解読する．科学, 70 (2): 133-145．

貝塚爽平．1977．日本列島の地形．岩波書店．243 pp.

貝塚爽平・成瀬　洋．1977．古地理の変遷．日本の第四紀研究（日本第四紀研究学会編）東京大学出版会．406 p.

鹿野和彦・加藤禎一・柳澤幸夫・吉田史郎．1991．日本の新生界層序と地史．地質調査所報告，No. 274, 114 pp.

木村　学，2002．プレート収束帯のテクトニクス学．東京大学出版会．271 pp.

木村克己・小嶋　智・佐野弘好・中江　訓（編）．2000．ジュラ紀付加体の起源と形成過程．地質学論集，日本地質学会．221 pp.

Maruyama, S., Y. Isozaki, G Kimura. and M. Terabayashi. 1997. Paleogeographic maps of the Japanese Islands: Plate tectonics synthesis from 750 Ma to the present. *The Island Arc*, 6: 121-142.

的場保望．1978．底棲および浮遊性有孔虫からみた日本海の古環境の変遷．月刊海洋科学, 10: 269-277．

新妻信明・平　朝彦・斎藤靖二．1985．日本海拡大前の日本列島．科学, 55: 744-747．

大場忠道・堀部純男・北里　洋．1980．日本海の2本のコアによる最終氷期以降の古環境解析．考古学と自然科学，(13): 31-49．

Oba, T., M. Kato, H. Kitazato, I. Koizumi, A. Omura, T. Sakai, and T. Takayama. 1991. Paleoenvironmental change in the Japan Sea during in the last 85,000 years. *Paleoceanography*, 6: 499-518.

Sagiya, T., S. Miyazaki and T. Tada. 2000. Continuous GPS array and present day crustal deformation of Japan. *Pure and Applied Geophysics*, 157: 2302-2322.

斎藤靖二．1992．日本列島の生い立ちを読む．岩波書店．153 pp.

白尾元理（写真）・小疇　尚・斎藤靖二（解説）．2001．日本列島の20億年．岩波書店．198 pp.

平　朝彦・中村一明（編）．1986．日本列島の形成．岩波書店．414 pp.

平　朝彦．1990．日本列島の誕生．岩波書店．206 pp.

Taira, A., Y. Saito and M. Hashimoto. 1983. The role of oblique subduction and strike-slip tectonics in the evolution of Japan. In Hilde, T. W. C. and S. Uyeda eds.: Geodynamics of the Western Pacific-Indonesian Region, Washington, D. C., American Geophysical Union. Geodynamics Series 11, 303-316.

Taira, A., 2001. Tectonic evolution of the Japanese island arc system. *Annual Rev. Earth Planet. Sci.*, 29: 109-134.

平　朝彦．2004．地質学2　地層の解読．岩波書店．441 pp.

巽　好幸．1995．沈み込み帯のマグマ学．東京大学出版会．200 pp.

鳥居雅之・乙藤洋一郎・林田　明．1985．西南日本の回転と日本海の誕生．科学, 55: 47-52．

日本の鉱物

松原　聰

　日本には大陸的な要素の断片がわずかに存在するものの，基本的には島弧を特徴づける岩体からできている．そのため，火成岩はアルカリに乏しく，ケイ酸に富む傾向がある．したがって，準長石，アルカリ輝石，アルカリ角閃石といった大陸では普遍的な造岩鉱物はきわめて少ない．また，アルカリ深成岩に伴うペグマタイトは皆無といってよい．日本の花崗岩は，カリ長石が少なく斜長石の多い，石英閃緑岩，トーナル岩，花崗閃緑岩タイプのものが多い．花崗岩ペグマタイトの規模は小さいが，産出鉱物，とくに希土類元素を含む鉱物についてはかなり研究されている．福島県川俣町と石川町，岐阜県中津川市，滋賀県大津市，京都府大宮町で，希土類元素を含む新鉱物は5種類，その他3種類の新鉱物が報告されている．愛媛県宮城島の閃長岩質花崗岩や，奈良県の大峰花崗岩からは，それぞれ新鉱物が1種類ずつ発見されている．

　火山岩は，玄武岩から流紋岩まであるが，アルカリの多いものはごく小規模な粗面岩質岩のみである．これらの造岩鉱物にはあまり特徴的なものはないが，鹿児島県大隅半島の流紋岩からは新鉱物の大隅石が産する．新第三紀の火山岩変質部分は沸石類に富み，現在までに40種類（日本産沸石類は42種類知られているが，2種類は火山岩と関連がない産状をもつ）確認されていて，そのうち湯河原沸石が新鉱物である．また，世界的に見て例の少ない玄武岩中の希土類元素鉱物の濃集が佐賀県東松浦半島で発見され，新鉱物も3種類含まれている．

　新第三紀の日本海誕生に関わった火成活動では，金属を多量に含む熱水が大規模な黒鉱鉱床や鉱脈鉱床を形成した．とくに日本海側に多く分布し，古くから金，銀，銅，鉛などが採掘されてきた．佐渡，小坂，花岡，尾去沢，阿仁，院内，鴻ノ舞，足尾，大森などの諸鉱山が有名である．また，大きな熱水鉱脈は中生代末期や第四紀の流紋岩～デイサイト質岩の活動でも見られる．生野，明延，多田，菱刈，豊羽の諸鉱山がある．これらの鉱床に含まれる鉱物の研究も詳しく行われ，熱水活動に伴う金属鉱物では，14種類の新鉱物が発見されている．

　変成岩のうち，片麻岩を除いた広域変成岩の多くは低温，中～高圧タイプに属し，そこを特徴づける代表的な鉱物に富んでいる．とくに，蓮華帯に現れるひすい輝石を主要成分とする岩石中には，ストロンチウムやバリウムに富む特異な鉱物が多く，新鉱物も6種類が確認されている．結晶片岩に伴う層状含銅硫化鉄鉱鉱床（キースラーガー）は，もともと海底の玄武岩活動によって形成された鉱体で，後の変成作用で現在見られるような形になっている．別子や日立鉱山が代表的なものである．こういった鉱床では，金属鉱物の種類はきわめて単純である．

　主にジュラ紀付加体中に見られる堆積型マンガン鉱体は，低温低圧タイプの広域変成作用と深成岩の接触変成作用さらに交代作用を受けていることが多く，小規模ながら日本列島全体に分布している．古くからマンガン鉱石の採掘に伴って産出する鉱物種の研究も積極的に行われ，産状タイプ別としてはもっとも多い23種類の新鉱物が報告されている（そのうちの一種，長島石，図1）．

　石灰岩や苦灰岩との接触変成作用，交代作用を受けたスカルン鉱床では，鉄，銅，鉛，亜鉛といった重要な鉱石をはじめ，再結晶石灰岩そのものも資源として採掘される．釜石，仙人，赤谷，秩父，神岡，都茂の諸鉱山が有名である．鉱石と母岩を構成する鉱物の研究が進み，21種類の新鉱物が知られているが，とくに岡山県高梁市（旧備中町）にあるスカルンからは，そのうちの11種類が産した．

　噴気や熱水変質によって岩石が粘土化（カオリン化や蝋石化など）することがあり，大規模なものは窯業原料として採掘の対象となっている．こういった場所から4種類の新鉱物が知ら

図2　輝安鉱．愛媛県市ノ川鉱山産．

図1　長島石．群馬県茂倉沢鉱山産．

図3　石英（水晶の日本式双晶）．山梨県乙女鉱山産．

れている．

　日本では，海や湖が干上がってできた鉱物の集まり，つまり岩塩で代表されるような蒸発乾固タイプの鉱床はない．しかし，火山から流れ出た溶液から沈澱する鉱物群が火山湖などで見られる．下北半島の恐山では，旧火山湖に金を含む多種類の金属鉱物の沈澱層が存在するが，他の多くの地域では鉄を主成分とする水酸化物，硫酸塩，リン酸塩が普通である．

　砂岩や礫岩中には，削剥されて風化に強い鉱物が含まれていることがある．しかし，日本では小規模な砂金，砂白金族（白金，イリジウム，オスミウムなど），砂鉄（磁鉄鉱），砂錫（錫石），砂クロム（クロム鉄鉱），砂石榴石などが採掘されたことがあるだけで，鉱物学的に興味をひかれる物はほとんどないが，北海道で採集された砂白金族から自然ルテニウムが唯一新鉱物として報告されている．後背地がウラン鉱物を含む花崗岩の場合，流体に溶けたウラン化合物が堆積物中の有機物（主に植物）と反応してウランのリン酸塩鉱物などがその場で生成される．岐阜県土岐市，瑞浪市，岡山県上斎原村などで見られ，人形峠鉱山から新鉱物の人形石が発見されている．

　硫化鉱物の多くは，地表近くで雨水や地下水などと化学反応を起こして分解し，別の鉱物として再結晶することが普通である．このような二次的にできる鉱物群は，遷移元素を主成分とする色彩鮮やかな炭酸塩，硫酸塩，リン酸塩，ヒ酸塩などである．このような鉱物群には7種類の新鉱物が知られている．

　2005年7月現在で，日本の鉱物は1,130種類ほど知られている．世界全体の鉱物種はおよそ4,100であるから，狭い国土の割には豊富な種数と考えるべきであろう．日本列島がいろいろなタイプの岩体の寄せ集めでできていることに由来する．世界によく知られた日本の鉱物には，輝安鉱（図2）や水晶の日本式双晶（図3）がある．

2.3 古い地層に残された動植物

猪郷久義

オルドビス紀の化石—最古の化石を求めて

日本最古の岩石は，岐阜県七宗町上麻生の飛騨川沿いの上麻生礫岩に取り込まれた20億年前の片麻岩礫である．日本最古の化石はオルドビス紀中期あるいは後期，約4億5千万年前の小さな化石で，飛騨外縁帯の奥飛騨温泉郷の岩坪谷に露出する珪長質凝灰岩から抽出された4個体のコノドント化石である（束田・小池，1997）（図1）．またその出所に疑問があるが，高知県横倉山のシルル紀石灰岩に二次的に導入されたといわれるオルドビス紀コノドント化石の報告がある．飛騨外縁帯はもとより，南部北上帯，黒瀬川帯などから，将来より多くのオルドビス紀の化石が発見される可能性は高い．日本からさらに古いカンブリア紀や原生代の化石発見も夢ではない．

古生代の豊かな海の生物たち

1）フズリナ（紡錘虫）—石炭紀・ペルム紀の石灰岩ビルダー

フズリナは紡錘虫ともよばれ，生物の大分類ではプロトクチスト界（原生生物界）有孔虫門に入れられている．その下のランクはフズリナ超目，あるいはフズリナ超科に分類されている．日本でフズリナが詳しく研究されている秋吉台，阿哲台，青海などの石灰岩は，灰白色で塊状ないし厚く成層し，基盤は緑色岩（玄武岩質溶岩や火山砕屑岩）である．同様な石灰岩は，秩父帯・丹波帯・美濃帯などのジュラ紀付加体に大小の異地性岩体として取り込まれている．これらの石灰岩はパンタラッサ（古太平洋）の温暖浅海で礁を形成していたと考えられている．もう一つのタイプは南部北上帯や飛騨外縁帯の石炭紀・ペルム紀石灰岩で暗灰色ないし黒色でよく成層し，頁岩や砂岩などを挟む．これら陸棚型石灰岩は中国南部の揚子地塊，あるいは朝鮮半島と中国北部を含む中朝地塊の縁辺部に堆積したと説明されている．

石炭紀前期に出現したフズリナは，当初は円板状の小さな石灰質の殻をもち，その旋回軸は長さ1mm以下であった．石炭紀後期に入るとその多くは長さ数ミリメートルの紡錘

図1A 日本最古の化石を含む珪長質凝灰岩，奥飛騨温泉郷岩坪谷．

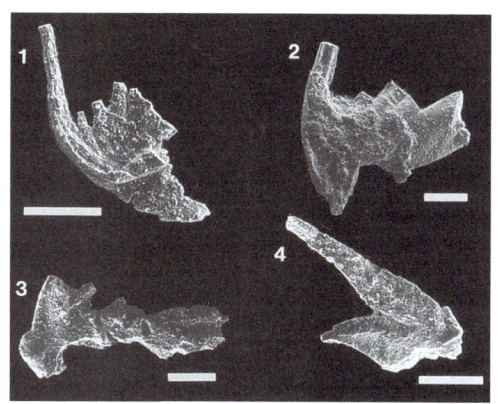

図1B 日本最古の化石．オルドビス紀のコノドント，ペリオドン・アクレアータス（*Periodon aculeatus*）．産地は同上．スケールバー0.1mm．（束田・小池，1997）．

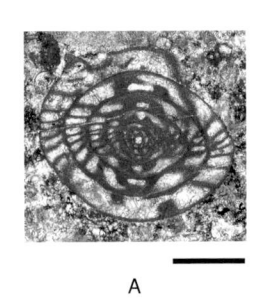

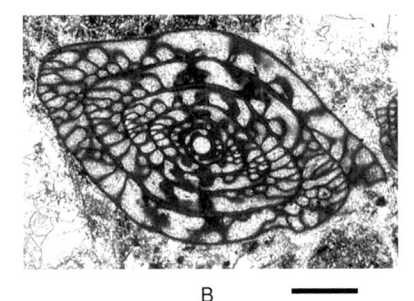

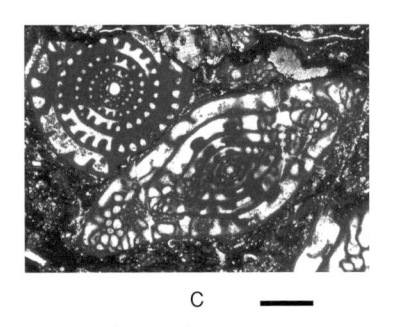

図2 石炭紀の代表的フズリナ．A．プロフズリネェラ・フクジエンシス（*Profusulinella fukujiensis*），B．ビダイナ・ランセオラータ（*Beedeina lanceolata*），C．トリティシーテス・ヒダエンシス（*Triticites hidensis*）（奥飛騨温泉郷福地一の谷層）．スケールバー1 mm．

形になり，末期には長さ1 cm以上に達するものも珍しくない（図2）．殻の大型化とともに隔壁構造は3層から4層となり，トリティシーテス（*Triticites*）属になると，その後の大部分のフズリナがもつケリオテーカ構造が発達する．隔壁（セプタ）のしゅう曲構造も複雑化する．これらさまざまな形質に見られる進化過程から，それぞれの種や属の系統関係や生存期間は詳細に決められ，地層の年代決定や汎世界的な対比に使われている．

ペルム紀にはさらに多くの種属が出現し，フズリナは華麗な進化史を展開する．ペルム紀の初期には球形あるいは亜球形の大きな殻のシュードシュワゲリナ（*Pseudoschwagerina*）やロブストシュワゲリナ（*Robustoschwagerina*）などが出現し分布を広げ，ペルム紀と石炭紀の境界決定に使われる（Watanabe, 1991）．ペルム紀の多くのフズリナはパラフズリナ（*Parafusulina*）属のように，時代とともに殻はさらに大きく長くなり，隔壁のしゅう曲も規則的に複雑化する．次に現れるネオシュワゲリナ（*Neoschwagerina*）科は，殻室が副隔壁（セプチュラ）によって細かく仕切られる．ペルム紀後期には，日本やテーチス海域にはこの科に属するフズリナが繁栄し，ヤベイナ（*Yabeina*），レピドリーナ（*Lepidolina*）などは進化の頂点に達した．しかしこれらのフズリナはペルム紀の最末期に先立って絶滅する．その後もペルム紀は数百万年以上も続き，小型で特殊化したコドノフジェラ（*Codonofusiella*）やライケリナ（*Reichellina*）などが生存する．これらのフズリナの多くは最終旋回が大きくゆるむので，進化の末期現象と説明する研究者も多い．あるいはペルム紀・三畳紀境界（P/T境界）に向けて始まった地球規模の海域での環境変化への適応戦略であろうか．なお殻の旋回が大きくゆるみ，アンモナイトのニッポニーテスのような「異常巻き」とされるフズリナにニポニテラ（*Nipponitella*）がある．これは長らく日本固有のフズリナと見られていたが，後に内蒙古のペルム系から類似した種が発見された．南部北上帯の石灰質砂岩や頁岩からは，やや変わった産状を呈する細長い殻のフズリナ，モノディキソディーナ（*Monodiexodina*）属が密集して含まれていることがある．このフズリナは地層の風化面では殻が溶解し，あたかもマツの枯葉を敷き詰めたように見え，「松葉石」という優雅な名前がつけられている．正式な種名もマツバイシ（*matsubaishi*）である．このフズリナは日本国内でも産地が限られているが，ロシアの沿海州や中国東北部，内蒙古，ヒマラヤ，タイ国，マレーシア国，チーモール島などに知られ，その分布から流れのある冷水域を好んだらしい（図3）．

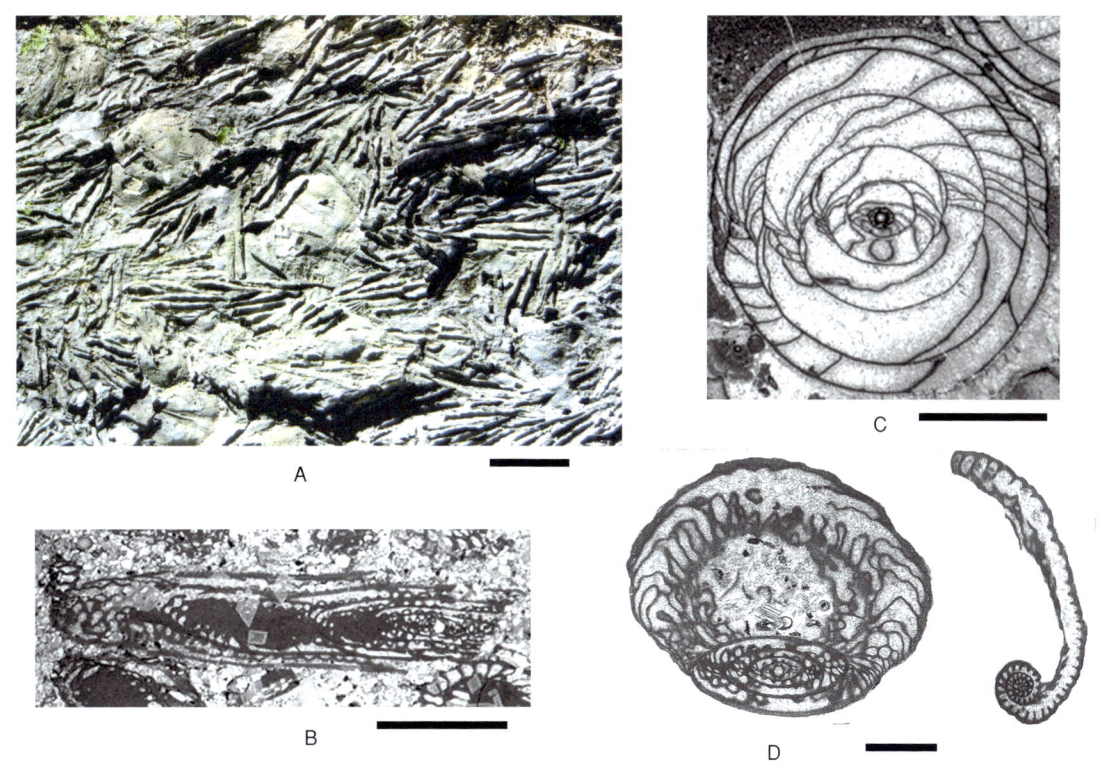

図3 ペルム紀のフズリナ．A. 松葉石，モノディキソデイナ・マツバイシ（*Monodiexodina matsubaishi*）砂岩層の風化面（岩手県叶倉沢，叶倉層），B. 同薄片（宮城県岩井崎石灰岩），C. 大形球形で広く分布するロブストシュワゲリナ（*Robustoschwagerina hidensis*）（岐阜県丹生川村久手），D. 異常巻きフズリナ，ニポニテラ（*Nipponitella explicata*），岩手県日頃市町坂本沢（日本古生物学会報告・紀事表紙より）．スケールバー A～C，5mm；D，1mm．

2）サンゴが栄えた海—パンタラッサとテーチス海

サンゴはオルドビス紀に出現して以来現世まで繁栄を続け，クラゲやイソギンチャクなどと刺胞動物門に分類される．古生代に栄えたのは四放サンゴ亜綱と床板サンゴ亜綱で，少数派の異放サンゴ亜綱が加わる．中生代以降は六放サンゴ亜綱と八放サンゴ亜綱が繁栄する．

シルル紀・デボン紀のサンゴ海

岩手県日頃市町樋口沢に露出する石灰岩は，日本で初めて確認されたシルル紀の化石を含む（Sugiyama, 1940）．化石は主にクサリサンゴ類ハリシテス（*Halysites*），ハチノスサンゴ類ファボシテス（*Favosites*），日石サンゴ類ヘリオリテス（*Heliolites*）など床板サンゴ類である．これに石灰質の大きな群体骨格を形成する層孔虫（ストロマトポラ）も目立つ．層孔虫は長いことサンゴと同じ腔腸動物門であったが，現在ではカイメン動物門のストロマトポラ綱に分類されている．高知県横倉山，宮崎県祇園山の石灰岩にも同じようなサンゴ化石や層孔虫が多く，シルル紀の「古日本」の海は豊かなサンゴ海であった（Hamada, 1958）．

南部北上帯や黒瀬川帯にはデボン系も分布するが，凝灰岩など火山性堆積物が卓越し，サンゴ化石は少ない．しかし飛騨外縁帯の福地や伊勢地域では，サンゴと層孔虫を多く含む黒色ないし暗灰色の成層した石灰岩が露出し，当時の豊かな海底の生態系を垣間見ることができる（図4）．クサリサンゴはシルル紀末に滅び，デボン紀の床板サンゴの主流はハチノスサンゴ（*Favosites*）で，福地層の石灰岩には大きな群体も含まれ，種類も多

図4 デボン系下部福地層石灰岩とその化石（奥飛騨温泉郷福地）．A．ハチノスサンゴと層孔虫に富む石灰岩，B．ハチノスサンゴ（縦断面）*Favosites* sp.，C．直角貝フクジセラス（*Fukujiceras kamiyai*），D．スピロセラス（*Spyroceras fukujiense*）．スケールバー B，C，1 cm；D，5 cm．（直角貝は Niko, 1996）．

い（Kamei, 1955）．日本のデボン系は四放サンゴ類も含むが，研究は未完である．

石炭紀・ペルム紀のサンゴ海

日本では石炭紀前期の終わり頃のビゼー期から石灰岩が多くなる．南部北上帯の鬼丸石灰岩はビゼー期で「貴州サンゴ」ケーチョーフィラム（*Kueichouphyllum*）などを多く含む．この四放サンゴは大型で，多数の隔壁（セプタ）をもつ見事なサンゴで，中国南部の広西省から最初に記載され，この名がついた（Minato, 1955など）．ケーチョーフィラムやヘテロカニニアなどの大型サンゴは，他の多くの四放サンゴとともに飛騨外縁帯などにも知られるが，なぜか秋吉，阿哲，青海など内帯の同じ時代の石灰岩にはまったく見つからない．この秋吉帯の石灰岩には別のタイプのサンゴが礁をつくった．その中にナガトフィラム（*Nagatophyllum*）やタイシャクフィラム（*Taishakuphyllum*）など，日本固有の四放サンゴがある（Igo & Adachi, 2001；

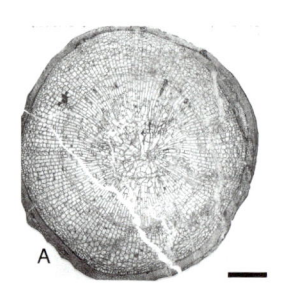

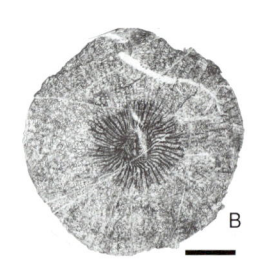

図5 下部石灰系鬼丸層石灰岩と秋吉石灰岩にそれぞれ特徴的な大形四放サンゴ．A．貴州サンゴの近似種（横断面）ヘテロカニニア（*Heterocaninia makotokatoi*）（奥飛騨温泉郷福地一の谷層）（Igo & Adachi, 1994.），B．ナガトフィラム・サトーイ（*Nagatophyllum satoi*）（山口県秋吉台）（Haikawa & Ota, 1983）．スケールバー 1 cm．

Haikawa & Ota, 1983 など）（図5）．石炭紀中期から後期になると，これらの石灰岩でも四放サンゴよりも，硬骨カイメン類のケーテース（*Chaetetes*）が礁構築の主役になる．

ペルム紀にも四放サンゴは繁栄を続けるが，多くはテーチス海域に特徴的なワーゲノフィラム科の諸属である．代表属は樹枝状群体となるワーゲノフィラム（*Waagenophyllum*），塊状群体のウェンツェレラ（*Wentzelella*）な

図6 下部石炭系腕足類：A. マージナティア（*Marginatia toriyamai*），B. 大形の殻をもったデレピネア（*Delepinea sayamensis*）秋吉台石灰岩（Yanagida, 1973, 1968），中部ペルム系の腕足類：C. ティロプレクタ（*Tyloplecta* sp.），D. レプトダス（*Leptodus nobilis*）（宮城県気仙沼叶倉層）（Tazawa, 2002）．スケールバー1 cm．

どで，日本産の大部分はテーチス海域のものと共通する（Minato & Kato, 1965）．繁栄した四放サンゴは多くのフズリナとともに，ペルム紀末のP/T境界に先立って一斉に絶滅する．

3）繁栄をきわめた腕足類

腕足類はカンブリア紀初期に出現し，古生代に大繁栄するが中生代から新生代にかけて衰退し，現生種はその生き残りで「生きた化石」の代表者である．古生代腕足類は多くの種属が世界中から記載され，示準化石となっているものが多い．またその生息海域も広く，古生物地理の復元にも役立っている重要な化石である．

シルル紀・デボン紀の腕足類

日本のシルル紀石灰岩には，腕足類は少ない．宮崎県祇園山石灰岩からは大型で厚い殻のペンタメルス科腕足類の報告がある．日本で初めて確認されたボン紀の化石は，岩手県長坂（東山町）の腕足類スピリファー（*Spirifer*）である．この属は殻の内部にスパイラル状の腕骨が発達し，現在ではキルトスピリファー（*Cyrtospirifer*）など多くの属や亜属に細分され，デボン紀の代表的な腕足類である．なお南部北上帯の中部デボン系中里層から，豊富な腕足類化石動物群が知られるようになった．飛驒外縁帯福地層の頁岩や石灰岩にもデボン紀初期・中期の保存の良い腕足類化石が多く，オーストラリア東部などの腕足類化石群に類似するという．

石炭紀・ペルム紀の腕足類

日本の石炭紀腕足類は秋吉石灰岩下部層に保存の良いものが多く，世界の示準化石と共通する種属が報告されている（Yanagida, 1973など）．その一つデレピネア（*Delepinea*）属に，殻の幅の長さが20 cmにもなる日本最大級のものが知られている．南部北上帯石炭系下部の日頃市層にも腕足類が多く，中国北部の同時代の化石群に類似する．また鬼丸石灰岩には大きな殻をもったギガントプロダクタス（*Gigantoproductus*）が含まれる．飛

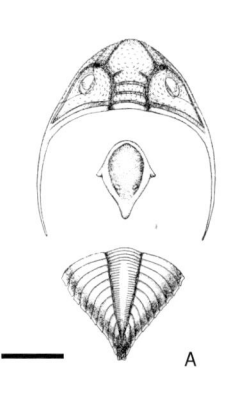

図7 シルル紀とデボン紀の三葉虫．いずれも1950年代に発見され，その後の日本の三葉虫研究の進歩の契機をつくった．A．コロノセハルス・コバヤシイ（*Coronocephalus kobayashii*）復元図（宮城県祇園山G2層，シルル紀中期）（Hamada, 1959）．B．リードプス・ノナカイ（*Reedops nonakai*）（岩手県樋口沢，中里層，デボン紀中期）（Okubo, 1956）．C．クロタロセハリナ・ジャポニカ（*Crotalocephalina japonica*）（奥飛騨温泉郷福地，福地層，デボン紀前期）（Kobayashi & Igo, 1956）．スケールバー1cm．

騨外縁帯福地一の谷層最下部の石灰岩からも殻長25cmのギガントプロダクタスが採集されている．北上山地のペルム紀の頁岩や砂岩層から腕足類が多産する（Tazawa, 2002など）．その中に特異な内部構造のレプトダス（*Leptodus*）がある．この腕足類は古く中国で魚類化石の一部として記載されたが，石灰質の殻が溶解した標本では，内部がまるで脊椎動物の肋骨のようにも見える（図6）．中部地方の美濃帯にも赤坂石灰岩をはじめ，ペルム紀の異地性石灰岩体が多く，腕足類化石を含むことがある．この中にはテーチス海に多い種属と，北アメリカ西南部のテキサスなどに特徴的な種属が混合した化石群があり，生息海域はパンタラッサの低緯度で，北米大陸寄りという興味深い見解が出されている．

4）化石の王様—日本の三葉虫

三葉虫は古生代を代表する化石で，節足動物門の三葉虫綱に分類され，よく「化石の王様」といわれる．日本の三葉虫化石は時代ごとのモノグラフが完成している（Kobayashi & Hamada, 1974, 1977, 1980, 1984）．

シルル紀・デボン紀の三葉虫

日本のシルル紀三葉虫は，高知県横倉山石灰岩の五味採石場から多くの種類が報告されている．デボン紀の三葉虫は，飛騨外縁帯福地層から20種以上も報告され，まさに三葉虫の宝庫である．北上山地の中里層からもデボン紀中期の三葉虫が古くから知られている．デボン紀の三葉虫も中国東北部から内蒙古，中央アジア，さらに遠くチェコスロバキアの三葉虫の名産地ボヘミア地方にまで続いた海域の化石群に類似する（図7）．

石炭紀・ペルム紀の三葉虫

石炭紀前期の三葉虫は岩手県日頃市町の長安寺，樋口沢，坂本沢などに露出する日頃市層から，フィリップシア（*Phillipsia*）のグループが多数記載されている．秋吉石灰岩，日南石灰岩，青海石灰岩など西南日本内帯の三葉虫化石群は，北上山地とは別の種属からなる．ペルム紀は三葉虫がすっかり衰退し，その末期には絶滅するが，日本からはかなりの属が知られている．とくに南部北上帯の叶倉層や岩井崎石灰岩などから，十数種類にもおよぶ三葉虫が記載されている．阿武隈山地北部のいわき市高倉山層からも，これまで多くの三葉虫が産出した．その中の一つエンドプス（*Endopus*）は，大きな眼を備えた見事な三葉虫である．美濃帯の赤坂石灰岩の最上部層から採集されたシュードフィリプシアの新種・ハナオカエンシス（*Pseudophillipsia*

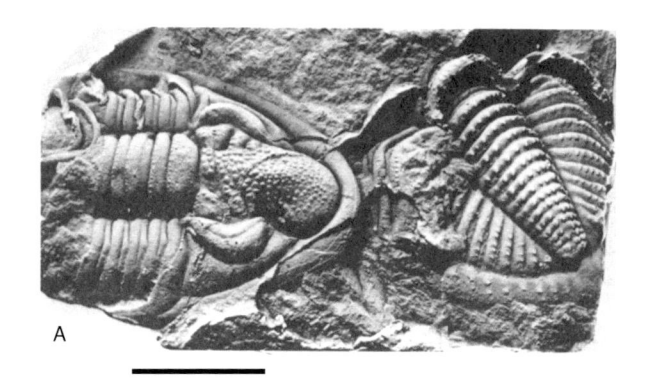

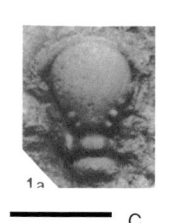

図8 石炭紀・ペルム紀の三葉虫．A．リングアフィリプシア・サブコニカ（*Linguaphillipsia subconica*）（岩手県長安寺，石炭紀前期日頃市層）（Kobayashi & Hamada, 1980）．B．エンドプス・ヤナギリワイ（*Endopus yanagisawai*）（いわき市高倉山，ペルム紀中期高倉山層）（Kobayashi & Hamada, 1984）．C．シュードフィリプシア・ハナオカエンシス（*Pseudophillipsia hanaokaensis*）（赤坂石灰岩，ペルム紀最末期）（Kobayashi & Hamada, 1984）．スケールバー A，B；1 cm．C，3 mm．

hanaokaensis）は，ペルム紀最末期のフズリナと共存し，まさに最後の生き残りの三葉虫の一つであろうか（図8）．

5）古生代の軟体動物

ゴニアタイト―古生代のアンモナイト

古生代のアンモナイト，ゴニアタイトはデボン紀中期に出現し，ペルム紀後期に絶滅する．秋吉石灰岩層からは，石炭紀の保存状態の良いゴニアタイトが多数抽出されている（Nishida & Kyuma, 1982など）．また南部北上山地など各地の石炭系・ペルム系からもゴニアタイトが産出するが，一般に保存状態がよくない．

直角貝―古生代のオオムガイ

カンブリア紀に出現しオルドビス紀・シルル紀に大繁栄した頭足類は直角貝とよばれ，現生のオオムガイの先祖形である．横倉山のシルル紀石灰岩や福地のデボン紀石灰岩や頁岩には直角貝化石が多い．とくに福地層からは約20種が記載され，中にはかなり大型の個体もあって，日本のデボン紀の頭足類動物群は大変豊かであった（Niko, 1996ほか）（図4）．

極小化と大型化した貝類の謎

岐阜県赤坂石灰岩には，巻貝や二枚貝を多く含む層準がある．殻の高さ1 mm 程度の小型巻貝や，逆に大型化した二枚貝や巻貝の多い石灰岩もある．これら大型巻貝や二枚貝は，上部のヤベイナ帯の黒色石灰岩層によく含まれている（浅見化石会館編，1995）．ベレレフォン（*Bellerophon*）は，世界各地のペルム紀石灰岩に多い巻貝であるが，赤坂産のものは通常の2倍から3倍も大きい個体も珍しくない．二枚貝のアルーラ（*Alula*）も超特大のものがある．このような大型化した貝類は，現在の熱帯や亜熱帯のマングローブ湿地のような環境に生息したとする見解もある．赤坂石灰岩から世界で最初に記載されたペルム紀の超大型二枚貝のシカマイア（*Shikamaia*）は，当初所属不明の化石であったが（Ozaki, 1968），後に類似したものが岐阜県舟伏山石灰岩，外国ではマレーシア，アフガニスタン，クロワチア，チュニジアなどからも見つかり，殻の長さ60 cm にもなる厚い殻を備え，翼を広げたような外形の二枚貝と判明した．しかしその生態などにはいまだ謎が多い．よく似た形態のメガロドン（*Megalodon*）は，三畳紀に繁栄した（図9）．

図9 ペルム紀化石の名産地，岐阜県赤坂石灰岩の採石場と大型貝類．A. アルーラ・エレガンティシマ（*Alula elegantissima*），B. ベレロホン・ジョージアヌス（*Bellerophon jonesianus*）（浅見化石館編，1995），C. シカマイア・アカサカエンシス（*Shikamaia akasakensis*）（Ozaki, 1968）．スケールバー 1 cm.

6）「古日本」の魚類

奇妙なサメ

　日本のデボン紀の海にも魚類が遊泳していた．飛騨外縁帯の福地層から，デボン紀の原始的魚類の板皮類の外皮の破片，サメ類の歯などが発見されている．古く足尾山地花輪の石灰岩から，大きな渦巻き状の鋸歯を備えたサメの下顎，ヘリコプリオン（*Helicoprion*）が発見された．この奇妙なサメはロシアのウラル山脈のペルム系から最初に記載された．気仙沼市のペルム系からも同じようなヘリコプリオンが日本での2体目として発見された．

100年来の謎が解けたか？
―魚類の仲間入りを果たしたコノドント

　冒頭で日本最古の化石はオルドビス紀コノドント（Conodont）と紹介した．コノドントはリン酸カルシウムからなるツノ状あるいは歯状を呈する微化石である．分類上の位置については，100年以上にわたってさまざまな見解があって，結論は得られなかった．1980年代末にスコットランドの石炭系から軟体部の痕跡化石が見つかり，その中にコノドントが集合体として含まれ，詳しく研究された．その結果，このコノドントアニマルは原始的な魚類の1グループで，細長い体形で遊泳していたと結論された（Aldridge *et al*., 1993 ほか）．日本からこのような痕跡化石は未発見であるが，集合体はいくつも発見されている．コノドント化石は浅海に堆積した石灰岩はもとより，遠洋深海に堆積したチャートや珪質頁岩にも多く含まれている．日本ではコノドントはオルドビス系からペルム系をはじめ，中生代付加体の三畳紀石灰岩や珪質岩，とくにチャートの年代決定に大いに貢献した．コノドントアニマルは原始的な魚類で，無脊椎動物と脊索動物をつなぐ進化史上の重要な位置を占めている．その特徴的な15個の繊細なエレメントで，何を捕食していたのであろうか？　さまざまな謎がある．復元されたコノドントアニマルは体の先端に1対の大きな目

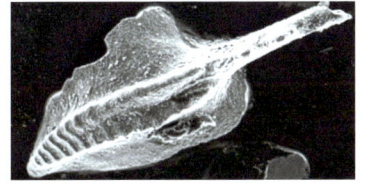

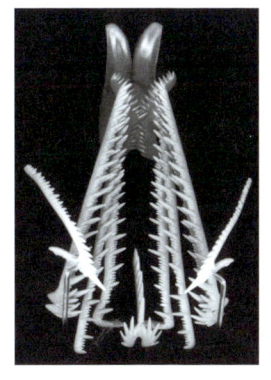

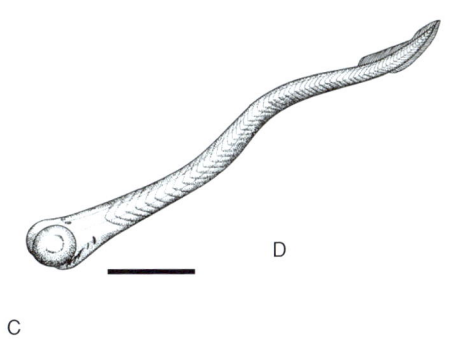

図10 新潟県青海石灰岩産石炭紀コノドント，復元されたエレメントの配置"コノドントアニマル". A. イディオグナソダス・スルカタス (*Idiognathodus sulcatus*). B. デクリノグナソダス・ノジュリフェラス・ジャポニカス (*Declinognathodus noduliferus japonicus*) スケールバー0.01mm. C. Purnell *et al.* (1988) によるコノドントエレメントの配列復元. D. Aldridge *et al.* (1993) によるコノドントアニマルの復元図. スケールバー8mm.

図11 古生代の陸上植物化石. A. レプトフレウム (*Leptophloeum rhombicum*) (高知県横倉山越知層) (上部デボン系) (平田, 1996). B. テニオプテリス (*Taeniopteris* cfr. *schenkii*) (宮城県登米郡米谷楼台層) (下部ペルム系) (浅間, 1981). スケールバー1cm.

がつけられている．この眼があるいはその謎を解く一つの鍵かもしれない．日本からも軟体部の痕跡化石の発見が待たれる（図10）．

7) 古生代の「古日本」の陸上植物

デボン紀の陸上植物

日本では陸上植物化石の産出はきわめて稀で，1950年に北上山地の上部デボン系から鱗木化石レプトフレウム（*Leptophloeum*）が発見されたときは学界の注目を集めた（Tachibana, 1950）．レプトフレウムはデボン紀後期に汎世界的に繁茂した木性シダである（図11）．その後この材化石は，九州・四国の黒瀬川帯，飛騨外縁帯などからも発見され，デボン紀には「古日本」の近くに，この木性シダが茂った陸地が広がっていたことは確実となった．

石炭紀・ペルム紀の陸上植物

宮城県登米地方の下部ペルム系海成層からギガントプテリス（*Gigantopteris*）など，多くの陸上植物化石が報告されている．この化石植物群は中国山西省，北朝鮮平南盆地などのカタイシア植物群に類似する（Asama, 1956など）．ほかにも日本のペルム系からはトクサの先祖のカラミテス（*Calamites*），巨木になる球果植物コルダイテス（*Cordites*）などの幹や葉片化石の産出報告がある．（図11）．

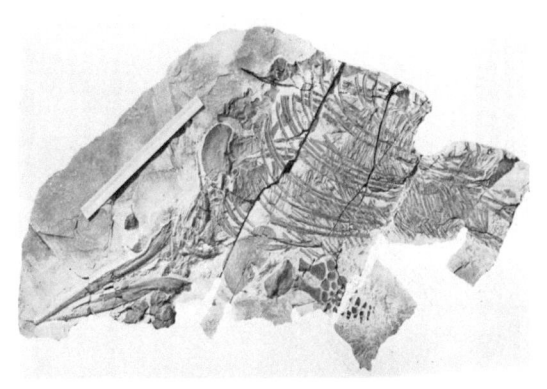

図12 世界でもっとも原始的な魚竜．ウタツギョリュウ（*Utatsusaurus hataii*）（宮城県歌津町三畳紀前期大沢層）（村田，1971）．

8）古生代・中生代の境界（P/T境界）で何が起こったか

古生代に繁栄した海生無脊椎動物の多くは，ペルム紀最末期に絶滅する．中生代三畳紀に入ると，この絶滅した動物に代って中生代を特徴づける分類群が繁栄を始める．このペルム紀と三畳紀の境界（P/T境界という）の生物の大量絶滅事件は，1980年代になって，その原因に多くの研究者が関心を寄せた．この問題を追究するには，ペルム紀から三畳紀にかけて連続的に堆積し，しかも化石が含まれている地層が必要である．日本にはこのような地層はないと考えられていたが，最近になって研究に適する地層が見つかってきた（Yamakita *et al*., 1999；Isozaki, 1997など）．

P/T境界を記録した遠洋深海成の地層

ペルム紀末から三畳紀初頭にかけて，連続して堆積した地層は，ジュラ紀の付加体の中から見つかった．このP/T境界を含む地層でとくに注目を集めたのは，京都府西部の丹波帯の篠山や三和町菟原，美濃帯の木曽川流域の犬山，鵜沼などに露出するチャート主体の地層である．これらの地層のP/T境界付近は，場所によって多少の違いはあっても，放散虫を含むチャート層の上位に灰色珪質粘土岩，さらにその上位に黒色炭質粘土岩が重なる．菟原では粘土岩は厚さ数十センチメートルであるが，ペルム紀最末期のコノドントが珪質粘土岩から，三畳紀最前期のコノドントが炭質粘土岩から発見された．このコノドント化石の産出順序は海外でも確かめられているが，その多くは石灰岩主体の浅海成の地層で，アンモナイトなどの示準化石でもP/T境界が確かめられている．日本ではまず遠洋深海成堆積物中でコノドントや放散虫によって境界が確定された．大絶滅を引き起こした原因は何か．これに関しては，さまざまな学説があって，議論が絶えない．その一つに，ペルム紀末期に海水中の溶存酸素が減少し，酸欠状態が生じたとする見解がある．この酸欠がP/T境界に向かって極大になり，海洋生物の生態系が荒廃し，大絶滅につながったとする考えである．生物界にとってのこの危機が回復し，新しい中生代型の生物の繁栄が本格的に始まるまでには数百万年以上を要し，三畳紀中期になってからと考える研究者が多い．最終的に深刻な酸欠をもたらした原因は，超大陸パンゲアの分裂による大規模な火山活動に関連して起こった太陽光の遮へい，さらには寒冷化，酸性雨，有毒ガス，光合成の停止，海洋底での嫌気性バクテリアの異常発生などが考えられている（Isozaki, 1997ほか）．菟原などの地層の重なりと岩相は，当時の海水の溶存酸素量の変遷を直接反映しているのかもしれない．

中生代の「古日本」で繁栄した動植物

1）P/T境界の危機が去った海と陸

P/T境界直後の海は，地球規模で生物の生息にはあまり良い条件ではなかった．日本では三畳紀の砂岩や頁岩の地層にはアンモナイトや二枚貝などの化石が多く含まれる．1980年代からは，コノドントや放散虫化石の研究が急速に進み，三畳紀のチャート主体の地層が各地で付加体を形成していることも明らかになった．三畳紀後期には内帯に陸成層

図13 三畳紀・ジュラ紀のアンモナイトと二枚貝化石．A．モノチス・オコチカ・デンシストリアータ（*Monotis ochotica densistriata*）（宮城県歌津町三畳紀後期皿貝層）（Ando, 1987）．B．ディナーセラス・イワイエンゼ（*Dieneroceras iwaiense*）（東京都日の出町岩井三畳紀前期岩井層）（Sakagami, 1955）．C．プティチーテス・ニッポニクス（*Ptychites nipponicus*）（宮城県利府三畳紀中期利府層）（Bando, 1964）．D．アーラコスフィクトイデス（*Aulacosphinctoides* sp.）（福島県相馬市富沢ジュラ紀後期中ノ沢層）（佐藤ほか，2005）．スケールバー1 cm．

も堆積し，温暖湿潤気候を示す植物化石が含まれ，石炭層も形成された．

2）ウタツギョリュウとアンモナイトの海

宮城県石巻地方では，石碑などに向く良質の石材の「稲井石」が，1950年頃まで盛んに採掘されていた．これは粘板岩あるいは頁岩で，北方の気仙沼地方まで続き，三畳紀固有のセラタイト目のアンモナイトや，二枚貝化石が含まれている（図13）．石巻周辺では楕円形に変形した大型のアンモナイトのホランディテス（*Hollandites*）などが多く見つかった．1970年には宮城県歌津町の海岸に露出する三畳紀前期の頁岩層から多くの骨化石が発見され，研究の結果，これは世界でもっとも原始的な魚竜で，ウタツ魚竜ウタツサウルス・ハタイイ（*Utatsusaurus hataii*）と命名された．この魚竜は体長約1.4 m，体形は細長いイルカ形で群れて遊泳していたと見られ，その後も化石がよく発見される．ウタツ魚竜の両顎には，多くの鋭い歯が並んでいるので，アンモナイトを襲っていたのかもしれない（村田，1971ほか）（図12）．

3）三畳紀後期の二枚貝類

三畳紀にはアンモナイトと二枚貝が広く世界の海に繁栄した．三畳紀後期の二枚貝化石は，日本では大きく二つのグループ（ボレアル-太平洋動物群・テーチス動物群）に分けられる．前者は高知県の川内ケ谷層の貝化石群が代表的で，モノチス・オコチカ（*Monotis ochotica*）など多くの種類を含み，川内ケ谷二枚貝化石群とよばれている（Hayami, 1975）．この化石群は西南日本内帯の各地にも知られ，三角貝類も多い．テーチス動物群の二枚貝は，西南日本外帯の三宝山

石灰岩と周辺の地層に特徴的で，三宝山二枚貝化石群とよぶ．この化石群を含む石灰岩は，熊本県球磨川流域から始まり，埼玉県武甲山，東京都奥多摩地域，さらに遠く北海道函館の上磯まで追跡される．この石灰岩には大型で厚い殻をもった特殊な二枚貝メガロドン（Megalodon）類が見つかる．この二枚貝化石はヨーロッパのアルプス山脈をつくる三畳紀後期の石灰岩から最初に紹介され，サンゴ礁のラグーンで生息したと考えられている．三宝山石灰岩でも同様な生息環境が明らかになっている（田村，1994ほか）．

4）ジュラ紀の鳥の巣石灰岩

日本のジュラ系に高知県佐川地方の地名にちなんだ奇妙な名称の地層，鳥の巣層群がある．この地層の石灰岩には六放サンゴ，層孔虫（ストロマトポラ），石灰藻類，ウニ，アンモナイトなど化石が多量に含まれている．同じような石灰岩は各地の秩父帯の中に，大小の異地性岩体「鳥の巣石灰岩」として取り込まれている．福島県相馬中村地域にも鳥の巣層群に対比されるアンモナイトを多く含む石灰岩が露出し（図13），植物化石を多産する陸成層も挟まれている．ジュラ紀の浅海堆積層は北上山地南部にも露出し，アンモナイトや二枚貝化石が多い（Hayami, 1975）．ジュラ系下部の厚い地層は本州の内帯にも分布し，アンモナイトや二枚貝化石を含む海成層と，植物化石を産する陸成層が重なる．長野県，新潟県，富山県の県境の来馬層群はその一例で，地層の厚さは全体で1万mにも達する．ジュラ紀はアンモナイトの進化が顕著で，生存期間の短い種類が多く，地層の細分や国際対比に役立つ．日本でも鳥の巣層群をはじめ，山口県西部の豊浦層群など各地のジュラ系から多くのアンモナイトが報告されている（Sato, 1962）．世界的に見てジュラ紀のアンモナイトは，南のテーチス海域に生息したグループと，北のボレアル（極地方）海域に繁栄したグループと二分される．日本のジュラ紀アンモナイトの多くは，テーチス海グループであるが，来馬層群や手取層群には北方系（ボレアル）の種が混合している．これらのアンモナイトには装飾の美しいものが多い．

5）ジュラ紀・白亜紀の海に大繁栄した貝類トリゴニア（三角貝）とイノセラムス

トリゴニア（Trigonia）科二枚貝は中生代に繁栄し，殻全体が三角形に近い．新生代には急に衰退し，わずか数種がオーストラリア海域に生き残っている．日本からはジュラ系・白亜系の浅海成砂岩に多い．この貝は殻頂が前方に片より，歯に特徴がある．殻頂から後方に細長い楯面がよく発達し，厚い殻の表面に顕著な肋かこぶが並ぶ．この貝は多くの属や亜属に分けられ，日本で詳細な系統関係が研究され，中生代を代表する二枚貝化石である．よく似たトリゴニオイデス（Trigonioides）属は，白亜紀に日本と東アジア各地の淡水・汽水に適応した．

イノセラムス（Inoceramus）も中生代に特有な二枚貝でジュラ紀に出現し，白亜紀中期に分布を広げた．この化石は日本各地の白亜系上部の泥質岩に多く，アンモナイトとともに地層の分帯や国際対比に用いられている．殻は大型で薄く，表面に共心円状や放射状の肋をもつ．殻の構造が特徴的で外側に方解石の多角形のプリズム層ができる．

6）白亜紀のアンモナイト―世界に誇る研究成果

アンモナイトはジュラ紀から白亜紀にかけて爆発的に進化し，多種多様の形態で世界中の海に適応放散したが，6,500万年前には完全に絶滅する．北海道には上部白亜系の蝦夷層群が広く分布し，アンモナイトの宝庫で，これまで500種以上も記載されている．下部白亜系のアンモナイトは貝類などとともに岩

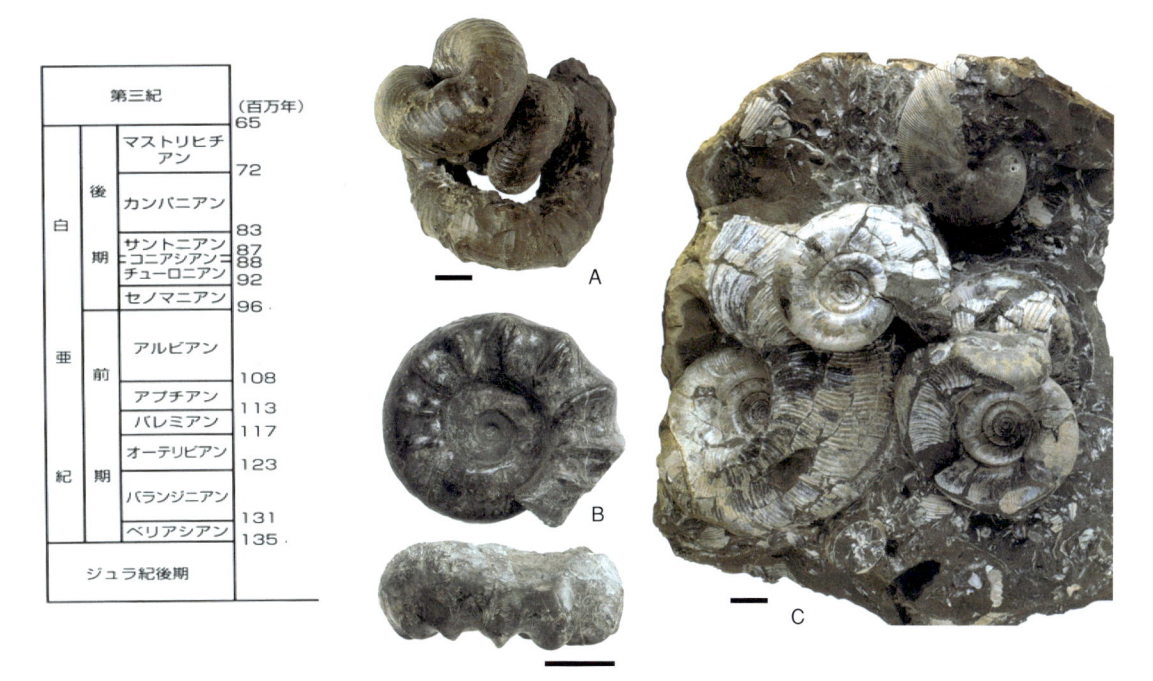

図14 白亜紀の時代区分と北海道白亜系のアンモナイト．A．ニッポニテス・ミラビリス（*Nipponites mirabilis*）（北海道夕張地域チューロニアン）．B．大型の殻をもつプゾシアの一種，ハイパープゾシア・タモン（*Hyperpuzosia tamon*）．C．ゴードリセラス・テヌイリラータム（*Gaudryceras tenuiliratum*）（北海道遠別地域カンパニアン）．（重田，2001）．スケールバー A，C，1 cm；B，10 cm．

手県宮古地方，千葉県銚子半島，関東山地の山中地溝帯地域，西南日本外帯各地から知られている．

アンモナイトの海—蝦夷・サハリンの海

白亜紀にはサハリンから南北方向に北海道の中軸部を通り，1,000 km 以上続く盆地状の細長い海域が広がり，西はアジア大陸の東縁，東は深い海溝に縁取られていた．この海域に堆積した蝦夷層群は，主に泥岩と砂岩・泥岩互層からなり，厚さ8,000 m 以上に達する．この海は近海から沖合までアンモナイトの格好の生息域となった．北海道のアンモナイトは白亜紀中頃から末期まで，約5,000万年間の栄枯盛衰を生き生きと示してくれる．

白亜紀は大きく前期と後期に区分し，さらに12の期に細分されている（図14）．蝦夷層群のアルビアンのアンモナイトは温暖海域の種類と，カムチャッカからアラスカに続く北の海域の種類が含まれる．セノマニアンにはデスモセラス超科のアンモナイトを中心に，北太平洋海域の種が多くなる．セノマニアンとチューロニアンの境界でアンモナイトの群集は大きく変化する．この変遷は世界各地でも確認されていて，地球規模の温暖化や海水の酸素欠乏など自然環境の変化で，群集の大きな入れ替わりが引き起こされたと考えられている．北海道のチューロニアンは北太平洋海域に繁栄した種属が多い．とくに異常巻きアンモナイトのニッポニテス（*Nipponites*）は，チューロニアン上部を特徴づける．蝦夷層群の上部と最上部層はサントニアンからマストリヒチアンで，なお多くのアンモナイトが生き残っている．この時期の群集はサハリン，カムチャッカ，アラスカからカナダのバンクーバー島，北カリフォルニアまで続く北太平洋海域固有のフォーナと共通する．このアンモナイト群集の組成変化は，白亜紀末期に向かって寒冷化が進んだ地球規模の自然環境の変化によく合っているようである（重田，2001）（図14）．

2.3 古い地層に残された動植物 — 55

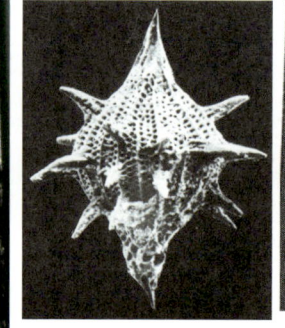

図15 木曽川河床に露出する放散虫チャート層．A. ジュラ紀中期の示準化石ウヌマ・エキナータス（*Unuma echinatus*），B. 三畳紀中期の示準化石トリアソカンペ・ノバ（*Triassocampe nova*）．(Yao, 1990)．スケールバー0.1 mm.

7）やっかい者扱いから年代決定の寵児に ─放散虫化石

　放散虫は有孔虫とともに単細胞の原生生物界（プロトクチスト界）の主要な位置を占めている．微細な珪質の殻の外形は変化に富み，化石はチャートや泥岩中に多量に含まれる．放散虫化石は1960年代まで年代決定に不向きな微化石で，厄介者扱いを受けてきた．その後，走査型電子顕微鏡の活用で事情は一変した．硬いチャートや頁岩は強力な酸で溶解され，放散虫は個体として取り出されるようになった．微細で複雑な装飾をもった殻は詳しく分類され，生存期間が決定された．一連の研究で日本各地の時代未詳のチャート層などは年代が確定できるようになった．放散虫化石は時代決定に欠かせない寵児に変身した．

　古生代中期の放散虫は最近では飛騨外縁帯，黒瀬川帯，南部北上帯などからも抽出され，大型化石に乏しい地層の年代決定に有効利用されている．ペルム紀のアルバイエラ（*Albaillella*）科は奇妙な外形の放散虫で，進化過程が明らかにされ，世界に先駆けて詳細な化石帯が設定された．放散虫は中生代にも大繁栄し，放散虫チャート層は列島各地に露出する．ジュラ紀はナッセラリア（*Nassellaria*）類の生存期間などで，アンモナイトと同様か，それ以上の地層の細分が可能である．美濃帯の模式地の木曽川河畔にはチャートが好露出する．これに伴って炭酸マンガンを含む泥岩が介在し，放散虫化石が大量に抽出され，その研究成果が放散虫を時代決定の寵児にした．この放散虫群集は産地の鵜沼にちなむ属名，ウヌマ（*Unuma*），殻表面に多い棘にちなんだ種名エキナタス（*echinatus*）を代表種とし，ウヌマ・エキナタス群集と名付けられている（図15）．なお大型化石の乏しい白亜系からも，放散虫は多数抽出されて日本各地で泥岩やチャート層の年代決定に貢献している（Yao, 1990など）．

8）中生代の陸上植物の繁茂

　三畳紀後期の植物化石を含む地層は，山口県美祢，大嶺，岡山県成羽などに露出し，良質の石炭層も挟まれていた．これらの地層からは多くの植物化石が報告され成羽植物群，あるいはディクチオフィラム－クラスロプテリス（*Dictyophyllum-Clathropteris*）植物群とよばれ，温暖湿潤の気候下の植生である．ディクチオフィラムとクラスロプテリスは現生シダのヤブレガサウラボシ科に属する

図16 日本の中生代陸上植物の研究に由緒のある化石．A．クラスロプテリス（*Clathropteris meniscoides*）（岡山県成羽三畳紀後期日名畑層，現生ヤブレガサウラボシ科のシダ），B．ポドザミテス・レイニイ（*Podozamites reini*）（石川県白峰村白亜紀前期手取層群），C．ニルソニア・ニッポンエンシス（*Nilssonia nipponensis*）（産地同上）．（いずれも横山又二郎，1889）．

（図16）．成羽植物群に類似した化石植物群は，朝鮮半島南部から南中国にかけて広がっていた．三畳紀後期の植物群はジュラ紀前期に引き継がれるが，来馬層群の植物化石群はその一例である．

ジュラ紀後期から白亜紀前期の植物化石は中部地方北部の手取層群のものが有名で，最近は恐竜化石も発見され，当時の豊かな植物群落の景観が復元されている．日本では手取化石植物群とほぼ同じ年代の別のフローラも知られている．高知県領石層の領石型植物群（フローラ）で，外帯各地の下部白亜系にもこれと同じフローラが知られている．この二つのフローラを含む地層は現在では中央構造線をへだてて，内帯と外帯に平行して対になって分布しているが，元来は北と南に大きく離れていた．その後の中央構造線の大規模な横滑り運動で，現在の配置になったと考える研究者が多い．なお領石フローラを特徴づける化石植物は30種程度しか判明していないが，インド・ヨーロッパ植物地理区のフローラに類似する．手取フローラは中生代古期の直接の子孫と考えられる植物が多く，合計で100種近くも知られ，大きな沼沢地やその周りで群落をつくっていた（図16）．類似したフローラは東アジアからシベリアまで広がり，当時繁栄した恐竜に格好の生態系を提供した（Kimura & Ohana, 1990など）．

9）「古日本」に移住してきた恐竜

日本では魚竜や首長竜などの化石は1960年代からようやく知られるようになった．福島県いわき市で高校生の鈴木君が1968年に発見した首長竜，フタバスズキリュウはその一例である（図17）．恐竜化石は1978年に岩手県岩泉町茂師の白亜系からマメンチザウルス（*Mamenchisaurus*）の大腿骨が，日本初の発見となった．その後，日本各地の白亜系から骨格の一部や，歯などの発見が続いた．1985年には石川県白峰村の手取層群から恐竜の歯が発見され，この地層は日本の恐竜化石の宝庫となった．福井県勝山市，石川県白峰村，富山県大山町などで進められた大規模発掘調査では，骨格はもとより，卵化石，足跡化石なども発見された．勝山市では全体骨格のかなりの部分も発掘され，詳しい古生

図17 フタバスズキリュウ．背骨の全長は約3m（福島県いわき市双葉層群）．

図18 獣脚類フクイラプトル・キタダニエンシス（*Fukuirapotor kitadaniensis*）骨格復元図，全長4.2 m（福井県勝山市北谷手取層群赤岩亜層群）．（Azuma, 2003）．右下図はこの恐竜が発掘された北谷の露頭．

物学的研究が進められた．なかでも獣脚類カルノウサウルス類のフクイラプトール・キタダニエンシス（*Fukuirapotor kitadaniensis*）は，体長4.2 mの堂々たる肉食恐竜である（図18）．鳥脚類イグアノドン科で草食のフクイリュウ，フクイサウルス・テトリエンシス（*Fukuisausrs tetoriensis*）は，体長5 mで頭骨や脊椎など骨格のかなりの部分が発掘されている．ほかにもワニやカメなどの爬虫類化石もあって，白亜紀前期に東アジア大陸の東端に生じた大きな入り江や，手取湖の周辺には手取フローラが繁茂し，大陸から大挙して恐竜が移動してきたと見られる（福井県立恐竜博物館編，2000）．日本の恐竜化石の研究は端緒を迎えたが，21世紀のさらなる発展が期待される．

文献

Aldridge, R. T., D. E. G. Briggs, M. P. Smith, E.N.K. Clarkson and N. D. L Clark. 1993. The anatomy of conodonts. *Phil. Trans. Royal Soc. London, B*, 340: 403-422.

Asama, K. 1981. Permian plants from Maiya, Japan. 2. *Taeniopteris. Bull. Nat. Sci. Mus., Tokyo, sec. C*, 2: 1-14.

浅見化石会館（編）．1995．浅見化石会館化石図集，

金生山の化石. 274 pp.

福井県立恐竜博物館（編）. 2000. 展示解説書. 208 pp.

Igo, H. and S. Adachi. 2001. Carboniferous corals from the Ichinotani Formation, Fukuji, Hida Massif, central Japan. *Bull. Tohoku Univ. Museum*, 1: 311-319.

Haikawa, T. and M. Ota. 1983. Restudy of the *Nagatophyllum satoi* Ozawa and *Carcinophyllum enorme* (Ozawa) from the Akiyoshi Limestone Group, southwest Japan. 秋吉台科学博物館報告, 18: 35-52.

Hamada, T. 1958. Japanese Halysitidae. *Jour. Fac. Sci., Univ. Tokyo*, 11: 91-114.

Hayami, I. 1975. A systematic survey of the Mesozoic Bivalvia from Japan. *Bull. Univ. Mus. Univ. Tokyo*, 10, 228 pp.

Isozaki, Y. 1997. Permo-Triassic boundary superanoxia and stratified superocean records from lost deep-sea. *Science*, 276: 235-238.

Kamei, T. 1955. Classification of the Fukuji formation (Silurian) on the basis *Favosites* with description of some *Favosites*. *Jour. Fac. Liberal Arts and Sci., Shinshu Univ.*, 5: 59-63.

Kimura, T. and T. Ohana 1990. Triassic-Jurassic plants in Japan. In Ichikawa, K. S. Mizutani, I. Hara,S. Hada and A. Yao eds.: Pre-Cretaceous terranes of Japan, pp. 371-379.

Kobayashi, T. and T. Hamada. 1974. Silurian trilobites of Japan in comparison with Asia, Pacific and other faunas. *Pal. Soc. Japan, Sp. Paper*, 18, 155 pp.

Kobayashi, T. and T. Hamada. 1977. Devonian trilobites of Japan in comparison with Asia, Pacific and other faunas. *Pal. Soc. Japan, Sp. Paper*, 20, 201 pp.

Kobayashi, T. and T. Hamada. 1980. Carboniferous trilobites of Japan in comparison with Asia, Pacific and other faunas. *Pal. Soc. Japan, Sp. Paper*, 23, 132 pp.

Kobayashi, T. and T. Hamada. 1984. Permian trilobites of Japan in comparison with Asia, Pacific and other faunas. *Pal. Soc. Japan, Sp. Paper*, 26, 92 pp.

Minato, M. 1975. Japanese Carboniferous and Permian corals. *Jour. Fac. Sci., Hokkaido Univ.*, ser. 4, 9: 1-202.

Minato, M. and M. Kato. 1965. Waagenophyllidae. *Jour. Fac. Sci., Hokkaido Univ.*, ser., 4, 12: 1-241.

村田正文, 1971. うたつ魚竜採集記. 地学研究, 22: 396-409.

Niko, S. 1996. Pseudorthoceratid cephalopods from the Early Devonian Fukuji Formation of Gifu Prefecture, central Japan. *Trans. Proc. Pal. Soc. Japan. N. S.*, 181: 347-360.

Nishida, T. and Y. Kyuma. 1982. Mid-Carboniferous ammonoids from the Akiyoshi Limestone Group. 秋吉台科学博物館報告, 17: 1-54.

Ozaki, K., 1968. Problematical fossils from the Permian limestone of Akasaka, Gifu Prefecture. *Sci. Rep. Yokohama Nat. Univ., sec. 2*, 14: 27-33.

Sato, T. 1962. Etudes biostratigaraphiques des ammonites du Jurassique du Japon. *Mém. Soc. géol. France, N. S.*, 41, pp. 122.

Sugiyama, T. 1940. Stratigraphical and paleontological studies of the Gotlandian deposits of the Kitakami Mountainlands. *Sci. Rep. Tohoku Imp. Univ. ser. 2*, 21: 1-148.

重田康成. 2001. アンモナイト学. 東海大学出版会. 155 pp.

Tachibana, K. 1950. Devonian plants first discovered in Japan. *Proc. Japan Acad.*, 26: 54-60.

田村 実. 1994. 三宝山帯はどこからきたか. 熊本地学会誌, 107: 2-18.

Tazawa, J., 2002. Late Permian brachiopod faunas of the South Kitakami Belt, northeast Japan, and their paleobiogeographic and tectonic implications. *The Island Arc*, 11: 287-301.

Tazawa, J., T. Ono and M. Hori. 1998. Two Permian lyttoid brachiopods from Akasaka, central Japan. *Pal. Research*, 2: 239-245.

束田和弘・小池敏夫. 1997. 岐阜県上宝村一重ヶ根地域より産出したオルドビス紀コノドント化石について. 地質学雑誌, 103: 171-173.

Watanabe, K. 1991. Fusuline biostratigraphy of the Upper Carboniferous and Lower Permian of Japan, with special reference to the Carboniferous – Permian boundary. *Palaeont. Soc. Japan, Sp. Paper*, 32, 150 pp.

Yamakita, S., N. Kadota, T. Kato, R. Tada, S. Ogihara, E. Tajika and Y. Hamada. 1999. Confirmation of the Permian/Triassic boundary in deep-sea sedimentary rocks; earliest Triassic conodonts from black carbonaceous claystone of the Ubara section in the Tamba belt, southwest Japan. *Jour. Geol. Soc. Japan*, 105: 805-898.

Yanagida, J. 1973. Carboniferous brachiopods from Japan, southwest Japan, Part 4. 秋吉台科学博物館報告, 9: 39-51.

Yao, A. 1990. Triassic and Jurassic radiolarians. In Ichikawa, K., S. Mizutani, I. Hara, S. Hada and A. Yao eds.: Pre-Cretaceous terranes of Japan, pp. 329-345.

2.4 日本列島の生い立ちと動植物相の由来

小笠原憲四郎・植村和彦

日本列島の生い立ちは前章で述べられたように，大陸縁辺に地溝状の裂け目を生じ，やがて日本海が形成されたことに始まる．中新世前期のおよそ2,000～1,500万年前のことである．それ以前に太平洋側に限られていた海は，現在の日本海沿岸地域にも広がり，各地に海成の地層が堆積した．日本海拡大の前後の地層には化石が豊富に含まれていることが多く，当時の環境や動植物群のようす，あるいは日本独自の動植物相の発展を探ることができる．ここでは，化石記録の多い浅海性貝類と陸生の植物を例に述べることにする．

日本の新生代貝類群の変遷

1）現在の日本列島の海洋生物地理的特徴

本論に入る前に，現在の海洋の環境と生物地理についての概要を紹介しよう．南北に長い日本列島は，海洋生物地理学的に南から順に熱帯・亜熱帯・暖温帯・中間温帯・冷温帯，そして亜寒帯に対応する広い区分帯を占めている（図1）．このように寒帯を除く多くの海洋生物地理帯が認められることは，すなわち多様な生物が分布していることを意味する．日本列島を取り巻く海流は，太平洋では温暖な南からの流れである黒潮と，北からの冷水塊である親潮，そしてその二つの水塊の間に両者の漸移帯である温帯域が存在している．また日本海側では，黒潮の分流である対馬暖流が対馬海峡から日本海沿岸を北上し，津軽海峡と宗谷海峡を通して太平洋やオホーツク海側に流れ出している．このような列島を取り巻く海流系により，日本列島周辺域は

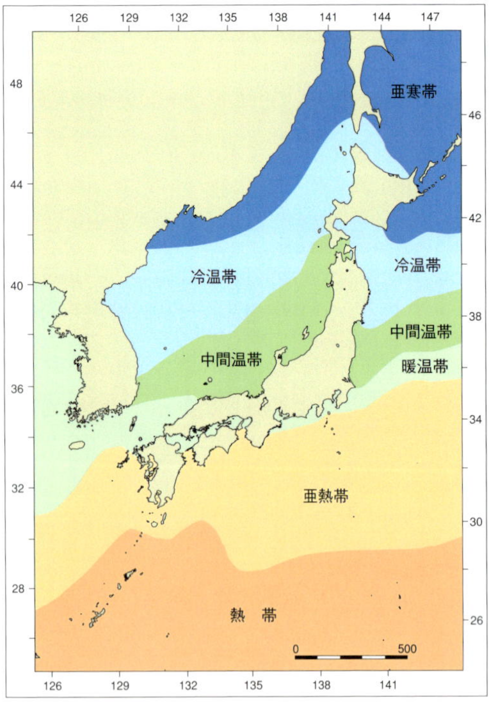

西太平洋地域の緯度的水温変化と海洋気候区分．
海洋気候区分は西村（1981）に準じ，それぞれの気候帯の年平均・最高（8月）・最低（2月）月平均海水温度及び年較差を示す．

地域 Area	緯度 Latitude	年平均水温 Ann. mean T	最低月水温 Min. T(Feb.)	最高月水温 Max. T(Aug.)	年較差 Range(C)	海洋気候 Marine Climate
	80° N		0° C			
	75		0			Boreal(Arctic)
北極海	70		0	8° C	8° C	（寒帯区）
ベーリング海	65		0	8	8	
カムチャッカ基部	60		0	10	10	
カムチャッカ先端	52		0	10	10	
	50		0	10	10	
	48	4° C	0	10	10	Subboreal
	46	5	0	10	10	(Subarctic)
	45	6	0	12	12	（亜寒帯区）
	44	7	0	16	16	
釧路-帯広沖	43	8	1	18	17	
襟裳沖	42	9	2	20	18	
下北沖	41	10	4	21	17	
三陸沖	40	12	7	22	15	Cool-Temperate
仙台湾	39	13	8	23	15	（冷温帯区）
	38	14	10	23	13	
	37	15	12	24	12	Mild-Temperate
銚子沖	36	16	15	25	10	（中間温帯区）
房総沖	35	18	16	26	10	Warm-Temperate
紀伊沖	34	20	16	27	11	（暖温帯区）
宮崎	32	22	18	28	10	Subtropical
種子島	30	24	20	28	10	（亜熱帯区）
奄美南沖	28	24.5	21	28	7	
沖縄南沖	26	25	21	28	7	
台湾中央	24		22	28	6	
台湾南端	22		25	28	3	Tropical
台湾／フィリッピン	20		25	28	3	（熱帯区）
	15		26	28	2	
フィリッピン中央	10		27	28	1	
	5		28	28	0	
ボルネオ	0		28+	28+	0	

水温資料は理科年表と水路部の資料による．緯度変化を明確にするため一部の沿岸域では実際の観測温度と1度C前後異なる場合がある．

図1　日本列島の海洋生物地理区分．

複雑で地域的に固有な海洋環境が広がっている．海流の流れるエネルギーは風による流れと密度による流れの二つがあるが，黒潮が強い流れのエネルギーをもっているのに反して，冷水塊である親潮は自ら流れるエネルギーに乏しいとされている．これらの結果，親潮前線である襟裳岬沖と黒潮前線である房総半島沖の間の三陸・常磐沖の海域には，両者の漸移帯である温帯域が広がる．

海洋生物地理区分と植生に基づく生物地理区分では，熱帯や亜熱帯の基準が異なっている．たとえば植生での熱帯は年平均気温が25度以上で，熱帯と亜熱帯の境界はフィリッピンと台湾の間のバシー海峡であるのに対して，海洋生物地理の熱帯は，水温が年平均24.5度以上で亜熱帯との地理的境界は鹿児島県の奄美大島と屋久島の間のトカラ海峡に設定されている．その結果，陸上植物と海洋生物からの熱帯・亜熱帯境界は，前者が北緯22度であるのに対し，後者は北緯30度付近に設定されており，その差が緯度にして8度の差，距離にして南北ほぼ1,000 kmにもおよぶ．

このような両者で地理的違いを生じさせている原因の一つが陸と海水の比熱的特徴による差であるが，基本的に生物の地理的分布を規制しているのは，「年平均温度」と「年較差」であることに注目したい．海洋生物地理区では，熱帯と温帯の範囲では地理的相同群集（平行群集）が認められている．相同群集とは，似た環境では同属異種の群集を認めることで，地理的相同群集（平行群集）とは，たとえば亜熱帯と中間温帯の浅海砂底群集を比較すると同じ属構成であるが異なる種によって構成されている群集が存在していることである．この相同群集を寒帯域と温帯や熱帯域で比較すると，これがまったく成立していない．このことは，寒帯に適応している生物群が，暖温帯起源の生物とはまったく異なっていることや，寒帯や亜寒帯の起源（完成した地質時代）が若いことを示唆している．

過去70数万年間で，少なくとも5回の周期的な氷期・間氷期が繰り返されたことが，多くの研究からよく知られている．また海洋生物の構成要素から，親潮そのものを代表する種群が誕生したのは，ほぼ100万年前であることも知られている．寒冷系生物，とくに北半球の寒冷系生物の誕生は，地質時間から見るとつい最近の事件であり，寒冷な環境の形成に対応してそこに適応して生き抜くには，独自の生存適応戦略を必要としているように見える．

それでは，現在の親潮や黒潮に対応した生物群が誕生する直前の地質時代の約300万年～100万年前の日本列島の浅海性貝類化石群の分布や特徴を見てみよう．

2) 新第三紀末から第四紀初頭の日本の海洋生物地理

この時代の浅海性貝類化石群集は，日本海側を中心とした大桑・万願寺動物群と北日本太平洋側に認められる竜ノ口動物群，さらに西日本太平洋に分布する掛川動物群の，大きく三つの群集に区分できる（図5）．掛川動物群は島尻層群や宮崎層群，高知の穴水層，さらに模式層である静岡県の掛川層群などに分布が見られる黒潮系の貝類からなる群集であり，新第三紀初めから面々と続いてきた南方系の熱帯や亜熱帯などの暖温帯系種属群と日本近海で独自に進化した固有種を含む群集である（土，1998）．これに対して竜の口動物群は，絶滅種であるタカハシホタテ（*Fortipecten takahashii*）を特徴種として含む温帯系の群集で，マガキ（*Crassostrea*）やカガミガイ（*Dosinia*），サルボウガイ（*Anadara*）の仲間など温帯に特徴的な種属から構成されており，本邦だけでなく，サハリン，カムチャッカ，アラスカにおよぶ広大な地域に分布している．さらに日本海沿岸地

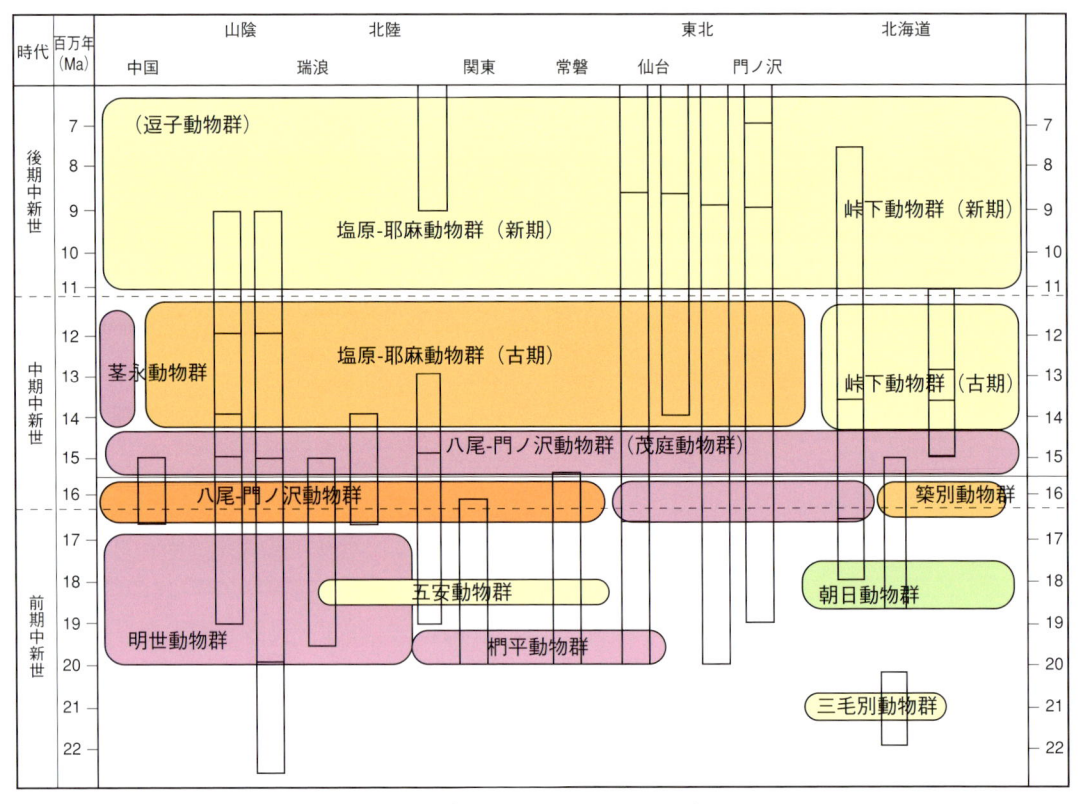

図2 日本の新生代貝類化石群の区分と変遷．縦線は各地域における地層の時代分布．

域に認められる大桑・万願寺動物群は，この時代の日本固有の生物群集であるといえる．この大桑・万願寺動物群はほぼ300種の貝類化石が知られているが，中でも特徴となる種がサイシュウキリガイダマシ（*Turritella saishuensis*；図3）である．本種の先祖は温帯域に生息したキリガイダマシの仲間であったと考えられるが，大桑・万願寺動物群の多くの固有種が，この一時代前の中新世末期に繁栄していた塩原・耶麻動物群に起源をもつと考えられる．さらにこれらの固有種に加え大西洋由来の貝類がベーリング海峡を通して日本まで伝播した種がある．これはエゾシラオガイ（*Astarte borealis*；図4）やトクナガホタテ（*Yabepecten tokunagai*）さらにニシキガイ（*Chlamys* spp.）の仲間などで，日本列島まで南下して新たに加わった系統であるとされている（小笠原，1996）．鮮新世の時代は世界的な海水準変動や気候変動は短期間

図3 サイシュウキリガイダマシ（*Turritella saishuensis*）韓国済州島の原産地標本．

図4 エゾシラオガイの仲間（*Tridonta borealis*）ロシア北極圏第四系産（上）と日本の青森県第四系下部浜田層産（下）の標本.

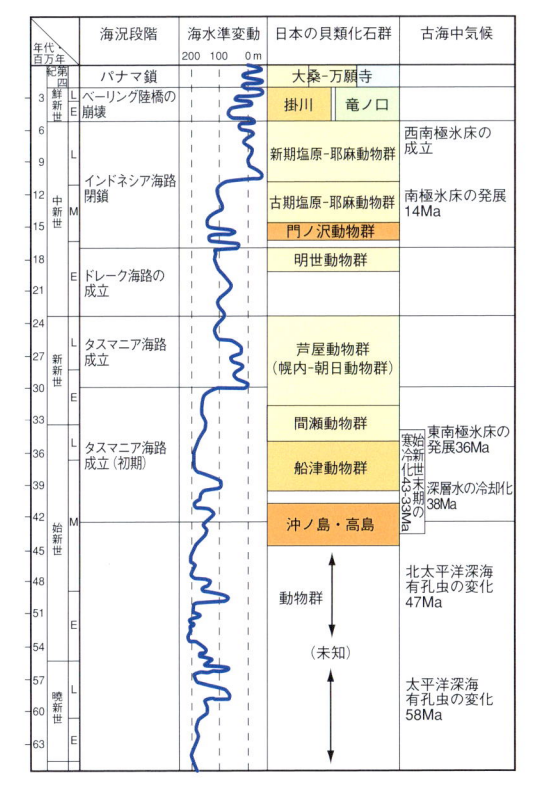

図5 日本の新生代貝類化石群と海水準変動および古海中気候区分.

で寒暖の周期を繰り返しながらも，大局的には温暖から寒冷な気候へと変化している．

大桑・万願寺動物群の形成過程には，このような温帯種が繁栄した環境から冷温な環境へ変化したことに加え，太平洋と日本海を地理的に遮断する古地理の成立，さらに北からの冷水塊の南下など，日本海の特殊な地理的・閉鎖的環境が関与したことを考慮する必要がある．

このような日本列島を取り巻く鮮新世の動物群では，上記の三つの動物群のほかに，伊豆箱根地域や常磐炭田南部地域などに特有な貝類群集なども認められている．伊豆－箱根の鮮新世貝類は，おそらく伊豆弧を伝播経路として日本列島に移動してきたミクロネシア－フィージ由来の要素であると考えられている（Masuda, 1986）．

このような新第三紀末期から第四紀にかけて日本列島周辺地域の温帯域で，100 mを超えるような海水準の変動に対応して，日本海と太平洋が断続的に連結したことなどによる閉鎖的環境が，現在の親潮に特有の亜寒帯水生物群の成立に大きく貢献してことが指摘されている（たとえば，西村，1981）．

では以下に，日本列島の新生代浅海性生物群の変遷について，貝類化石群集を例に振り返ってみよう．

3）浅海性貝類化石群集の変遷
日本の古第三紀の貝類化石群

日本の新生代貝類群の変遷概要を図5に示した．古第三紀初めの海洋生物の大半は温暖系のテチス海起源で，台湾や九州・本州・北海道・カムチャッカ・コリャック，アラスカなど北半球で共通した種群構成を示している．すなわち暁新世や始新世の半ばまでは熱帯・亜熱帯海洋気候下で温暖種の共通した仲間が基本的に太平洋地域全域に繁栄していた．このような生物の均質的分布の原因は地球規模

の強力な温室化現象によると考えられている．しかし始新世の4,300万年前頃にインド亜大陸がユーラシア大陸に衝突したイベントに対応したかのように，太平洋プレートの移動方向が北北西から北西方向へ転換した一大地質事件が生じている．この事件をきっかけに，1,000万年間にわたる長期的な気候の寒冷化が進行したことが知られており，これを「始新世末の寒冷化事件」とよんでいる．

寒冷化の現象が収束したのは漸新世の約3,300万年前頃で，この時期には世界的規模で高緯度と赤道など低緯度間で気候変化が生じるとともにテチス海起源の海洋生物群集の絶滅が起こった．日本では九州の高島動物群や北海道の若鍋動物群などがその例である．また漸新世には前の時代の寒冷化した環境変化に応じて，新たな貝類化石群が生まれている．日本の漸新世貝類化石群は北九州の芦屋動物群に代表されるが，この要素は主として北米や北太平洋地域から寒冷な水塊が日本列島まで南下したのに伴って伝播してきたと考えられている（Shuto, 1986）．芦屋動物群の代表種はカガミガイ（*Dosinia*）やムラクモハマグリ（*Pitar*），ビノスガイ（*Mercenaria*）の仲間で代表される冷温系の貝類で，これらの仲間は本邦では常磐炭田の浅貝動物群がこれに相当するほか，サハリン北部シュミット半島のマチガル動物群などもこれと同じ貝類化石群である．

前期中新世の浅海性貝類化石

南米と南極を隔てるドレーク海峡が成立したのは2,350万年前で，これは古第三紀と新第三紀の境界年代と一致する．日本では漸新世の芦屋動物群以降，広域的な地質構造運動によってこの新第三紀最初期の浅海性の地層が残されておらず，貝類化石群集は欠如している．またこの境界年代に相当する時期に日本海の拡大事件などの大地質事件が生じており，当時の古地理や海洋生物地理の概要は不明な点が多い．しかし前期中新世の断片的な地質記録と化石群集を統合的にまとめると次のような概要が見えてくる．すなわち前期中新世のほぼ2,000万年前頃には西日本から常磐炭田地域にかけては亜熱帯性海中気候の下で繁栄した明世動物群が，さらに1,900～1,800万年前には北日本では温帯系のイガイの仲間 *Mytilus tichanovitchi* で代表される朝日動物群が繁栄していた．この前期中新世の動植物群の化石記録とそれらの年代的・古環境学的解釈を総括すると図6のような変遷が読み取れる（Ogasawara *et al.*, 2003）．

熱帯海中事件

およそ1,700万年前におけるインドネシア海路の閉鎖により赤道海域におけるインド洋と西太平洋の分断が生じ，地理的に初めてフィリピン列島沖から北に北上する暖かい海流（原黒潮）が形成される背景が生まれた（小笠原，2000）．たとえばカケハタアカガイ（*Hataiarca kakehataensis*；図7）などの幼生が現在のアカガイの幼生生態に比較可能で，その幼生が3週間の浮遊期間で黒潮に乗って北上したとし，黒潮の時速3ノットで

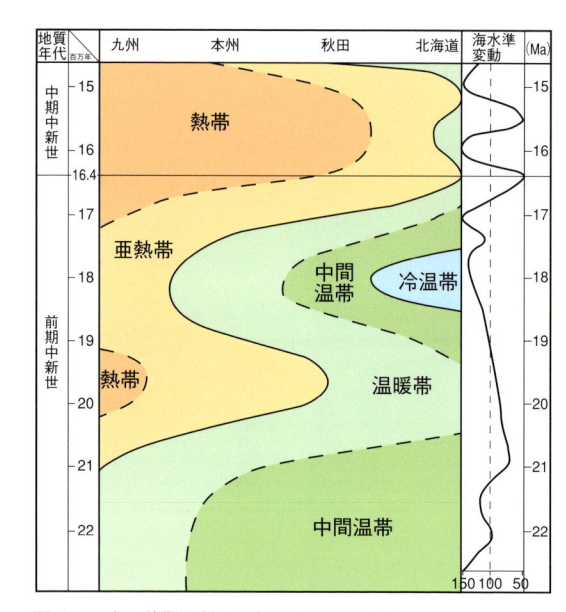

図6　日本の前期中新世の気候変遷と動物群．

図7 マングローブ沼環境を指示するArcid-Potamidid 動物群：富山県の中新統黒瀬谷層産，左上からCerithideopsilla yatsuoensis, Vicarya yokoyamai, Vicaryella notoensis, Hataiarca kakehataensis, Geloina stachii.

図8 ノトキンチャクとオオツツミキンチャクの系列：左はノトキンチャク（Nanaochalmys notoensis）で仙台市の中新統茂庭層産，右はオオツツミキンチャク（N. n. otutumiensis）で宮城県亘理町の中新統山入層産.

計算すると，フィリピンと東京間に匹敵する約4,000 kmの距離を移動できたことが予測される（Ogasawara & Noda, 1996）．この1,700万年前頃のインドネシア海路の閉鎖により成立した黒潮に乗って熱帯域の底生生物群集が日本列島に伝播してきたものが，八尾－門ノ沢動物群である（図2）．この動物群にはマングローブ沼に特有なセンニンガイやシレナシジミの仲間が含まれているほか，ビカリヤやこれより小型のビカリエラ，カケハタアカガイなどがある（図7）．このマンブローブ沼を代表する貝類がサルボウガイ科とウミニナ科（Arcid-Potmidid）の種の組み合わせであることから，これを一般にArcid-Potamidid 動物群とよんでいる．また，このような前期中新世末から中期中新世初期（1,640～1,500万年前）に日本列島が熱帯化した事件を中新世における「熱帯海中事件」とよんでいる．

門ノ沢動物群には前述の種群のほか，多様なホタテガイ類の仲間が知られており，その代表的な群集が，いわゆる仙台付近で知られる茂庭動物群で，その地質年代はほぼ1,500万年前頃である．

中新世（1,300万年前以降）の世界的寒冷化と塩原耶麻動物群

前期中新世において成立した南極の氷床による海水冷却システムと南極循環流によって，世界中の海水循環が新たな展開となり，その寒冷化の進行に対応する動物群が，日本の中期中新世の塩原耶麻動物群である．本動物群は年代的に古期と新期の二つに細分できる（図2）．古期の代表種は北西太平洋地域の固有種であるオオツツミキンチャクがあげられる．本種の祖先は1,500万年前頃の熱帯・亜熱帯の茂庭動物群の要素であったノトキンチャク（Nanaochalmys notoensis；図8）で，殻表面の主要な放射肋が成長途中で2分岐するパターンをもつ特異な成長パターンがある．この成長パターンからオオツツミキンチャク（Nanaochlamys notoensis otutumiensis）がノトキンチャクの子孫に当たることは明白である．またオオツツミキンチャクとともに産する化石群集は，その生存年代が中期中新世（1,400～1,200万年前）で海中気候として暖温帯を代表する化石群集である．このノトキンチャクの仲間2種の成長パターンは，後者の成長が，先祖の成長パターンの幼生時の段階で成熟体となるような進化パターンを示しており，これはいわゆる異時相進化（ここでは幼形進化の例）の好例であるといえる．このような異時相進化をもたらした背景に，中期

古黒潮

― 谷村好洋

　海流には，海の上層の流れと，深層（深さ数千メートル）の流れがある．上層の海流は風によって動かされ，深層の海流は温度と塩分濃度の差がつくる密度の違いによって動かされている．北太平洋には，亜熱帯循環とよばれる時計回りの大きな表層流があり，「黒潮」はその西側の部分につけられた名前である．日本列島の南から東に離れた黒潮は，太平洋を東に流れ，北太平洋海流になる．北太平洋海流は北アメリカ大陸の西岸を南下するカリフォルニア海流となり，さらに向きを変えて赤道の北を西に流れる北赤道海流になる．北赤道海流の半分以上がフィリピンの東で北に向きを変えて，再び黒潮になる．

　中新世の中頃，日本列島が多島海であったころ，太平洋の西岸を赤道域から北上する強い流れが形成され始めた．この表層流は，後に「亜熱帯循環」へと発展する．現在の黒潮は亜熱帯循環の西側の部分にあたることから，後に黒潮へと発展する表層流「古黒潮」がこの頃でき始めたことになる．この表層循環は，オーストラリア大陸とその北西に連なる島弧との衝突によってインドネシア海路が閉塞されたことにより形成されたとする説が有力である（Hall, 1999）．現在の黒潮は，1秒間に3,500～5,000万 m^3 の海水と，莫大な熱を赤道域から日本列島周辺へ運び，日本列島の気候や，植生と海洋生物の分布に大きな影響を与えている．太平洋の西岸を北上する海流の成立は亜熱帯循環形成への第一段階といえ，鮮新世に起こった親潮を伴う亜寒帯循環の形成をもって北太平洋における現在の表層循環が成立することになる．

文献

Hall, R. 1999. The plate tectonics of Cenozoic SE Asia and the distribution of land and sea. In Hall, R. and J. Holloway eds.: Biogeography and Geologic Evolution of SE Asia, Backbuys Publishers, Leiden, pp. 99-131.

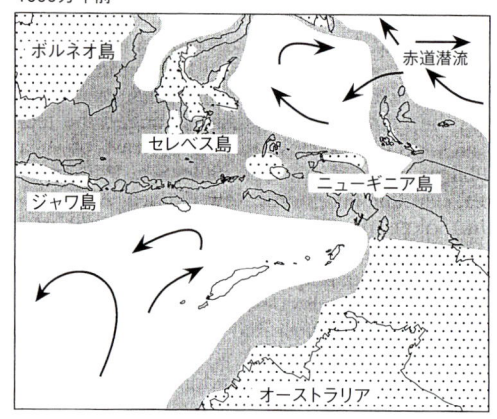

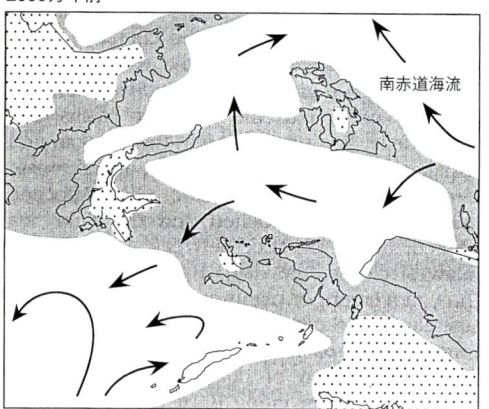

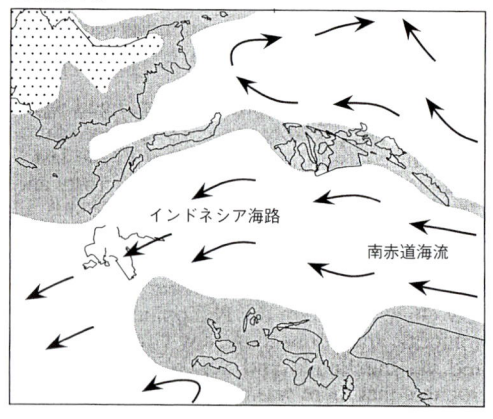

図　インドネシア海路の閉塞（Hall, 1999 を改変）．

図9 コシバニシキ（Chlamys cosibensis）の右殻（左）と左殻（右）．山形県寒河江市の中新統大谷層産．

中新世以降進行した水温の低下に対応した適応進化であったと解釈できる．

さらに新期の塩原・耶麻動物群はカガミガイやビノスガイ，ザルガイの仲間などで代表される中間温帯系の種群から構成されており，特徴的な種としてコシバニシキ（Chlamys cosibensis；図9）をあげることができる．本種は中新世末期には，日本列島だけでなく，北米のワシントン・オレゴン州までも分布が拡大しており，当時この太平洋高緯度地域には温帯域（中間温帯）が広く広がり，現在や第四紀後半のような親潮に匹敵する寒冷水塊はまだ誕生していなかった．コシバニシキとともに産する浅海性貝類はすべて温帯種であると判断され，中期中新世の1,500万年前頃の熱帯・亜熱帯性茂庭動物群に代表されるハンザワニシキ（Chlamays cosibensis hanzawae）から，徐々に寒冷化に対応して進化適応したものであると考えられている．

寒冷化に伴う水温低下は，茂庭動物群から塩原・耶麻動物群へ移り変わる海洋環境が熱帯環境から亜熱帯・暖温帯へと進行するにつれて，温暖種が段階的に絶滅してゆくが，コシバニシキのように形を少し変えることで中間温帯の海中気候下で生き残った例も多い．

4）まとめと今後の課題

日本列島は前期中新世（2,000万年前頃）では少なくとも西日本と大陸の間には低地が広がり，原日本海的な大きな湖が形成されていたが，一部は大陸と連結しており，日本列島と大陸間で陸上動物の交流は行われていた．またこの頃，短期的に淡水の環境から海水の環境に変化したこともあった（Kano et al., 2002）．しかし初期中新世末期には西南日本が時計回りに回転するとともに，原東北日本の南下移動などで，その大半が熱帯の海水に満たされた日本海が形成され（1,640万年前），日本列島は今のフィリピン群島のような多島海を形成して大陸との陸上動物の交流が絶たれと考えられる．

このような多島海的環境の熱帯的海洋環境で現在の貝類の先祖の一部に当たる，いわゆる「八尾－門ノ沢動物群」が繁栄していたのである．この熱帯性海洋生物群は，この後に生じた世界的規模の寒冷化に対応して，一部は生き残り新しい種に進化し，一部は水温低下などで絶滅しながら約1,000万年の時間をかけて種属の消長を繰り返してきた．中新世末期（600～500万年前）には地中海が干上がるといった大事件（メッシナ事件）があり，この事件が一時的にせよ世界中の海水の塩分低下をもたらし，さらにその塩分低下効果で北半球での海水の氷床の発達を促進するきっかけを作ったともいわれている．

鮮新世になって寒冷と温暖を何度か繰り返しながら大局的には寒冷化が進行し，さらにベーリング陸橋の断続的連結などの事件を経過して（Ogasawara, 1998），はじめに述べた大桑・万願寺や竜ノ口動物群で代表される時代に変遷していった．そしてさらに，ミランコビッチサイクルによって73万年前以降現在までに少なくとも5回の氷期と間氷期が繰り返され，親潮型の寒冷系水塊に生息する亜寒冷生物群が誕生したのであろう．

このような新生代日本の浅海性貝類の変遷を，地球生物の環境変化に対応した進化とし

てさらに理解するためには，日本のある地域で認められる寒冷化現象や種群の消長がどのようなグローバルな現象と関連・連結して生じたのか，さらに年代精度を向上させて地域とグローバルを結ぶ視点から見ていく必要がある．

（小笠原憲四郎）

日本の新生代植物群の変遷

　日本には新生代の始新世以降の植物化石群が多数知られている．幸いなことに植物化石を含む地層の上下には，海成の地層を伴っていることが多く，それらに含まれる海生動物化石や微化石によって，植物化石層のより確かな時代決定が可能である．日本の現在の植物相について，その歴史的特徴や起源を探るには化石として残された植物を探索し，研究を進めていくことが必要である．植物化石は貝類などの動物化石と違って，葉や果実・種子，さらに材や花粉・胞子など，植物体の一部が残されるのが常である．それゆえ，分類学的な検討に困難を伴うことがあるが，それでも，過去の植物についての唯一の証拠である．ここでは，これまでの多くの研究成果をもとに，新生代植物群の変遷を植生や環境の変化とともに述べ，現在の日本列島に見られる植物相の由来を考えてみることにする．以下の記述で，植物群は植物化石群の意味で用い，植物相（フロラ）とは区別している．

1）大陸縁辺時代の植物群

　およそ2,000〜1,500万年前に日本海が形成され，日本列島の形成が始まる．日本海が形成される前の日本はユーラシア大陸の縁辺にあり，日本やその周辺地域の植物群とも組成的に類似している．ここでは，始新世，漸新世，前期中新世の三つの時代に分けて植物群の変遷を紹介する．

始新世植物群

　始新世（5,500〜3,400万年前）の前〜中期は，地球全体が温暖な気候に支配された"温室世界"であった．とくに，始新世前期とその前の暁新世の温暖気候は顕著で，北極や南極の極地ですら，針葉樹や広葉樹などからなる立派な森林が存在した．始新世の日本も同様に，温暖で湿潤な気候下にあって，当時の旺盛な植物生産は石炭層として残されている．日本では大規模な炭鉱が閉山して久しいが，北海道，福島〜茨城県の常磐地域，山口県宇部地域，九州北部の炭田地域では，かつてさかんに石炭採掘が行われていた．石炭層に伴った泥岩や細粒砂岩には，しばしば植物化石が含まれている（図10）．ヤシ科のサバリテス（*Sabalites*；図11），バショウ類（*Musophyllum*；図12），ハス属などはこの時代の代表的な植物である．スギ科針葉樹のメタセコイア，スイショウ，ラクウショウは，各地で湿地林を形成し，石炭の母材植物であったと考えられている．広葉樹については，西南日本と北日本とで植物群の構成種が異なる．

　西南日本では，宇部や長崎県高島の中期始新世植物群に代表されるように，常緑のブナ科やクスノキ科を多産し，マメ科，ヤマモモ，ツバキ，アカテツ，カキバチシャノキの各属に，ミミモチシダやシロヤマゼンマイ属の温暖系シダ植物を伴っている．現在の八重山列島や台湾の亜熱帯林に似た，常緑広葉樹林の組成をそれらの植物群は示している．これに対し，北日本では石狩炭田の夕張層や幾春別層で代表されるように，常緑広葉樹の割合が少なく，落葉広葉樹が多い．すなわち，常緑のカシ類，ツズラフジ科，トウダイグサ科，クロタキカズラ科，アオギリ科などの温暖系植物に加えて，ハンノキ属やクルミ科，ニレ科など，より温帯的な広葉樹が多産する．イチョウ属やスズカケノキ属も地点によっては多産することがある．当時の世界的な気候環境を考えると，北日本の中〜後期始

図10 始新世の植物．主に北海道の資料によるが，一部本州の資料を加えている．

新世植物群は，予想されるよりも多くの落葉広葉樹が含まれている．その理由はよくわかっていないが，それでもクルミ科のビィネア（*Vinea*），ヤマグルマ科のノルデンショルディア（*Nordenskioeldia*；図13），シナノキ科と考えられるプラフケリア（*Plafkeria*）など，絶滅属を多数伴っていることは注意すべき特徴である．なお，幾春別層は温暖系のコモチシダを多産することから，シダ砂岩（層）という地層名でよばれていたことがある．

漸新世植物群

始新世後期に始まった地球の寒冷化は，漸新世に向けて顕著になる．すなわち，地球全体が"温室世界"から"氷室世界"へと転換し，それは現在に続いている．この転換は貝類化石群集で述べられたようなプレートの運動の変化，南極大陸が分離・孤立化したことによる寒冷化と海洋の深層循環流の生成，ユーラシア大陸を東西に分断していた浅海（ツルガイ海峡）の閉塞など，一連の結果によるものであろう．

日本の漸新世植物群は，北海道北見と兵庫県神戸の植物群がよく知られている．時代に

図11 サバリテス（*Sabalites nipponicus*）．北海道美唄．

図12 バショウ類（*Musophyllum nipponicum*）．北海道釧路．

図13 ノルデンショルディア（*Nordenskioeldia borealis*；果実）. 北海道夕張.

図14 兵庫県神戸の神戸層群の化石．白色の凝灰岩や凝灰質泥岩に植物化石が残されている．

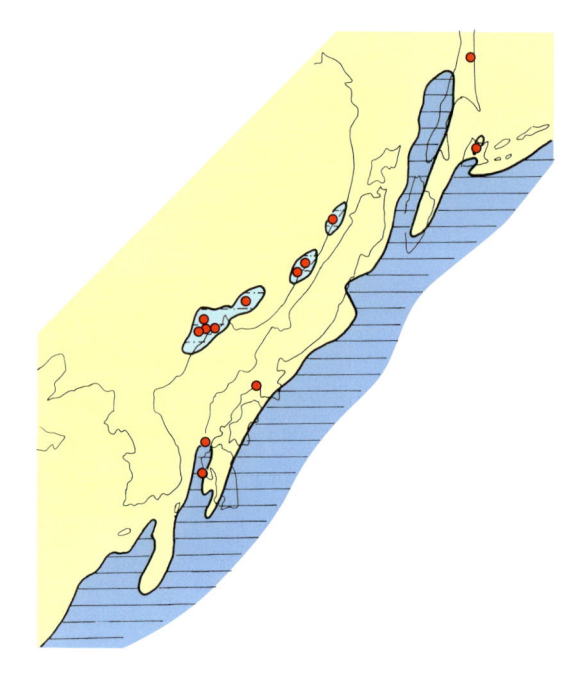

図15 漸新世前期の古地理と植物群の分布（赤丸）．淡青色は湖水域，青色は海域．古地理は新妻ほか（1985）を参照．

ついては，一部始新世にかかる可能性があり，後期始新世〜前期漸新世とした方がよいかもしれないが，おおよそ3,300万年前の前後と見てよい．これら植物群では始新世に典型的な絶滅属の多くは見られず，属や種の構成が現在の温帯林組成に近くなる．

北見の植物群は，メタセコイア，スイショウ，コウヤマキ，トウヒ，モミ，イヌカラマツ，ネズコの各属など，針葉樹を豊富に含んでいる．広葉樹ではクルミ科，カバノキ科，ブナ科など，多くが落葉樹である．これに対し，神戸の植物群では，常緑のクス・カシ類を多産し，多様な常緑樹と落葉樹が混じった組成を示している（図14）．北見と神戸の植物群では組成で著しい違いがあるが，両者の中間的組成の植物群が実は日本海の対岸に分布している（図15）．北朝鮮の古乾原，中国の琿春，ロシアのクラスキノなどの豆満江流域や，ロシア沿海州，サハリンなどに知られている植物群には，北見や神戸のものと同様，クルミ科のフジバシデ属（*Engelhardtia*；図16）や特異は裂片葉をもつコナラ属（*Quercus ussuriensis*, *Q. kobatakei* など；図17, 18）を特徴的に含んでいる（Tanai & Uemura, 1994）．構成種も大部分が共通することは，それぞれの化石産地を日本海拡大前の位置に復元すると容易に理解できる．漸新世の植物群組成に見られる"現代化"から，北見の植物群を冷温帯林，神戸の植物群を暖温帯林（照葉樹林）の原形と見なすことができる．

前期中新世前半の植物群

前期中新世の植物群には，新旧二つの植物群が知られている．それらは秋田県の阿仁合

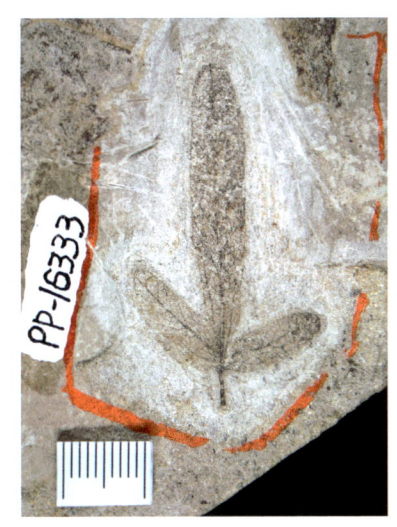

図16 チョウセンフジバシデ（*Engelhardia koreanicum*）．北海道北見．

図17 ウスリーナラ（*Quercus ussuriensis*）．北海道北見．

図18 コバタケナラ（*Quercus kobakakei*）．兵庫県神戸．

地域の阿仁合（夾炭）層や男鹿半島の台島層の化石群明らかにされ，古い方が阿仁合型植物群，新しい方が台島型植物群と称される（Tanai, 1961；藤岡，1963）．両型植物群は日本各地から産出が報告され，さらに北方のサハリン，朝鮮半島などにも知られている（図19）．そして，同一地域において両型が相伴って産出することが多く，阿仁合型植物群を含む地層は，常に台島型植物群を含む地層の下位にある（藤岡，1972など）．阿仁合型植物群は古第三紀から引き続く温帯性気候を反映し，大陸縁辺時代の最後の植物群である．火山岩や凝灰岩の年代測定から，阿仁合型植物群の時代は2,400〜2,000万年前の前期中新世前半と考えられている．

　阿仁合型植物群の主要な植物は，科（属）レベルで，マツ科（モミ，トウヒ，ツガ属など），スギ科（メタセコイア，スイショウ属），ヤナギ科（ヤナギ，ハコヤナギ属），クルミ科（サワグルミ属），カバノキ科（ハンノキ，カバノキ，クマシデ，ハシバミ属），ブナ科（ブナ，コナラ属），ニレ科（ニレ，ケヤキ属），バラ科（サクラ，バラ，サンザシ，アズキナシ属など），マメ科（フジ，フジキ属），カエデ科（カエデ属），トチノキ科（トチノキ属），シナノキ科（シナノキ属），アオギリ科？（かつて"ウリノキ"属とされた植物），ツツジ科（ツツジ属など），スイカズラ科（ガマズミ属）などである（図20）．明らかに落葉広葉樹の優占した植物群で，とくにカバノキ科の属やブナ属（図21）が多産する．常緑広葉樹はきわめて稀である．阿仁合型植物群を含む地層は，多くが湖沼に堆積したもので，淡水棲の珪藻化石を含んだ珪藻土層や石炭層を挟む夾炭層も知られている．植物群の特徴から，気候的には温帯の湿潤気候が示唆される．

2.4　日本列島の生い立ちと動植物相の由来——71

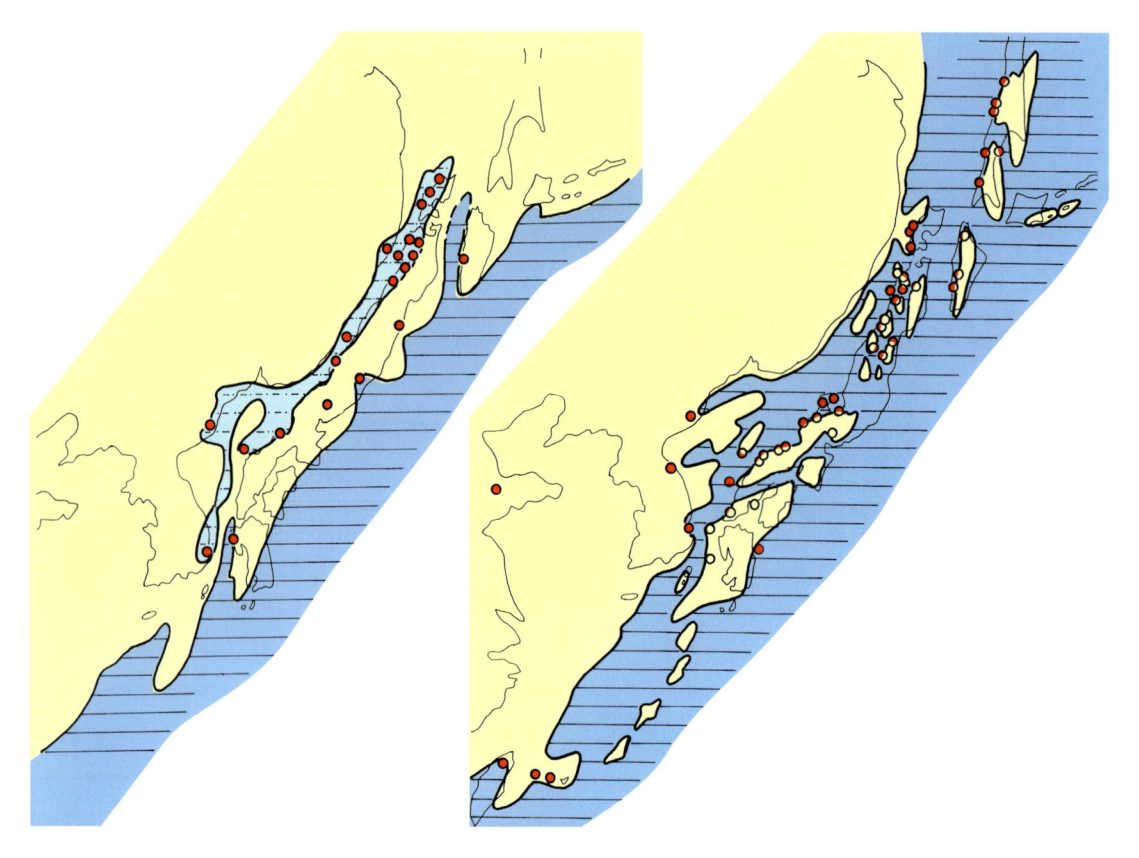

図19　前期中新世の古地理と植物群の分布．左側が前期中新世の前半の阿仁合型植物群，右側が前期中新世の後半の台島型植物群．

図20　阿仁合型植物群の主な植物．

図21 アンティポフブナ（*Fagus antipofi*）. 福島県いわき.

図22 ナウマンヤマモモ（*Comptonia naumanni*）. 秋田県打当.

図23 チュウシンフウ（*Liquidambar miosinica*）. 秋田県打当.

5）日本海形成期の植物群

2,000万年前以降，1,800万年〜1,500万年前の前期中新世の後半（一部中期中新世初めを含む）の植物群は，台島型植物群とよばれている．この植物群は河川や湖沼に堆積した地層に含まれることが多い．また，その上位には温暖な浅海動物群（八尾－門ノ沢動物群）で特徴づけられる海成層が重なっている．2.2章で述べられたように，日本海の拡大と日本列島の形成が始まった時期に当たる．

台島型植物群はヤマモモ科のコンプトニア属（*Comptonia*；図22）とマンサク科のフウ属（*Liquidambar*；図23）を特徴的に含むことから，コンプトニア－フウ植物群とよばれたこともあった．産出量の多い科（属）は，次のような植物である：マツ科（マツ，アブラスギ（*Keteleeria*）属など），スギ科（コウヨウザン（*Cunninghamia*），スイショウ，メタセコイア，セコイア（*Sequoia*），タイワンスギ（*Taiwania*）属など），ヒノキ科（カロケドゥルス（*Calocedrus*）属），ヤマモモ科（コンプトニア），クルミ科（カリア（*Carya*），キクロカリア（*Cyclocarya*）属など），カバノキ科（ハンノキ，クマシデ，アサダ属など），ブナ科（コナラ属（クヌギ節），常緑ガシ），ニレ科（ニレ，ケヤキ，エノキ属），クスノキ科（クスノキ，タブノキ，クロモジ属など），マンサク科（フウ，パロティア（*Parrotia*）属），マメ科（フジ，フジキ，サイカチ属などと絶滅属のポドゴニウム（*Podogonium*）属），ウルシ科（ウルシ，ピスタキア（*Pistacia*）属），モチノキ科（モチノキ属），カエデ科（カエデ属），ムクロジ科（ムクロジ属），クロウメモドキ科（ハマナツメ属），ツバキ科（ツバキ属），アオギリ科？（"ウリノキ"属），モクセイ科（モクセイ属）など（図24）.

阿仁合型植物群と比較すると，常緑広葉樹を多数含んでいること，落葉広葉樹でも近似

図24 台島型植物群の主な植物.

な現生種が暖温帯以南に分布する温暖系のものが多いこと，針葉樹も温暖系のものが多産すること，属種の構成が多様であること，広葉樹の葉で鋸歯のない全縁葉が多いことから，亜熱帯要素を含む温暖な気候下の植物群ということができる．湿度（降水量）については，乾燥気候下特有の針状葉や小型・全縁・革質（または多肉）葉は見られず，阿仁合型植物群と同様，適潤〜多湿であった．

台島型植物群を含む地層の上位海成層には，しばしば陸上の植物が含まれている．資料が十分でないけれども，これらの植物化石も台島型植物群と同じ温暖系の組成を示す．さらに，富山県八尾や中国地方のこれら海成層には，ビカリア，ヒルギシジミ，センニンガイなどのマングローブ沼の貝類化石とともに，シマシラキ，マヤプシキ，オヒルギ，ヤエヤマヒルギなどのマングローブ植物の花粉化石が知られている（津田ほか，1981；山野井・津田，1986）．マングローブ要素の動植物化石を産するのは，1,600〜1,500万年前（前期中新世末〜中期中新世初め）の比較的短い期間である．そして，当時の気候は少なくとも現在の八重山列島や台湾以南に相当する亜熱帯，あるいはそれよりも暖かい熱帯気候であったと考えられている（津田ほか，1981など）．この見解と台島型植物群から推定された"一部亜熱帯を含む温帯南部"気候とは違っている．台島型植物群の産出層準がより長い時間を含んでいることの問題や，マングローブ花粉の検出された花粉群全体の解釈などで今後の検討が必要であるが，前期中新世後半から中期中新世初めの日本が温暖な気候に置かれていたことは間違いない．この温暖化は"中新世中頃の温暖化"として，世界的な現象であることが知られている．その理由の一つはプレートの運動と連動した環境変化が考えよう：インド大陸の衝突によるヒマラヤ−チベットの隆起促進，インドネシア地域の回転による"インドネシア海路"の狭隘化，黒潮暖流の生成（p.66のコラム参照），モンスーン気候の顕在化など．

6）後期中新世以降の植物群

日本海の形成時の東北日本と西南日本回転で，中期中新世の約1,500万年には日本列島

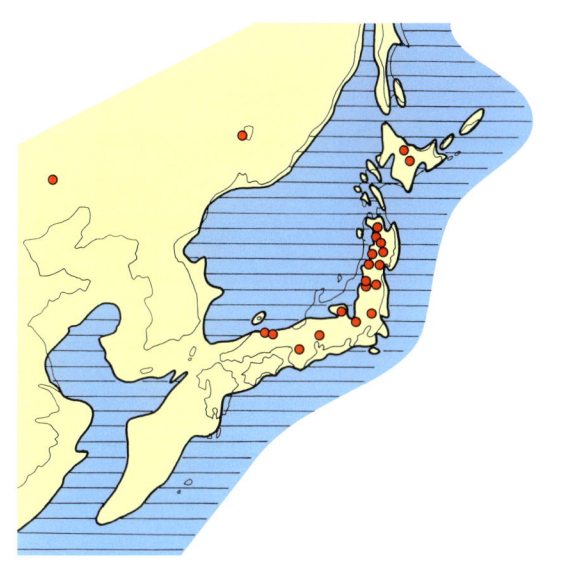

図25 後期中新世の古地理と植物群（三徳型）の分布.

図27 オガラバナに近縁なカエデ属化石（*Acer subukurunduense*）．秋田県湯沢．

図26 後期中新世のブナ属の2種．右はアケボノイヌブナ（*Fagus palaeojaponica*），左はムカシブナ（*Fagus stuxbergi*）．秋田県上桧内．

図28 ホンシュウユリノキ（*Liriodendron honsyuense*）．鳥取県辰巳峠．

の骨格が形成された．その後，東北日本の日本海側では海成の地層が厚く堆積する一方，現在の脊梁山脈の地域は隆起し始める．西南日本ではより早く隆起に転じ，現在の朝鮮海峡付近は陸域となっていた．この時代の日本海は，北に開いた"古日本湾"ともいうべきである．中期中新世の植物群は，海成層が多いこともあって記録に乏しい．海成層から産出した断片的な植物化石や花粉化石は台島型植物群の温暖期の後，漸移的に寒冷化したようすを示している．

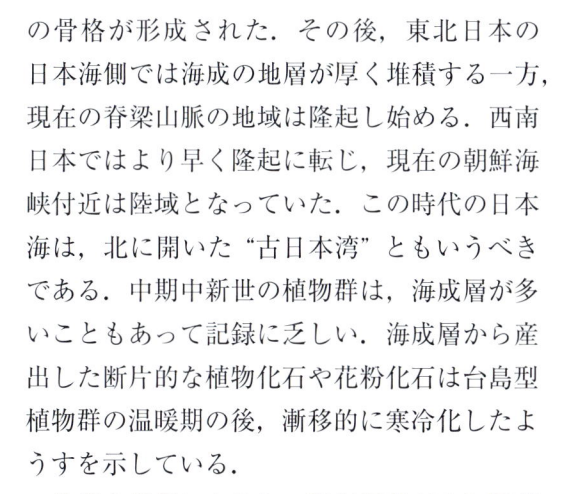

後期中新世になると，隆起運動がより顕著になり，石英安山岩質の陸上火山活動やカルデラ形成が起こった．そのような湖沼堆積層や，海退による内湾〜低地堆積層に植物化石が多量に含まれている（図25）．後期中新世の植物群は鳥取県三徳の植物化石群を代表とし，三徳型植物群（Tanai, 1961）とよばれる．三徳型植物群は，ムカシブナ（*Fagus stuxbergi*；図26左）の多産で特徴づけられ，カバノキ科，ブナ科，ニレ科，バラ科，マメ科，カエデ科（図27），シナノキ科，ツツジ科の属種が中心の温帯的な組成を示す一方，メタセコイア，コウヨウザン，タイワンスギ，フウ，ランダイコウバシ（*Sassafras*；クスノキ科），ユリノキ（*Liriodendron*；図28）の各属など，台島型から引き続く要素も残っている（図29）．種レベルで現生種と見なしてよ

2.4 日本列島の生い立ちと動植物相の由来——75

図29　三徳型植物群の主な植物.

いものも多数含まれ，"現代化"が顕著である．多産するムカシブナは，タイワンブナや中国の現生種に近い種類であるが，植物群全産出量の過半数以上を占める優占種となることが多い．現在のブナ林に相当するような，ブナ属の優占した植生もこの時代に広く分布したと考えられる．

鮮新世植物群は，山形県新庄，兵庫県明石の植物群を代表に，新庄型（鮮新世前期）および明石型植物群（鮮新世後期）とよばれていた（Tanai, 1961）．その後の時代論で，新庄型は鮮新世，明石型の大部分は第四紀更新世の前半と改められている．明石型植物群はメタセコイアを含む，いわゆるメタセコイア植物群（三木，1955）である．

上記の台島型植物群から引き続く要素としてあげたメタセコイアなど，それにカリア，ヌマミズキ（Nyssa），現在の日本に自生しているスギ，コウヤマキ，ノグルミ，カツラ，ヤマグルマなどの各属は，いずれも第三紀の北半球に広く分布した第三紀要素植物である．また，イチョウ属（図30）は中生代から引き続く第三紀要素で，メタセコイアと相前後して日本列島から絶滅したと見られる．これらの第三紀要素植物は，現在は東アジアや北アメリカ東部，あるいは小アジア地域に遺存的に分布しているのみである．中新世後期の三徳型植物群と新庄型植物群，メタセコイア植物群は，植物群の現代化と第三紀要素植物の遺存化，日本列島からの絶滅過程の程度をそれぞれ示している．

7）氷期・間氷期の植物群

第四紀の後半，およそ80万年以降は氷期と間氷期の繰り返しが顕著となる．氷期には海水準が下がり，陸域が増大し，また，間氷期には陸域が分断されることで，種による分散能力の違いや変化する環境への耐性などによって，現在とは異なる植物の分布や植生が成立した．今から13～12万年前の最終間氷期以降，とくに約2万年前の最終氷期最寒冷期以降の植物群や植生の変遷については，主に花粉・胞子化石によって詳しい研究がなされている（安田・三好編，1998など）．葉や果実・種子などの大型化石は種の単位での議論が可能で，花粉・胞子化石の研究に新たな事

図30 イチョウ．熊本県星原（提供：岩尾雄四郎）．

図31 栃木県塩原の木の葉石．ウリハダカエデ，クリ，オノオレカンバ，ミズメなどが見られる．

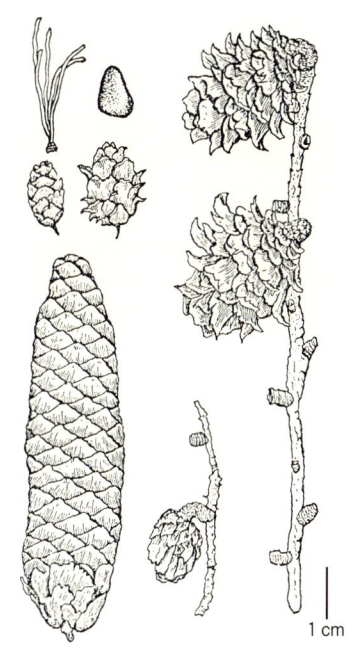

図32 東京都江古田の針葉樹化石（Naora, 1958）．チョウセンゴヨウ，コメツガ，トウヒ属，カラマツなどが，氷期の東京に分布していた．

実を加えることが可能であるが，そうした検討事例は多くない．例として，約30万年前の間氷期とされる栃木県塩原の植物群（図31；尾上，1989）や氷期植物群の代表例として東京都中野区の"江古田針葉樹層"の植物群（図32；Miki, 1938；Naora, 1958）を紹介しておきたい．

日本列島の現在の植物相

以上に，ユーラシア大陸縁辺部にあった植物群が，地球規模の環境変動と日本列島の形成とともに変化してきたようすを述べた．現在の日本列島に見られる冷温帯林や暖温帯林の原形は，3,300万年前後の漸新世には存在し，約1,600万年前中新世前期末の温暖期を経て，段階的に現在の植物相に至っている．

第三紀要素植物の衰退を見ると，北アメリカの西部では中新世中期以降の乾燥化，ヨーロッパでは鮮新世末以降の寒冷化と乾燥化（地中海性気候の発達）と関係がある．約300万年前に顕著になった北半球の寒冷化は，東アジアでもヨーロッパと同じく進行したが，大陸内部を除いて乾燥化の影響を免れたことが，古型の植物の残存に大きな役割を果たし

ている．メタセコイアは寒冷化にも適応し，遅くまで日本に残存していた．その絶滅は第四紀後半に顕著になった日本列島の隆起・山地形成に伴い，浸食された土砂の増大が生育地（湿地）の環境を変えたことが大きな理由かもしれない（百原，1993）．

日本に栄え，絶滅した植物は多い．しかし，日本特産の針葉樹コウヤマキに代表されるように，古型の植物が多数残存しているのは，日本が大陸縁辺部にあった頃から，海洋の影

響を受けた湿潤気候下にあった歴史的・地理的要因が大きいと考えられる．

また，日本列島を縦断する脊梁山脈は，日本海沿岸の多雪，太平洋沿岸の夏季モンスーンの多雨をもたらし，変化に富んだ気候環境をもたらしている．そうした環境のもと，日本列島形成以後に新たに加わった日本固有の植物や，氷期・間氷期に移動してきた植物によって日本の多様な植物相が形づくられた．

〔植村和彦〕

文献

藤岡一男．1963．阿仁合型植物群と台島型植物群．化石，5: 39-50．

藤岡一男．1972．日本海の生成期について．石油技術協会誌，37: 233-244．

堀田 満．1974．植物の分布と分化．植物の進化生物学，第3巻．三省堂，東京．400 pp．

Kano, K., T. Yoshikawa, Y. Yanagisawa, K. Ogasawara and T. Danhara. 2002. An unconformity in the early Miocene syn-rifting succession, northern Noto Peninsula, Japan: evidence for short-term uplifting precedent to the rapid opening of the Japan Sea. *Island Arc*, 11: 170-184.

Masuda, K. 1986. Notes on origin and migration of Cenozoic pectinids in the northern Pacific. Palaeont. Soc. Japan, Spec. Pap., no. 29, pp. 95-110. pls. 7-10.

Miki, S. 1938. On the change of flora of Japan since the Upper Pliocene and the floral composition at the present. *Japan. J. Bot.*, 9: 215-251, pls. 3, 4.

三木 茂，1955．メタセコイア—生ける化石植物．日本礦物趣味の会，京都．141 pp., 3+10 pls.

百原 新．1993．近畿地方とその周辺の大型植物化石相．市原 実（編）：大阪層群，創元社，大阪，pp. 256-270．

Naora, N. 1958. On the fossil plant bed at Egoda, Tokyo. *Mem. School Sci. Engineer., Waseda Univ.*, 22: 11-30.

新妻伸明・平 朝彦・齊藤靖二．1985．日本海拡大前の日本列島．科学，55: 744-747．

西村三郎．1981．地球の海と生命—海洋生物地理学序説—．海鳴社，東京．284 pp．

Ogasawara, K. 1998. Review and comments on late Neogene climatic fluctuations and the intermittence of the Bering Land Bridge. *J. Asian Earth Sci.*, 16: 45-48.

Ogasawara, K. 2002. Responses of Japanese Cenozoic mollusks to Pacific gateway events. *Revista Mexicana Cienc. Geol.*, 19: 206-214.

Ogasawara, K. and Nagasawa, K. 1992. Tropical molluscan association in the middle Miocene marginal sea of the Japanese Islands: an example of mollusks from the Oyama Formation, Tsuruoka City, Northeast Honshu, Japan. *Trans. Proc. Paleont. Soc. Japan, N. S.*, (167): 1224-1246.

Ogasawara, K. and Noda, H. 1996. Miocene *Hatairaca* (Mollusca, Bivalvia) invasion event in the Japanese Islands from a viewpoint of Indo-Pacific connection. Professor Hisayoshi Igo Commem. Vol., pp. 133-139.

Ogasawara, K., Ugai, H. and Kurihara, Y. 2003. Short-term early Miocene climatic fluctuations in the Japanese Islands. *Proceed. 8th Internat. Congr. Pacific Neogene Stratigraphy, Chiang Mai*. pp. 181-190.

小笠原憲四郎．1996．大桑・万願寺動物群の古生物地理的意義．北陸地質研究所報告，(5): 245-262．

小笠原憲四郎．2000．束柱類の古環境と北西太平洋地域第三紀地史事件．足寄動物化石博物館紀要，(1): 25-34．

小笠原憲四郎．2001．本邦新生代貝類群集の古海洋環境的背景．生物科学，53 (3): 185-191．

尾上 亨．1987．栃木県塩原産更新世植物群による古環境解析．地質調査所報告，269: 1-207．

齊藤清明．1995．メタセコイア—昭和天皇が愛した木．講談社，東京．238 pp．（中公新書1224）．

Shuto, T. 1990. Origin of the Oligocene Ashiya Fauna -A paleoceanographical considerartion. *Saito Ho-on Kai Spec. Pub.*, no. 3, pp. 269-281.

Tanai, T. 1961. Neogene floral change in Japan. *J. Fac. Sci., Hokkaido Univ., ser. 4*, 11: 119-398, pls. 1-32.

Tanai, T. and Uemura, K. 1994. Lobed oak leaves from the Tertiary of East Asia, with reference to the oak phytogeography of the Northern Hemisphere. *Trans. Proc. Palaeont. Soc. Japan, N. S.*, 173: 343-365.

棚井敏雅．1992．東アジアにおける第三紀森林植生の変遷．瑞浪市化石博物館研究報告，19: 125-163．

Tsuchi, R. 1990. Accelerate evolutionary events in Japanese endemic Mollusca during the latest Neogene. In Tsuchi R., ed.: Pacific Neogene events. University of Tokyo Press, Tokyo, pp. 85-97.

津田禾粒・糸魚川淳二・山野井 徹．1981．日本の中新世中期の古環境—マングローブ沼の存在をめぐって．化石，30: 31-41．

植村和彦．1995．日本のフロラ史．週間朝日百科：植物の世界，87, 94-95．

山野井 徹・津田禾粒．1986．富山県黒瀬谷層（中部中新統）に見出されるマングローブ林の様相．国立科学博物館専報，19: 55-66, pls. 3, 4.

3
北の大地からマングローブの島々へ

長い歴史の中で，生き物たちは，適応，分布拡大，種分化，移動，渡来，残存，あるいは絶滅という繁栄と衰退のドラマを展開してきた．南北3,000 kmの日本列島に生息する多様な生き物たちは，それぞれが固有の歴史をもち，それぞれがそこに生息している理由をもっている．本章では，日本列島の生き物たちの現状を理解し，彼らのドラマの一端を垣間見ることにしたい．

3.1 南北に長い森の国

門田裕一

　われわれが普通に眼にする草原や森林などの植生は不変のものではない．裸地から始まると，草原を経て，低木林から高木林にしだいに移り変わっていく．いわゆる，遷移として知られている現象である．遷移の最終段階は極相とよばれる．極相は気候的条件（気候的極相）と土地的条件（土地的極相）によって規定される．気候的条件とは温度と水分条件のことである．これに対して，土地的条件とは石灰岩や超塩基性岩などの化学的条件，土壌の厚さや土地の傾斜などの物理的条件，また火山地帯など化学的条件と物理的条件の双方が関わっている場合もある．

　実際にはありえないことだが，仮に国後島・択捉島などの北方領土から石垣島まで，日本列島の端から端まで鉄道あるいは高速道路が通じたと仮定してみよう．この鉄道あるいは道路を北から南下すると，亜寒帯林から亜熱帯林まで次々と移り変わる景色を車窓から見ることができるだろう．これは，植物の分布は温度と水分条件で決まるのだが，日本列島では北から南まで水分条件は十分満たされるために，植物の分布は温度条件で決まることを意味している．このことは日本列島がユーラシア大陸の東の端にあり，周囲を親潮（寒流）と黒潮（暖流）に洗われる，海洋性気候に所属していることと深く関連している．世界地図を見てみよう．ユーラシア大陸をはじめとして，オーストラリア，アフリカ，南北アメリカの各大陸では内陸に乾燥気候が支配し，植物の分布は内陸部でいったん途切れるかたちとなる．したがって，日本列島のように，北から南まで連続して植生が見られることはないことになる．日本のように連続した植生配置が見られるのは，北アメリカ大陸の東部である．

　ところで，気温の低減率という現象が知られている．標高が100 m高くなるにつれて，気温が平均で約0.5℃低くなるという現象である．日本列島を水平的に見たときに，南北に移り変わるということは，気候的極相は垂直的にも移り変わっていくことを意味している．たとえば，本州中部では亜高山に見られる亜寒帯針葉樹林が北海道では平地に見られ，同じく中部の高山に見られるハイマツ林が千島列島やサハリンでは海岸に見られる，ということになる．

　この項では，南西諸島に見られるマングローブ林から，北海道や千島列島南部にかけての地域に見られる亜寒帯針葉樹林まで，日本列島に見られる代表的な森林帯を見てみよう．

マングローブ林

　マングローブ林は熱帯や亜熱帯の河口付近に発達する常緑広葉樹林である（図1）．マングローブはこの河口域に成立する森林の総称で，特定の植物を指して使われる言葉ではない．いわば，高山に生育する植物を高山植物とよぶようなものである．マングローブは地域によって異なるが，日本ではオヒルギ，メヒルギ，ヤエヤマヒルギ，ヒルギダマシ，ヒルギモドキ，マヤプシキなどのヒルギ科植物のほか，サキシマスオウノキ，ニッパヤシなどが代表的な樹種となっている．

　河口域は，他の地域には見られない独特の特徴をもっている．一つは，河口域は淡水と海水が混ざる地域であるため，潮の満ち干に伴って，塩分濃度（換言すれば浸透圧）が1

図1　マングローブ林.

日のうちで変化することである．植物はこの浸透圧の変化に対して，体内の塩分を排出することで対処している．マヤプシキなどに見られる塩類腺は，この機能を担っていることが知られている．

　河口域のもう一つの特徴は，土壌が泥質であることである．泥はときには深さ1m以上にもおよぶことがあり，踏み込むと，動きがとれなくなってしまう．植物は土壌中に主根をしっかりとはって，体を直立させていることが一般的である．しかし，深い泥におおわれた河口域では主根のみでは植物体を直立させることができない．オヒルギやメヒルギが支柱根を発達させるのはこのためである．マングローブに見られる根は支柱根だけではない．

　植物が生きていくために水分が必要なのは論を俟たない．しかし，始終過剰な水分環境に根が晒されると，呼吸困難を起こしてしまう．植物も，動物と同じように呼吸のために酸素が必要なのである．マングローブはこの目的のために，呼吸根とよばれる根をもっている．呼吸根は，その形の違いによって，タケノコに似た筍根(じゅんこん)，あるいは膝を折った形に似た膝根(しっこん)などがあり，いずれも泥の表面から空気中に突き出している．支柱根や呼吸根はマングローブ林の著しい特徴である．

　マングローブのもう一つの特徴は，胎生種子をつくることである．胎生種子とは，種子が母体についたまま発芽を始め，インゲン豆のさやのような長細い担根体を形成するものである．胎生種子の縦断面を見てみると，種子そのものは萼筒の中に残っており，担根体は種子と直接の関係がないことがわかる．発芽した幼植物において，子葉と幼根をつなぐ部分を胚軸とよぶが，担根体はこの胚軸が肥大化したものである．担根体は空気をたくさん含んだ細胞で満たされており，海水に浮かぶ．このため，胎生種子はマングローブの散布に大きく役立っている．

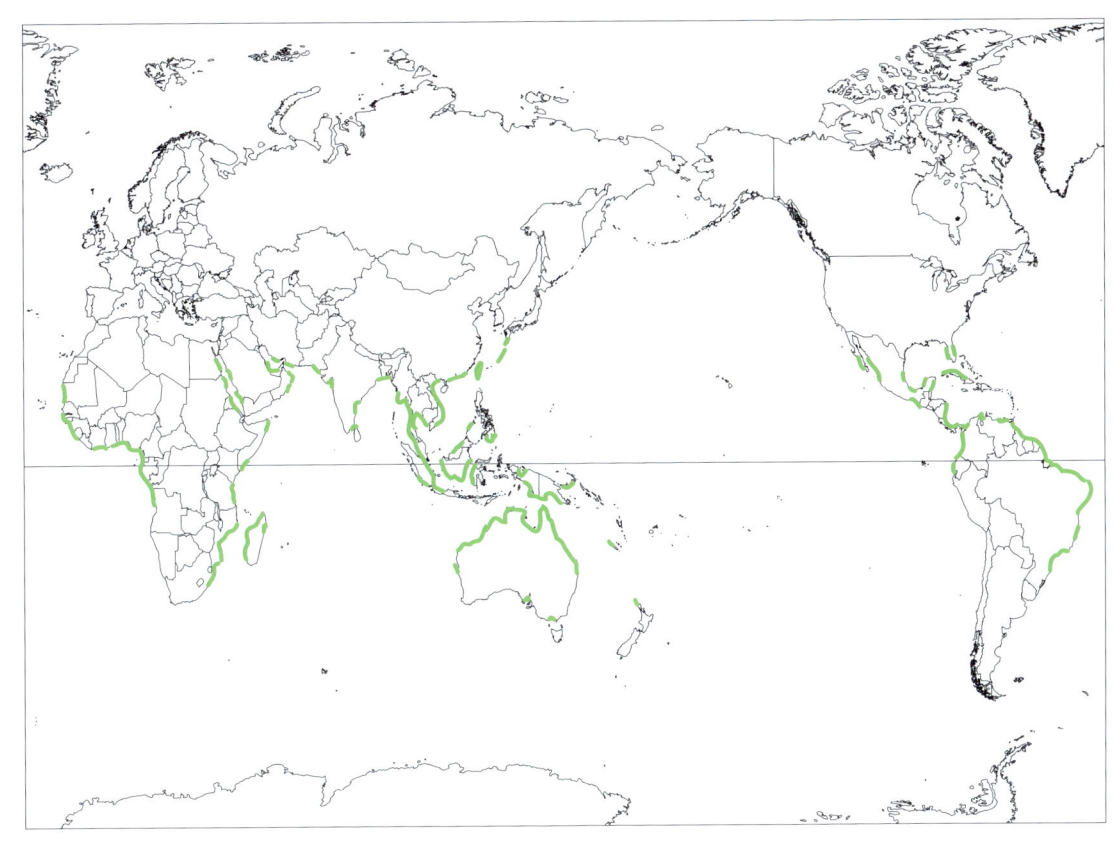

図2 マングローブ林の分布 (The International Society of Mangrove Ecosystems, 1997).

　日本列島ではマングローブ林は南西諸島に分布するが，もっとも規模の大きいものは西表島で見られる．しかしながら，西表島でもマングローブ林の高さは5mに充たず，東南アジアに見られるものに比べると著しく小さい．マングローブ林の世界での分布を見ると，日本列島が北限となっていることがわかる（図2）．マングローブのうち，メヒルギは低温に対してもっとも抵抗力をもっていて，東南アジアから北上して南西諸島を経由し，九州本土・鹿児島市喜入町に達している．これが北半球における最北限地である．

亜熱帯林

　亜熱帯林は南西諸島や小笠原諸島に見られる．南西諸島の亜熱帯林はアコウ，ガジュマル，テリハボク，ニッパヤシなどの熱帯性の植物が見られるが，優先する樹種はスダジイ，オキナワウラジロガシ，タブノキ，イスノキなどである．この組成は次に述べる暖温帯常緑広葉樹林と有意な差は認められない．一方，小笠原諸島は海洋島であるため，南西諸島では支配的なスダジイなどのブナ科の植物を欠き，逆にムニンエノキ，シマホルトノキなどの多くの固有種が含まれている．日本の亜熱帯林は，北半球における亜熱帯林の北限地域となっている．分布域の限界近くでは構成する樹種も少なく，また日本列島では狭い面積を占めるため，日本の亜熱帯林は独自のフロラをもたない，暖温帯林への移行帯としての性格をもつといえよう．

暖温帯常緑広葉樹林

　暖温帯常緑広葉樹林は本州，四国，九州，

図3 宮崎県綾町の照葉樹林.

そして南西諸島に見られる．この森林の主な樹種は，カシ類やシイ類などのブナ科，タブノキやクスノキなどのクスノキ科，サカキやヤブツバキなどのツバキ科などである．これらの樹種は，寒さや乾燥に適応した小型で厚い葉をもち，葉の表面にクチクラ層が発達している．これらの樹木は葉に光沢があることから「照葉樹」ともよばれる．

暖温帯常緑広葉樹林は優先する樹種の違いにより，シイ林，カシ林，タブ林に大きく分けられる．もっとも面積が大きいのはシイ林であるが，水平的にはタブ林がもっとも北方に，垂直的にはカシ林がもっとも高所に分布している．カシ林はまた，地域によって優先する樹種が異なっている．関東地方ではシラカシがもっとも多く，またシラカシはもっとも高所にまで生育している．西日本ではシラカシは少なく，石灰岩地域などに限られ，替

ウバメガシ

カシ類などの常緑樹は同心円状の殻斗をもち，どんぐり（堅果）が成熟するのに2年かかる．ナラ類の落葉樹は鱗片におおわれた殻斗をもち，どんぐりは1年で成熟する．これに対して，ウバメガシは常緑だが鱗片におおわれた殻斗をもち，どんぐりは2年で成熟する．このような性質からはウバメガシはカシ類とナラ類の中間的な性質をもっているといえる．しかし，生育地がカシ類ともナラ類ともまったく異なっており，瀬戸内地方の沿海地に生育する．ウバメガシはヒマラヤ地域に多い *Quercus semecarpifolia* や地中海地域のコルクガシと形態的に似ている．しかし，その分類学上の位置についてはいまだよくわかっていない．

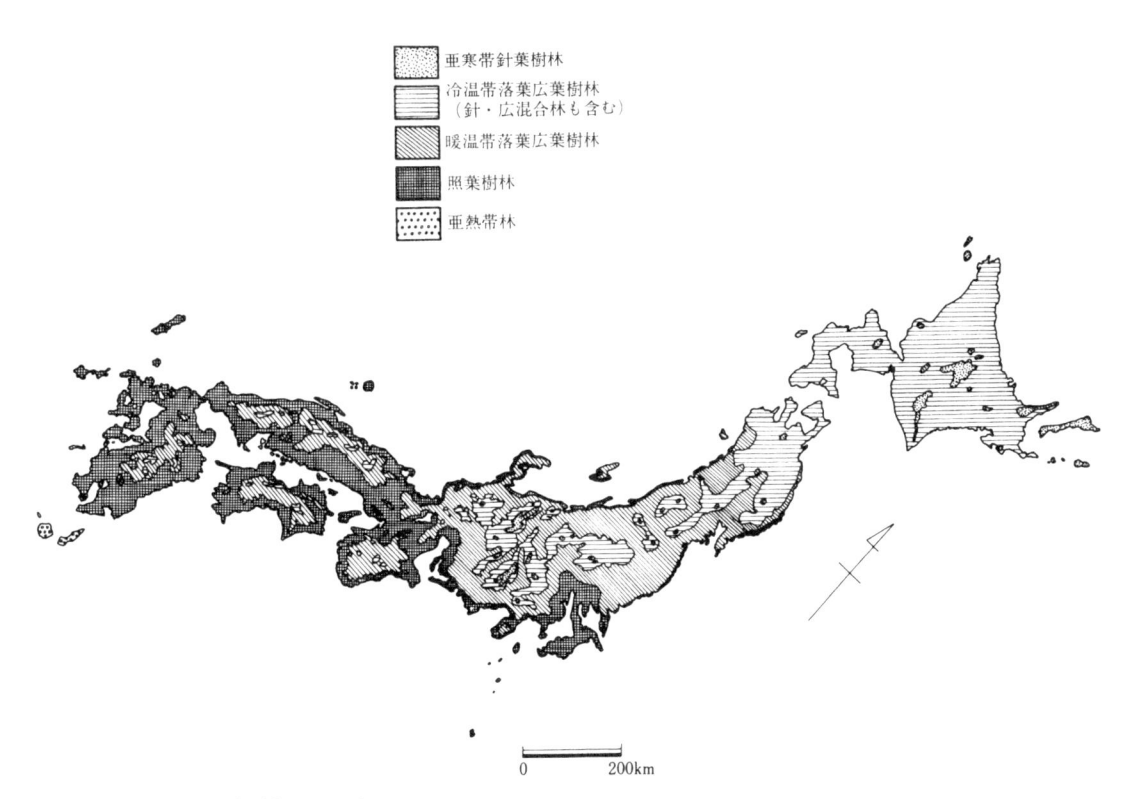

凡例:
- 亜寒帯針葉樹林
- 冷温帯落葉広葉樹林（針・広混合林も含む）
- 暖温帯落葉広葉樹林
- 照葉樹林
- 亜熱帯林

図4　縄文時代の森林分布（安田，1980）．

わってアラカシが優先するようになる．本州では，古くからこの森林帯で人類の活動が行われてきたため，まとまった植生は社寺林や急傾斜のところなどに断片的に残されていることが多い．

次に暖温帯常緑広葉樹林帯の分布を見てみよう．この森林帯は中国・揚子江以南の地域から，ミャンマー（ビルマ）北部，ブータンやアッサムを経て，ネパール・ヒマラヤの中腹（標高2,000 m前後）におよんでいる．ここでも日本列島はこの森林帯の北限にあたることがわかる．日本ではこの林は低地に成立するが，日本以外では山地に成立する．なお，インドシナ半島やボルネオ，スマトラの山岳地帯にも常緑広葉樹林が分布しており，クリに似た果実をつける常緑のクリガシ（シイ）属や巨大な果実をつけるマテバシイ属などが生育する．この地域はまた，水稲栽培以前に発達した，焼き畑にソバや雑穀などを栽培した照葉樹林文化を擁したことでも知られている．納豆などはこの文化独自のものである．

暖温帯落葉広葉樹林

暖温帯落葉広葉樹林とは，クヌギ，コナラ，アベマキ，クリ，ムクノキ，エノキ，ケヤキなどの森林である．関東地方ではクヌギ・コナラ林が普通に見られ，西日本ではクヌギの替わりにアベマキに置き替わる．ムクノキやケヤキは普通単木的に生育することが多いが，西日本に点々とムクノキ林やケヤキ林とよべるものが残されている．この森林の分布域は暖温帯常緑広葉樹林とほぼ同じである．日本の暖温帯常緑広葉樹林と相同と考えられる森林は中国・揚子江の南側に分布していたが，暖温帯落葉広葉樹林に似た森林は揚子江の北側に分布している．

暖温帯落葉広葉樹林は現在では二次林の構成樹種となっている．すなわち，シイ林やカシ林などが人為的な影響や自然災害などで破壊されると，その後にこの森林が成立するの

である．花粉分析の結果に基づくと，約5,000年ほど前の縄文時代の日本列島には暖温帯落葉広葉樹林が広い範囲に成立していたことがわかる（安田，1980；図4）．つまり，この森林は縄文時代以降に南方から侵入してきた常緑広葉樹林に駆逐され，現代では二次林として生き長らえているということを意味している．

青森県に，縄文時代のものとして知られる三内丸山遺跡がある．この遺跡には驚くべき建造物がいくつかあるが，とりわけ，望楼とも推定されている巨大な構造物には目を見張らせるものがある．この「望楼」の中心的な構造は直径1 m，高さ10 mの6本あるクリの柱である．現在でも青森県内に高さ20 mを超えるクリがあるとのことだが，そのような木でも直径1 m，高さ10 mの丸太を切り出すことはできない．実際，復元に用いられたクリの木材は日本国内では調達できず，ロシアから輸入されたものだという．

では，三内丸山の縄文人はどのようにしてこの大きなクリの丸太を入手したのだろうか？ 図4を見ていただきたい．縄文時代には青森県を始めとした本州北部は広い範囲で暖温帯落葉広葉樹林におおわれていたことがわかる．後述するように，この時代はヒプシサーマル（高温）期とよばれ，現代よりも平均気温が高かったことがわかっている．したがって，この時代の青森県内に巨大なクリの木が生育していて，縄文人はそれを利用したのだろう．直径1 m，高さ10 mの丸太であるから，クリの木は少なくとも高さ40 mはあったのではないだろうか？ これは，現在の日本には見られない，壮大な森林である．縄文時代の日本列島の森林は現在見られるものとは大きく異なっていたのだろう．そして，現在見る暖温帯落葉広葉樹林は遺存的な性格をもつに至っている．

暖温帯常緑針葉樹林（中間温帯林）

暖温帯の常緑広葉樹林と冷温帯の間には，垂直的にもまた水平的にもその占める面積は大きくはないが，常緑の針葉樹林が成立する．このゾーンは，暖温帯と冷温帯の中間という意味で，中間温帯とよばれる（山中，1979）．日本列島のフロラの著しい特徴の一つは，日本海側と太平洋側の分化が認められることであるが，この分化は中間温帯と冷温帯においてとくに明瞭に認められる．

日本列島の中間温帯林は，スギ林とモミ・ツガ林に代表される．スギは本州，四国，九州（屋久島）の地域の太平洋側に偏って分布する．日本海側にはその変種のアシウスギ（ウラスギ）があり，雪の重みで枝が地面に接触し，そこから発根して新しい個体になるという，日本海側の多雪地に適応した形態をもっている．屋久島にはヤクスギ（屋久杉）とよばれる大径木が生育することはよく知られている．

モミとツガは同所的に生育することが多いため，まとめてモミ・ツガ林とよばれる．モミ・ツガ林も本州，四国，九州に分布し，太平洋側に偏っている．モミ・ツガ林にはソハヤキ要素（3.9参照）とよばれる日本固有の植物群の一部が生育している．

静岡市の登呂遺跡は，紀元前100年～200年にかけての弥生時代後期・前半の遺跡である．この遺跡には竪穴式住居や高床式倉庫などの他，杭や板で補強構築された畦畔で仕切られた，50余枚の大小さまざまの水田がある．そして，この補強に使われた杭や板にはスギが用いられている．しかし，現在では静岡県内にスギの自生は知られていない．

2000年，出雲大社から平安時代の本殿の巨大な柱が発見された．この柱は直径1.3 mものスギを3本束ねたものであった．しかし，現在島根県では天然のスギ林は中国山地脊梁

図5　モミ・ツガ林（写真：永田芳男）．

図6　スギ林．

部の高所にしか分布しない．このため，このスギの大木をどこから切り出してきたのかが問題になっていた．その後，内陸部の三瓶山山麓，小豆原にスギの埋没林が発見され，少なくとも縄文時代にはスギが自生していたことが明らかになった．その後各地でスギの埋没林が発見され，縄文時代から平安時代までスギはかなり広範囲に分布していたと考えられる．暖温帯落葉広葉樹林の項でも述べたように，最終氷期以降も日本列島の植生は大きな変遷をとげたと考えられるのである．

暖温帯の森林は，東アジア，東南アジア，そしてヒマラヤ地域に広く分布することはすでに述べた．それではモミ・ツガ林に似た森林はどこに分布しているのだろうか？　実は，モミ属（*Abies*）において，モミ（*A. firma*）という種は他の種とかけ離れた位置にあることがわかっていて，類縁関係を辿ることが困難である．そこで，ここではツガについて見てみることにする．日本のツガに近縁な種は *Tsuga chinensis* と *T. dumosa* である．前者は中国・湖北省，四川省，甘粛省，陝西省などに分布し，後者はヒマラヤ東部に分布する．ともに標高2,500〜3,000 mに生育し，暖温帯の広葉樹林と寒温帯の針葉樹林に挟まれて出現するところは日本のツガ林によく似ている．日本とアジア大陸の内陸部に隔離的に分布することから，モミ・ツガ林も遺存的な性格をもっているといえる．

冷温帯落葉広葉樹林

日本の冷温帯落葉広葉樹林は，ブナ林で特徴づけられる．日本のフロラの大きな特徴の一つが太平洋側地域と日本海側地域への分化であることは前述したが，この特徴は冷温帯でもっとも明瞭に現れる．まず，ブナ自身が分化している．図7に見られるように，日本海側では葉が大きくかつ薄く，太平洋側では小さくかつ厚くなるという傾向がある．この現象は日本海側地域における広葉化現象とよばれている．広葉化現象はブナのみならず，落葉性の樹木や多年草で多くの例が知られている．広葉化現象の原因は今のところ不明だが，日本海側地域の多雪条件と深い関係があると考えられている．すなわち，融雪時は落葉性の植物にとって共通した生長の出発点であり，他の植物より早く生長するためにそれぞれの植物で平行して葉が大型になり，そしてその急速な生長は豊富な融雪水によってまかなわれている，というものである．これに対して，太平洋側地域ではとくに葉が展開す

る頃の乾燥に対抗するために，葉が小型で厚くなったと説明される．東北地方の岩手県や宮城県北部は太平洋側にありながらも葉は日本海側の性質を示し，逆に中国地方や九州北部では日本海側にありながら太平洋側の性質を示すことは，上記の説明が一定程度理にかなっていることを示していると思われる．一方，常緑性の低木ではこれとは逆の現象，つまり狭葉化現象が知られている．たとえば，太平洋側のヤブツバキは直立する高木に大型の葉をつけるのに対して，日本海側のユキツバキは立ち上がる樹幹をもち，小型の葉をつける．このような関係を有する木本植物には，アオキとヒメアオキ，モチノキとヒメモチ（いずれも前者が太平洋側）などが知られている．日本海側で立ち上がる樹幹をもつことは多雪に対する適応と理解することができるが，狭葉化については説明できていない．

日本海側と太平洋側では，ブナの結実率においても異なっている．筆者は当館の主催する自然観察会の一環として，春と秋に茨城県筑波山での野外観察を行ってきた．筑波山の観光の売り物の一つは，頂上付近に散在するブナの巨木である．胸高直径1 m，高さ20 mを超える大きなブナが生育している．何年か活動を行い，まず巨大なブナを引き継ぐ，次世代のブナがまったく存在しないことに気付いた．春の開花を見てみると，年によってほとんどの株が開花しないことがわかった．多くのブナが開花した年に果実を観察してみると，調べた限りすべてが秕であった．10年以上にわたって調べてみたが，その間に芽生えを見たのはたった1個体のみであった．どうやら筑波山のブナが稔性のあるどんぐりを生産することはきわめて稀な現象らしい．このことに気がついて，茨城県と栃木県の県境付近の山々を調べたことがあるが，いずれも同様の傾向が観察された．これは極端な例であるが，太平洋側のブナ林ではブナの芽生えの

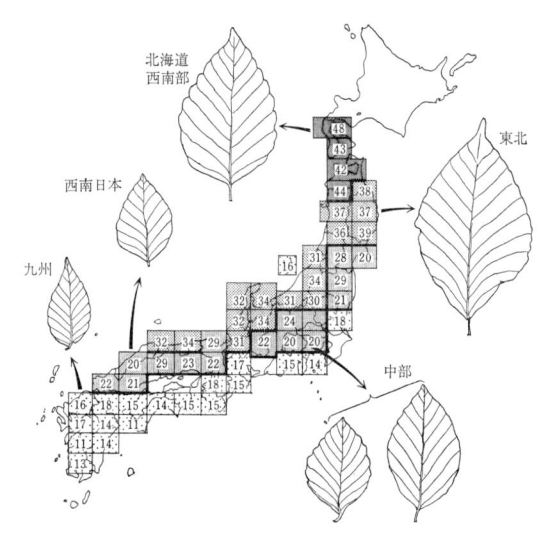

図7　ブナ葉面積の地理的変異．

表1　ブナ帯域における広葉化現象の例．

日本海側	太平洋側
オオバクロモジ	クロモジ
マルバマンサク	マンサク
イヌドウナ	コウモリソウ
カメバヒキオコシ	イヌヤマハッカ

大群落を見かけるということはそう多くはない．これに対して，初夏の雪解けの頃に日本海側のブナ林を訪れると，足の踏み場もないほどのおびただしいブナの芽生えを見ることができる．葉の面積や成長の速さの違いも踏まえると，日本海側と太平洋側ではブナの活力が違うのである．換言すれば，太平洋側のブナは衰退する傾向があるということである．ブナには北限がどのように決まっているかなど，未解決の問題が依然として残されている．

ブナだけではなく，ブナ林も日本海側と太平洋側に分化している．そのもっとも顕著な違いは随伴するササの種類が異なることである．日本海側のブナ林ではチシマザサが，太平洋側ではスズタケが，そして内陸地方のブナ林ではミヤコザサやチマキザサが林床に生育する．さらに，広葉化および狭葉化をとげた植物がブナ林を構成することになり，ブナ

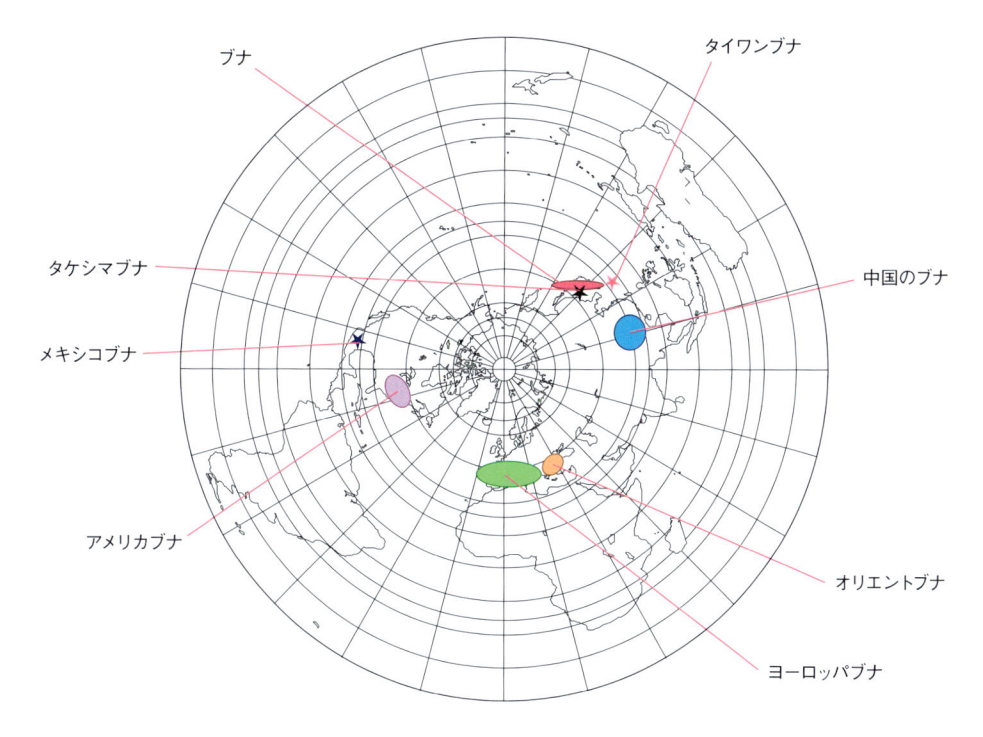

図8 ブナ属の分布.

林は日本海側と太平洋側では大きく異なることになる．次に述べるようにブナ林は北半球の中緯度地域に分布するが，このように複雑な分化をとげた森林は日本列島以外では知られていない．

ブナ科ブナ属は世界に約16種があり，図8のように分布している．このように分布域は東アジア，コーカサス，ヨーロッパ，北アメリカというように，北半球の中緯度地域に隔離的に分布している．北半球において，現在ブナ属が分布していない朝鮮半島，中国東北部，シベリア，北アメリカ西部からはブナ属の化石が得られており，かつては北半球の中緯度地域を中心にして広く帯状に分布していたことがわかる．このことは，ブナが現存しない地域では何らかの原因（おそらく乾燥気候のため）でブナが絶滅したことを意味していると考えられる．つまり，現在のブナ属の分布は隔離遺存的な分布であるといえるのである．したがって，ブナ林にはやはり遺存的な植物が生育しているが，これについては後述する．

日本の中間温帯性針葉樹林に似た森林は中国西部やヒマラヤ地域に分布していたが，冷温帯落葉広葉樹林についてはどうだろうか？ 中国西部には数種のブナ属が分布しているが，多くはマテバシイやクリガシなどからなる常緑広葉樹林の中にブナが散在するのみでとてもブナ林といえるようなものではない．台湾やメキシコでもブナは常緑樹と共存し，北アメリカ，ヨーロッパ，コーカサスでは落葉樹と共存する．日本の東北地方や道南地方に見られるようなブナの純林は日本以外では見ることができない．ヒマラヤ地域ではブナ属は欠落し，替わりにカエデの仲間が冷温帯落葉広葉樹林を構成している．冷温帯を挟む，暖温帯や中間温帯，そして寒温帯の森林が日本とよく似ているのに，不思議なことにブナが生育していないのである．ヒマラヤ地域にブナ属を欠く理由としては，いまだよくわかっ

図9　本州と四国の針葉樹林と似たヒマラヤ地域の針葉樹林．

ていないが，ブナ属が海洋性の気候を好むためだと考えられている．

　日本の冷温帯落葉広葉樹林の構成種としては，ブナの他に同じブナ科のミズナラが重要な樹種である．ミズナラはブナよりも耐性があるため，ブナよりも水平的にもまた垂直的にも幅広い範囲に生育している．このため，冷温帯域ではミズナラが二次林の主要な構成要素となっている．一方，ミズナラは多雪条件に弱いため，ブナのような純林を形成できないと考えられている．

寒温帯常緑針葉樹林

　北海道の平地から山地，本州と四国の山地に見られる常緑針葉樹林である．北海道ではエゾマツ（トウヒ属）とトドマツ（モミ属），本州と四国ではトウヒ（トウヒ属）およびオオシラビソとシラビソ（ともにモミ属）が主要な構成要素である．この森林はカニコウモリ，マイヅルソウ，ハリブキ，カエデの仲間のオガラバナやコミネカエデなど，数は多くないがこの森林帯独自の植物が生育している．この森林はこれまで「亜寒帯」性とされることが多かったが，次の項目で述べる理由により，温帯の一部，寒温帯と見なすのが妥当であると考えられる．

　本州と四国の常緑針葉樹林は相観が似ているため，北半球の北部に広がるタイガ（北方針葉樹林）と同じものと見なされることが多い．しかし，針葉樹林を構成する樹種に注目すると，タイガとは異なることがわかる．すなわち，タイガではトウヒ属が優占するのに対して，本州と四国では圧倒的にモミ属が多い．そして北海道を含む北東アジアではこれらの中間的な性格をもっている．モミ属が優占する寒温帯常緑針葉樹林は暖温帯や冷温帯と同じように，中国西南部からヒマラヤ地域にかけて隔離的に分布している（図9）．この分布域は植物地理学でいう日華区系（図10）に所属するため，モミ属の優占するこの

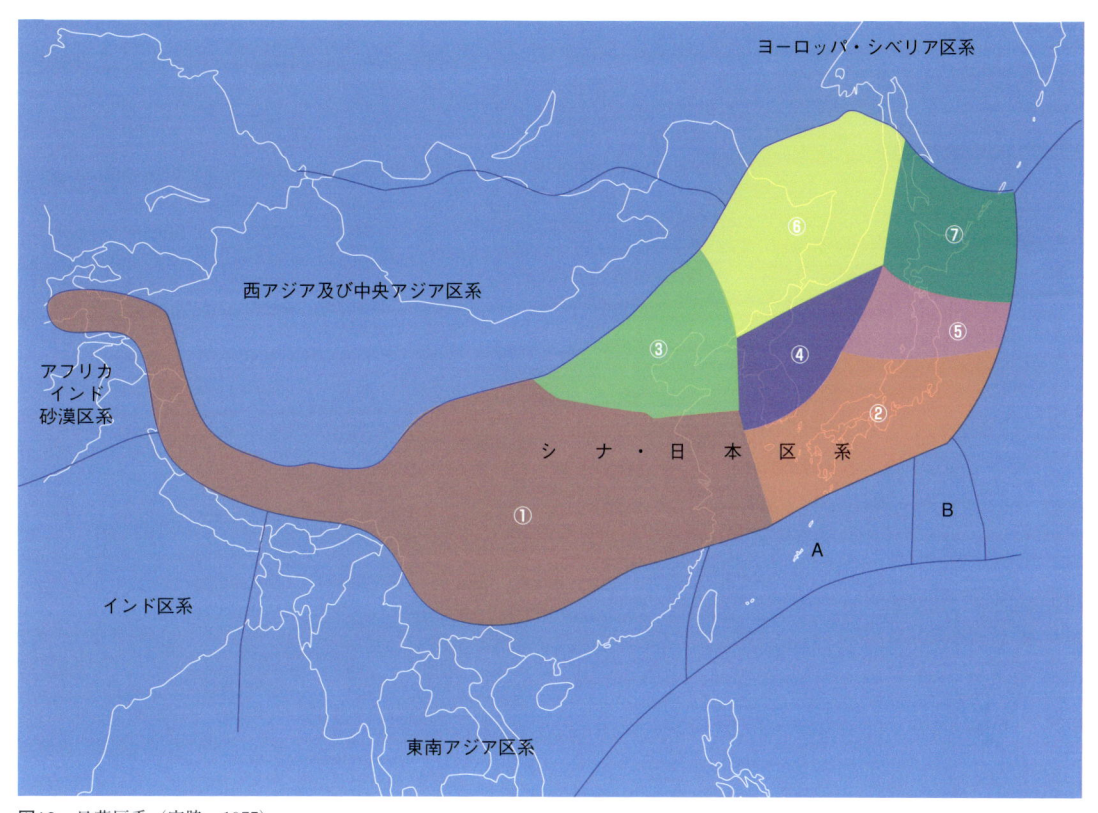

図10 日華区系（宮脇，1977）．
シナ・日本区系の区分　①華中区　②日鮮暖帯区　③華北区　④朝鮮区　⑤日本温帯区　⑥満州区　⑦南樺太・北海道区
A 琉球地区　B 小笠原地区．

林は日華区系の寒温帯常緑針葉樹林とよばれる（村田，2005）．

亜寒帯落葉広葉樹林

この森林はダケカンバで代表される森林で，北海道，本州，四国の山地に見られる．しかし，四国では剣山や石鎚山の山頂部に断片的に見られるにすぎない．ダケカンバ林は植生帯として垂直的な幅が狭く，またしばしば寒温帯の針葉樹やハイマツと混生する．このために，これまでダケカンバ帯は「亜寒帯針葉樹林」とハイマツ帯の移行帯としてとらえられるか，あるいはその存在が無視されてきた．しかし，世界的な視野に立ってこのダケカンバ帯を見直すと，これは独立した森林帯であり，これこそが亜寒帯の植生であるということがわかる．

寒帯とは森林が成立しない植生帯を指す．したがって，「寒帯林」という言葉は存在しえない．寒帯は相観的にはツンドラである．寒帯ツンドラの南方には寒温帯常緑針葉樹林（タイガ）が成立する．そしてツンドラとタイガの間には，ツンドラにあまり背の高くない樹林がまばらに生育する植生帯が存在する．これを森林ツンドラという．「亜高帯」とは温帯と寒帯の中間に位置するという意味であるから，亜寒帯の植生とは森林ツンドラであるということになる．この定義は北欧の森林に基づいて提唱されたが，世界の植生についてもよく当てはまる．北東アジアではダケカンバ林やハイマツ林が森林ツンドラになる．したがって，日本の高山において見られるダケカンバ林は亜寒帯あるいは亜高山の植生だということができる．このダケカンバ林は北

表2　日本の植生帯.

水平的森林帯	垂直的森林帯	分布	代表的な植物
亜熱帯	低地帯	南西諸島，小笠原	オヒルギ，メヒルギ，ニッパヤシ
暖温帯	低山帯	南西諸島，九州，四国，本州	シイ，カシ類，イスノキ
中間温帯	低山帯	九州，四国，本州	スギ，ヒノキ，トガサワラ，モミ
冷温帯	山地帯	九州，四国，本州，北海道	ブナ，ミズナラ，サラサドウダン
寒温帯	亜高山帯	九州，四国，本州，北海道	シラビソ，オオシラビソ
亜寒帯	高山帯	四国，本州，北海道	ダケカンバ，ハイマツ
寒帯	高山帯	本州，北海道	チョウノスケソウ，ヒゲハリスゲ

東アジアの代表的な亜寒帯植生で，ヒマラヤの *Betula utilis* 林，ヨーロッパの *B. pubscens* 林と相同である．そして，ダケカンバ林やハイマツ林が亜寒帯であるとすると，上述のように，エゾマツやオオシラビソなどを構成要素とする常緑針葉樹林は温帯の範疇に入れられ，寒温帯と見なすことが妥当ということになる（田端，2000）．

　日本の山岳は大陸のそれに比べて標高はそれほど高くはないが，冬季の気候が著しく厳しいために高山ツンドラが成立している．一方，寒温帯以下の植生の上昇に伴い，強い圧迫を常に受けている．その結果，とくにダケカンバ帯の幅が狭くなっている．このことがダケカンバ帯域が付属物と見なされるか，あるいは無視されてきた理由である．

　この帯域の風衝地や岩礫地には，ハイマツ林が成立する．ハイマツ林は主に北海道と本州の高山に見られ，亜寒帯常緑低木林として位置付けられる．しかしながら，とくに北海道ではハイマツ林が超塩基性岩に強く結びついた土地的極相を形成している．そのようなところではハイマツ林の上部にエゾマツやトドマツの寒温帯性針葉樹林があり，垂直分布の逆転現象がしばしば観察される．また，千島列島やサハリンではハイマツ林が海岸の植生である一方，アジア大陸東部ではダフリア

図11　ダケカンバ林（写真：梅沢　俊）．

カラマツの林床に生育する．このように，ハイマツ林は土地的極相と見なすのが妥当である．したがって，ハイマツ林を独立したハイマツ帯と見なすことは適当ではない．

　これまでの論議をもとにすると，日本の植生区分は表2のようになる．

文献

宮脇　昭（編）．1977．日本の植生．学研，東京．
村田　源．2005．日本の植物相と植生帯．分類，5(1): 1-8.
Spalding, M. D., F. Blasco and C. D. Field (eds.). 1997. World Mangrove Atlas. The International Society of Mangrove Ecosystems. Okinawa. 178 pp.
田端英雄．2000．日本の植生帯区分はまちがっている．科学，70: 421-430.
山中二男．1979．日本の森林植生．築地書館，東京．
安田喜憲．1980．環境考古学事始．日本放送出版協会，東京．

日本のツリフネソウ属植物（ツリフネソウ科） — 秋山　忍

　日本には，野生種として3種1変種が知られている．ツリフネソウ，キツリフネ，ハガクレツリフネとその変種のエンシュウツリフネソウである．これらは明らかな特徴をもち，比較的容易に識別できる．ツリフネソウとキツリフネは分布も広く，一般にもよく知られているが，ハガクレツリフネとその変種エンシュウツリフネソウのことはあまり耳にしない．

　ハガクレツリフネ（*Impatiens hypophylla*）は日本の固有種で，本州（紀伊半島），四国，九州に分布する．発表されたのは1911年で，発表者の牧野富太郎は，花序が葉の下に広がることと花の色が淡いことを特徴とした．変種エンシュウツリフネソウの存在が明らかになったのは1950年で，静岡県水窪町で発見された．

　ツリフネソウ属植物といえば園芸植物のホウセンカが有名である．最近では属名 *Impatiens* を日本語読みにしたインパチェンスという名前で，鉢植えや花壇に植えられている植物をよく見かける．ツリフネソウ属は，南米を除き広世界に広く分布し，約850種があるとされている．ヒマラヤ地域や中国からも多くの種が知られているが，種の識別点や，お互いの類縁関係などまだよくわかっていない．

　日本の固有種であるハガクレツリフネは，日本，朝鮮半島，中国東北部に分布するツリフネソウに似てはいるものの，花の形や花のつき方などが大きく異なっていて，ツリフネソウから，あるいはその逆にハガクレツリフネからツリフネソウが分化したと考えることには無理がある．この問題を解くには，東アジアからヒマラヤに分布するツリフネソウ属植物の解析が欠かせない．最初静岡県で発見されたエンシュウツリフネソウは研究の結果，ハガクレツリフネが生育している他の地域にも産することが明らかになった（Akiyama, 1998）．また，その起源は一つではなく，各所でハガクレツリフネから分化したと考えられるのである．

文献

Akiyama, S. 1998. A taxonomic note on *Impatiens hypophylla* Makino and *I. microhypophylla* Nakai (Balsaminaceae). *Mem. Natn. Sci. Mus., Tokyo*, (30): 43-56.

左上下：ハガクレツリフネ．中上下：エンシュウツリフネソウ．右上：ツリフネソウ．右下：キツリフネ．

3.2 日本列島の哺乳類

川田伸一郎

日本列島の哺乳類

日本列島には100種あまりの陸棲哺乳類が生息している．森林内で生活する哺乳類たちは歩行するのみならず，樹上へ登るもの，樹間を滑空・飛翔するものから，堆積した落ち葉の下で生活をするもの，また完全に地中性活を行うもの，あるいは河川で生活し水中を遊泳する種も存在する．このように哺乳類は地上だけでなく，水中へ，空中へ，そして地中への生活に適応した形態を獲得してきた．それらの環境の中でも森林は哺乳類にとって良好なすみかである．森林生態系では，植物食者として小型の齧歯類と大型の偶蹄類，昆虫食者として食虫類があり，それらを捕食する中型から大型の肉食者というつながりがセットになって，他の動植物との間で生態系を構築している．このように多様な環境に適応した哺乳類は，生活空間の穴を埋めるようにして日本列島に分布している．

北海道と本州に分布する哺乳類を比較してみると，大型食肉類の代表としてヒグマとツキノワグマ，中型の種ではクロテンとテンが，またウサギ目ではユキウサギとノウサギという異なる種がそれぞれ分布している．齧歯目でも，モモンガやリスのほか，北海道にはヤチネズミ属の数種が生息するのに対して，本州ではビロードネズミ属の数種が生息するなど，同じようなニッチを占める動物群がそれぞれの地域に分布していることがわかる．これらはすべてそれぞれ北方系と南方系の種であると考えられ，海水面が低下した時代にサハリンと朝鮮半島という2カ所のルートから日本列島に侵入してきたと考えられている．

日本列島は，亜寒帯の北海道から本州・四国・九州の温帯地域を経て，亜熱帯の琉球列島まで広がっており，それぞれの気候区に生息する種を見ることによってその進化の歴史を垣間見ることができる．北海道と本州は距離にして約20 kmの津軽海峡によって隔てられているが，生息する哺乳類の種は大きく異なっている．

北海道に生息する哺乳類の特徴は，そのほとんどの種がサハリンや大陸沿海州にも分布しており，固有種の数が少ないことである．最近出版された哺乳類図鑑『日本の哺乳類，改訂版』(阿部，2005) によると，北海道に生息する陸棲哺乳類の中で唯一の固有種は，利尻島や日高山脈の山地に生息するムクゲネズミである（図1）．本種は1971年に当館の今泉吉典博士により発見され (Imaizumi, 1971)，また「日本列島の自然史科学的総合研究」の成果として日高山脈での分布も確認された経緯がある（今泉，1972）．

このように，北海道には固有種がほとんど見られない理由として，宗谷海峡の最深部が50m程度と非常に浅いことが考えられる．このために約1万年前まで北海道はサハリン

図1 北海道の固有種，ムクゲネズミ（写真：岩佐真宏）．

や大陸と陸続きであったと推測されており，大型から小型までほとんどすべての哺乳類が大陸との行き来が可能だったようである．その後氷河期が終わり，北海道は海で隔てられたが，ほとんどの哺乳類が十分に分化する時間を経ていないのであろう．一方で，津軽海峡はもっとも深いところで140 mほど，対馬海峡は120 m程度であり，海水面が現在より約100 m低かったという氷河期の終わり頃でも本州と北海道や朝鮮半島は陸続きにならなかった（Millien-Parra & Jaeger, 1999）．また仮に現在より北海道や大陸と本州島の間の距離が狭かったとしても，小型哺乳類にとっては有効な障壁となっていたと考えられる．このため本州や四国・九州の哺乳類は，この地で独自の分化を成し遂げ，その結果固有種も非常に多い．食虫目だけを例にとっても，ここに分布する全16種のうち10種が固有種である．

モグラ類に見る哺乳類の多様性

食虫目の中でも，とくにモグラ科の種が豊富なのは注目に値する．モグラ科は地下適応性の程度によってヒミズ類とモグラ類に分類されるが，ヒミズ類は世界的に見ても本州以南のヒメヒミズとヒミズの2種，中国南西部からミャンマーやベトナム北部に生息するシナヒミズと北米西海岸のアメリカヒミズの合計4種があるのみであり，そのうちの2種が本州に分布することは興味深い．ヒミズ類の化石はヨーロッパやモンゴルなど各地で出土しているが，どうやら第三紀以降，このグループの動物は世界中のほとんどの場所で絶滅してしまったらしい．日本に生息する2種はこれらの数少ない生き残りである．ヒミズ類の生活型は半地中性とよばれるもので，森林の落葉層の下に溝状の通路を形成して活動する．このような生活型をもつ動物は，同じ食虫目のトガリネズミ科にも見られる．世界各地での絶滅は，おそらくトガリネズミ類のうち大型で，半地中性のライフスタイルを獲得した種によって，生息環境を奪われた結果なのであろう．たとえばヒミズ類が分布していない北海道では，オオアシトガリネズミがヒミズに近い生活型を代替しており，また北米の東部ではブラリナトガリネズミが広い分布域をもっている．

モグラ類はヒミズ類よりも高度に地下適応した食虫目で，日本産は6種に分類されている．尖閣諸島の魚釣島に分布するセンカクモグラは本島の固有種であり，最近の研究では台湾産のタカサゴモグラに類縁が近い種であることがわかっている（Motokawa et al., 2001）．センカクモグラは1974年に1個体が拾得され，1991年に新種として発表されたが，その後この島の領土問題が深刻化しているため標本が得られておらず，世界に1標本が存在するのみというきわめて異例の種である．しかも現在魚釣島には再野生化したヤギが個体数を著しく増やしており，採食による植物群落の破壊やそれに伴う土壌の流出が心配されており，センカクモグラの存亡も危機的状況にある（横畑, 2004）．

ミズラモグラは本州の山地にのみ生息する小型のモグラで，下顎の切歯が1対多いことによって他のモグラとは異なるグループに属すると考えられている．本種に近縁なグループは，ヒマラヤから中国南西部にかけて分布する種群で，ミズラモグラは東に遠くはなれた分布をもっている．同様な分布をもつ種にはカワネズミやビロードネズミ，カモシカといった仲間があるが，いずれも山地に依存性が高い種で，日本の自然度の高さを物語っている．

アズマモグラとコウベモグラの分布に関しては，最近では一般にもよく知られるようになってきたが，本州中部地方を境にそれぞれ東西に分かれて分布域をもっている（阿部，

1998）．これは本州西部に分布するコウベモグラがアズマモグラの分布域を侵略しながら，北西へ向かっているという説明がされている．しかしながら，近年各都道府県でのレッドデータブックなどの整備がなされるにつれて，コウベモグラの分布域内にも，山地などを中心としてアズマモグラの孤立個体群が多数残存していることが明らかにされている．とくに京都府芦生では，ミズラモグラ，アズマモグラ，コウベモグラの3種が混棲していることが確認されている．この地にはヒミズも分布しており，このように4種のモグラ科が同地域にほぼ同所的に分布する例は，世界的に見ても日本だけである（図2）．

　佐渡島のモグラはサドモグラと名づけられている．このモグラより大型の種が越後平野にも分布することが20世紀半ばから知られており，前述の「日本列島の自然史科学的総合研究」の成果として，国立科学博物館動物研究部研究官であった吉行瑞子博士らによってエチゴモグラと命名された（Yoshiyuki & Imaizumi, 1991）．エチゴモグラは長らくサドモグラの地域集団として扱われていたが，染色体に関する最近の研究によると，サドモグラとエチゴモグラはそれぞれ独立種として位置づけるに足る違いがあることも判明している．こうして，日本のモグラ科食虫類は合計8種が存在することになり，またこれらはすべて日本固有種である．このような異例の多様性を示すことはわが国の自然を語るうえで重要であろう．

　一般にモグラ類は排他的な動物であることが知られており，一つの地域に1種が生息するのが普通である．多種のモグラが生息するヨーロッパ地方でも，各種が隣り合った分布域をもつのが普通であるが，本州では狭い面積にきわめて多くの種が分布している．日本列島の中でも本州は北から南へ細長く起伏の多い地形を擁しており，小哺乳類が多様化す

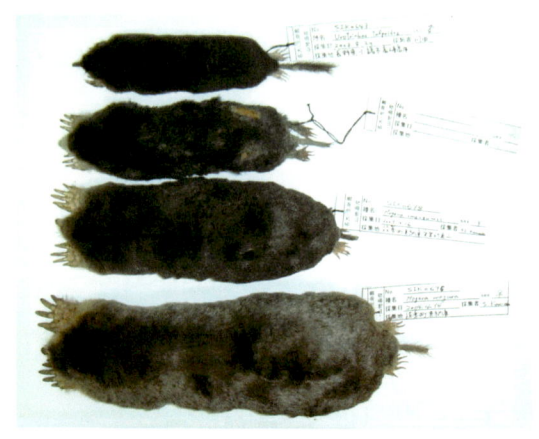

図2　本州の山地で同所的に分布する4種のモグラ科食虫類．上からヒミズ，ミズラモグラ，アズマモグラ，コウベモグラ．

るのに好条件を与えているのではなかろうか．

分断分布する哺乳類とその分化

　本州の小哺乳類分布に関してもう一つ非常に興味深いのは，食虫目のヒミズや齧歯目のアカネズミでは中部地方を境として東西に異なる遺伝的組成をもつ群が分断分布している点である．たとえば，アカネズミの本州東部集団では染色体数が48本であるのに対して，西部集団では46本となっている（土屋，1976）．ヒミズの場合は，富士川と糸魚川を結ぶ線の東西でやはり染色体構成が異なっている（Harada et al., 2001）．これらは現在同種として扱われているが，いずれの例でも，東西両集団間の交雑個体と思われる個体は境界線近辺のごく狭い範囲で少数が知られるのみであり，二つの種に分化する途上にあるものと考えることができる．先に述べたアズマモグラとコウベモグラの例は，分化がより進行した段階にあるものと見なせる．

　従来の考えではこのような地理的な分断は，本州と朝鮮半島の間の陸橋形成が数度にわたって起こり，そのたびに大陸で種分化した異なる遺伝的組成をもつ集団が移入した結果であると解釈されてきた．しかしながら，氷河期の時代には，日本列島全体が寒冷化したこ

とによって，哺乳類の分布は大きく変動したであろうことを無視するべきではない．たとえば最終氷期には関東地方の北部までが亜寒帯気候であったという事実も知られており，このような環境の激変によって，集団の地域的な壊滅や復興が繰り返されるうちに，本州内部にモザイク状の多様な小哺乳類相が形成されていったのではないだろうか．本州以南に固有の種が多いというのもこの所以であると考えられ，比較的古い時代に北海道や大陸との交流を絶って日本固有な哺乳類相が確立され，その後の本州島内での環境の変化などに伴い，形態的，遺伝的変化が蓄積された結果であると思われる．

南北に細長く広がり，大小多数の島嶼が含まれ，火山を含む山地と複雑に流れる河川水系から構成される多様な環境を擁することが，日本列島にこれほど多種の哺乳類が分布することを可能にしたのである．

文献

阿部　永．1998．モグラ科の分類・形態．阿部永・横畑泰志（編）：食虫類の自然史，比婆科学振興会，庄原．pp. 25-58.

阿部　永（監修）．2005．日本の哺乳類［改訂版］．東海大学出版会，神奈川．207 pp.

Harada, M., A. Ando, K. Tsuchiya and K. Koyasu. 2001. Geographical variations in chromosomes of the greater Japanese shrew-mole, *Urotrichus talpoides* (Mammalia: Insectivora). *Zool. Sci.* 18: 433-442.

Imaizumi, Y. 1971. A new vole of the *Clethrionomys rufocanus* group from Rishiri Island, Japan. *J. Mammal. Soc. Japan*, 5: 99-103.

今泉吉典．1972．日高の陸棲哺乳類—特に固有のヤチネズミ類とその起源について—．国立科学博物館専報，(5): 131-149.

Millien-Parra, V. and J. Jaeger. 1999. Island biogeograph of Japanese terrestrial mammal assemblages: an example of a relict fauna. *J. Biogeogr.*, 26: 959-972.

土屋公幸．1976．日本産哺乳類の染色体．哺乳類科学，33: 53-59.

横畑泰志．2004．領有権問題と野生生物保護—特に尖閣諸島魚釣島の野生化ヤギ問題を中心に．日本の科学者，39: 208-213.

Yoshiyuki, M. and Y. Imaizumi. 1991. Taxonomic status of the large mole from the Echigo Plain, central Japan, with description of a new species (Mammalia, Insectivora, Talpidae). *Bull. Natn. Sci. Mus., Tokyo*, Ser. A, 17: 101-110.

3.3 海を越えてきた鳥たちの今

西海 功

日本列島の鳥類

日本列島でこれまでに記録された鳥類の種数を足し合わせると，ドバトやコジュケイなど人為的に持ち込まれた鳥を除いて540種あまりにもなる（日本鳥学会，2000）．リュウキュウカラスバトやトキなど絶滅してしまった種が10種あるので，現在見られる可能性があるのは530種あまりである．世界の鳥類は9,000種あまりなので，世界の鳥のおよそ6％の種が日本で見られる．これははたして多いといえるだろうか．日本の陸地面積は38万km^{2}で，世界の陸地面積1億5千万km^{2}の0.25％を占めるにすぎない．そこで世界の鳥の6％の種が見られるのだから，かなり多いといえそうである．その理由は，もちろん1地域で見られる鳥の種数が多いということもあるが，鳥の種の分布域が一般に広いことや，多くの鳥が渡りをすることとも関係する．

日本で見られる鳥類530種のうちおよそ3割は迷鳥とよばれる本来の渡りコースからはずれて不定期に見られる渡り鳥で，それを除くと380種ほどになる．この380種も，いつも日本にいるわけではない．その多くが渡り鳥で決まった季節にしか見られない．多くのシギ・チドリ類に代表されるように，渡りの途中に通過するだけの鳥も30種あまりいる．旅鳥とよばれる彼らの多くは，羽を休めたりエネルギー補給をするために春と秋の年2回ほんの短期間日本に寄るだけで，春は北の繁殖地に向かって，秋は南の越冬地に向かって渡っていく．ハクチョウ類に代表されるように越冬のために日本に来る冬鳥が100種あまりいる．残り240種が日本で繁殖する鳥で，そのうち100種あまりが夏鳥とよばれ，ツバメなどのように繁殖するために日本を訪れる渡り鳥である．残り136種がスズメやムクドリのように日本のある地域に定住して過ごし，繁殖もしている留鳥である．

また，この530種は1地域で見られるわけではなく，南北に長い日本列島では各地域に独特の鳥類相が存在している．たとえば，北海道へ行くと本州では見られない鳥に出会える．タンチョウやシマフクロウはよく知られた北海道の希少種であるが，キツツキ科のヤマゲラやシジュウカラ科のハシブトガラのように，普通種にも日本では北海道でしか見られない鳥がいる．沖縄へ行くと，固有種のヤンバルクイナもいるが，リュウキュウツバメやアカヒゲなどが琉球諸島の鳥としてまず目に入る．伊豆諸島の三宅島では，春にはイイジマムシクイやアカコッコが，世界的な希少種とは信じられないほど島中至る所で見ることができる．このように見られる鳥の種は離れた地域に行けばそれだけ大きく違ってくるが，本州の中だけでも違いはある．関東では都心近くでもよく群れで見られるオナガは，関西にはいない．これらの例のように，飛ぶことができる鳥であっても，地域によってすんでいる種はかなり異なるのである．

亜種と亜種群

鳥は同じ種であっても地域によって姿かたちが異なることがあり，地理的に十分に区別が可能な場合，それを亜種とよぶ．わかりやすい亜種は色彩が違う亜種で，たとえば，エナガは北海道に生息するシマエナガという頭部が真っ白な亜種があり，黒っぽい眉斑（目

の上にある眉のように色が違う部分）がある本州の亜種とは一目で違いがわかる．カケスやゴジュウカラも，北海道ではミヤマカケスやシロハラゴジュウカラとよばれる色彩が違う亜種が見られる．沖縄ではヒヨドリやシジュウカラなど多くの種の亜種が，本州のものと比べて色が濃く，暗い色彩となっており，リュウキュウヒヨドリ，オキナワシジュウカラといった亜種名がついている．伊豆諸島でもヤマガラの頬は茶色で，オーストンヤマガラとよばれ，本州のものと一目で区別できる．このように一目で区別ができる亜種もいれば，区別が難しい亜種もある．たとえば本州にいる亜種エナガと四国，九州にいる亜種キュウシュウエナガは色彩には目立った違いがなく，翼や足や尾の長さ，嘴の高さや長さなどを測ってみてようやく亜種が特定できる．

　よく似た亜種同士を集めて，亜種群という場合がある．同じ亜種群にまとめられる亜種は，違う亜種群に属する亜種と比べてお互いに近い類縁関係にあると見なされる．亜種や亜種群といった種内の分類階級は，集団間の類縁関係を類推し，集団の歴史を推定するときに大いに役立つ．

生物地理区とその境界線

1）ブラキストン線

　南北に長い日本列島の生物地理的境界は，鳥類相から見て2カ所に設けることができる．まず，北の境界線はブラキストン線とよばれ，北海道と本州との間の津軽海峡に設けられている．動物地理学的な研究によってこの境界線の重要性を最初に示したのは，1863年頃から1884年までの約20年間函館に住んで自然史研究を行った，イギリス出身の博物学者ブラキストンであった．彼は鳥類や哺乳類を意欲的に採集して研究した結果，ヨーロッパから極東までのユーラシア大陸の中緯度地方に広く分布する鳥や哺乳類のほとんどが北海道までは分布しているが，津軽海峡を越えて分布するものはきわめて少ないことを見つけた．津軽海峡は，ユーラシア大陸の多くの動物にとって越えることができない，分散に対する巨大な障壁であると考えた．

　ブラキストン線で分けられる鳥類として，ヤマゲラとアオゲラ，ミヤマカケスとカケス，シマエナガとエナガ，シロハラゴジュウカラとゴジュウカラ，エゾフクロウとフクロウ，エゾヤマセミとヤマセミ，エゾオオアカゲラとオオアカゲラ，エゾアカゲラとアカゲラ，エゾコゲラとコゲラ，キタキバシリとキバシリの10組の留鳥があげられる．ユーラシア大陸の東側まで分布を広げながらもブラキストン線を越えられなかった鳥類としては，このほかにエゾライチョウ，ワシミミズク，シマフクロウ，コアカゲラ，ハシブトガラの5種がいる．他方，北海道と本州で亜種の分化が見られない留鳥も多く，Morioka (1994)が北海道亜種をシノニムなどとして退けたヒヨドリやカヤクグリをはじめ，ツミ，オオタカ，ハイタカ，ノスリ，クマタカ，クマゲラ，ハクセキレイ，カワガラス，ミソサザイ，キクイタダキ，ヒガラ，コガラ，ヤマガラ，シジュウカラ，メジロ，イスカ，ウソ，スズメ，ホシガラス，ハシブトガラス，ハシボソガラスの23種がいる．ブラキストン線で分けられる鳥類10組・5種に対して，分けられないのが23種となる．飛翔力のある鳥類において，これだけの違いが津軽海峡で生じているという事実は，ブラキストン線の生物地理境界線としての重要性を示している．ただし，亜種レベルでの分化を地理的境界線の区分として重視しないという立場をとれば，ブラキストン線の価値はかなり低くなる（森岡，1971）．

　ブラキストン線で分けられる10組の鳥は，その分類階級はさまざまである．ヤマゲラとアオゲラの両者は種が異なるが，ミヤマカケスとカケス，シマエナガとエナガは亜種群が

アオゲラ

ヤマゲラ

アオゲラ（本州以南の日本特産種）とヤマゲラ（ユーラシア中緯度地方に広く分布する種）.

カケス

ミヤマカケス

カケス（亜種カケスとミヤマカケス）.

ゴジュウカラ

シロハラゴジュウカラ

ゴジュウカラ（亜種ゴジュウカラとシロハラゴジュウカラ）.
図1　本州の鳥と北海道の鳥（写真：真木広造）.

表1 南西諸島における東洋区系（南方系）鳥類の亜種分布．

和　名	九州	屋久島 種子島	奄美・ 徳之島	沖縄島	宮古島	石垣島 西表島	与那国	台湾
カンムリワシ	—	—	—	—	—	A	A	B
シロガシラ	—	—	—	—	—	A	A	B
キンバト	—	—	—	—	A	A	A	B
リュウキュウガモ	—	—	—	X	—	X	—	X
オオクイナ	—	—	—	A	A	A	—	B
ヤンバルクイナ	—	—	—	X	—	—	—	—
ミフウズラ	—	—	A	A	A	A	A	B
リュウキュウツバメ	—	—	X	X	?	X	X	X
リュウキュウコノハズク	—	—	A	A	A	A	—	B
ズアカアオバト	—	A	A	A	B	B	B	C
種の境界がある種数		1	3	3	1	2	0	
亜種の境界がある種数		0	0	0	1	0	0〜1	6〜7
亜種または種の境界がある種数		1	3	3	2	2	0〜1	6〜7

X：同亜種が分布．A, B, C：別亜種が分布．—：分布（繁殖）せず．?：不明．森岡（1974）を改変．

異なり，また，シロハラゴジュウカラとゴジュウカラ，キタキバシリとキバシリは亜種レベルでしか違わない（図1）．これらは分断の歴史の長さをある程度反映しているようである．ミトコンドリアDNAの塩基配列の違いから分岐年代を推定すると，種が違うヤマゲラとアオゲラは500万年前に，亜種群が違うミヤマカケスとカケスは200万年前に，亜種が違うシロハラゴジュウカラとゴジュウカラは数十万年前に分岐したことが示唆されている（西海ほか，未発表）．

カケスの集団間のミトコンドリアDNAの比較は，次のようにブラキストンの考えを完全に裏付ける系統関係を示した（西海ほか，未発表）．亜種ミヤマカケスは韓国にも分布するが，韓国のミヤマカケスと北海道のミヤマカケスは塩基配列がほぼ一致（チトクロムbで99.8％一致）し，大陸と北海道の集団間の関係はきわめて近いことがわかった．また，これらミヤマカケスと亜種カケス，ヨーロッパのヨーロッパカケス，台湾のタカサゴカケスの4亜種はそれぞれ異なる亜種群に属すが，それらの系統関係は形態でははっきりとはわからなかった．しかし，ミヤマカケスはヨーロッパカケスにもっとも近く約100万年前に分岐したこと，これらの亜種群のうち亜種カケスがもっとも古い系統で，他の亜種群とは200〜300万年前に分岐したことが示唆された．

2）蜂須賀線と渡瀬線

南西諸島には旧北区と東洋区という二つの大きな地理区を分ける重要な境界線があるが，興味深いことに鳥類では通常，他の脊椎動物とは異なる位置に境界線が引かれる．哺乳類，両生類，爬虫類では渡瀬線とよばれ，奄美大島と屋久島の間，トカラ海峡に引かれている（黒田，1931）．しかし，鳥類ではもっと南の八重山諸島と沖縄との間に引かれ，蜂須賀線とよばれてきた（Hachisuka, 1926；山階，1955）．この違いの理由は次のように考えられる．150万年前頃に南西諸島が大陸と地続きになったとき，唯一トカラ海峡だけがつながらず海に隔てられていたために，陸生の脊椎動物の多くはそこを渡ることができず，トカラ海峡を境に動物相は違っている．他方，鳥類は飛翔力があるためにそこを越えることができた．鳥類にとって過去の大陸とのつながりよりも重要なのが，現在（完新世）の島

表2　南西諸島に見られる旧北区系（北方系）鳥類の亜種分布.

和　　名	北海道	本州	九州	屋久島 種子島	奄美・徳之島	沖縄島	宮古島	石垣島 西表島	与那国	台湾
アマミヤマシギ	—	—	—	—	A	A	—	—	—	—
アカヒゲ	—	—	—	—	A	B	—	—	—	—
リュウキュウカラスバト	—	—	—	—	—	A	—	—	—	—
ノグチゲラ	—	—	—	—	—	A	—	—	—	—
サンショウクイ	—	A	A	?	B	B	—	B	—	—
シジュウカラ	A	A	A	?	B	C	—	D	—	—
コゲラ	H	G/F	A	B	C	D	—	E	—	—
キビタキ	A	A	A	B?	B	B	?	B	?	—
ウグイス	A	A	A	A	B	B	B	B	B	—
カラスバト	—	A	A	—	A	A	?	B	B	—
ツミ	A	A	A	A	—	A	—	B	—	C
オオアカゲラ	H	G/A	A	?	B	—	?	B	—	C
アカショウビン	A	A	A	A	B	B	B	B	B	B
トラツグミ	A	A	A	A	B	—	—	C	—	C
キジバト	A	A	A	A	B	B	B	B	B	C
ヒクイナ	A	A	A	—	B	B	B	B	B	C
オオコノハズク	A	A	A	—	—	B	—	B	—	C
サンコウチョウ	—	A	A	A	B	B	B	B	B	C
メジロ	A	A	A	B	C	C	C	C	C	C
ヤマガラ	A	A	A	B	C	C	—	D	—	E
ハシブトガラス	A	A	A	A	B	B	B	C	—	D
ヒヨドリ	A	A	A	A	B	C	C	D	E	E
セッカ	—	A	A	A	A	A	A	A	A	B
アマツバメ	H	A	A	A	—	—	—	—	—	B
イソヒヨドリ	A	A	A	A	A	A	A	A	A	B
種の境界がある種数				0	0	4	0	3〜4	2〜3	
亜種の境界がある種数	3	1	3〜9	10〜16	4〜7	0〜8	2〜10	1〜7	6〜12	
亜種または種の境界がある種数	3	1	3〜9	10〜16	4〜7	4〜12	2〜10	4〜11	8〜15	

アルファベットA〜H：それぞれ亜種を示す．—：分布（繁殖）せず．？：不明．森岡（1974）を改変．

の配置における越えなければならない海の距離で，南西諸島では宮古島と沖縄島の間がもっとも距離が長く，そこを越えるのがもっとも困難なために蜂須賀線が主要な境界となったと考えられている．

しかし，南西諸島の鳥相を詳しく分析してみると境界がかなり曖昧なことがわかる．これは先に述べたブラキストン線が比較的はっきりとした境界であるのと対照的である．山階（1955）によると，北方系の鳥類は台湾まで分布するものも少なからずあり，北方系の種の南限となる有力な線を南西諸島に引くことはできない．ところが，東洋区系に属する種の北限としては，八重山諸島にいる種のほとんどが沖縄島には到達しておらず，蜂須賀線が分布境界線として引けるという．しかし，森岡（1974）が明らかにしたとおり，山階（1955）以後に知られるようになった新分布を考慮すると蜂須賀線はそれほど明確な境界とはいえなくなる．さらに森岡（1974）以後別種とされるようになったリュウキュウコノハズクと新発見されたヤンバルクイナの2種を付け加えて考えると，蜂須賀線はさらに曖昧なものとなる．表1にまとめたとおり，東

洋区系の10種の鳥の分布はカンムリワシのように八重山諸島に分布が限られるものからズアカアオバトのように屋久島まで分布するものまでばらつきが大きい．10種のうち種の分布が蜂須賀線までのものは，鳥の種数が少ない宮古島を除外して考えてもカンムリワシとシロガシラとキンバトの3種にすぎない．渡瀬線を境界とする種も同数の3種おり，沖縄・徳之島間を境界とする種もまた3種いるのである．亜種の分化を併せて考えてようやく蜂須賀線は4種となるが，亜種でいえばよりはっきりした6～7種の境界が与那国と台湾の間にある．

そもそも台湾を含めて考えてみると，与那国・台湾間に境界がある鳥は，ゴシキドリ科，チメドリ科，ダルマエナガ科，ハナドリ科，コウライウグイス科，オウチュウ科と科のレベルでも数多く，種のレベルでは70種を超える（小林・張，1977）．これらにはダルマエナガ（科）などのように大陸では朝鮮半島まで分布する鳥も含まれ，地理区の境界を越えられなかったと考えるよりも，島に渡ることができなかったと考えるべき科や種も多い．しかし，それを考慮しても，旧北区と東洋区を分ける鳥類の境界線は本来は与那国・台湾間に引かれるべきと思われる．

旧北区系（日本本土系）の鳥について見てみると，東洋区系よりも倍以上多い25種もの種がいる．表2を見ると，山階（1955）が述べたとおり台湾まで分布している種が多く15種もあり，南西諸島の中に種の境界を設けることはできそうにない．しかしながら，表2の上にあげた琉球固有種の4種について見てみると，すべての種が蜂須賀線で止まっていることがわかる．また，亜種の境界線については設けることができそうである．18種のうち蜂須賀線で分かれるのは0～7種であるのに対して，渡瀬線で分かれるのは10～16種にもなる．旧北区系鳥類の亜種の半数以上が渡瀬線で分かれるといえる．琉球固有種の4種に戻って渡瀬線について考えると，それを越えているので重視することはできないようにも見えるが，逆にこれらの固有種が近縁種から種分化する際に渡瀬線によって長期間交流が妨げられたために種分化し得たと考えることもでき，これらの種は渡瀬線と蜂須賀線の両方が鳥の分散にとってある程度の障壁になってきたことを示唆している．

ここで旧北区系の鳥として扱った25種のすべてが旧北区を起源としているわけではなく，逆に，東洋区を起源として琉球列島から日本列島に分布を広げたと考えられる種も多い．ハシブトガラスやヒヨドリ，セッカ，メジロ，ヤマガラなどは，起源は明らかに南方である．これらは南西諸島と本州の集団間の遺伝的差異はどの種もごくわずかだが，台湾と本州の差異についても同じくわずかなハシブトガラス，ヒヨドリ，セッカと，差異が比較的大きいメジロ，ヤマガラとに分けられる（Nishiumi et al., 2006）．更新世後期の温暖期には海進により南西諸島の島々の面積がかなり小さくなり，多くの集団が絶滅したと考えられる．その時に避難所の役割を果たしたのが前者の場合は台湾で，後者の場合は日本本土であったと推測される．ハシブトガラス，ヒヨドリ，セッカはその後，最終氷期から完新世にかけて台湾から日本本土にまで分布を急拡大したようである．メジロとヤマガラも九州から北海道まで同時期に分布を拡大したが，それらと台湾の集団とは分かれたままで交流はなかったと解釈できる．

3）対馬海峡

朝鮮半島と日本列島は共に同じ気候区の温帯域に属する．そのため，その境界線はブラキストン線や蜂須賀線ほど重視されてこなかったし，その名称も対馬線とよばれることがある（例：Kuroda, 1961）が特別な名称は

表3 日本の絶滅鳥類.

種　名	生　息　域	最後の記録
カンムリツクシガモ	函館	1822年函館市で雌雄を採集
オガサワラガビチョウ	小笠原諸島	1828年に父島で4羽を採集
オガサワラマシコ	小笠原諸島	1828年に父島で9羽を採集
ミヤコショウビン	宮古島	1887年に宮古島で採集された1体のみが知られる
ハシブトゴイ	小笠原諸島	1889年に媒島で1羽を採集
オガサワラカラスバト	小笠原諸島	1889年に媒島で1羽を採集
キタタキ	対馬	1920年に雌雄を採集
マミジロクイナ	硫黄島	1924年に硫黄島で観察記録
リュウキュウカラスバト	沖縄島、大東諸島	1936年に大東島で採集
トキ	北海道から九州まで	1981年佐渡で全野生個体5羽を捕獲

ない．しかし両地域の鳥相はある程度は異なり，大陸と島との違いを意味しているといえる．その境界は対馬海峡にあると思われるが，対馬海峡のほぼ中央で若干朝鮮半島寄りにある対馬の北に引かれるべきか南に引かれるべきかで議論が長く続いてきた．

はじめに対馬の鳥類の位置づけを考察したSeebohm (1892) は，対馬の鳥相は朝鮮半島より日本に近いと指摘した．その根拠として，ノジコ，メジロ，ホオジロ，カケス，アカモズ，ウグイス，キビタキ，サンコウチョウ，エナガなどが対馬まではいて，朝鮮半島にはいないと指摘した．しかし，今日ではこれらのすべてが朝鮮半島でも記録されており，これらの根拠はすでに喪失している．他方，黒田 (1925) は対馬を朝鮮区に含め，北九州区と区別した．その理由は詳しく述べられていないが，キタタキが対馬と朝鮮半島にいることと，日本に特徴的なキジとヤマドリが対馬にいないことだと思われる．さらに，Kuroda (1961) は対馬を日本と朝鮮両系統の混合地帯と見なした．

これらに対して森岡 (1970) は，多くの鳥類が対馬を介して北方へまたは南方へ分布を広げていることから，対馬を分布の経路と位置づけ，生物地理的境界とするほどの明確な違いを朝鮮半島の鳥相と九州の鳥相との間に認めなかった．対馬で繁殖する70種弱の陸鳥のうち，九州方面（四国・中国地方を含む）でも朝鮮半島でも繁殖する種は60種にも達する．対馬と朝鮮で繁殖し，九州方面から繁殖報告のないものは絶滅したキタタキくらいのもので，逆に，対馬と九州方面で繁殖し，朝鮮半島から繁殖報告のないものはクマタカ，アオバト，カラスバト，ヤマセミ，セッカの5種ほどにすぎない．対馬に到達した鳥のほとんどが北から来たものも南から来たものもそれぞれさらに南と北へ分布を広げている．反対に，対馬に到達できなかった鳥について見てみると，朝鮮半島で繁殖し，対馬に到達していない鳥は約60種いる．ただし，このうちの多くが朝鮮半島の南部まで到達していないので，海峡が分散の障壁となったとはいえない．朝鮮半島の南部まで分布しながらも，対馬に到達できなかった種は，アカハラダカやカササギ，ダルマエナガ，コウライウグイスなど10種余りである．逆に，九州方面で繁殖し，対馬と朝鮮から繁殖報告がないものは，ヤマドリ，アオゲラ，コマドリなど数種にすぎない．

ヒヨドリやメジロなど南方系の種は対馬を経て朝鮮半島に多く侵入しているのに対して，朝鮮半島を南下したものは朝鮮海峡で分布がさえぎられ，あまり日本に侵入していないこ

とが注目される（森岡，1970）．その原因は，地史よりも鳥の生態，とくに海峡を渡る分散力の違いに求めることができそうである．ヒヨドリやモズやメジロなどは日本と韓国の両集団間でmtDNAではほとんど違いが見出されず，最近数万年以内に分散したことが示唆された（Nishiumi & Kim, 2000）ことからもそれは裏付けられる．

日本列島から姿を消した鳥たち

19世紀以降に日本から姿を消した鳥，つまり絶滅した鳥は表3のとおり10種になる．19世紀に絶滅した鳥が6種で，20世紀には4種であった．これら10種のうち8種までが島嶼の鳥だったが，それは島嶼という狭い生息地で，環境の悪化や移入捕食者などの被害を受けやすいということが関係していると考えられ，島の鳥が絶滅しやすいという世界的な傾向と一致する．コウノトリは繁殖個体群が絶滅したが，ロシアからときどき通過や越冬のために渡ってくるので，この表には入っていない．ただ，繁殖個体群の消滅においてトキと同様の経過をたどった．島嶼の鳥とともに湿地の鳥にも絶滅に対する特別の注意が必要なことを示している．

トキは江戸時代には北海道から沖縄まで日本全国で見られる鳥だったが，明治時代以後狩猟により数が激減し，1930年前後に能登半島で約20羽，佐渡で100羽ほどの個体が残るのみとなった．その後も戦争や農薬の影響などにより個体数は減少し，1981年に佐渡に残った5羽が捕獲されて飼育下に移され，野生個体はいなくなった．2003年に最後まで生きた日本のトキ「キン」が死に，日本の集団は絶滅した．ただ，中国から贈られた個体が佐渡のトキ保護センターで増えているので，野生への再復帰も将来はなされるだろう．

カンムリツクシガモは極東域に分布していたと思われ，1877年〜1917年の間にロシアのウラジオストクや韓国で採取された標本が3体残っているのみである．1822年函館市で捕獲された雌雄が写生図として残っており，それが日本に渡来した唯一の記録である．朝鮮半島や中国東北部では1930年代まで狩猟や目撃の報告があり，その後もごく稀に報告があるので，極東域のどこかに生き残っている可能性もある．

キタタキはクマゲラに似た大型のキツツキで，全身黒い羽色のクマゲラに対して腹部が白いという特徴がある．対馬と朝鮮半島に同じ亜種が分布し，別の亜種がフィリピンなど東南アジアに分布する．対馬では1890年代には多く生息していたが，1920年に雌雄が捕獲されて以来記録がない．朝鮮半島には少数が現存している．

オガサワラカラスバトは小笠原諸島にしかいない固有種であったが，1889年の媒島での捕獲以来確実な記録がない．ハシブトゴイは日本では小笠原諸島にしかいない固有亜種であったが，オガサワラカラスバト同様1889年に媒島で1羽が捕獲されて以来記録がない．マミジロクイナは日本では硫黄島にしかいない固有亜種であったが，1924年の観察記録を最後に記録がなく，絶滅したものと考えられる．ハシブトゴイとともに，南はオーストラリアやニューカレドニアから広く分布する種において，分布域が極端に狭い分布北限の亜種というきわめて興味深い貴重な個体群であったが，詳細な生態が知られる前に絶滅した．オガサワラガビチョウは小笠原諸島固有のツグミ科の鳥で，1828年に4羽が父島で採集されたのみで，それ以外の確実な記録はない．オガサワラマシコは小笠原諸島固有のアトリ科の鳥で，1828年に9羽が採集されて以来確実な記録はない．

リュウキュウカラスバトは沖縄島および周辺の島と大東諸島の固有種であったが，1936年を最後に記録がない．ミヤコショウビンは

1887年に宮古島で採取されたとされるタイプ標本1標本のみが唯一知られている個体で，絶滅したとされるが，実際に存在したかどうか分類学上疑いの残る種である．タイプとなった標本は植物学者の田代安定氏が採集し，ラベルに「田代安定氏採集，2月5日，八重山産？」と記していた．東京大学に所蔵されていたものを黒田長禮氏が発見し，田代氏に採集年と採集地を問い合わせ，「1887年宮古島」との返答を得て，1919年に新種記載を行ったという経緯がある．グアム島のズアカショウビンに似ており，その違いがごくわずかであるので，もしグアム島産であれば新種記載される可能性はなかったが，田代氏自身が1889年前後にグアム島などに採集旅行に行っていることから，田代氏の記憶違いの可能性がある．また，もし採集地が正しかったとしてもズアカショウビンが迷鳥として宮古島に来て，採取された可能性もある．

日本を代表する鳥＝固有種

　日本の鳥というと何を思い浮かべるだろうか？　ある人は国鳥のキジを思い浮かべるだろうし，またある人はニッポニア・ニッポンという学名をもつトキを思い浮かべるだろう．キジは国鳥として指定された当時は固有種として取り扱われていたが，現在の「日本鳥類目録」では種としてはコウライキジなど大陸のものと同種と見なしており，日本固有の亜種群ではあるが固有種ではない．トキも日本産のトキがタイプ標本になり，学名の属名にも種小名にもニッポンの名が付く唯一の生き物なので名称の点では日本の鳥にふさわしいが，ご存じのとおり中国にもいて日本の固有種ではない．

　では，日本にしか生息しない日本固有の鳥は何がいるのだろうか．実は10種いて，日本の高山にのみ見られるカヤクグリ，本州以南の森林にいるヤマドリとアオゲラ，伊豆諸島のアカコッコ，小笠原諸島のメグロ，南西諸島のアカヒゲ，奄美諸島のアマミヤマシギとルリカケス，沖縄島のヤンバルクイナとノグチゲラである．もともとは，日本固有種は15種いたのだが，先に述べたとおりオガサワラカラスバト，オガサワラガビチョウ，オガサワラマシコ，リュウキュウカラスバト，ミヤコショウビンの5種はすでに絶滅してしまった．

　これ以外にも日本でしか繁殖しない鳥，日本固有繁殖種とでもよぶべき鳥がいくつかいる．セグロセキレイは北海道から九州まで分布し，多くは留鳥として年中留まるが冬にときどき韓国や中国で見られることがある．オオジシギは北海道の湿地や本州の高原湿地でのみ繁殖するが，冬はオーストラリアまで渡る．ミゾゴイは本州から九州，伊豆諸島で繁殖し，冬はフィリピンなどに渡る．ノジコは本州中部・北部の林で繁殖し，冬は中国南部からフィリピンに渡る．イイジマムシクイは伊豆諸島やトカラ列島でのみ繁殖し，冬はフィリピンに渡る．外洋性の海鳥クロウミツバメは硫黄島でのみ繁殖する．これら計6種が日本でのみ繁殖する渡り鳥とされている．ただし，2004年6月に日本海にある韓国の島，鬱陵（ウンルン）島で鳥類調査した際に，多数のオオジシギのディスプレイフライトが確認された（Kim & Nishiumi, unpublished）．オオジシギは厳密には省かれ，渡り鳥の固有繁殖種は計5種となる．

　このように日本の固有種である鳥類はあまり多くはないが，日本を分布の中心としてその周辺でしか見られない鳥はもっと多くいる．たとえば，住宅地などでもよく見られ馴染みの深いヒヨドリやメジロも日本以外では台湾周辺や韓国の南端にしか分布していない．山地で普通に繁殖するアカハラやコマドリも日本以外にはサハリンや千島列島にしか分布していない．このような極東域の固有種もまた

日本を特徴づける鳥たちである．

外来種の影響と日本の鳥相の保全

近年これら日本の鳥に与える影響が懸念されているのが，外来の鳥たちである．ペットとして世界中の鳥が海外から大量に入ってきており，2000年以降だけでも少なくとも260種を超える（日本野鳥の会，2003）．故意や過失を問わず，これら外来鳥類のうち少なからぬ数が野外に放たれている．そしてその中には日本で繁殖している鳥も多く，これまでよく知られてきたものだけでも27種にもなる（日本鳥学会，2000）．彼らは皆，渡りはせず留鳥である．現在日本で留鳥として繁殖している在来種は136種なので，留鳥繁殖種数だけで比較すると外来種の数は在来種の2割にも達していることになる．影響がとくに懸念されるのは，八重山諸島で増えており，島嶼の脆弱な生態系への影響が予測されるインドクジャク（キジ科），九州から関東にかけて広範な地域の森林で増えているソウシチョウ（チメドリ科），九州および関東の低木林に増えているガビチョウ（チメドリ科），東京で増えているホンセイインコ（インコ科），東京，神奈川，大阪などで増えているハッカチョウ（ムクドリ科）などである．

上に見てきたとおり，日本列島は特徴的な鳥相を各地に保持してきた．またそれら島の鳥は脆弱で絶滅しやすい．生息地の破壊や狩猟などがこれまでの絶滅の主要な要因であったと思われるが，これらと併せて今後は外来種も大きな脅威となりうることが懸念される．

文献

Hachisuka, M. 1926. Avifauna of the Riukiu Islands. *Ibis*, 12 (2): 235-237.

小林桂助・張　英彦．1977．台湾の鳥類相．日本鳥学会，東京．181 pp.

Kuroda, N. 1961. Distribution of birds in Japan. In Yamashina Y. ed.: Birds in Japan, pp. 6-19. Tokyo News Service, Tokyo.

黒田長禮．1925．日本鳥類の分布に就て．地学雑誌，37: 369-380.

黒田長禮．1931．脊椎動物の分布上より見たる渡瀬線．動物学雑誌，43: 172-175.

日本鳥学会．2000．日本鳥類目録改訂第6版．日本鳥類目録編集委員会（編）．日本鳥学会，帯広．345 pp.

日本野鳥の会．2003．野鳥の飼養・販売・輸入の実態とその問題点．日本野鳥の会，東京．

Nishiumi, I. and C.-H. Kim. 2000. Little genetic differences between Korean and Japanese populations in songbirds. *Natn. Sci. Mus. Monogr.*, (24): 279-286.

Nishiumi, I., C. Yao, D. S. Saito and S. R.-S. Lin. 2006. Strong influence of the last two glacial periods and the late Pliocene on the latitudinal population structure of resident songbirds in Far East. *Natn. Sci. Mus. Monogr.*, in press.

Seebohm, H. 1892. On the birds of Tsu-sima, Japan. *Ibis*, 1892: 87-99.

森岡弘之．1970．対馬の鳥類．国立科博専報，(3): 185-191.

森岡弘之．1971．北海道高山地帯の鳥相．国立科博専報，(4): 43-54.

森岡弘之．1974．琉球列島の鳥相とその起源．国立科博専報，(7): 203-211.

Morioka, H. 1994. Subspecific status of certain birds breeding in Hokkaido. *Mem. Natn. Sci. Mus., Tokyo*, (27): 165-173.

山階芳麿．1955．琉球列島における鳥類分布の境界線．日本生物地理学会報，16-19: 371-375.

日本列島にヒラタハバチを追う

篠原明彦

　ヒラタハバチ類は原始的なハチの仲間で，大きな頭と大アゴ，上下に平たい体と短い脚が特徴である．多くは黒地に黄色やオレンジ色の模様があり，美しい．幼虫は植物の葉を食べて育つ．私は，とくに広葉樹を食べるグループの研究を続けてきた．

　最初にヒラタハバチを採ったのは1966年のことである．その当時，日本からは23種の広葉樹食性のヒラタハバチ類が知られていたが，その記録の基礎になった日本産の標本は世界中からかき集めても500に満たなかったであろう．現在，私の手許にある広葉樹食性ヒラタハバチ類の標本は約20,000点，日本から記録されている種は51に増えた．これはヨーロッパ産の種数（35種）を大きく上回っており，東アジア産ヒラタハバチ類の多様性の大きさの一端を示している．しかしながら，日本の広葉樹食性ヒラタハバチ類には，これまでに数頭の標本しか採集されていないものも数種あり，またその幼生期が判明しているものは全体の1/3ほどである．日本からはまだまだ新しい種が発見されるに違いない．とくに次のような経験が私にそういう思いを抱かせるのだ．

　1990年の6月21日は不思議な1日だった．その日，私は共同研究者の原　秀穂さんと，北海道大雪山南東部の然別湖に近い沢沿いの採集地に向かった．この場所は1970年代の初頭以来いくども足を運んだ好採集地で，小さな橋を挟んで前後50 mほどの狭い範囲であるが，天候条件がよければ1日5〜6種のヒラタハバチが採集できる．ところが，この日はなんとほんの2〜3時間の間に11種ものヒラタハバチが採集されたのだ．しかもそのうちの2種（アミメヒラタハバチとキタツヤクロヒラタハバチ）は日本から，オオハラアカヒラタハバチは北海道から，それぞれ初めての採集例であった．これに味をしめて，その後は毎年ほぼ同じ時期にここに採集に訪れているのだが，その翌年にキタツヤクロヒラタハバチが採れた以外には，これらの3種はその後まったく見つかっていないのである．結局，アミメヒラタハバチはそのときに採集された標本が今のところ日本で得られたただ1頭の標本であり，その他の2種についてもその後北海道でごく少数の標本が得られているにすぎない．

　ハバチ類の多い新緑の山を見ていると，この見渡す限りの山にいったいどれだけのヒラタハバチがいるのだろうなどと考えてしまう．人の目に触れるのはそのうちのごくごく一部にすぎないのだ．自然は深く大きい．

長い竿を使ってヒラタハバチを捕る．

アミメヒラタハバチの日本産のただ1頭の標本．

3.4 氷期が残した北方由来の動物

上野俊一

動物地理学と植物地理学

　生物の分布状況を解明し，現存する分布模様が形成された拡散の過程を追究する生物学の分野を生物地理学という．研究の対象が動物の場合には動物地理学，植物の場合には植物地理学と呼ばれるが，その内容は大きく重なり合うものの，両者のあいだには決定的な差異がある．少なくとも顕花植物は，いったん根づくと移動することができないので，その分布模様は気候などの生態的な要因に規定される割合が高く，また，植生として包括的に研究することができるので，全体像を把握しやすい．これに対して動物，とくに陸生の動物は，それぞれの個体が自由に動きまわれるうえ，環境条件が悪化すればその生息域から逃げ出すことも不可能ではないし，新しい生息地に定着して分布を拡大することも，比較的，短時間のうちに成し遂げられる．そのいっぽうで，植生のように便利な概念がないので，一つずつの種や属についての観察や研究を積み重ねて，全体像をまとめあげなければならない．つまり，植物の場合に比べると内容が複雑多岐にわたり，どの動物群にも当てはまるような，普遍性の高い概念をまとめにくい．ことに日本列島くらいの小さい地域のなかで，通有性のある法則を見いだすことは，ほとんど不可能に近いといえよう．

日本の生物地理学

　日本では，太平洋戦争以前の一時期に，生物地理学が隆盛になり，動物にも植物にも専門の学会が創立された．しかし，戦後になると，世の中の趨勢が大きく変わって，動物地理学に志す研究者は激減し，まともな講義を受けられる大学さえほとんどなくなってしまった．いっぽう欧米諸国では，すぐれた研究の発表が続き，立派な研究書ないし教科書も十指に余るほど出版されていて，戦前に流布した学説の多くが根本的に見直された．

　ところで，以前の日本における生物地理学は，おもに二つの生物群の研究に基づいて発展した．その一つは顕花植物で，他の一つは哺乳動物である．日本とその周辺地域の顕花植物相は，かなり古い時代からよく研究されていて，おおよそのことがすでに判っている．その結果に基づいて，分布区画を識別する作業が進められ，それぞれの区画はさらに小さい区画に分割された．この手法による分布解析を区系植物地理学というが，すべての種に当てはまるような区画はありえず，無理に分けようとすれば，必然的に区画が小さくなってゆく．現在，広く認められている区画は，地球上の陸地を六つに分割したものだけで，動植物共通である．日本列島が旧北区と東洋区に跨るとか，北アメリカの大部分は新北区に含まれるとかいう場合の，区がこれに相当する．これより小さい区画（亜区）は，植物地理学では用いられることもあるが，動物地理学ではほとんど用いられない．

　研究の早く進んだ植物地理学に動物地理学が追随するのは自然の成り行きだったが，結果は惨めで，例外ばかり多くてとても首肯し難いものだった．自由に移動できる範囲の広い動物は，自分から移動することのできない植物とは，事情がまったく異なっているのだ．

日本の動物地理学における誤信

　日本の動物地理学で広く用いられたもう一つの手法は，哺乳動物の研究で得られた結果を，ほかの陸生動物群に準用することだった．この方法は，本質的には決して間違っていない．日本の動物のなかで，種類や分布のようすがもっともよく判っているのは，いうまでもなく哺乳類と鳥類で，とくに哺乳類の場合には，化石の資料に基づく時間的な変遷も，かなりの程度まで解明されている．したがって，哺乳類の動物地理学がモデルになるのは，正しい選択だったといわざるをえない．

　問題なのは，海峡などの水による障壁が，どの陸生動物にとっても，哺乳類の場合と同じように渡り越せないものだと考えられ，ほかの可能性がまったく吟味されなかったことである．それで，拡散の時期は日本列島が大陸と陸続きだった時代に限定されることになり，ときには伊豆諸島や隠岐などが，架空の半島で本州と結ばれていたというような，まったく根拠のない説さえ提唱された．昆虫類のようにからだが軽くて空を飛べる動物と，哺乳類のようにからだが重くて飛べない動物とでは，拡散のようすが根本的に違うはずだ，という自明の事柄でさえ，まったく無視されてきた．それで，現在の日本にすむ北の動物は，そのすべてがシベリア東部からサハリン，北海道を経て本州まで拡散した祖先種に由来し，南の動物の多くは，中国大陸から朝鮮半島を経て九州に侵入した祖先種に由来して，そこから次第に北東方向へひろがり，なかには北海道に到達するものまで現れたのだ，と考えられたのだった．

「日本列島の自然史科学的総合研究」を企画した当初の目標

　国立科学博物館がこの総合研究を構想したのは1966年のことで，翌1967年から実施に移したのだが，そもそもの発案者は動植物と古生物を専攻する3人の若い研究者だった．目標は，日本列島の生物相を解明し，その由来と分布の状況を明白にすることで，言葉を替えれば，太平洋戦争のためにいちじるしく衰退した分類系統学再興の先鞭となり，欧米諸国に大きく立ち遅れた生物地理学を正しい軌道に乗せて，それまでの誤った考察から脱却する拠り所をつくろう，という壮大なものだった．館長をはじめ事務方の人たちの尽力で，当時としては恵まれた予算に裏づけられた研究計画だったが，いざ実行に移すとさまざまな難問が浮上してきて，かならずしもそのすべてが解決できたとはいえない．しかし，戦前の日本における動物地理学の誤謬は，この総合研究が進捗する過程で少しずつ明瞭になった．その一つは，中国大陸から西日本への拡散がおもにどの経路で行われたかという問題で，他の一つは，日本列島における北から南への拡散のすべてがサハリン経由でなされたのかという問題である．先の問題については，別稿で触れるので，ここではあとのほうの問題について検討してみよう．なお，「日本列島計画」に並行して実施された「海外学術調査」の成果が，東アジアの全体像を把握するのに大きく役立ったことを特記しておきたい．

北からの拡散

　北方から日本へ侵入した祖先種の後裔だと確認できる動物群は，中国大陸から日本列島へ拡散した動物群ほど多くない．しかし，日本では北海道のみに分布し，極東ロシアにも同じ種が生息する動物を拾いあげると，その総数がかなり大きいことに気づくだろう．爬虫類のコモチカナヘビや両生類のキタサンショウウオなどはその好例だが，とくに昆虫類には，そのような共通種がひじょうに多い．多くは平地や低山地に分布するこれらの動物

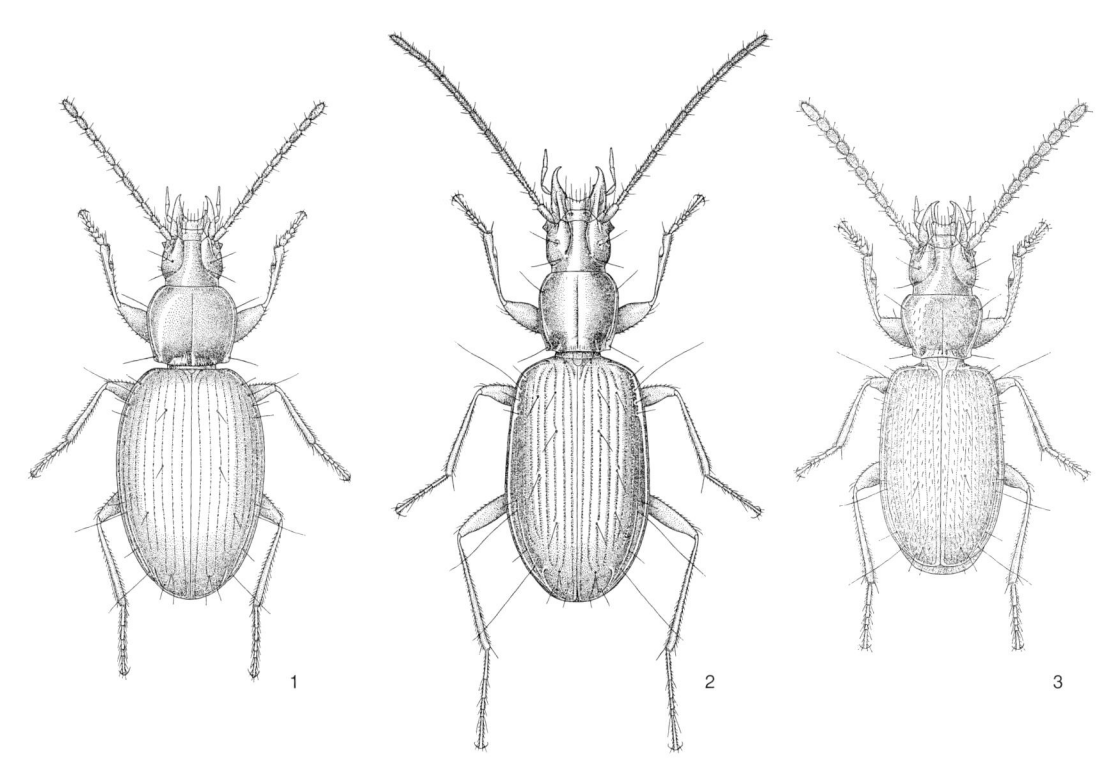

図1-3 渡島半島固有のチビゴミムシ類.——1. センゲンチビゴミムシ (*Epaphiopsis oligops* S. Uéno). キタチビゴミムシ亜属 (*Epaphiama*) の一種で,複眼が退化している.——2. マツマエメクラチビゴミムシ (*Accoella akirai* S. Uéno). ホソメクラチビゴミムシ属 (*Accoella*) は渡島半島の固有属で,由来が明らかでない.——3. オシマメクラチビゴミムシ (*Oroblemus parvicollis* S. Uéno). キタメクラチビゴミムシ属 (*Oroblemus*) では唯一の道産種.地中性.

が,比較的,新しい時代,おそらくは最後の氷期に,かなりしっかりした陸地を伝って侵入したものだということは,隔離されたのちにも目立った種分化を起こしていないことから容易に推察できる.サハリンと北海道との密接な関係が従来,必要以上に重視されてきたのは,この理由によるものである.

そのほかの拡散経路として,千島列島経由の拡散と,朝鮮半島から西日本に侵入する場合が想定されているが,前者の実例はほとんどない.朝鮮半島を南下する経路は,かなり多くの祖先種によって利用されたものらしいが,その起源をたどってみると結局は中国に行き着くことが多く,また,この方向から日本海沿いに拡散して,北海道に到達したと考えられる例はひじょうに少ない.その点で,中国大陸から直接,西日本に侵入したものの子孫が,しばしば北海道,ときには国後島まで広がっているのと大きく異なっている.

ところで,サハリン,北海道経由で本州まで広がったものの子孫が,氷期の遺存種として,東北地方や中部地方の高山に残されている,という通説は,全面的に正しいのだろうか.もともとは高山植物相の解析から提唱されたこの見解が,すべての高山動物にも当てはまるのだろうか.次にこの点を少し詳しく検証してみよう.

北海道の高山

北海道は,日本列島のなかでは高緯度に位置するので,標高の比較的,低い場所にも高山的な動物が生息し,また東北地方以南のような明確な区分を認めにくいが,高山帯のみに分布する固有種も存在する.先にも述べたように,動物の分布は多種多様で,対象とする動物群によっていちじるしく変わる.ここ

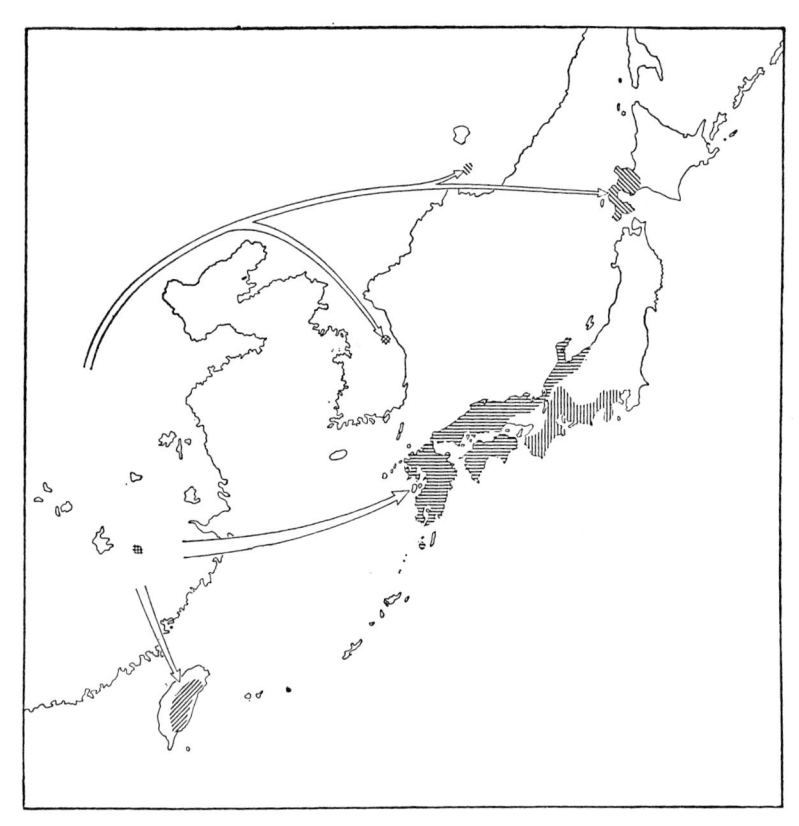

図4 アジア東部におけるケムネチビゴミムシ群の分布．模様の違いは属または亜属の違いを示す．渡島半島（キタチビゴミムシ亜属）とほかの亜属の分布域とのあいだに大きい空白があることに注意．

では，昆虫類のうちでも，飛翔力を失い，現生種の分布模様がほぼ固定されているものの代表として，おもにチビゴミムシ類を取りあげる．チビゴミムシ類は，オサムシ科の1亜科を構成する甲虫類の一群で，体長2-7ミリくらいの小型種ばかりだが，日本全国から400種ほど知られている．いずれも寒冷な気候に適応し，高山帯や洞窟，あるいは地下浅層など地下の湿った環境にすむものが多い．

ところで北海道は，チビゴミムシ類の分布状況から大別すると，おおよそ三つの地域に分かれる．それは，石狩平野以南の渡島半島，日高・夕張地域，およびそれ以外の地域である．渡島半島には4系統のチビゴミムシ類が分布し，そのうち3系統は本州北東部のものに近いが，他の一つ，ケムネチビゴミムシ属のキタチビゴミムシ亜属は，ロシア沿海地方から中国北部，中央部および南西部にかけて広く分布する一群で，日本列島では渡島半島に局在する．ロシア沿海地方から風力によって渡来した祖先種に由来するものと考えられ，その証拠に既知種のすべてが同一の系列に含まれる．おそらく後氷期になるまで，有翅個体が存在したのだろう．

日高・夕張地域はきわめて特殊なところで，低山地から高山帯までナガチビゴミムシ属の盲目種が分布し，多くの種に分化している．その類縁関係は東北地方のものに近く，おそらく風か海流かによって日高地方に漂着した祖先種から，かなり急速に種分化したものだろうと考えられる．渡島半島のものとは，類縁関係がまったく認められないので，その方向からの拡散は想定できない．さらに日高・夕張両山脈の高山帯には，系統のまったく異

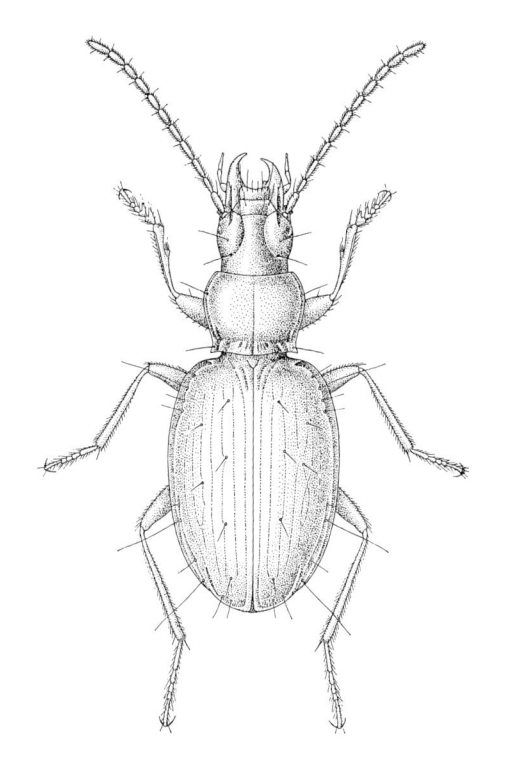

図5 ユウバリメクラチビゴミムシ (*Trechiama inflexus* S. Uéno). 夕張山脈の高山帯にすむナガチビゴミムシ属の盲目種.

なる小眼のヒダカチビゴミムシが局在するが，その近縁種は極東ロシアのシホテ・アリン山脈に固有のものだけで，やはり風力による比較的，最近の移住が推定される．

大雪山塊を含む中央部から東部および北部にかけての地域は，チビゴミムシ相がかなり単調だが，サハリンとの関係が深いものと，沿海地方との関係が深いものとが識別される．後者のうちには北海道の固有種が含まれるが，種分化の歴史はそれほど古く遡るものでないように思われる．興味深いのは利尻島で，固有種のほかに，ロシア沿海州との共通種サイハテチビゴミムシが局在する．チビゴミムシ類のほかにも，リシリノマックレイセアカオサムシやエゾヒサゴゴミムシなど，北海道の本土には見られない，顕著な北方種が高山帯に生息している．

東北地方の高山

北海道の高山に比べると，東北地方の高山性甲虫類は，系統的にみてよほど単調である．しかし，種の分化はいちじるしく，しかも複雑な様相を呈している．大別して3系統，細かく分ければ4-5系統のチビゴミムシ類が分布しているが，種数が多いのは，なんといってもナガチビゴミムシ属の有眼種で，ほとんど山ごとといってよいほどの種分化を起こし，また多くの高山に複数種のナガチビゴミムシ類が共存している．そのすべてがイワキナガチビゴミムシ種群のものだが，分布のようすはそのなかの系列によって異なり，非火山に分布する系列の上に，火山にも非火山にも分布する系列が重なったような形になっている．おそらく後者のほうがあとから分化したもので，先住者のいない火山に定着し，場所によっては先住者と共存するようになったのだろう．この推論は，主として火山にすむ系列のほうが，非火山のものより分化の程度が弱いことによって裏づけられる．

ナガチビゴミムシ群は，中国起源の大きい一群で，もっとも古い形質を残す属種は中国の四川省から知られ，より進んだ形質をもつものが台湾の高山と，朝鮮半島北部からロシア沿海地方のシホテ・アリン山脈にかけての地域とに分布している．台湾産の種のうちの1種には，立派な後翅をもつ個体と後翅を失った個体とがあり，飛翔による拡散がごく最近まで可能であったことをうかがわせる．日本列島へは中国大陸から直接に渡来して，北東方向へ拡散した．ただし，現生種の生息地である高山帯や亜高山帯に定着するまでに，気候の変動にともなう垂直分布の変遷が繰り返され，それにともなって種分化も急速に進んだ．

特筆に値するのは，鳥海山や月山のようなきわめて新しい火山に，複数の顕著な固有種

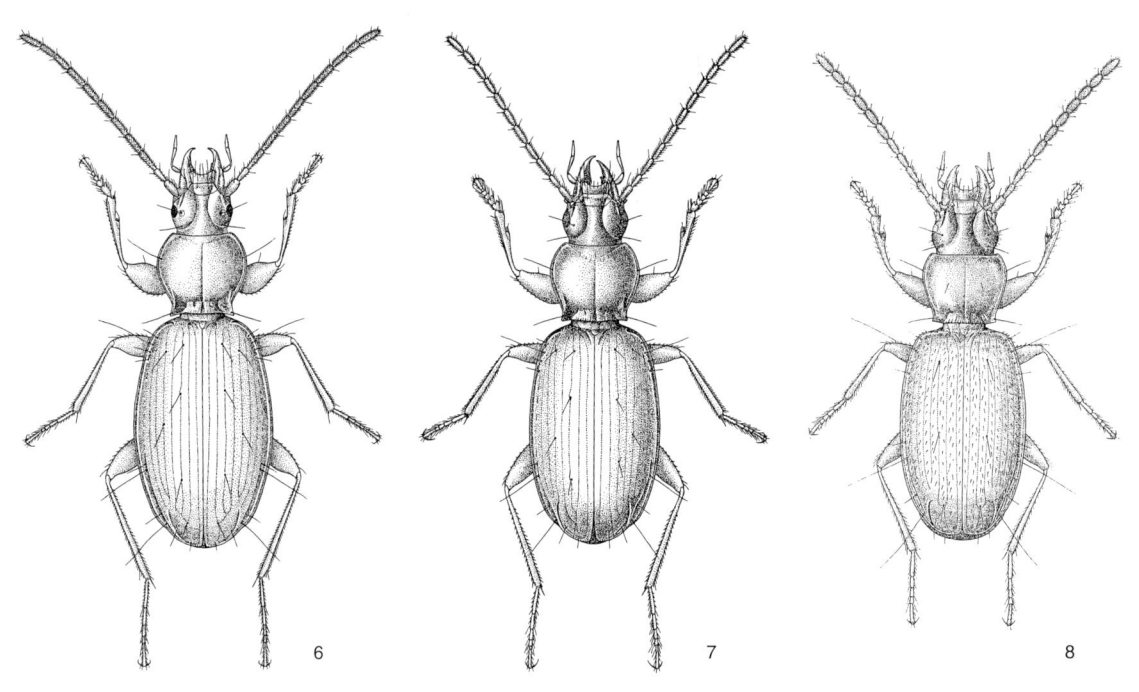

図6-8 東北地方の高山に固有のチビゴミムシ類.——6. マヒルナガチビゴミムシ（*Trechiama meridianus* S. Uéno）. 奥羽山脈中央部の非火山のみに生息する.——7. チョウカイナガチビゴミムシ（*Trechiama yoshikoae* S. Uéno）.——8. チョウカイメクラチビゴミムシ（*Oroblemus subsulcipes* S. Uéno）. 7, 8の2種は, きわめて新しいうえに孤立した火山である鳥海山の固有種. 後者では複眼が退化している.

が生息するという事実で, チビゴミムシ類の種分化がきわめて短期間に進むことを示す証拠になる.

東北地方の高山に分布するもう一つの系列はアトスジチビゴミムシ群で, クラサワメクラチビゴミムシ属やキタメクラチビゴミムシ属を含む. 複眼が多少とも退化し多くは消失しているので, 洞窟性ないし地中性であることが多く, 低山にも高山にも生息する. したがって, ナガチビゴミムシ系のものほど明瞭な, 細かい分布模様を描きにくい. なお, キタメクラチビゴミムシ属のチビゴミムシ類は, 佐渡から下北半島までの主として日本海側に分布するが, 1種だけが津軽海峡を越えて渡島半島に進出している.

東北地方の高山には, オンタケチビゴミムシ系列のチビゴミムシ類も, 主として日本海沿いに分布している. この種群のチビゴミムシ類はすべて高山性で, 中部地方の高山にも広く分布しているが, 東北地方の太平洋側には見られない. 周辺の地域に近縁種が見つからないので, 起源ははっきりしないが, 極東ロシアの沿海地方から直接に渡来した祖先種に由来するものかも知れない.

中部地方の高山

中部地方の高山に分布するチビゴミムシ類は, 東北地方の場合に似ているが, 様相はより単純で, 種分化もあまり進んでいない. ナガチビゴミムシ, クラサワメクラチビゴミムシ, オンタケチビゴミムシの3系列に大別されるが, ナガチビゴミムシ系列を代表するナガチビゴミムシ属のおもな構成者が, ここではオンタケナガチビゴミムシに置き換わっている.

オンタケナガチビゴミムシは, 同属のほかの種群のものから, 別亜属として区分できそうなほど特殊な種で, 東は関東山地から西は

加賀の白山まで分布し，亜高山帯か高山帯にすんでいる．場所によってある程度の変異があるが，その実態はまだ十分に判っていない．飛騨山脈，木曽山脈，赤石山脈などの長く連なる山地では，山頂部の標高が高く高山帯の範囲が広くても，種分化を促進するような隔離機構があまり働かなかったのではないだろうか．

東北地方の高山を席巻したイワキナガチビゴミムシ種群のチビゴミムシ類は，東北地方と関東地方との境界になる帝釈山脈と三国山脈が，連続した分布の南限になり，中部地方ではただ1種が，赤石山脈と木曽山脈の一部に隔離分布をしているにすぎない．ただしこの種は，イワキナガチビゴミムシ種群の，過去における拡散経路を示唆する証拠として重要である．

クラサワメクラチビゴミムシ系列の種類は，高山帯にも低山地にも生息するが，分布地域の傾向は日本海側に偏っている．もっとも，富士山の南麓などいくつかの場所で，太平洋岸に近接した生息地が知られているので，真の高山性のものとは分布様式が異なっている．最後にオンタケチビゴミムシは，高山帯のある山やまに広く分布しているが，森林帯にはあまり降りてこないので，オンタケナガチビゴミムシよりは生息地が少ない．

まとめ

これまでに述べてきた高山性チビゴミムシ類の分布拡散のようすは，概略だけをかいつまんで紹介したものなので，実態の細部を表すには程遠い．そのうえ，日本の南西部，とくに九州，四国，紀伊半島などには，複眼の退化したチビゴミムシ類が多数，生息し，過去から現在にいたる分布，拡散の変遷を示す複雑な分布模様を形成している．これらは，中部地方や東北地方における高山種の分布状況に連なるものなので，ひとまとめにして考察を進める必要がある．その概略は別項で解説するが，ここでとくに強調したかったのは，陸生動物の分布が，かならずしも陸橋の成立など，過去の水陸の変遷に規定されるものではなく，とくに昆虫類などでは，偶発的な拡散による場合が多いこと，北からの拡散だけを取りあげても，旧来の動物地理学の常識は見直されねばならないこと，飛翔力を失った甲虫類などの種分化は予想以上に速く進行し，後翅の消失自体がわずかの期間で完了することなどである．「日本列島の自然史科学的総合研究」は，研究の正しい道筋への先鞭をつけたが，将来さらに多くの新しい知見が集積され，欧米諸国に勝るとも劣らない日本の動物地理学が展開されることを期待したい．

3.5 氷期が残した北の植物

門田裕一

かつてあった氷河の証拠

　長野県北アルプスの穂高岳や槍ヶ岳などの高山には，稜線近くにスプーンでえぐり取ったような跡が見られる．カールとして知られている地形で，かつてそこに氷河が存在していたことを意味している．その証拠は，カール壁についている擦り跡である．重い氷の塊が重力で下方に滑り落ちていくとき，氷河と岩壁に挟まった岩塊が岩壁を削った跡なのだ．これは擦過痕とよばれる．カールは稜線の東側に多くできる．日本列島では冬の季節風が北西ないし西から吹くため，積雪が稜線の東側に多いためである．

　カールの末端には大小の岩礫からなるモレーン（堆石）がある．モレーンとは氷河が運搬してきた岩礫が堆積したものである．つまり，氷期にはモレーンの位置まで氷河が存在していたということになる．氷河末端が位置する高度を雪線という．本州中部での現在の雪線高度は標高4,000 mであるため，現在，日本には氷河が発達しないということになる．しかし，カールがあり，モレーンがあるということは，日本列島にかつて氷河が存在していたということの確かな証拠である．

　日本列島でカールが見られるのは，北アルプス・中央アルプス・南アルプスの本州中部山岳，そして北海道の日高山脈である．日本でもっとも標高の高い富士山にはカール地形は認められない．これは，富士山が氷河時代よりも新しい時代に成立したからである．カールの構造を観察すると，しばしば大きなカールの最上部に小さなカールがあるような複合的な地形をしていることがわかる．これは少なくとも2回の氷期があったことを示している．実際，氷河期は1回ではなく，間氷期をはさんで繰り返し何回もあったことが知られている．氷期は今から170万年前くらいから繰り返し訪れるようになった．そこで，170万年前以後の時代を（現在を含めて）氷河時代とよんでいる．

氷河時代の日本列島

　約2万年前にピークを迎えた最終氷期の日本列島は，どのようなようすだっただろうか．氷河時代はたいへん寒いというイメージがあるが，現在に比べて，どの程度気温が低かったのだろうか．現在U字谷やカールなどが残っている地域の気候から推定してみよう．すでに述べたように，日本列島では標高約4,000 mであることがわかっている．現在と氷期の雪線の比較に基づくと，氷期の年平均気温は現在より5〜8℃ほど低かったと推定されている．つまり，氷期には東京が札幌なみの気温であったわけである．実際，東京都内でも中野区江古田からはこの頃の地層からチョウセンゴヨウが，小金井市からヒメバラモミやチョウセンゴヨウの球果などが出土している．このように，2万年前の最終氷期には関東地方ではヒメバラモミやチョウセンゴヨウからなる温帯性針葉樹林，チョウセンゴヨウ，トウヒ，シラビソ，コメツガからなる寒温帯性針葉樹林が生育していたことがわかっている．

高山植物たち──寒冷地の植物

　最初に「高山帯」という言葉について触れておきたい．高山帯とはthe alpine zoneの日

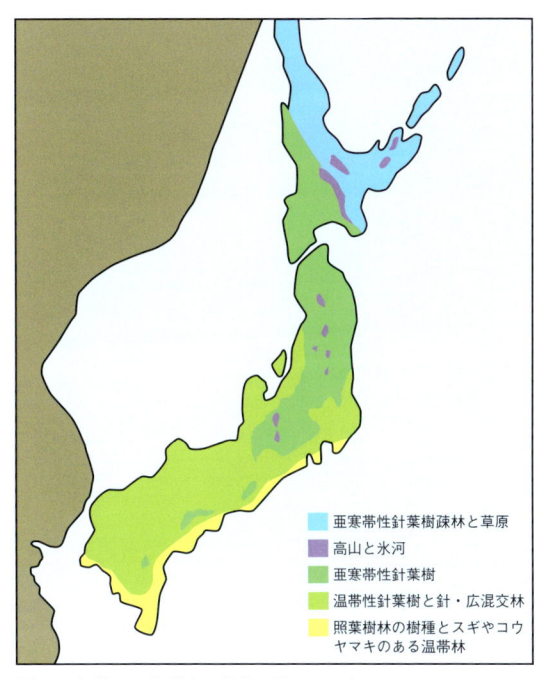

図1 氷期の日本列島の植生（辻, 1955）.

凡例：
- 亜寒帯性針葉樹疎林と草原
- 高山と氷河
- 亜寒帯性針葉樹
- 温帯性針葉樹と針・広混交林
- 照葉樹林の樹種とスギやコウヤマキのある温帯林

図2 チョウノスケソウ（写真：永田芳男）.

本語訳である．英語には定冠詞 the がついていることでわかるように，単に「高い山」ということではなく，術語として定義されているのである．ヨーロッパ・アルプスにおいて，森林限界から氷河の末端までのゾーンを高山帯とよぶのである．したがって，日本列島のように，氷河の存在しないところには「高山帯」は厳密には存在しないことになる．しかし，ここでは，一般的に用いられているように，日本の山岳地帯において，森林限界より上部に出現する草原が優先するゾーンを高山帯，そこに暮らす植物を高山植物とよぶことにする．

日本の高山植物はどのようなところに生育し，どのような分布パターンをもっているのだろうか？　ここではまず日本の代表的な高山植物である，バラ科のチョウノスケソウを

チョウノスケソウの名前の由来

カール・ヨハン・マキシモヴィッチ（1827-1891）は19世紀の終わり頃に活躍した，ロシア人植物学者である．彼は黎明期にあった日本の植物分類学的研究に多大な影響を与えたことでよく知られている．当館にも彼によって同定された押し葉標本が多数収蔵されている．彼自身も幕末の日本で野外調査を行ったが，その際岩手県出身の須川長之助（1841-1925）を採集助手とした．マキシモヴィッチの帰国後も長之助は精力的に日本国内で採集を行い，標本を作製しては彼のもとへ送り届けた．その標本の中に，今でいうチョウノスケソウが含まれていた．マキシモヴィッチはこの植物に *Dryas tschonoskii*（ドゥリアス・チョノスキー）という学名をつけたが，彼の病没のためこの学名は正式に発表されることはなかった．その後，牧野富太郎（1862-1957）はこの植物をヨーロッパ産の *D. octopetala* と同一種と認識し，和名をチョウノスケソウとして発表した．いうまでもなく，この和名は長之助への献名である．ちなみに，牧野は日本で冷遇されたためマキシモヴィッチの下で研究を続けたいと切望したが，彼の死亡のため，その願いは叶えられなかった．

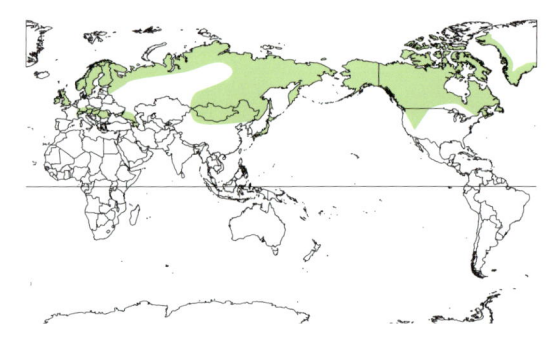

図3 キョクチチョウノスケソウの分布（宮脇，1977）．

図4 ヒメカラマツ（写真：永田芳男）．

取り上げてみよう（図2）．チョウノスケソウは花が咲いても高さが10 cmを超えないため，一見したところ草本植物のように見える．しかし，実は常緑低木であり，裏面が純白で，表面に艶があってしわの多い小判形の葉が印象的な植物である．この植物は本州中部と北海道の高山に生え，強風が吹きつける岩礫地にしがみつくようにして生える．

チョウノスケソウという植物を分類学的にどのように位置づけるかという問題についてはいろいろな考え方があるが，近縁な種類が北半球の各地に広く分布しているという捉え方は世界的に共通した見方である．ここではチョウノスケソウをユーラシアに広く分布する種キョクチチョウノスケソウ（*Dryas octopetala*）における，北東アジアに分布する変種であるという考え方に立つことにする．キョクチチョウノスケソウの分布域を図3に示した．

図3に見られるように，北半球の高緯度地方では低標高地に，中緯度地方では高標高地に分布していることが見て取れる．そして，現在でも北半球の各地で植物遺体が発見されているため，かつての氷河時代には広く分布していたものが，中緯度地方では地球レベルで高山に取り残されている状態が理解できる．このため，氷期の寒冷気候に適応して広く分布していた植物を，チョウノスケソウ属のラテン語学名 *Dryas* にちなみ，ドリアス植物群

という．日本のドリアス植物群には次に述べるヒメカラマツやクモマキンポウゲのほかに，ムカゴトラノオ，ミネズオウなどがある．

それでは高山植物とよばれるものは皆同じような分布域をもっているのだろうか？　次に，ヒメカラマツを見てみよう．ヒメカラマツ（*Thalictrum alpinum*）はキンポウゲ科カラマツソウ属の一種で，高さ10 cmほどの小型の多年草である（図4）．この植物は高山帯の岩礫地に生育し，北アルプス・中央アルプス・南アルプスなど本州中部に分布するが，北海道や東北には分布していない．

ヒメカラマツという種全体の分布域を見てみると，全体的な北半球での広がり具合は先ほどのチョウノスケソウとよく似ている（図5）．しかし，いくつかの点でチョウノスケソウと決定的な違いがある．まず，日本列島では北海道に分布しないこと，地球レベルではヒマラヤ地域に分布することである．この違いが生まれた原因は不明だが，植物種の環境に対する適応力に差があるのだろう．つま

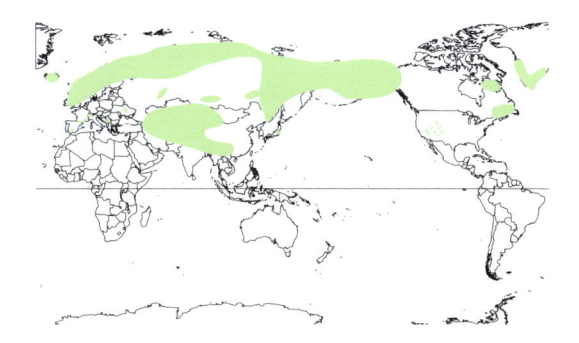

図5　ヒメカラマツの分布.

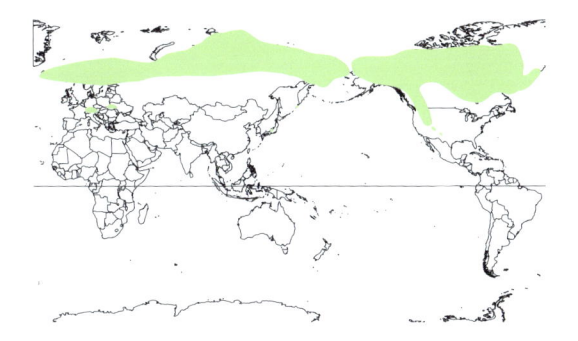

図7　クモマキンポウゲの分布.

図6　クモマキンポウゲ（写真提供：永田芳男）．
前年の長くのびた果柄が枯れて残っている．

り，たとえば日本で北海道に欠けているのは，何らかの原因で絶滅したと考えられるのである．

次にキンポウゲ科のクモマキンポウゲ（Ranunculus pygmaeus）を見てみよう（図6）．クモマキンポウゲも北半球に広く分布する，ドリアス植物群の一つである．分布図を見てみると，周北極地域では北極海沿岸に生育することがわかる．しかし，日本での分布域はきわめて狭く，北アルプス白馬鑓ヶ岳周辺の石灰岩地に限られる（図7）．先ほどのヒメカラマツでは北海道が欠けるという分布パターンであったが，クモマキンポウゲでは白馬鑓ヶ岳を残して後はすべて絶滅するという結果になったのだと考えられる．

クモマキンポウゲは花を咲かせても高さ2 cmほどしかないが，果実が熟すころになると果柄は伸長して長さ15 cmほどにもなる．これは種子の散布範囲を広げるためである．

日本の高山植物に見られる多様な起源

クモマキンポウゲが生育する，白馬鑓ヶ岳周辺の石灰岩地には同じくキンポウゲ属のタカネキンポウゲ（Ranunculus altaicus subsp. shinanoalpinus）も生育している．こちらはドリアス植物ではなく，白馬岳の特産植物である．タカネキンポウゲに近縁な植物は，遠く4,000 kmも離れた中央シベリアのアルタイ山脈に分布すアルタイキンポウゲ（R. altaicus）である．こうした著しい隔離分布の例は北海道・利尻島の特産種であるボタンキンバイとアルタイ山脈のアルタイキンバイとの関係にも見られる（Kadota, 1991）．

高山性のキンポウゲ属には，この他にヤツガタケキンポウゲとキタダケキンポウゲがある．和名が示すように，前者は八ヶ岳の，後者は南アルプス北岳の固有種である（図8）．この2種に近縁な種は，ヒマラヤ地域に分布するR. brotherusiiである．R. brotherusiiはアフガニスタンからインド，ネパールを経由して，中国西南部に広く分布する（図9）．R. brotherusiiは分布域が広いばかりではなく，

図8 ヤツガタケキンポウゲ（左）とキタダケキンポウゲ（右）（写真：永田芳男）．

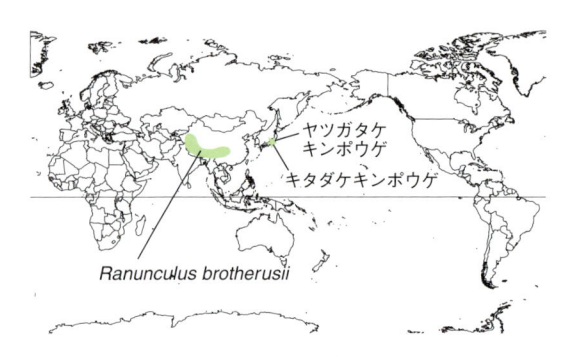

図9 ヤツガタケキンポウゲと近縁種の分布．

個体数もきわめて多く，形態的変異の幅も著しい．ネパール・ヒマラヤでこの種の形態的変異を解析した結果，一つの群落の中にヤツガタケキンポウゲに似たものと，キタダケキンポウゲに似たものを含んでいることが明らかになった．このことは，*R. brotherusii* あるいはその祖先種がヒマラヤから日本列島にかけてかつて分布していて，不明の理由で八ケ岳に，あるいは北岳に生き残ったということを強く示唆している．

ここではキンポウゲ属植物を例に取り上げたが，本州中部の山岳地帯という相対的に狭い地域においても，周北極要素（ドリアス植物群），シベリア要素，ヒマラヤ要素という異なる植物群を含んでいることがわかる．このように，日本列島の高山植物は最終氷期に寒冷地の植物が南下してきて，それが後の間氷期に高山に取り残された，という単純な図式で捉えきれるものではないことは明らかである．

ハクサンイチゲ―山地の植物

ハクサンイチゲは日本の代表的な高山植物の一つで，いわゆる「お花畑」，つまり適湿の中性草原に生えて，しばしば大きな群落をつくる（図10）．その分布図を図11に示した．本州のハクサンイチゲに対して，北海道のものはエゾノハクサンイチゲ，北方四島のものはセンカソウなどと区別されるが，この分布図ではそれらをまとめてハクサンイチゲ（広義）として，極東アジアでの分布域を示した．この図からは，北方から北海道・本州に南下して，加賀白山を西限，南アルプスを南限としていることがわかる．これが日本列島における高山植物の代表的な分布パターンである．すなわち，氷期に南下してきた寒冷地の植物が，海峡が成立したためにその後の温暖な間氷期に寒冷地に逃げられず，高山に取り残されたためにこのような分布パターンができあがるというわけである．したがって，それは高山帯をもつ高山そのものの分布と一致している．千島列島南部では広義のハクサンイチゲが海岸草原に生えることもこうした考え方を支持している．さらに日本以外に目を転じると，広義のハクサンイチゲも北極を中心とする北半球に広く分布している（図12）．しかしながら，北極海の沿岸地には分布せず，分布域は全般的に南方にずれていることがわかる．この分布パターンは，これまでに見てきたドリアス植物群とは少し異なっている．これはハクサンイチゲが高山というよりも山地の植物だからである．ユーラシアや北アメ

図10 ハクサンイチゲの群落（写真：永田芳男）．

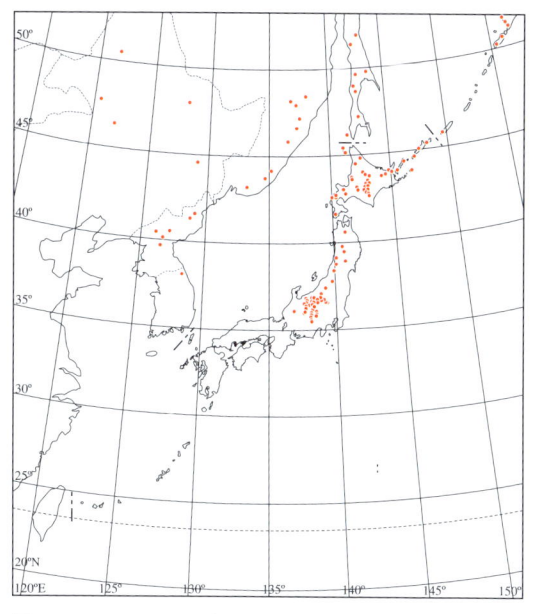

図11 ハクサンイチゲ（広義）の極東における分布．

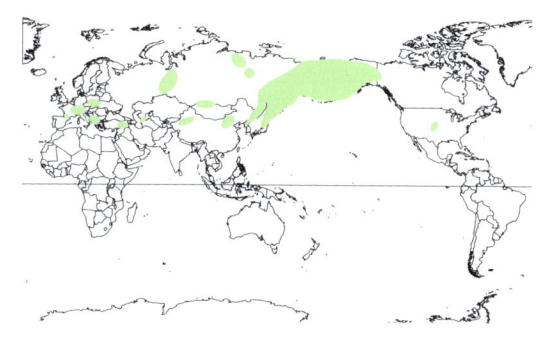

図12 ハクサンイチゲ（広義）の分布．

リカでは山地に生えるハクサンイチゲが，日本列島では高山に出現するのである．つまり，寒冷地の植物が氷期に南下して取り残されたというよりは，山地の植物が高山に侵入したと考えられるのである．このような例はフウロソウの仲間やシナノキンバイなど，中性や湿性のお花畑を構成する植物に見られる．

最近の研究成果から見えてきた高山植物の姿

最近の生物学は目覚ましい進歩をみせている．とりわけ，遺伝子の本体であるDNAについての研究成果は眼を見張らせるものがある．DNAの塩基配列を読み取り，塩基の並び方の異同を解析するのである．いわゆる，分子系統学的解析といわれている手法だ．この研究方法を用いると，外部形態の差違とは無関係に遺伝的な近さを推定することができる．高山植物に適用した例を紹介しよう．

首都大学東京の藤井紀行は日本のヨツバシオガマをはじめとした代表的な高山植物の葉緑体DNAを用いた分子系統学的解析を行い，その成果を発表している（藤井，2001）．ここではヨツバシオガマについて明らかになった事実を見てみる．ヨツバシオガマは本州中部から北海道，千島列島，アリューシャン列島，アラスカにかけて分布している．本州と北海道の他，ウナラスカ島から材料を入手して解析を行った．その結果，遺伝的な多様性が見出され，いくつかのハプロタイプ（複数の対立遺伝子において，片親由来の遺伝子の配列のこと）が認められた．そして，これらのハプロタイプは大きく二つのグループにま

とめられた．藤井はこれらを北方系統と南方系統とよんでいる．北方系統は東北地方，北海道，ウナラスカ島を含み，南方系統は本州のものである．また，外部形態において両系統には有意な差があるという．つまり，これまでヨツバシオガマとして知られてきた植物には二つの異なる実体を含んでいるということだ．

これは何を意味しているのだろうか？　この項の冒頭に示したように，第四紀に入って複数回の氷期が訪れたことを思い起こしていただきたい．北方系統は最後の氷期（ウルム氷期）に南下したと考えるのが妥当と思われるので，南方系統はその前のリス氷期に南下してきたのだろう．南方系統は各山域毎に異なるハプロタイプを擁していることがこのことを支持していると考えられる（藤井はさらに一歩進んで，北方系統と南方系統は別種のレベルにまで分化していると指摘している）（図13）．つまり，南方系統は1回前の氷期に南下してきたものが本州中部の山岳地帯に取り残されたものだと考えることができる．氷期が複数回あり，そのたびごとに同種でありながら異なる系統が南下してくるという構図は容易に想像できることであり，すべての高山植物に当てはまるといえるのではないだろうか？

富士山の高山植物

いうまでもなく，富士山は日本の最高峰であり，高山植物が生育するのに十分な海抜高度を有している．富士山はいわば火山の複合体で，噴火活動を繰り返しながら成長を続けてきた．そして，現在の標高に到達したのは1万年前以後のことだと考えられている．つまり，これは約2万年前の最終氷期よりも後の出来事であった．このように，富士山は地質学的に若い火山であるため，高山植物は存在しないと考えられていることが多い．しか

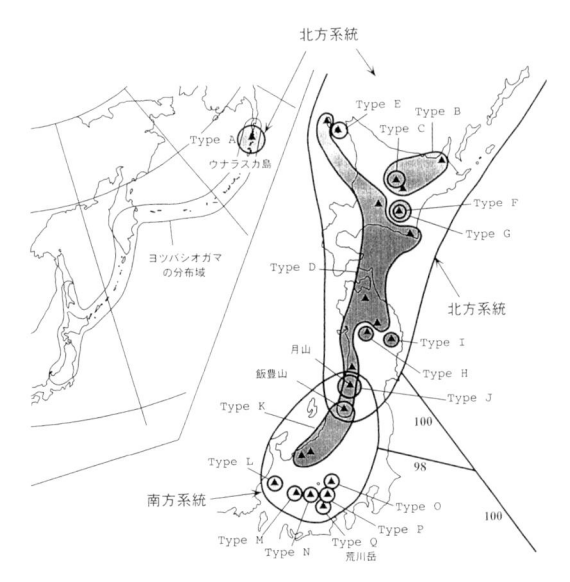

図13　ヨツバシオガマに認められたハプロタイプの分布（藤井，2001）．

し，実際にはいくつかの高山植物が生育している．

富士山には「お中道」とよばれる，山腹を巡る周遊歩道がある．この「お中道」のうちで，とくに大沢付近には比較的大きな中性草原がある．この草原には，ヒメシャジン，ヤハズヒゴタイ，グンナイフウロ，オオサワトリカブト，アオヤギソウ，クルマユリなどの高山植物が見られる．一方，火山礫やスコリア，溶岩からなる火山荒原には，ミヤマオトコヨモギ，イワオウギ，タイツリオウギ，フジハタザオなどが見られる．これらの植物相は南アルプスのそれによく似ている．このことは，高山植物の中にはただ高山にしがみつくだけではなく，活発に分布域を拡げていく一群の植物があることを意味している．

ヒプシサーマル期は高山植物にどのような影響を与えたか？

最後の氷期ウルム氷期から今に至るまで，気温はなだらかに上昇してきたわけではない．今から6,000年～5,000年ほど前には平均気温にして現在より少なくとも約1℃高い時期があったことが知られている．ヒプシサーマル

（高温）期と知られている時期のことである．この気温上昇は地球レベルでの現象で，このために極地の氷が融け，海面は現在よりも2～3m高くなったと考えられている．時代が縄文時代であったため，日本では縄文海進とよばれている（図14）．

気温の低減率に基づいて，ヒプシサーマル期の気温上昇を垂直高度の違いに読み替えてみよう．ヒプシサーマル期では平均気温が約1℃高かったのだから，これは垂直分布において200mの標高差に相当することになる．高山に取り残されている高山植物にとっては生育地が狭められるばかりではなく，上昇してくる温帯性の植物との競争が強いられることになる．ヒプシサーマル期は高山植物にとって，過酷な時代であったに違いない．とくに，東北地方には標高の高い山はあまりなく，この時期に多くの高山植物が絶滅したことは想像に難くない．ドリアス植物群が東北地方に現存しないのはこのような原因によると考えられる．

ヒプシサーマル期は高山植物の消滅に影響をおよぼしただけではない．高温期の到来とともに高山植物がさらに狭い生育地に追いやられる一方，山地性の植物の上昇をもたらした．このことは高山帯と山地帯にそれぞれを生態的に隔離していた障壁が失われたことを意味している．結果として，種間の自然交雑が起きる．Kadota (1986) は高山植物の西限かつ南限である白山山系において，キンポウゲ科のトリカブト属2種の自然交雑について報告した．すなわち，高山性のミヤマトリカブトと山地性のリョウハクトリカブトの交雑が標高1,000m付近で起こり，両種の雑種が生み出された．この雑種群は高い稔性をもっているため，雑種起源の新しい種，ハクサントリカブトとして振る舞っている．こうした現象は本州中部以北のいろいろな地域，いろいろな種群で起きたのだろう．このこともま

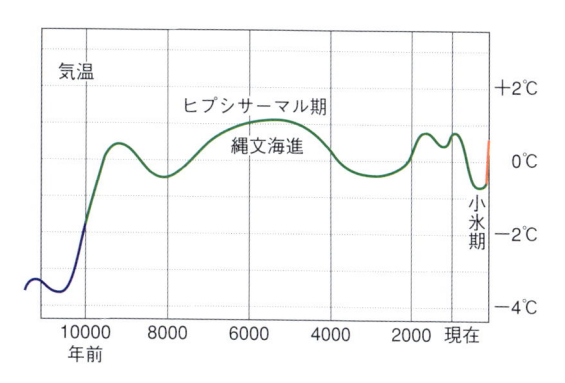

図14　1万年前から現在に至るの気温変化．
数千年前の温暖期はヒプシサーマル期とよばれ，日本の縄文海進に相当する．

た，日本の植物相の多様化に大きく貢献したものと考えられる．

以上のように，高山植物がかつての氷河時代に日本列島に南下してきて，その後の間氷期に日本列島の高山あるいは高山的な環境をもつ地域に遺存した，という構図そのものにおそらく誤りはないだろう．しかし，南下してきた時代の違い，生き残った集団の環境に対する適応力の違い，生き残った集団と新たに南下してきた集団との交雑などがあり，日本列島の高山植物相はわれわれの予想をはるかに超える複雑さをもっているらしい．分子系統学的手法を手に入れた今，高山植物相に関する研究は新たな時代に入ろうとしている．

文献

藤井紀行．2001．日本の高山植物の統計地理．分類，1：29-34．

Kadota, Y. 1986. *Aconitum* of the Ryohaku Mountain Range, central Japan – anew subspecies of *A. zigzag* Lév. *et* Van't. and the entity of "*A. hakusanense*". *Mem. Natn. Sci. Mus., Tokyo,* (19): 133-144.

Kadota, Y. 1991. Taxonomic status of *Trollius* (Ranunculaceae) from Rishiri Island, Hokkaido, northern Japan. *Mem. Natn. Sci. Mus., Tokyo,* (24): 49-60.

宮脇　昭（編）．1977．日本の植生．学研，東京．

辻　誠一郎．1995．日本の森の変遷，6万年．週間朝日百科　植物の世界　88号，8-126-128．

3.6 日本の熱帯系コケ植物はどこから来たか

樋口正信

　従属栄養生物である動物は生きていくために餌をとる必要があるので，動物の分布は物理・化学的な環境条件に加え，餌となる生物の分布に制限されている．一方，植物は独立栄養生物であり，その生育はもっぱら物理・化学的な環境条件に左右される．陸上植物に限れば，その生育を決める環境条件には温度，水，土壌などがあり，中でも温度と水はもっとも基本的な条件である．砂漠のような極端な乾燥地域には植物が見られないことから明らかなように，水は植物の生育に必須の条件である．また，南と北，低地と高地で異なる植物が見られるということは，温度が植物の生育要因として重要なこと，そして植物の種にはそれぞれ生育に適した温度条件があるということを示している．さらに，地球規模で見れば，景観や種組成の異なる植物のまとまり（植生）がやはり緯度や高度に応じて帯状に配列しており，このことは植生のタイプが気候帯に対応していることを示している．

　日本は，国外の同緯度にある地域と比較すると，とても豊かな植物相をもっている．その理由として，国土が南北に長いこと，高山があり複雑な地形をもつこと，降水量が多いことなどをあげることができる．それは言い換えれば，日本列島が中緯度に位置することで，亜熱帯から亜寒帯までの多様な気候があるということである．もちろん，気候要因のほかに，地史的要因も日本の豊かな植物相の成立に深く関わっている．日本列島は南北に長いだけでなく，北と西はユーラシア大陸に，南はアジアの熱帯に島伝いにつながっている．このため，寒冷化と温暖化の気候変動に伴い，植物は列島を南北に移動することができ，古い植物群が温存されてきたと考えられるのである．

世代を繋ぐ植物の移動

　「植物の南北の移動」といっても，その実際のプロセスを想像するのはたやすいことではない．なぜなら，自ら移動できない植物は繁殖により移動が可能になるのである．そして，繁殖の方法は植物の種によりさまざまであり，つまるところ移動の方法も多様であるからである．植物が繁殖するためには，親植物から胞子や種子が離れて新たな場所へたどり着き，そこで発芽し，次世代の植物が定着することが必要である（親植物から離れて次世代の植物をつくる胞子や種子のことを「散布体」という）．したがって，植物の移動とは，散布体により次世代の植物が新たな場所に定着することと言い換えることができる．では，散布体がある場所に到達すればかならずそこに定着できるかというと，必ずしもそうではない．到達した場所に生育可能な場と環境条件がなくては定着に成功できないのである．つまり，到達した場所がすでに同様な場所をすみかとする他の植物に占有されていたら，新参者が入り込める可能性は少ない．また，適当な温度や水分条件がそこになければ，生育できないことは明白である．極相にある森林は，長い年月を経て多種多様な植物の種の移動が行われた結果，その植物相は言わば飽和状態になっている．したがって，自然災害，あるいは人の手による撹乱や破壊が空間的なギャップや植物相の不飽和状態をつくるときのみ，新参者が入り込む余地ができるのである．

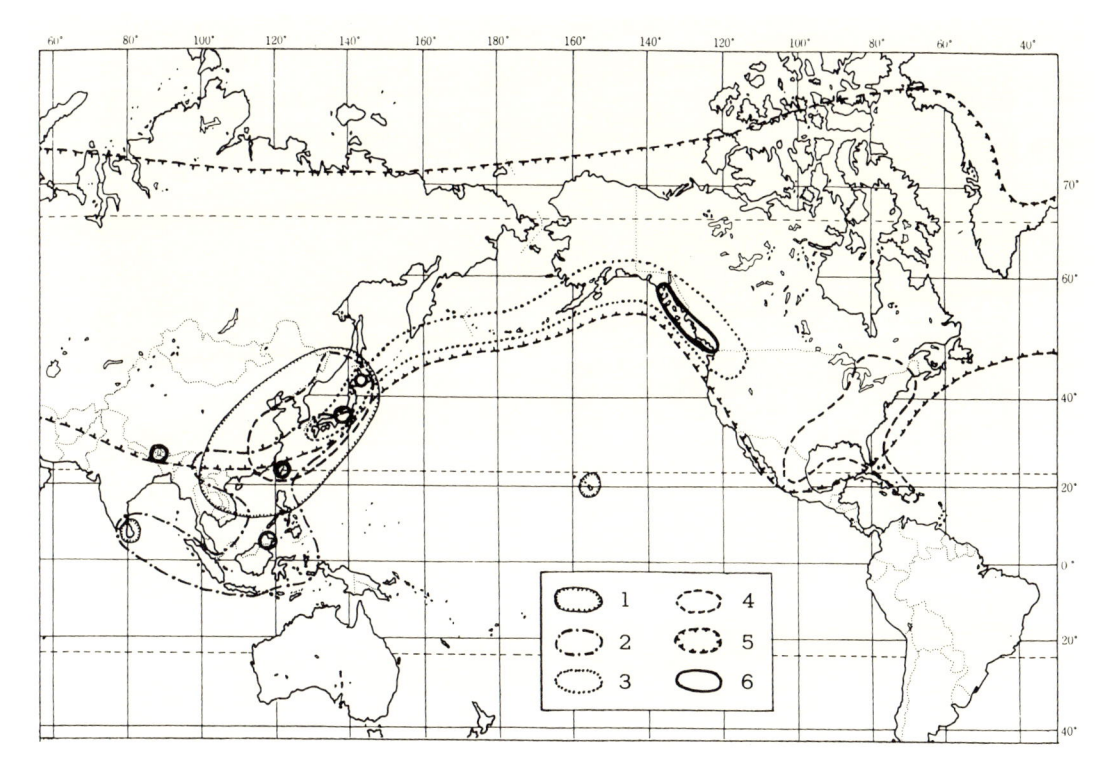

図1 日本産コケ植物の分布型．1．東アジアに分布するもの（例：ハイゴケ）．2．熱帯から北上しているもの（例：キダチヒラゴケ）．3．北太平洋地域に分布しているもの（例：タマキチリメンゴケ）．4．東アジアと北米東部に隔離分布しているもの（例：スズゴケ）．5．北半球に広く分布しているもの（例：エゾハイゴケ）．6．東及び東南アジアと北米西部に隔離分布しているもの（例：ナンジャモンジャゴケ）．安藤（1977）を一部改変．

植物のさまざまな散布方法

　コケ植物とシダ植物は胞子によって繁殖し，種子植物は種子によって繁殖する．そして，胞子や種子は親植物から離れると，自然のさまざまな現象によって広い地域に散布される．この自然の力の利用の仕方，すなわち胞子や種子の散布方法には，風散布，水散布，動物散布，自動散布，重力落下の5通りがある．コケ植物とシダ植物の胞子は小さくて軽いので，風に運ばれるのに適しており，これらの植物の胞子の散布方法は風散布と考えられている．しかし，全体から見れば少数であるが例外もある．たとえば，コケ植物では，水散布を行う例としてカワゴケ，動物散布のマルダイゴケ，自動散布のミズゴケ類，重力落下のウキゴケ属などをあげることができる．なかでも，動物の糞や遺体に生育するマルダイゴケの仲間は化学物質によりハエを誘引し，その体に粘着性のある胞子を付着させ，新たな生育地へ運ばせるという巧妙な仕組みをもっている．また，ミズゴケ類では胞子が成熟すると，胞子嚢の中の圧力が高まり，それが頂点に達したとき，ふたがはずれ，胞子が一気に外へ放出される．

分布図の意味するもの

　植物の分布を論ずる際，野外での観察に加え，通常は標本から採集地の情報を抽出する．しかし，たとえば種間で分布範囲を比較しようとするとき，ただ地名を列記しただけではそれぞれ対象の植物がどのような分布域をもっているのかわかりにくい上，比較が困難である．それで，分布域の比較をしたいときや空間的広がりを表現したいときには分布図を作成する．植物の個体は動物と異なり一地点

図2 樹幹に着生するキダチヒラゴケ（写真：伊沢正名）．

に定着するので，生育場所は一つの点として表すことが可能である．分布図は地図上にその種の生育地点を記録したものであるが，もちろん自然界のすべての個体を記録することはできないので，生育を確認した地点というのが正しい．生育地点は普通地図上に点で示すが，点を囲むように線で囲って分布の範囲を示すこともある．これは，おおよそ分布している可能性のある範囲を示すものである．また，時に点を省略して線だけで示すこともあるが，分布の概要を示すには良いが，生物の分布は普通均一ではなく偏りがあるのが普通であり，この手法では分布の偏りや不連続などを表すことはできない．なお，分布図に点が少なければ稀産種であり（調査が進んでいない場合ももちろんあるが），時間が経過して点の数が激減したものが絶滅危惧種である．

日本におけるコケ植物の分布

日本に生育するコケ植物の種数はおおよそ明らかになっているが，それぞれの種が日本列島でどのような分布をしているかはまだよくわかっていない．一般に，コケ植物の胞子は多量につくられ，小さくて軽く，どこへも飛んでいくので，種子植物に比べるとより広く，より拡散した地域性のない分布を示すのではないかと考えられやすい．しかし，図1は日本に生育するコケ植物の代表的な分布型を示したものであるが，コケ植物も他の陸上植物と同様な分布型を示すことがわかる（ここには示されていないが，日本固有種もある）．このことは古くから指摘されており，すでに1926年にドイツの学者Herzogにより『コケ植物の地理学』という本がまとめられている．図1では，熱帯系コケ植物の例として蘚類の

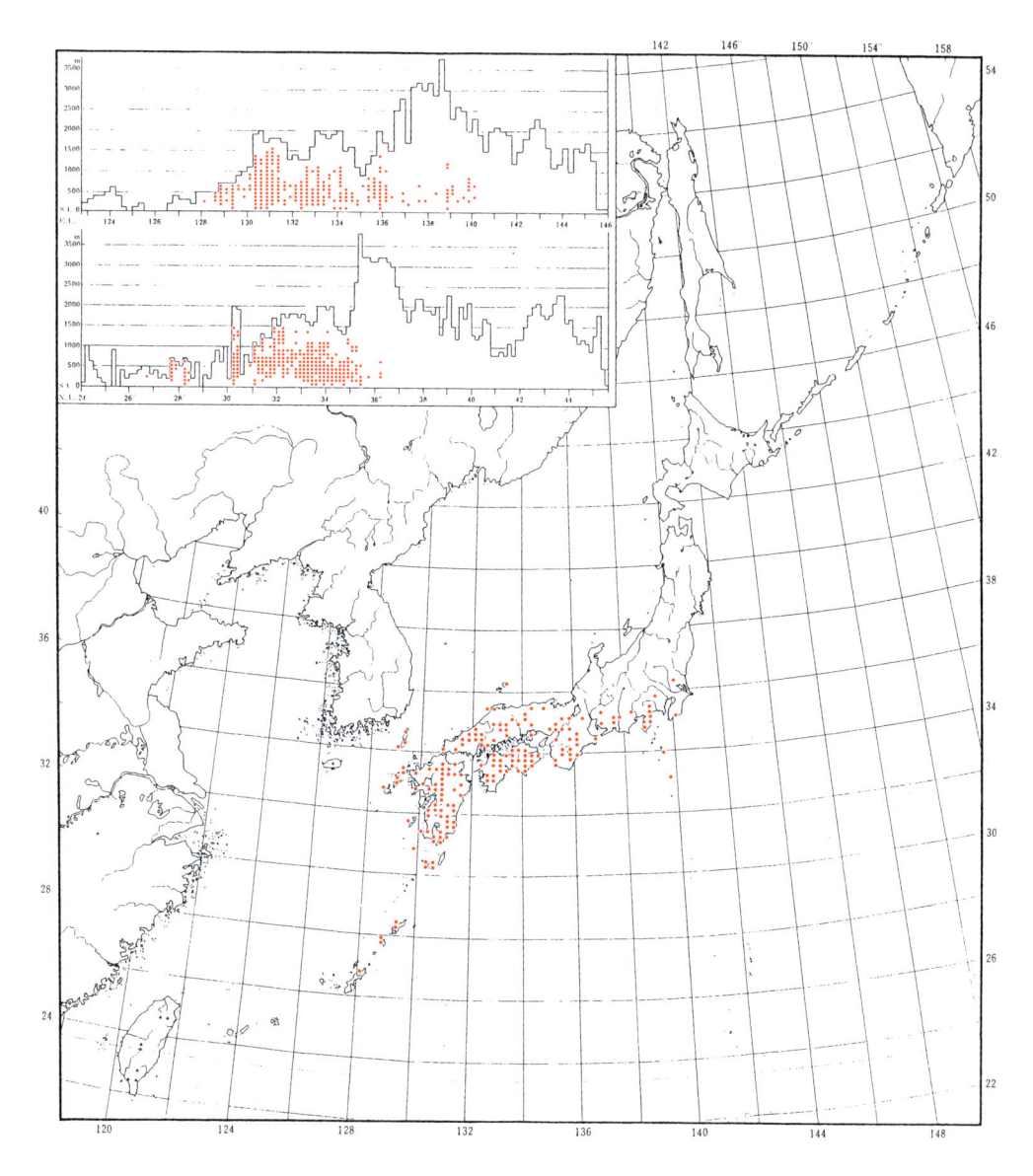

図3 国内におけるキダチヒラゴケの分布 (Horikawa, 1972).

キダチヒラゴケ（図2）が取り上げられているが，本種はアジアの熱帯に分布の中心をもち，日本まで北上したものであることが想像される．図3は国内における本種の分布図である．図中にある左上の2枚の図のうち下の図は東側から日本列島を投影した高度分布図であるが，北に行くにしたがい生育地の高度が下がる傾向が読み取れる．蘚類のカクレゴケ（図4）も熱帯系コケ植物の一つであるが，両者の分布の北限を比較すると，キダチヒラゴケは本州の茨城県まで北上しているのに対し，カクレゴケは九州の宮崎県までである．このように，熱帯系植物群の北上は北限の分布境界により，さまざまの段階を区別することができる．たとえば，苔類のクサリゴケ科は熱帯に分布の中心がある大きなグループであるが，水谷正美博士は日本に産する78種を七つの分布型に分けた（図5）．そのうち熱

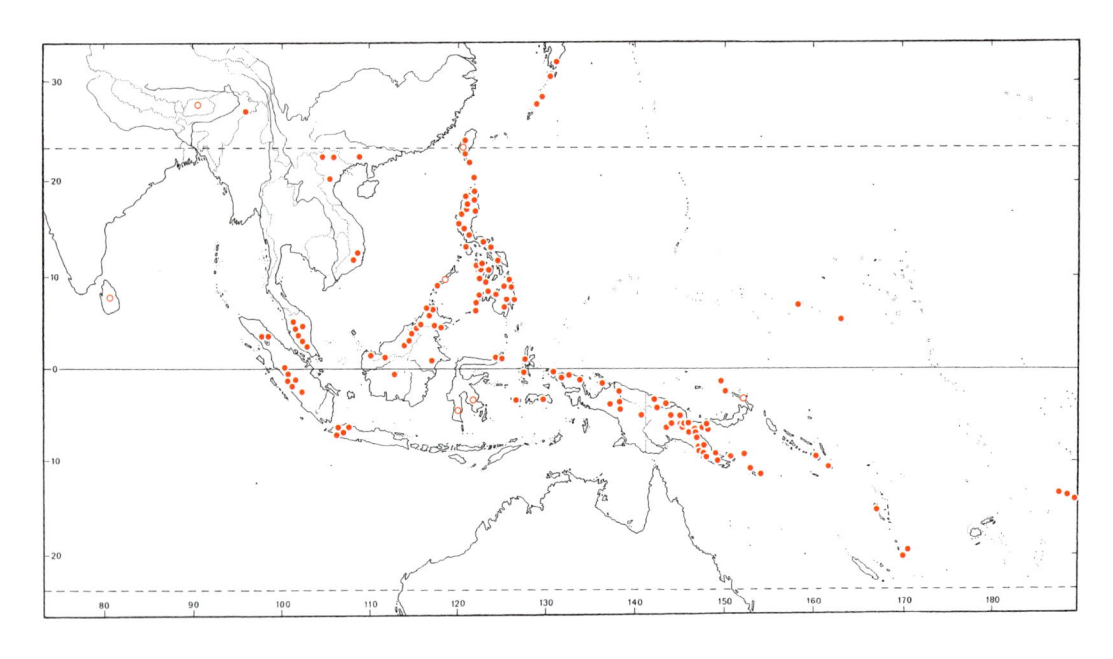

図4　カクレゴケの分布（During, 1977）.

帯および亜熱帯要素とされる58種は，aからdまでの四つの分布型にまとめられた．ちなみに，キダチヒラゴケはd，カクレゴケはaの分布型に相当する．クサリゴケ科以外のグループでも同様な試みがなされ，いくつかの分布型が提唱されている．しかし，個々の種の北限が決まる要因やなぜいくつかの分布型にまとまるのかは不明である．

分布型によるコケ植物相の解析

ある地域の植物相がどのような分布型の種から構成されているかを調べることは，その地域の植物相の概要や特徴を知るうえで有効な方法である．ここでは，五島列島と伊豆諸島御蔵島において，それぞれ1997年と2000年に実施したコケ植物の調査例を見てみよう．調査の結果，五島列島には188種，御蔵島には267種のコケ植物が生育することが明らかになった．それらを各種の分布から，（1）ヒマラヤ，中国，日本などに分布する東アジア要素，（2）東南アジアの熱帯地域に分布する熱帯要素，（3）北半球に広く分布する周極要素，（4）その他の分布型の四つに分けてみる．すると，五島列島では東アジア要素94種（50％），熱帯要素39種（21％），周極要素21種（11％），その他34種（18％），御蔵島では東アジア要素125種（47％），熱帯要素102種（38％），周極要素24種（9％），その他16種（6％）から構成されることがわかった．緯度からすればより北に位置する御蔵島の方が，熱帯要素の占める割合が高くなっている．その違いは何に由来するのであろうか．その一つの理由として，たとえば図4の分布型が熱帯系コケ植物一般に当てはまるとすれば，御蔵島にはそのうちb，c，dの分布型が見られるのに対し，五島列島にはcとdの分布型しか見られないことになる．ちなみに，このbの範囲は年降水量が2,000 mm以上で，その北限は1月の平均気温が6℃の線と一致することが指摘されている．

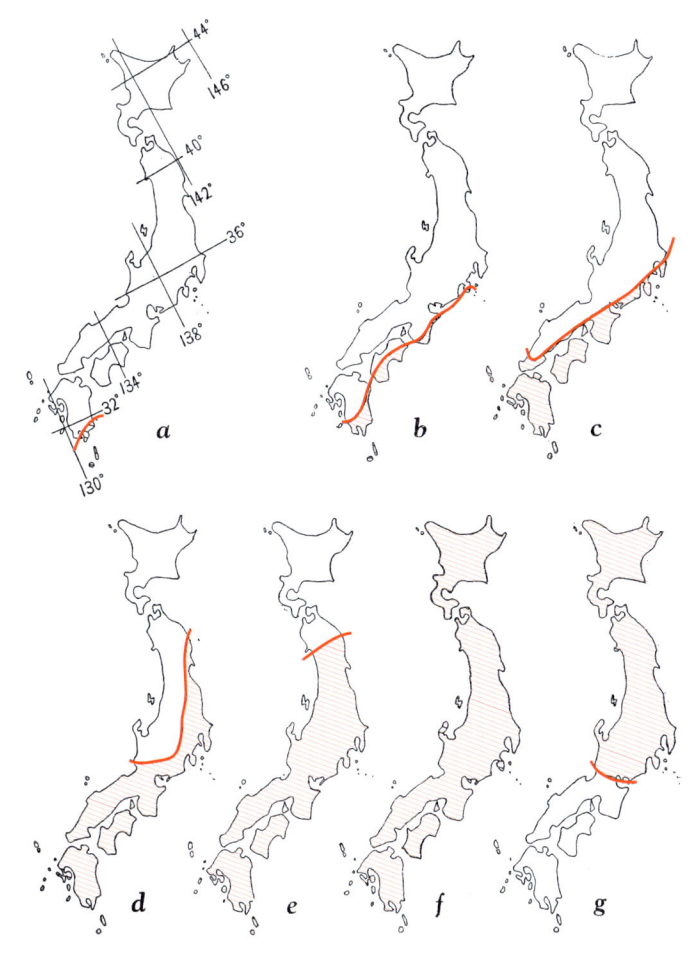

図5 日本産クサリゴケ科の分布型 (Mizutani, 1961).

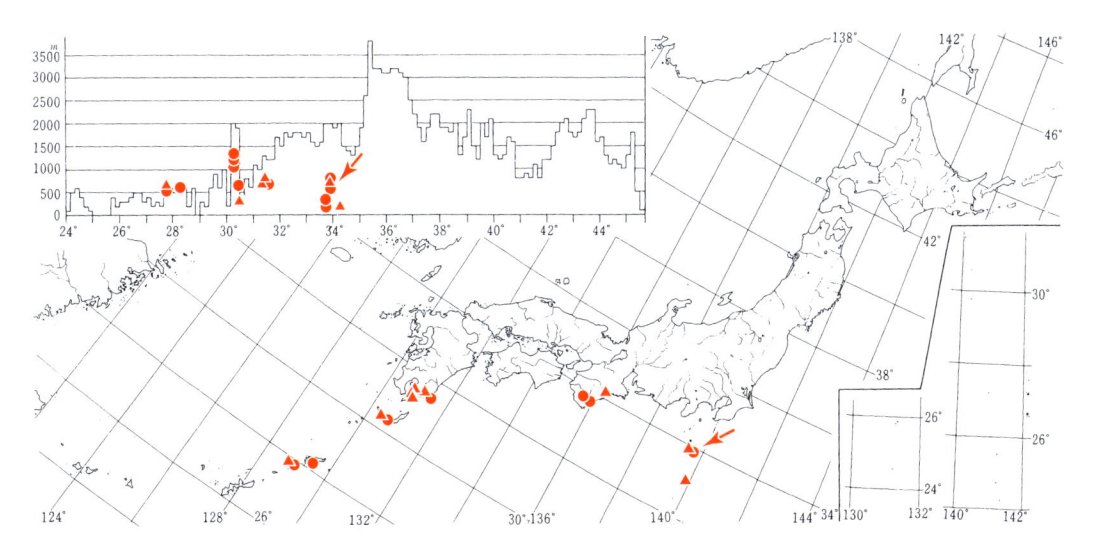

図6 シダレウニゴケ (▲) とハシボソゴケ (●) の国内における分布. 矢印は御蔵島を示す (樋口・西村, 2001).

熱帯系コケ植物の生育環境

　伊豆諸島のほぼ中央に位置する御蔵島が植物地理学上興味ある島とされる理由の一つに，最高点が標高850 mのこの島に本州中部では1,000 m以上の高地でなければ見られないマイヅルソウなどの北方系植物が分布していることがあげられる．コケ植物でも，同様な例として，タチハイゴケ，マユハケゴケ，タカネカモジゴケ，ラッコゴケなどをあげることができる．一方，御蔵島がその種の北限，もしくは北限に近いものとして，オオシマハイゴケ，タマコモチイトゴケ，シロイチイゴケ，ナガエミノゴケ，ハシボソゴケ（図6），シダレウニゴケ（図6），リュウキュウナガハシゴケなどの生育が確認された．これらは琉球諸島から九州南部，四国南部，紀伊半島南部を通り，伊豆諸島にまで分布を広げているものである（図5のbの分布型に相当する）．

　一般に，熱帯系コケ植物はシイ，カシ類，タブノキ，クスなどの照葉樹の林が発達する日本の西南部低地を中心に分布している．しかし，それらが低地にのみ生育するかというと必ずしもそうなっていない．図6のハシボソゴケやシダレウニゴケの場合のように，より冷涼な標高の高い場所を中心に生育している種もある．これはどのように理解したら良いのであろうか．第一に，現在では照葉樹林そのものが局所的にしか見られないことから，日本の西南部低地は古くから人為的影響をもっとも大きく受けてきたところであり，本来の植物相が失われていることが考えられる．その結果，低地に生育が見られないというわけである．しかし，低地から高地まで連続して自然林の残る御蔵島でも，両種は標高600 m以上の低木林を中心に生育が見られたのである．このことは標高の高い場所がこれらの種の本来の生育地であることを示している（紀伊半島南部では低地から記録があるが，おそらくそこは渓谷などの湿度の高い環境であることが予想される）．

　熱帯地域に分布の中心があって日本まで北上している種の中には，国内の低地に生育するものと低地よりむしろ標高の高い場所に生育するものがあり，それはそれぞれの種が熱帯の低地と高地のどちらを本拠にしているかによって決まると考えられる．つまり，体が小さく，根をもたないコケ植物は，水分を体全体から吸収するので，大気中の水分が生育要因の一つとなっている．熱帯地域の高地の林は霧や雲がかかりやすく湿潤であり，そこを本拠とする種は，北上しても同様な環境が生育に必要なのであろう．面積でいえば60分の1以下の御蔵島に，五島列島の約1.4倍のコケ植物相が見られる一つの理由は，最高点850 mの御蔵島には湿潤な低木林が高地に発達するのに対し，五島列島には500 mを超える山岳がなく，高地の湿潤な林が欠如するため，そこをすみかとする熱帯要素の一部を欠いていることである．

日本の熱帯系コケ植物の由来

　最初に述べたように，熱帯系植物の多くは温暖化した時代に南方から移動してきたものの子孫と考えられるが，その由来は過去の大規模な気候変動だけではなく，とくに小形の植物体をもつコケ植物にとっては局所的な気候条件や生育環境が生存に大きな影響をおよぼしていると考えられる．たとえば，低地の風穴に高山性や北方系の種が，高地の噴気孔に低地や熱帯系の種が，本来の分布域から離れて見られることがある．また，南から日本列島にやってくる台風や黒潮も，熱帯系植物の移動に寄与していることは容易に想像できる．とくに台風は，胞子のような散布体を繁殖手段とするコケ植物では，南方からの植物群の北上にかなり貢献しているのではないだろうか．一般に，偶発的な台風の襲来は森林

図7　左：ハシボソゴケ，右：シダレウニゴケ，下：カクレゴケ（写真：伊沢正名）．

内の植物の移動にはあまり影響を与えないと考えられがちである．しかし，散布体の移動だけでなく，森林や飽和状態の植物相を撹乱，または破壊し，新参者が入り込む余地をつくるという点を考慮すると，結果として植物の移動に対する台風の影響も無視できないだろう．

他の陸上植物に比べると，コケ植物には広い分布域をもつ種が多い．キダチヒラゴケやカクレゴケなどの熱帯系コケ植物にもそのことがいえる．アジアの熱帯に多くの種がある属のうち，1種か多くても数種のみが日本の西南部まで北上しているようすは，あたかもさまざまなグループから少数精鋭の斥候が最北の地に派遣されているかの感がある．このことはどのように解釈できるであろうか．おそらく，その種は繁殖能力にすぐれたものであると同時に，競争相手のいない生活場所を見出すことのできたものなのだろう．一方，そのような南北に長い分布域をもつ種では，北限かつ島という隔絶された場所である日本において，何故種分化は生じていないのだろうか．この問題に解答を与えられるデータはまだ得られていないが，次のような仮説をたてることができるだろう．（1）日本に到達してからまだ間もなく，種分化を生じるような時間が経過していない．（2）日本に最初に到達したのは古い時代であるが，現在も絶え間なく南方から散布体が供給され，遺伝的な変化が固定されない．（3）日本に到達したのは古い時代であるが，種分化の速度が遅く，独立種の形成に至っていない．

文献

安藤久次．1977．日本列島のコケ類分布．自然科学と博物館，44 (2): 52-57.

During, H. J. 1977. The Garovaglioideae. Bryophytorum Bibliotheca, Band 12. J. Cramer, Vaduz, 244 pp.

古木達郎．1998．五島列島のタイ類とツノゴケ類．国立科学博物館専報，31: 107-113.

古木達郎・樋口正信・西村直樹．2001．伊豆諸島御蔵島のタイ類及びツノゴケ類．国立科学博物館専報，37: 141-158.

Herzog, T. 1926. Geographie der Moose. Verlag von Gustav Fischer, Jena, 439 pp.

樋口正信．1998．五島列島の蘚類．国立科学博物館専報，31: 115-122.

樋口正信・西村直樹．2001．伊豆諸島御蔵島の蘚類．国立科学博物館専報，37: 125-139.

Horikawa, Y. 1972. Atlas of the Japanese Flora. Gakken Co. Ltd., Tokyo, 500 pp.

堀田 満．1974．植物の分布と分化．植物の進化生物学—第III巻．三省堂，東京．400 pp.

伊藤秀三．1994．島の植物誌．講談社，東京．246 pp.

前川文夫．1977．日本の植物区系．玉川大学出版部，東京．178 pp.

Mizutani, M. 1961. A revision of Japanese Lejeuneaceae. J. Hattori Bot. Lab., 24: 115-302.

3.7 オキナワルリチラシの生活史戦略，南から北へ

大和田守

　アジア大陸の東に弧状につらなる日本列島は，大陸から離れて島となってからも，多くの動物の侵入があったと推定される．とくに飛翔力のある昆虫は，現在でもなお東シナ海や太平洋を越えて日本列島に到達している．その移動の原動力は大気の流れで，台風や梅雨前線の南側に起こる低気圧を伴った南西の風である．黄河流域の砂塵を運ぶ早春の突風に乗ってやってくる昆虫もあるだろうが，この時期に活動する昆虫は少ない．昆虫の侵入は，圧倒的に南からのものである．南方系の昆虫たちは，冬の寒さに耐えられないものが多い．せっかく海を越えて日本にたどり着いたのに，大半が冬を越せずに死滅してしまう．しかし，その中には冬の寒さに耐えられるように生活史を変え，しぶとく生き残って定着するものもいるはずである．長い地史的年代の経過の中で，そのようにして日本列島に定着したと思われる昆虫は多い．

　オキナワルリチラシはマダラガ科に属するかなり大きい蛾で，昼間飛ぶので蝶のように美しい翅がある．伊豆半島が分布の東限で，本州から四国，九州，琉球列島，台湾からヒマラヤを経てスリランカまで広域に分布している．地理的な変異が知られており，琉球列島の島にも，孤立した亜種が認められていた．もともと夜行性の蛾類を研究していたので縁の薄い蛾であったのだが，"日本列島総合調査"で，同僚の友国雅章博士がこの蛾を奄美大島で採集してきてくれた．採集された8頭の雄と4頭の雌の斑紋や形はよくまとまっており，既知の沖縄島亜種や八重山諸島亜種，それに屋久島亜種とも明らかに違っていた．そこで，これは独立した新亜種として発表できるとつい食指が動いてしまったのが，この蛾にのめり込むきっかけであった．

生活史がわからない

　奄美大島亜種を発表するに当たっては，周囲の亜種のタイプ標本を調べることにした．すると，北大に所蔵されているタイプ標本の産地の解釈が誤っており，従来の学名の扱いを訂正する必要があることが判明した．また，地理的な変異を調べるには，できるだけたくさんの標本を見た方がいい．この論文では合計195頭の標本を検討し，日本産5亜種，国外産4亜種についてまとめることができた（Owada, 1989）．しかし，当館所蔵の標本で，ラベルに沖縄島の那覇と読める標本が，石垣島と同じ亜種に入ってしまうという疑問点が残った．これは，あとで産地の誤記と判断したが，当時は標本の量も少なく，その可能性を示唆するだけにとどまった．ある程度の量の標本を検討することができたが，この程度では本種が年に何回発生しているのかも，よくわからなかった．少なくとも，屋久島以南では，いつでも発生しているようにも見える．また，幼生期の情報もほとんどなかった．自分のことをいうと，それまでネパールやタイ国では採集していたが，日本産の本種を採集したことがなかった．今から考えると，よくこれで論文を書いたとあきれるのであるが，島嶼による亜種の隔離は明白で，この部分での錯誤がなかったのは幸いであった．

美しい標本は飼育で

　いくつかの問題点を残した論文は気になるものである．印刷の段階ではもう腹は決まっ

表1　オキナワルリチラシ各亜種の生理・生態的特徴.

亜種	周年経過	幼虫の休眠性	雄の探雌行動
Eterusia aedea okinawana Matsumura 八重山諸島亜種	年4化	非休眠 or 短日休眠	昼行性
Eterusia aedea azumai Owada 久米島亜種	年2化 or 3化	長日休眠	昼行性
Eterusia aedea sakaguchii Matsumura 沖縄島亜種	年2化 or 3化	長日休眠	昼行性
Eterusia aedea hamajii Owada 徳之島亜種	年2化	長日休眠	昼行性
Eterusia aedea tomokunii Owada 奄美大島亜種	年2化	長日休眠	昼行性
Eterusia aedea masatakasatoi Owada トカラ列島中之島亜種	年2化	長日休眠	夜行性
Eterusia aedea micromaculata Inoue 屋久島亜種	年2化	長日休眠	夜行性
Eterusia aedea sugitanii Matsumura 日本本土亜種	年1化	長日休眠	夜行性

ていたのであるが，もう一度自分自身の手でオキナワルリチラシを調べ直そうと考えていた．それには，まず各亜種の完全な標本を多数揃えて比較することから開始しよう．それに，琉球列島の中には本種が生息していそうな島が，まだいくつか残されていたのである．一からの出直しであった．

　美しい標本は飼育で得ることができる．野外で幼虫を採集することは困難なので，雌成虫を採集して，それに産卵させるのが良さそうだ．この論文をきっかけにまず八重山諸島亜種の飼育を試みた．幼虫はツバキ科のヒサカキの葉を食べるので餌の確保は容易で，飼育も順調にいき，2カ月半ほどで多数の成虫が羽化した．緑鮮やかな標本を多数標本箱に並べることができた．よし，これならと沖縄島のヤンバルに出かけたが発生時期が合わず失敗．何度か試行錯誤を繰り返したが，5月の連休に採集記録が多いので，その時期に合わせて奄美大島と沖縄島で念願の成虫を採集することができた．これで2亜種が確保できたと飼育を始め，幼虫は順調に育って繭をつくった．ところが，この繭から成虫が出てこない．石垣島のものでは2週間ほどで成虫が出てきたのである．繭を少し裂いて中をのぞくと，幼虫は生きており，繭の穴は翌日にはもう補修されている．明らかに，何らかの理由でこの幼虫は休眠しており，蛹への変態が誘起されないものと推定できた．6月中旬につくられた繭から成虫が羽化を開始したのは，なんと10月下旬になってからであった．

休眠は長日で起こった

　この興味深い体験から，以下の推測が容易にできる．幼虫の成長は6月のもっとも昼の長い時期であったので，その長日条件で繭の中の幼虫が休眠した．幼虫は秋分の日を過ぎて，昼の時間が短くなったので休眠から覚めて蛹になり，10月下旬に成虫が羽化した．

　さて，この推測が正しいかどうかを確かめなくてはいけない．研究を開始した当初は，休眠性の実験を小田原市の宮田保氏にお願いし，予想通りの結果を得ることができた．また引き続き各地でオキナワルリチラシを探索し，生態を観察するとともに，幼虫を飼育しては休眠性を確かめる実験を続けた．結果は表1に示したように，八重山諸島亜種と沖縄島亜種・久米島亜種との間に，休眠性に関す

図1-8 オキナワルリチラシの代表的亜種. 1-2. 八重山諸島亜種♂♀（石垣島）. 3-4. 沖縄島亜種♂♀. 5-6. 奄美大島亜種♂♀. 7-8. 日本本土亜種♂♀（島根県隠岐）.

る大きいギャップがあることが明らかになった．沖縄島と久米島以北の亜種は，すべて13時間より長い日長で飼育した場合，幼虫が繭の中で休眠してしまう．一方，八重山諸島亜種では，長日でも短日で飼育しても幼虫は休眠しないし，比較的低温で飼育した場合だけ，逆に短日条件で幼虫は休眠するのである．

なぜ休眠するのか

八重山諸島では，成虫は冬期に少なくなるとはいえ，ほぼ1年中発生が見られる．同じ亜熱帯圏に生息している台湾や南アジアの亜種も同様に発生しているものと思われる．さてその中で，冬期（短日）に低温にあった幼虫は，繭をつくると休眠し，長日（高温）になって休眠から覚めて成虫が羽化してくるのであるから，寒い時期に成虫を羽化させない機構があるものと推定できる．もちろん，ある程度の気温があれば幼虫はどんな日長でも休眠せずに蛹化して成虫となるのである．

琉球列島を北上するにつれ，平均気温は少しずつ下がっていく．沖縄島以北の亜種では

3.7 オキナワルリチラシの生活史戦略，南から北へ——*135*

幼虫は長日条件で休眠し，短日条件で休眠から覚めて蛹化，成虫が羽化する．沖縄島と久米島では，年に3回発生している可能性もあるのだが，屋久島亜種までは年2回，日本本土亜種だけが年1回成虫の発生がある．化性の違う亜種がほぼ同じ休眠性をもつということにも注目すべきであろう．これらの亜種の生活史が1回の休眠性の転換で，それぞれの気候にうまく適合したのである．また，低温期に成虫を発生させないという八重山諸島亜種の戦略では，沖縄島以北の地域では本種は生存できないと推定できる．

では，どうして沖縄島以北の亜種が，北の地域に分布を広げることができたのであろうか．沖縄島の冬はかなり寒い．ましてや雪の降る屋久島，日本海に浮かぶ隠岐，伊豆半島湯ヶ島の冬は厳しい．その冬を，オキナワルリチラシは5mmに満たない小さい幼虫で過ごしている．そして，この状況は沖縄島まで同じである．おそらく，もっとも厳しい寒さに耐えられる本種のステージは若齢幼虫なのであろう．そのステージに合わせるように長日で休眠して夏を過ごし，秋になって成虫が羽化し，交尾して産卵．孵化した幼虫は気温の低下とともに成長を緩め，厳冬の寒さに耐えて翌春の気温の上昇とともに再び成長を開始する．沖縄島から屋久島までは初夏に成虫が発生し，次の世代が長日休眠をして秋の成虫の発生を調整する．それより北に生息する本土亜種では2世代目を生む余裕はなく，冬を越した幼虫はゆっくりと成長して長日条件にさらされ，そのまま繭をつくって休眠に入るものと思われる．なお，この冬期の若齢幼虫は繭の中の終齢幼虫のように休眠しているわけではない．気温の上昇があれば，厳冬期でもすぐに常緑の葉の摂食を開始する．12月下旬の屋久島の山でも，幼虫が付けたばかりの新鮮な食痕が認められた．そして，その付近に幼虫が潜んでいたのである．

新たな謎

オキナワルリチラシの探索と飼育に明け暮れる日々が続いた．秋に雌を採集し，温度と日長を調整して冬に飼育を行うと1月には次世代を出すことができた．初夏の海外調査のシーズンまでに，もう1世代の飼育が可能となる．これで，亜種間の交配にも成功した．途中，日本本土亜種の地域個体群の報告を2度出したが（Owada, 1998, 2000），12年間の調査研究の結果を，日本産8亜種（3新亜種を含む）の再検討としてまとめることができた（Owada, 2001）．なお，この時の論文で記録した同定ラベルを付した標本は2,776頭であった．

さて，この研究はこれで終わったわけではない．調査によって，また新たな疑問が湧き上がってきた．雄の活動時間帯が，亜種によって異なることが判明したのだ．琉球列島の奄美大島から八重山諸島まで，雄は日中に雌を探している．ところが，トカラ列島中之島以北では，明らかに雄は夜に雌を探しているのだ（表1）．そして，台湾からヒマラヤにかけての亜種も，雄の探雌行動は夜であった．このような行動の相違は，琉球列島でどのようにして成立したのであろうか．新たな謎は，かなり手ごわそうである．

文献

Owada, M. 1989. Notes on geographical forms of the chalcosiine moth *Eterusia aedea* (Lepidoptera, Zygaenidae). *Mem. natn. Sci. Mus., Tokyo*, (22): 197-214.

Owada, M. 1998. Moths of *Eterusia aedea* (Lepidoptera, Zygaenidae) from the Island of Okinoshima, off Fukuoka, northern Kyushu. *Mem. natn. Sci. Mus., Tokyo*, (30): 7-12.

Owada, M. 2000. Local populations of *Eterusia aedea sugitanii* (Lepidoptera, Zygaenidae) in the western part of the Chugoku District, western Japan. *Mem. natn. Sci. Mus., Tokyo*, (32): 151-155.

Owada, M. 2001. Further notes on geographical forms of the chalcosiine moth *Eterusia aedea* (Lepidoptera, Zygaenidae). *Mem. natn. Sci. Mus., Tokyo*, (37): 293-310.

3.8 日本で分化した動物

上野俊一

日本の動物相を多様にした要因

　日本列島は，熱帯地方を除くと，世界でも有数の動物多様性に富んだ地域である．面積が小さいので，もちろん大型の哺乳類などは限られているが，それでも後氷期の初めごろまで，つまり1万年以上むかしには，ゾウやトラなどの大型哺乳類も日本にいたことがよく知られているし，昆虫類などの総種数も，同じ島国のイギリスやニュージーランドなどよりはるかに多い．

　その理由は，さまざまな面から考えられるが，なによりもまず挙げなければならないのは，日本列島がアジア大陸の東縁に沿って細長く延びる大陸島で，南は亜熱帯から北は亜寒帯まで広がり，温帯圏における気候区分のほとんどすべてを包含していることだろう．言い替えれば，暖温系のものでも寒冷系のものでも，国内のどこかで受け入れられる素地があったのだ．

　全体として温暖湿潤な気候は，植物の成育繁茂をうながし，好適なすみ場所や食物を動物に提供した．日本に欠けている特殊な環境は砂漠ぐらいで，ほかの生息環境は，大小の差こそあれ，ひととおり揃っているといってよい．さらに大陸からの距離が近く，偏西風や台風もおもな海流もすべて日本に向かっている，という条件は，大陸から日本列島への祖先動物の供給を継続的に助け，日本に豊かな動物相をつくる原動力になった．もちろん，第三紀の中葉から更新世にかけて繰り返された，陸橋などによる大陸との接続は，大量の祖先種を日本にもたらしたが，更新世の中ごろより前から確実に日本に定着していた現生の陸生動物は，ほとんど知られていない．そのくらいの期間のうちには，環境だけでなく動物自体も大きく変わっていくので，現生種とまったく同じものを古い化石に求めるのが，そもそも無理なのだろう．

種分化をうながした島国の好条件

　なんらかの方法で日本に到達した祖先種の動物は，国内で拡散していくうちにいちじるしく分化した．分化をうながした主要因は日本の複雑な地形で，とくに日本列島が四つの大きい島と多数の付属島嶼で構成され，それぞれの島じまを隔てる水域がそれほど大きくないこと，地形が複雑で山地が多く，その走向が向軸か背軸かによって，動物の拡散に有利に働いたり逆に障壁になったりしたこと，地質的にも単調でなく，花崗岩の占める割合が大きいうえに活火山が多くて，拡散していく動物に対する障害になったことなどだろう．海峡のような水域による障壁は，泳げない陸生動物にとって決定的に渡り越せないもののようにみえるが，実際には対象となる動物群によって障壁となる程度はさまざまである．瀬戸内海ぐらいの海域でも渡れないものがあるし，もっと広い海峡を渡るものもある．日本に侵入してからいちじるしく分化した動物群は数えきれないほどあり，サンショウウオ類などもその一つだが，乾燥や海水に対する抵抗性が小さいようにみえるのに，長い年月のあいだには，なんらかの機会に高い障壁を乗り越えているのだ．

　ここでは飛べない動物の代表として，甲虫のチビゴミムシ類を取りあげる．甲虫類にはいちじるしく分化の進んだグループがいくつ

かあり，とくに狭義のオサムシ類はあらゆる面から詳しく研究されている．同じ科のナガゴミムシ類やハネカクシ科のコバネナガハネカクシ類なども，分化のいちじるしい甲虫群だが，ともになお研究の途上にあり，全国的な詰めもまだ十分だとはいえない．チビゴミムシ類にも解決を要する問題がまだかなり残されていて，毎年，発見される新種でさえたいていは十指に余る．しかし，全国的に平均して調査されている点では他に引けをとらないので，分布や分化の問題を論じるには格好の材料なのである．

ある程度まで日本の特殊事情だともいえるが，研究材料としてチビゴミムシ類のすぐれている点はほかにもある．世界的にもほかに例をみないことだが，日本には，もっとも原始的な種類からもっとも進化が進んで特殊化したものまで，あらゆる段階の現生種が揃っていて，それらを順に並べてみることができる．後翅や複眼の退化消失，触角や肢の伸長，皮膚の色素の消失，体形の変化などのさまざまな段階が順を追って見られるし，適応に応じた生息場所の変遷も現実に観察できる．欠点は，からだが小さいうえに個体数が少ないことで，DNAなどの研究材料にはなりにくい．過去半世紀のあいだに1個体か2個体しか見つかっていないようなまれな種類は，枚挙にいとまがない．そのうえ，系統解析に必須の重要性をもつものほど，宿命的に見つけにくいのだ．

日本の動物相の最大の母体——中国

日本の動物相が，さまざまな方向からの祖先種の侵入と，その子孫の混交によって成立してきたことはよく知られている．そして，最大の母体となったのが中国大陸であることも，古くから指摘されてきた．侵入のおもな経路として想定されたのは，朝鮮半島経由の道筋と琉球列島経由の道筋とで，とくに重要なのが前者であるとされた．この考えは，いうまでもなく哺乳類の拡散の過程を追究，復元した結果が基礎になっていて，哺乳類に関するかぎりそれほど大きく誤ってはいないようにみえる．日本に近接する最大の陸地である朝鮮半島は，生物の多様性を育んで保持するのに十分な面積をもち，更新世の終わりごろまでに何回か，西日本と陸続きになった歴史も知られているので，ゾウやトラなどかなり大量の祖先動物が，ここを通って日本へ渡ってきたことは容易に推察できる．

しかし，昆虫類などを材料にして考察すると，同じような推論がつねに成り立つとはかぎらない．哺乳類の場合よりはるかに複雑だが，日本の昆虫相の最大の母体が中国大陸であることはまず確かだろう．そのうちには，黄海の北部から朝鮮半島を経て西日本に到達したのだろう，と考えられるものも確かに存在する．しかし，分類学的な研究が比較的よく進んでいる昆虫群の分布模様を詳しく解析すると，朝鮮半島経由の拡散を疑わせる事例が少なくないことに気づく．つまり，日本列島と中国大陸とに同種またはごく近縁の種が分布しているにもかかわらず，朝鮮半島には類縁種がまったく見られない場合である．注意を要するのは，長江以北の中国東部が，山東地方を除くと海抜ゼロの新しい大平原で，多くの祖先動物の拡散にあまり役立たなかったという事実である．このことは，現地へ行ってみるとよくわかるが，大まかな地図帳などでは感得しにくい．

渡海による拡散

東シナ海を横切る直接的な西日本への渡来を理解するためには，世界各地に見られる同じような隔離分布，とくにハワイ諸島やニュージーランドの昆虫相成立の歴史を，参考例として熟知する必要がある．一言でいえば，風や水によって運ばれる拡散である．日本列

図1 ナガチビゴミムシ群の分布．分布の中心になったと考えられる中国南西部から，南北の異なった方向へ拡散し，日本列島へは東シナ海を横切って渡来した．朝鮮半島の大部分が空白域となっている点に注意．

島は強い偏西風に曝され，台風の通り道にもなっている．また，大陸の大きい河川，とくに長江の洪水の余波が押し寄せる先にも当たっている．東シナ海が現在よりはるかに狭かった更新世の後期には，長江が当時の九州の南西へ流れ，吐噶喇諸島の南部を横切って太平洋に流入していた．

この時代に，洪水で運ばれる流木や木の枝，根こそぎになった草などの塊に乗って，西日本に到達した祖先昆虫は，おそらく天文学的な数にのぼったことだろう．それらの大多数は，途中で死に絶えたり，たとえうまく漂着しても配偶者に出会えずに滅びてしまったことだろうが，長年月のあいだには，新天地にうまく定着して，北東方向へ拡散したものも相当数あったに違いない．昆虫類ばかりでなく，アオダイショウやシマヘビなどの爬虫類も，このような拡散に由来するものと考えられる．要するに，中国大陸から日本への祖先昆虫の拡散は，主として偶発的に（動物地理学では「賭けによって」という）行われたのだが，その頻度が高くしかも成功率の高かったことは，現存する日本の動物相が，ハワイやニュージーランドなどの場合に比べて，はるかに均衡のとれたものであることからよく判る．

重複して行われた渡海

中国から西日本への海を越えた拡散は，過去から現在まで継続して行われてきたが，入植者の多寡にはかなりの波があったものらしい．それをもっとも端的に表しているのが，ナガチビゴミムシ属群に属するチビゴミムシ類である．

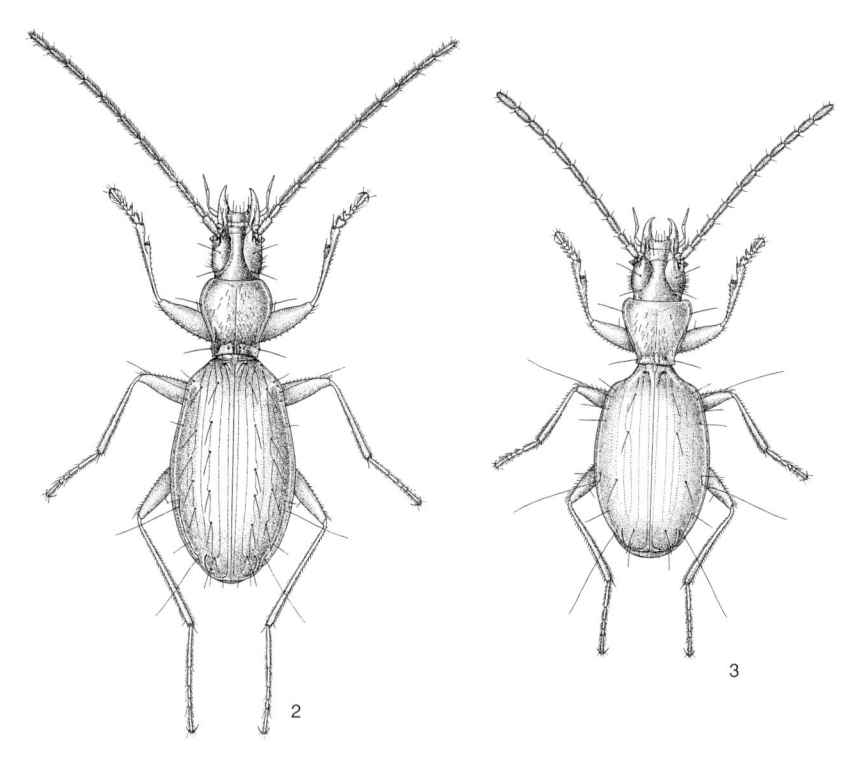

図 2-3　四国固有の古い型のメクラチビゴミムシ類．——2．ケバネメクラチビゴミムシ（*Chaetotrechiama procerus* S. Uéno）．属種とも四国南西部の宿毛付近に局在．——3．トベメクラチビゴミムシ（*Yamautidius rarissimus* S. Uéno）．四国北西部の廃坑のみから知られる．

　この属群は，日本のチビゴミムシのうちでは最大の系統群で，12属250種近くがこれまでに知られている．それらは，ナガチビゴミムシ属などと残りの10属とに大別され，いずれも中国から渡来した祖先種に由来するものだろうと考えられるが，前者が多数の有眼種を含み，本州を中心に広く分布するのに対して，後者は盲目種のみで構成され，分布域も九州中央部，四国および紀伊半島の南部に限定されていて，それ以外ではわずかに中国地方の西端部へ侵入しているにすぎない．両者が共存するのは，中国地方西部，四国東部および紀伊半島の一部だけで，本来は中央構造線のあたりで南北に分かれていたようにみえる．

　このような南北の分化が起こったのは，おそらく祖先種の渡来した時期が異なるからで，盲目種のほうの起源が古く，ナガチビゴミムシ属のほうが新しい．それぞれの時期を特定する手掛かりは今のところ見つからないが，少なくともナガチビゴミムシ属の祖先種は，更新世の後期になってから拡散したものだろうということが，富士溶岩洞や三浦半島，あるいはごく新しい火山など（いずれも1万年前後の歴史しかない）で，顕著な固有種が分化していることから推察できる．

古い型の地下性チビゴミムシ類

　古い型の盲目種は，四国で極端に分化し，固有属だけで7属，固有の亜属を加えるとその総数は二桁にのぼる．それらの分布域はおおむね異所的であるが，分布域の外辺が重なり合うところでは，2属以上の種の共存も見られる．これほどいちじるしい分化が四国に集中した理由を，直截に説明するのはむずかしいが，石灰岩が細かく分断されていることも，その一つに挙げられるだろう．石灰岩にかぎらず，四国には大きくて均一な岩層が少

図4 ナルクミメクラチビゴミムシ（*Yamautidius securiger* S. Uéno）（写真：毛利俊樹）．四国西部の石灰洞や廃坑に分布する古い型の地下性チビゴミムシの一つ．透明な体に注意．

図5 イラズメクラチビゴミムシ（*Ishikawatrechus cerberus* S. Uéno）（写真：毛利俊樹）．古い型の地下性チビゴミムシの一つで，比較的大型．四国大野ヶ原の南側に隣接する地域に固有．

ない．岩の間隙を埋める粘着性の高い粘土は，しばしば不透水層になるので，チビゴミムシ類の拡散に対する障壁として有効に働いたのかもしれない．ナガチビゴミムシ属群に属する古い盲目種で，四国以外の地域に分布するものは，九州中央部で2属（一部が中国地方西端部に広がっている），紀伊半島南部で1属に分類され，四国の場合に比べて属の変化に乏しいが，種分化はよく進んでいる．いずれも四国の属と密接な関係があり，同じ祖先に由来するものが，豊後水道や紀伊水道の成立によって隔離され，独自の分化を遂げたものだろうと考えられる．

図6 アシナガメクラチビゴミムシ（*Nipponaphaenops erraticus* S. Uéno）（写真：毛利俊樹）．四国大野ヶ原の石灰洞に固有．古い型の地下性チビゴミムシの一つで，日本のメクラチビゴミムシ類のうちでは，形態的特殊化がもっとも進んでいる．

あとから拡散した新しいナガチビゴミムシ属

先にも書いたように，ナガチビゴミムシ属の祖先は比較的，新しい時代になってから西日本へ侵入して，おもに中国地方から中部地方へと拡散した．中国地方や紀伊半島の一部に，小さい複眼を残す種が現存し，とくに中国地方のものが，イワキナガチビゴミムシ種群に類似しているという事実は，このような拡散を示唆するものである．東進した祖先種の大半は，複眼を残したまま中部地方から東北地方へ拡散して，高山にすむようになったが（「氷期が残した北の動植物」を参照），残されたものは次第に地下の環境に適応して，完全な盲目種に特化した．分化の中心になったのは，おそらく中国山地東部から近畿地方北部にかけての地域であって，一部が伊勢から東海地方を経て，関東地方中央部の水域を越え，東北地方の中央部，例外的には日本海岸の近くまで拡散した．また他の一部は，当

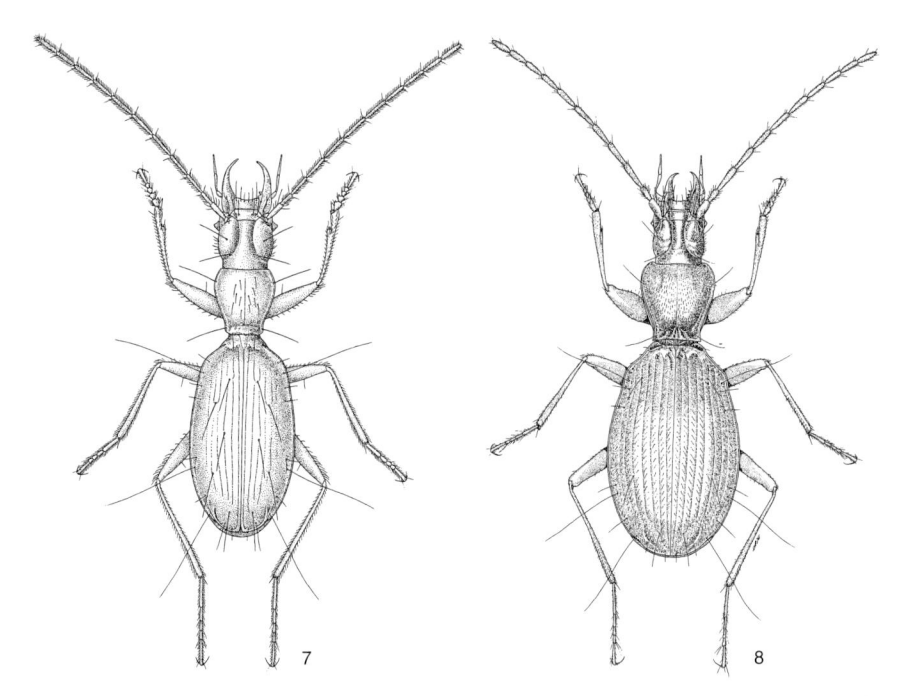

図7-8 九州および紀伊半島固有の古い型のメクラチビゴミムシ類. ―― 7. キバナガメクラチビゴミムシ (*Allotrechiama mandibularis* S. Uéno). 熊本県球磨川流域の石灰洞に固有. ―― 8. リュウジンメクラチビゴミムシ (*Kusumia latior* S. Uéno). 紀伊半島南西部の地下浅層にすむ.

時の瀬戸内海を渡って四国の北東部に侵入し,少なくとも2系統群に分化した.この拡散は,おそらく河川の洪水によって成し遂げられたものと考えられ,四国の東岸沿いに室戸岬まで到達しているし,その対岸の紀伊半島でも紀ノ川の南側まで広がっている.四国や九州に分布する古い型の盲目種と違って,ナガチビゴミムシ属の盲目種は,剛毛式などの外部形態がより進化した特徴を示し,たいていの種で複眼の痕跡が明瞭に認められる.

太平洋岸沿いに東方へ広がったナガチビゴミムシ属の盲目種については,いまだに解決できない問題が二つほど残されている.その一つは,天竜川と富士川とのあいだに分布の空白があることで,他の一つは,東進した祖先種がどのような経路をたどって,現在の関東平野を横切ったのかという問題である.分布の空白のほうは,トウキョウサンショウウオなどにも見られる奇妙な事柄だが,大井川の流域でもこの系列のチビゴミムシは今のところ見つかっていない.

もう一つの問題はさらにむずかしい.過去の東京湾は,現在の関東平野に深く入りこんでいた.したがって,常識的に考えれば,チビゴミムシ類の祖先種が,関東山脈を北上し,利根川の上流部を迂回して,帝釈山脈などに到着した道筋が想定されるのだが,関東地方南西部における現生種の分布域は,秩父のあたりで途切れてしまって,それより北のほうへは続いていない.しかも,日光あたりから北東では,急に多くの種が出現して,いちじるしい異所的な分化を遂げているのである.動物地理学の研究では,このような説明のつかない難問にしばしば遭遇するものだが,たいていは時間が経過するうちに新しい証拠が発見されて,辻褄が合ってくる.関東平野の問題にも,首肯できるような回答の見つかる日が,いつか来ることを期待したい.

なお,ここで詳しくは触れないが,腐植性のケムネチビゴミムシ属群が,ナガチビゴミ

図9 日本におけるナガチビゴミムシ群の分布.Aは盲目種の示す分布模様で,縦線が特化した属,横線がナガチビゴミムシ属.Bはナガチビゴミムシ属の有眼種の分布.

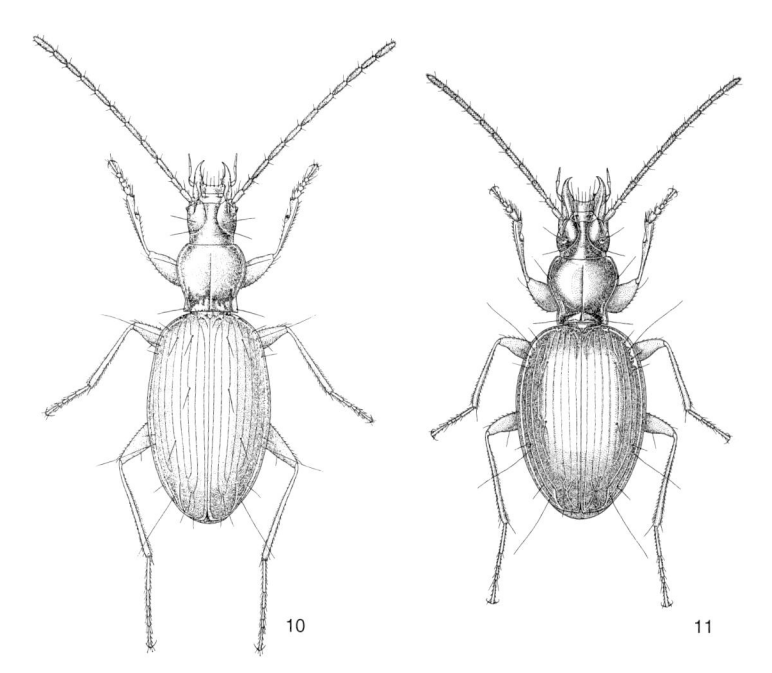

図10-11 ナガチビゴミムシ属の盲目種.——10.ヨシイメクラチビゴミムシ(*Trechiama ohshimai* (S. Uéno)).丹波高原西部の石灰洞と地下浅層にすむ.日本で最初に発見されたメクラチビゴミムシの一つ.——11.スリカミメクラチビゴミムシ(*Trechiama oopterus* S. Uéno).福島県摺上川ダム付近の地下浅層にすむ絶滅危惧種.

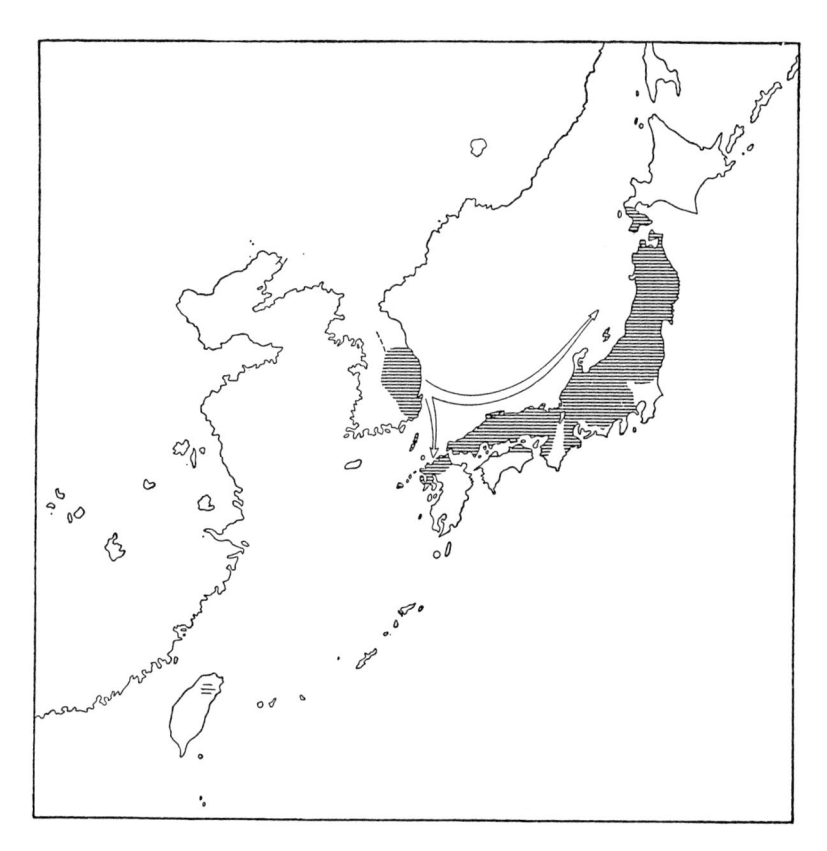

図12 東アジアにおけるアトスジチビゴミムシ群の盲目種の分布．朝鮮半島での分布域はもっと北へ続くものと思われる．

ムシ属群に似た分布型を示す．中国南西部から中央部にかけてかなり多くの種が知られているこの属群は，屋久島や九州から，太平洋側で関東山脈まで，日本海側で新潟県の南西部まで広がったが，東北地方には拡散しなかった．偶発的な拡散で西日本に侵入した祖先種は，ナガチビゴミムシ類などと違って森林の林床にすみつき，腐植層の下をすみ場所とする生活型を選んだ．後翅はすべての現生種で退化しているが，複眼は完全で，触角や肢は短い．ただし，中国で北東方向へ拡散したこの仲間の一群，キタチビゴミムシ亜属は，ロシアの沿海地方から日本海の北部を飛び越えて，北海道の渡島半島に定着し，複眼が退化する方向への特殊化を遂げている．

朝鮮半島からの侵入者とその後の拡散

日本のチビゴミムシ類のうちで，朝鮮半島からの侵入がはっきりと認められるのは，アトスジチビゴミムシ属群のものだけで，広義のクラサワメクラチビゴミムシ属とその近縁属が含まれる．この仲間は韓国に広く分布し，おそらく北朝鮮にも生息しているものと推察される．真の起源は長いあいだ突き止められなかったが，最近になって中国中央部や南西部から類縁種が発見され，初期の拡散経路をたどれるようになった．

朝鮮半島から対馬を経て九州北部にいたる拡散は，おそらく陸橋を通って行われたものだろう．この属群の原型にもっとも近いと考えられる現生種は，アトスジチビゴミムシ属のもので，からだが細長くて扁平，全面が水をはじく微毛におおわれ，肢は短く，大きい複眼とよく発達した後翅をもっている．水辺にすみ，よく飛翔するので，偶発的に拡散する可能性はひじょうに大きいのだが，そのよ

うな祖先種からクラサワメクラチビゴミムシ類が，朝鮮半島と日本列島とで別べつに進化したと考えるには，互いの類縁関係があまりにも近すぎる．したがって，日本のクラサワメクラチビゴミムシ類は，朝鮮半島からの移植者を祖先として分化してきたものだと考えてよかろう．アトスジチビゴミムシとの直接的な系統関係が仮定されるのは，本州北東部の日本海側と渡島半島とに分布するキタメクラチビゴミムシ類で，体形も微毛の状態もかなりよく似ているうえ，地下環境への適応の度合いも低く，分布のようすもほかのクラサワメクラチビゴミムシ類の場合とはかなり異なっている．

　九州に入植したクラサワメクラチビゴミムシ類の祖先種は，西へは西彼杵半島から五島列島まで広がり，東へは中国地方を経て近畿，中部，関東と進み，東北地方の北部まで拡散した．現在の分布域は明らかに日本海側へ偏っているので，過去の拡散はおもに日本海沿いに行われたとみてよかろう．琵琶湖の東側から東北地方の南部までは，体形や分類形質にそれほど顕著な変化を示さないが，北上山脈や奥羽山脈では属が区分できるほど異なった一群に分かれ，日本海側の白神山地にも，系統のよく判らない種が生息している．日本海側に分布するキタメクラチビゴミムシ属が，ほかの属とは少し異なった由来のものらしいということは，すでに指摘した．

　興味深いのは，この属群のチビゴミムシ類が，鈴鹿山脈を境にして，東西二つの大きい属にはっきり分かれることである．琵琶湖から西に分布するのはノコメメクラチビゴミムシ属で，瀬戸内海の北側に沿って中国地方を西へ広がり，九州の北部を経て五島列島に達している．また，東部を除く紀伊半島に広く分布し，吉野川以北の四国北東部と淡路島の南部にも生息する．さらに，高縄半島の基部に1種が隔離され，吉野川を2カ所で南側へ

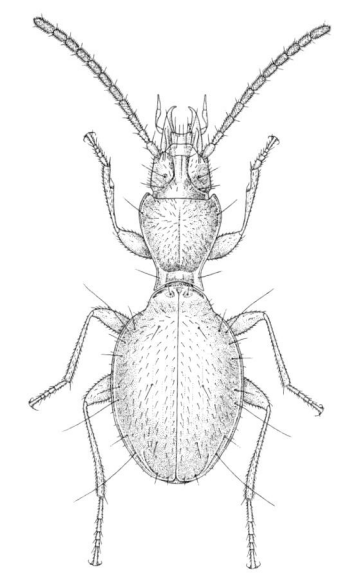

図13　マスゾウメクラチビゴミムシ（*Suzuka masuzoi* S. Uéno）．福井県勝山市東部の小地域に固有の地中種．サメメクラチビゴミムシ属に属する．

越えている．九州では分布域が分断され，四つの明確な種群に分化しているが，中国地方より東方では，二つの異なった種群が識別されるものの，それぞれの種群のなかの種分化はあまりいちじるしくない．

　いっぽうクラサワメクラチビゴミムシ属のほうは，鈴鹿山脈の東側で南北に分かれて，主体は北東方向へ分布し，先にも述べたように，東北地方の北部まで広がっている．また南方へは，紀伊半島の東側を，熊野灘の近くまで進出している．鈴鹿山脈の西側には，どちらの属のものも分布していないが，その代わりに，いちじるしく特殊化の進んだ小さい2属が遺存的に生息し，そのいっぽうのサメメクラチビゴミムシ属は，北方の両白山地で，孤立した別2種に分化している．

　なお，同じ属群の単模式属が西日本の2カ所で見つかっているが，いずれも狭い場所に隔離された遺存的なものだろう．

まとめ

　チビゴミムシ類は，種分化が極端に進んだ

甲虫群で，邦産種も，オサムシ科全部のほぼ1/3に達するほど多くの種に分化している．種ばかりでなく，属の分化もよく進んでいて，なかには単模式の属もいくつかみられる．この事情はなにも日本に限ったことではないが，日本における分化は，世界的に注目されるほどいちじるしい．本稿の初めのほうでも述べたが，その理由は，要するに近似種のあいだの交雑を妨げる隔離機構が発達しているうえ，種分化の速度が速くて，せいぜい1万年から5万年ぐらいで別種になってしまうからだろう．種分化は一般に完全で，亜種と認められるような地理的変異が少ないことも，チビゴミムシ類の特徴の一つである．チビゴミムシ類の後翅の退化は，遺伝的に規定されているが，それが普遍的になったのは，おそらく日本列島に定着してからのちのことだろう．その結果，それぞれの個体群の分布域が急速に縮小し，遂には現在みられるようないちじるしい種分化が実現したのではないだろうか．

なお本稿では，ホソチビゴミムシ族，ハバビロチビゴミムシ属群，チビゴミムシ属群，イソチビゴミムシ属群などに関する記述を割愛したが，いずれも種数の少ない甲虫群なので，分化の全体像を概観するに当たって，ナガチビゴミムシ属群やアトスジチビゴミムシ属群ほどの重要性はないと考えた．これらに関する報文はすでに公表されているので，興味のある読者は参照されたい．

3.9 日本で分化した植物

門田裕一

　日本はユーラシア大陸の東の端，太平洋の西の縁に浮かぶ小さな島国である．しかし，この小さな島国は実に多様な環境条件を擁している．まず最初に触れるべき特徴は冬季における大量の積雪だろう．中部日本の日本海側地域では，少し山間部に入れば3mや4mになることも珍しくない．しかし，大量の積雪があること自体は特徴なのではない．特徴はこの大量の積雪が初夏にはすっかり融けてしまうことにある．融雪水は植物たちを潤し，日本列島独特の植物群を育む．一方，冬季の太平洋側では降雪量は少なく，大陸からの乾燥した強い季節風が吹き抜ける．このことが植物の日本海側と太平洋側での分化を引き起こす．日本列島は火山列島でもある．活発な火山活動によって，植生が破壊され，生態的な裸地が生まれる．この裸地的な環境に適応することで植物は分化を遂げていく．石灰岩や蛇紋岩といった特殊な基岩に結びついた分化も日本列島の植物相の一つの特徴である．ここでは日本で分化した植物を見てみよう．

太平洋側と日本海側での分化―ソハヤキ要素と日本海要素

　ソハヤキ要素とは聞きなれない言葉だが，日本の植物相を語るために重要な用語なので，ここで少し詳しく説明したい．1931（昭和6）年，熊本県人吉市の前原勘次郎は『南肥植物誌』を著した．これは熊本県南半部に分布する維管束植物をまとめたリストである．同書の「前言」は京都帝国大学の小泉源一によって書かれている．この前言で，小泉は西南日本の植物相を地理学的に見ると，五つの重要な要素に分かつことができると指摘して

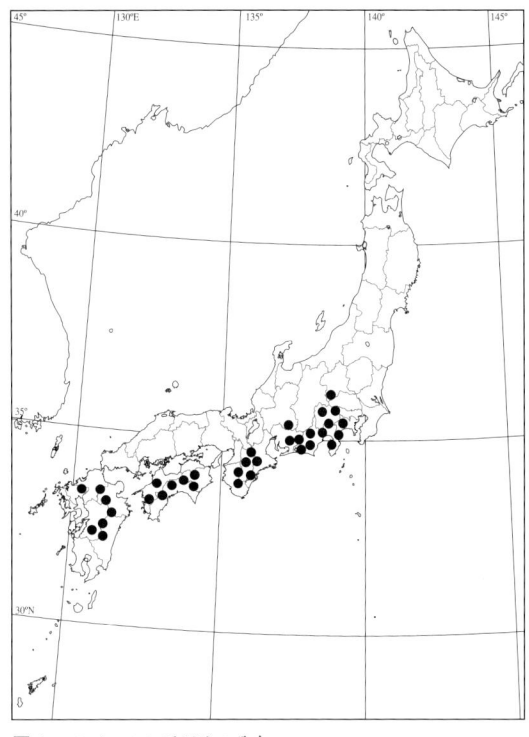

図1　テバコモミジガサの分布．

いる．それは，中部支那要素，玖摩関東要素，襲速紀要素，満鮮要素，中国要素の五つである（五つ目の中国要素の「中国」は日本の中国地方のことで，石灰岩植物などを多く含んでいる．この前言で小泉は，「更ニ精細ナル西南日本植物地理学上ノ事項ハ他日ニユズリ今ハ唯要項ノ大略ヲ記セシニスギズ」とし，上記の五つの要素について，命名の由来や定義などを述べることはしなかった．

　小泉によって，襲速紀（そはやき）要素としてあげられた植物は102種にのぼり，主に紀伊山地，四国山地，九州山地に分布するというパターンをもつ．ソハヤキ要素の代表的な植物として，キク科のテバコモミジガサ（小泉はてばこもみじさう，としている）の分布図をあげてお

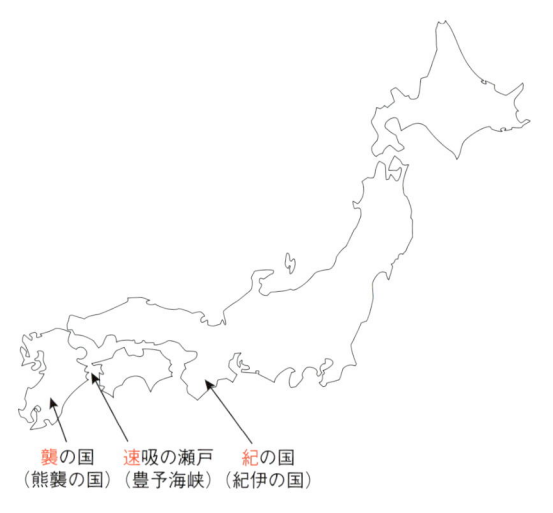

図2 ソハヤキ地域の地図.

図3 ヒメシャラ（写真：永田芳男）.

く．分布域は中央構造線に沿って拡がっていることがわかる．

前川（1977）はこの分布パターンについて，襲とは南九州の古名襲の国（熊襲が住む国，球磨噌唹とも），速は速吸瀬戸（現在の豊予海峡），紀は紀の国（和歌山県）の三文字をつなげたものだと説明している（図2；速吸瀬戸は豊後水道，紀は紀伊水道かもしれない）．いわゆる西南日本外帯に沿って分布する植物が襲速紀要素であるということができる．現在では，襲速紀要素をもう少し広く解釈して，西南日本外帯に沿いつつ，東は赤石山脈の南部をかすめ，秩父や日光山地にまで分布域がおよぶものを含めて考えるのが普通である．ここではこの範囲をソハヤキ地域，そこに分布する植物をソハヤキ要素と表記する．

Kanai（1958）はソハヤキ要素の植物がアジア大陸（とくに中国南西部および東部ヒマラヤ）の植物と関連をもつことを指摘しつつ，起源的に「古い」ことに言及している．そしてその「古さ」は隔離的な分布パターンから説明できるとした．つまり，かつては広い分布域をもっていたものが気候の変化のために分布域が狭められ，気候あるいはその他の要因のために現在の分断的な分布パターンができたと考えた．「南北に長い森の国」のブナ属や「氷期が残した北の動植物」の高山植物で見られた隔離的な分布パターンの場合と考え方は同じである．Kanai（1958）はイワユキノシタなど12種の植物をその例としてあげたが，アジア大陸にどのような関連植物が分布しているのかについては触れていない．ここではいくつかの例を取り上げて，ソハヤキ要素とアジア大陸の植物の関係を具体的に見てみよう．

まずツバキ科のヒメシャラ（*Stuartia monadelpha*）（属名はかつて *Stewartia* と綴られていた）とヒコサンヒメシャラ（*S. serrata*）を見てみる（図3）．ともにナツツバキ属の落葉高木であり，サザンカに似た花を夏に咲かせるのでこの名がある．図4のように，ヒメシャラは神奈川県以西の本州，四国，九州に分布する日本特産種である．ヒコサンヒメシャラもほぼ同じ分布パターンになるが，朝鮮（済州島）にも分布する点が少し異なっている（ナツツバキ属は日本にもう1種，ナツツバキがあり，これは日本海側地域にも分布するため，ソハヤキ要素の範疇には入らない）．

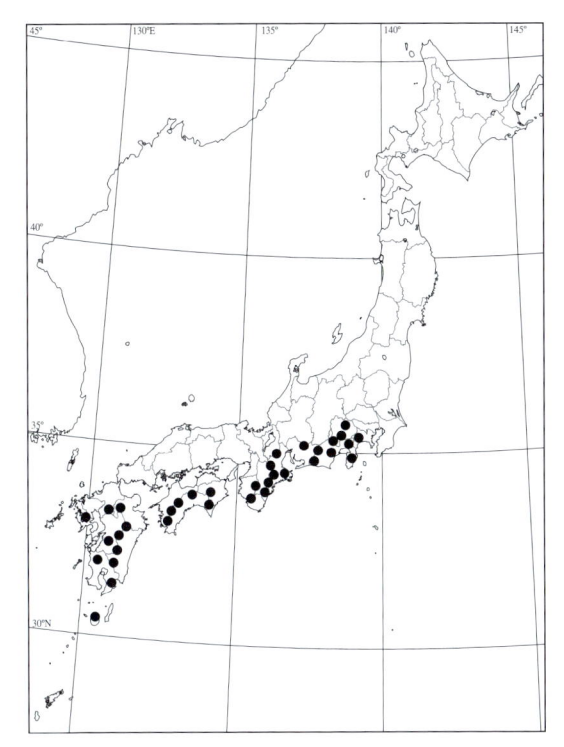

図4 ヒメシャラの分布.

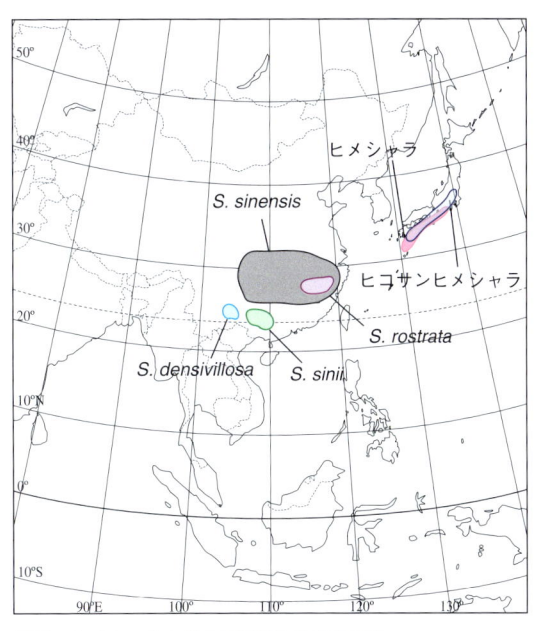

図5 ヒメシャラとその近縁種の分布域概略.

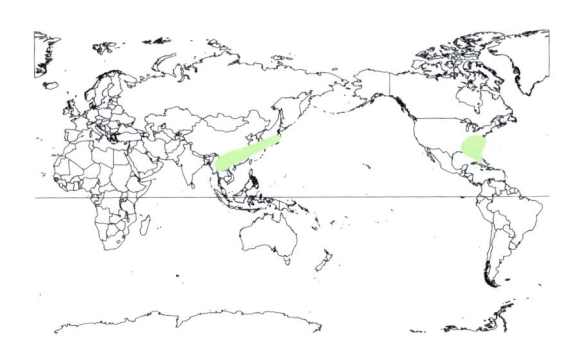

図6 ナツツバキ属の分布(Li, 1996).

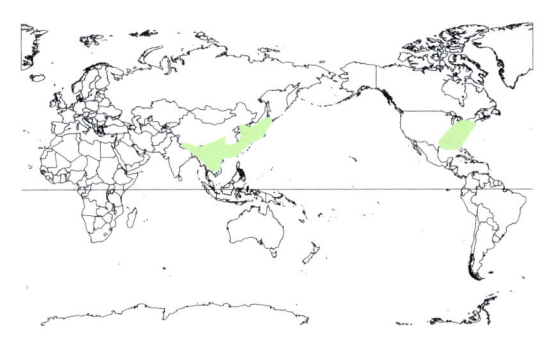

図7 モクレン属の分布(堀田,1974).

　それではヒメシャラやヒコサンヒメシャラに近縁な種は地球上のどの地域に分布するのだろうか(図5).世界のナツツバキ属の分類学的研究を行ったLi(1996)によると,中国西南部・南部からベトナムにかけて17種が分布する.ヒメシャラに近縁なS. densivillosaは中国・雲南省に,ヒコサンヒメシャラに近縁なS. rostrataは中国・湖南省や浙江省などに分布する.つまり,ヒメシャラやヒコサンヒメシャラに近縁な種は中国大陸の内陸部に隔離的に分布しているのである.ナツツバキ属全体を見渡してみると,この属は東アジアだけではなく,北アメリカ東部に2種が分布していることがわかる(図6).このような分布のパターンを東亜-北米型,あるいはこの分布パターンを示す代表的な植物の名前をとり,モクレン型の分布という(図7).

　さらにソハヤキ要素の例を見てみよう.シソ科シモバシラ属は3種からなる小さな属で,日本固有のシモバシラ(*Keiskea japonica*)の他には,*K. sinensis*と*K. szechuanensis*な

3.9 日本で分化した植物——*149*

図8 シモバシラ（写真：永田芳男）．

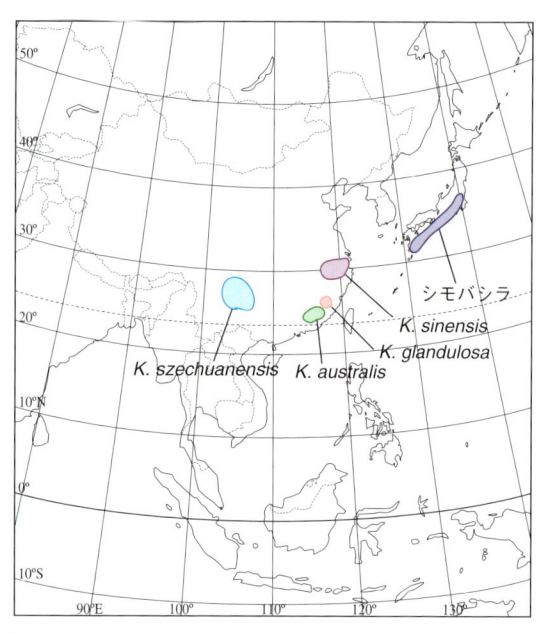

図9 シモバシラ属の分布．
シモバシラ属 Keiskea にはもう1種 K. elsholtzioides があり，中国揚子江流域に広く分布する．しかし，日本のシモバシラとは縁が遠いため，この分布図では省略してある．

どの6種が中国・中部および南部に分布する（門田，1978；宣，1977）（図8）．このようにソハヤキ要素の植物は太平洋側に偏った分布域をもつ日本固有の植物であるが，近縁な種が中国中部や西南部に分布することがわかる（図9）．シモバシラ属の属としての分布域全体を見ると，ナツツバキ属で見られた東亜―北米型分布のうち，北アメリカの部分がなんらかの原因で欠落したものと考えることができる．

ギンバイソウは関東地方以西の本州，四国，九州に分布する，日本の固有種である．ユキノシタ科ギンバイソウ属は2種からなる小さな属で，日本のギンバイソウの他には中国・四川省に近縁な種 Deinanthe caerulea が分布している（門田，1975）．九州に近い浙江省，江蘇省，福建省，安徽省などには生育せず，九州から直線距離で約2,500 km 離れた四川省に出現するという，著しい隔離分布を示す．このような例はギンバイソウばかりではない．同じユキノシタ科のイワユキノシタは本州

中部と四国に分布する日本の固有種で，この属のもう一つの種である Tanakaea omeiensis はやはり遠く離れた中国・四川省に分布する．イワユキノシタの分布パターンは，ソハヤキ地域のうち，紀伊半島と九州の部分が欠落したと見なすことができる．

ユリ科ホトトギス属は準日本特産の属で，そのなかでもジョウロウホトトギスの仲間はソハヤキ地域で著しい地理的分化を遂げた一群である（図10）．ジョウロウホトトギス類は渓谷の苔むした岩壁から懸垂する植物で，最初高知県で発見された．その後これによく似たキイジョウロウホトトギスが紀伊山地から，さらに神奈川県・丹沢山地からサガミジョウロウホトトギスが，そして静岡県・天子山地からスルガジョウロウホトトギスが相次いで見出された．それぞれの分布域は非常に狭いが，ジョウロウホトトギス類全体としてはソハヤキ要素の分布域に一致し，九州を欠く分布パターンとなる（図11）．

キキョウ科ツリガネニンジン属には，渓谷

図10 ジョウロウホトトギス（写真：永田芳男）.

図12 イワシャジン（写真：永田芳男）.

図11 ジョウロウホトトギス類の分布.

図13 イワシャジンと近縁種の分布.

の湿って苔むした岩壁から懸垂する種群がある．この群は3種からなり，日本の固有種で，分布域は局限される．図12のイワシャジンは中部・関東地方の太平洋側山地（南アルプス鳳凰三山に変種のホウオウシャジンがある）に，ヒナシャジンは高知県に，ツクシイワシャジンは宮崎県に分布する（図13）．イワシャジン群の分布域は総体としてジョウロウホトトギス群のそれによく似ており，紀伊山地ではなんらかの原因で絶滅したのだろうと推定できる．

このように，ソハヤキ地域は日本固有種に富んだ地域であり，それらに近縁な種は中国南西部やヒマラヤ地域に分布するか，あるいは対応種が絶滅したために日本固有のグループになっているということができるだろう．ただし，小泉の時代には正しくソハヤキ要素として認識できたユキノシタ科キレンゲショウマが，その後の研究の進展に伴って中国山地や朝鮮半島にも発見され，ソハヤキ要素の分布パターンから外れてしまうことが明らかになったものもある．

キク科クサノオウバギクの分布域を図14に示した．この図に見られるように，太平洋側

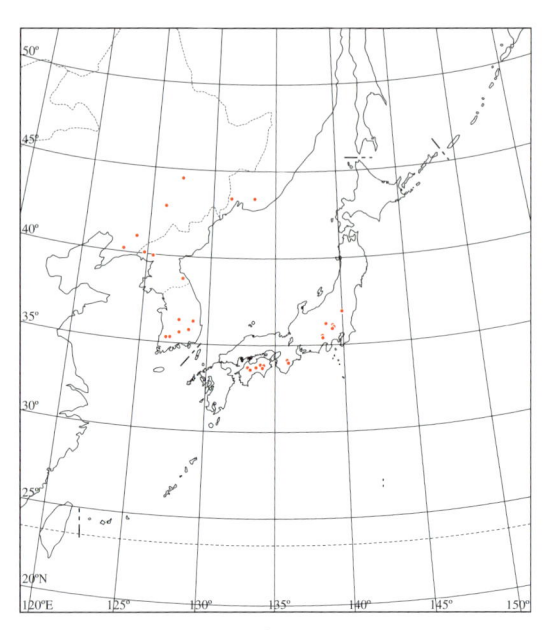

図14　クサノオウバギクの分布．

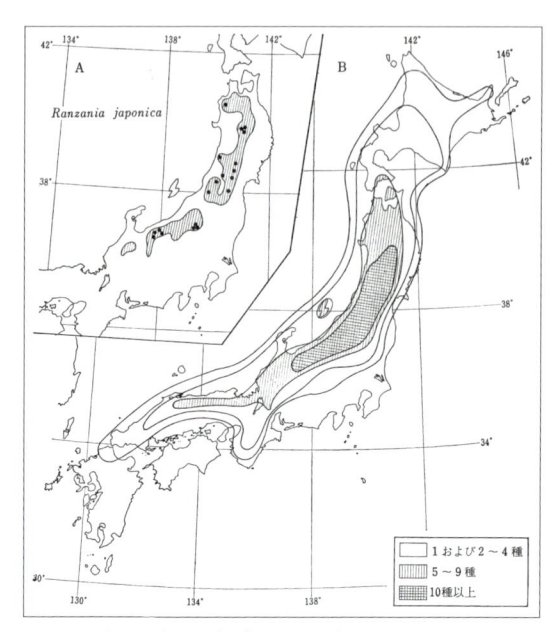

図15　日本海要素の分布（堀田，1974）．

に偏ったソハヤキ要素の分布パターンを示す．しかし，国外での分布域を追っていくと，中国中・西部ではなく，朝鮮半島から中国東北部，ロシア極東地方におよんでいることがわかる．このように，ソハヤキ要素の植物は必ずしも中国中・西部やヒマラヤと関連をもつわけではないことに注意しなければならない．

日本海要素

太平洋側のソハヤキ要素に対して，日本海側に偏った分布域をもつ植物を日本海要素の植物という．メギ科のトガクシショウマは1属1種の日本固有種である（図16）．日本海要素の分布域を次々と重ねていくと，図15のような分布図が得られる．この図で明らかなように，日本海要素は秋田県から富山県に集中して出現することがわかる．この分布域の偏りは多雪と深い関係があることは一目瞭然である．しかし，それぞれの植物の分布域を決める要因として，多雪条件がどのように関わっているのについては依然として明らかになっていない．

ソハヤキ要素ではしばしば太平洋側で著し

図16　日本海要素の植物，トガクシショウマ（写真：永田芳男）．

い地理的分化が起こっていることはすでに見てきた．これに対して，日本海要素の場合は地理的な分化は見られない．これは分布域全体が多雪地という一様な環境条件をもつため，分化を導くような引きがねを欠くことが原因となっていると考えられる．

日本海側地域地域で分化を引き起こしてい

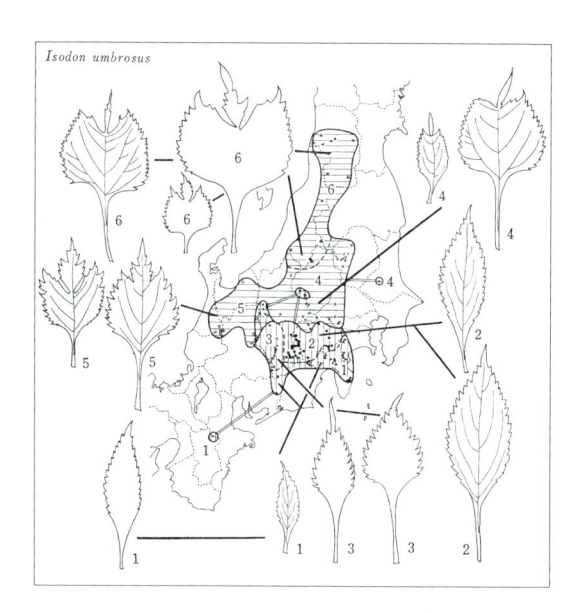

図17 イヌヤマハッカと近縁種の地理的分化（堀田，1974）．縦線域はイヌヤマハッカ系の分布域，横線域はカメバヒキオコシ系の分布域．1．イヌヤマハッカ (*Isodon umbrosus* var. *umbrous*)，2．コウシンヤマハッカ (var. *latifolius*)，3．コマヤマハッカ (var. *komaensis*)，4．カメバヒキオコシ (var. *leucantha*)，5．ハクサンカメバヒキオコシ (var. *hakusanensis*)，6．タイリンヤマハッカ (var. *excisinlrexus*)．

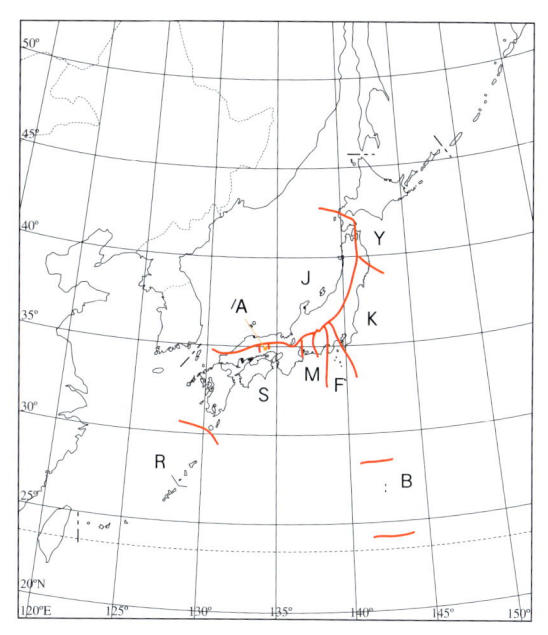

図18 日本の植物区系（前川，1977）．

るような場合は，必ず対応する植物群が太平洋側や内陸地域に存在している．シソ科イヌヤマハッカ群は古くから知られる，その代表的な例である．日本海側では北からタイリンヤマハッカ，カメバヒキオコシ，ハクサンカメバヒキオコシ，太平洋側にはイヌヤマハッカが，そして内陸地方にはコウシンヤマハッカとコマヤマハッカが分化している（図17）．きわめて著しい地理的な分化の一例である．このような分化の例はスイカズラ科ツクバネウツギ属でも観察されている（Kurosawa & Hara, 1955）．

フォッサマグナ要素の植物

　フォッサマグナ地域（大地溝帯）は，糸魚川—静岡構造線の東側に位置する地溝帯を指し，東北日本と西南日本の接点となっている．植物地理学でいうところのフォッサマグナ地域はこれとはやや異なり，八ヶ岳連峰を頂点とし，東は関東山地および房総半島，西は赤石山脈，南は伊豆諸島に渡る菱形の地域である．地質学のフォッサマグナ地域と比較して，日本海側を欠くことが異なっている（図18）．この地域には，八ヶ岳をはじめとして富士・箱根の火山が数多くあり，古くから活発な火山活動が見られた．この活発な火山活動は原植生を破壊し，生態的な空白地帯を生み出した．その空白地帯に侵入し，分化を遂げたと考えられる植物群がフォッサマグナ要素の植物である（植松，1951；高橋，1971；前川，1978；門田，1978；勝山ほか，1997）．しかし，ユキノシタ科ウツギ属のウメウツギのように，フォッサマグナ要素の植物であっても，この地域で分化したとは考えられない植物も含まれている．ウメウツギの場合は，近縁種が朝鮮半島から中国東北部に数種が分布しており，フォッサマグナ地域に遺存していると見なすことができる（図19，20）．このような固有種を遺存固有という．これは八ヶ岳の南麓から富士五湖にかけての地域が大陸的な気候であることと関連しているのだろう．

　次にユキノシタ科のフジアカショウマとその近縁な植物を取り上げ，フォッサマグナ地域での分化のようすを具体的に見てみよう

3.9　日本で分化した植物—*153*

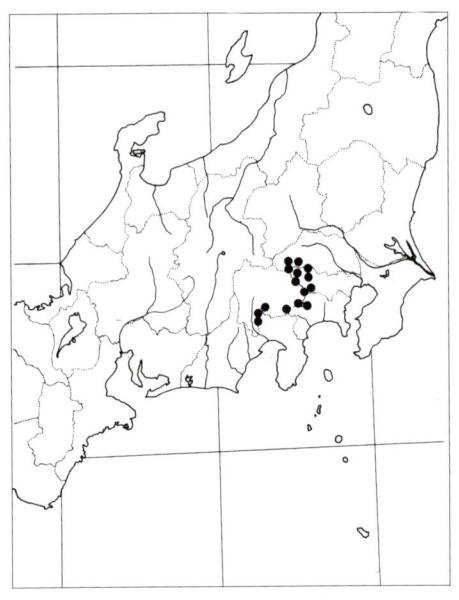

図19 ウメウツギの分布（高橋，1971）．

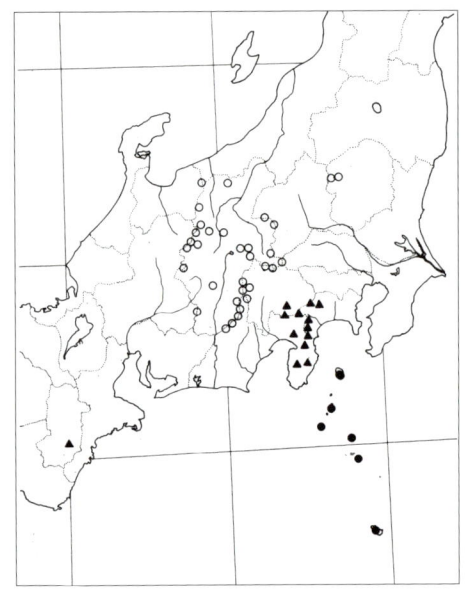

図21 フジアカショウマと近縁種の分布（高橋，1971）．
▲：フジアカショウマ，○：ハナチダケサシ，●：ハチジョウショウマ．

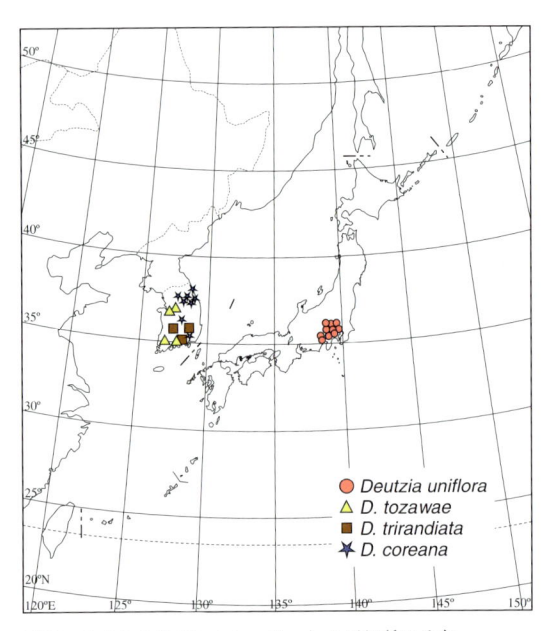

図20 ウメウツギ（*Deutzia uniflora*）と近縁種の分布．

（図21）．アカショウマは本州と四国に広く分布し，落葉広葉樹の林縁に生育している．フジアカショウマは富士箱根地域に分布し，火山活動の影響でできた草原に生育している．小葉は厚くかつ光沢があり，裸地的な環境に適応している．ハチジョウショウマは伊豆諸島の三宅島，御蔵島，八丈島に分布し，やはり草原に生え，厚くかつ光沢のある小葉をも

っている．このように，アカショウマ属はフォッサマグナ地域で生育地の環境条件に適応して分化を遂げた植物群である．フジアカショウマやハチジョウショウマのような固有種を新固有という．同様な分化の例は，キキョウ科ホタルブクロ属のホタルブクロ，ヤマホタルブクロ，シマホタルブクロのグループや，同じくキキョウ科のツリガネニンジン属のツリガネニンジン，ハマシャジン，マルバハマシャジン，アブラナ科のイワハタザオとフジハタザオ，キンポウゲ科のホソバトリカブトとオオサワトリカブトなどがある．

以上のようにフォッサマグナ地域は植物の分化の場であることを示したが，またこの地域は自然雑種形成の場でもある．それは火山活動によって，種を隔てる隔離機構が崩壊するためである．ここでは詳しく述べることができないが，この地域の雑種形成の著しい例としてはキンポウゲ科トリカブト属，バラ科サクラ属，ツツジ科ツツジ属などが知られている．

図22 カガノアザミとウゼンアザミ．

図23 総苞の比較．左 カガノアザミ 右 ウゼンアザミ（頭花は実際はともに下向き）．

図24 タジマアザミ（仮称）．

日本列島の広い地域で分化した植物

以上，太平洋側，日本海側，そしてフォッサマグナ地域で分化した植物群を見てきたが，最後に日本列島の広い地域に渡って複雑な分化を遂げた植物群について述べたい．そのようなものにはスミレ科スミレ属，サトイモ科テンナンショウ属，キンポウゲ科トリカブト属，ウマノスズクサ科カンアオイ属，カヤツリグサ科スゲ属，キク科シロヨメナ属やアザミ属などがある．ここではキク科アザミ属を例にして論を進めよう．

キク科アザミ属は多年草で，世界に約300種，日本列島には100種以上があり，属そのものをいくつかのグループに分けることができる．ここではそのうちカガノアザミ群の例を紹介したい．カガノアザミ群は花期に根生葉が生存せず，小型の頭花を数多く，下向きに咲かせ，染色体数 $2n=2x=34$ で，おおよそブナ帯域に生育する．カガノアザミの全体の姿を図22の左に示した．カガノアザミは京都府東部から福井，石川を経て富山県に分布する．山形県にはこれによく似たウゼンアザミが分布している（図22右）．

カガノアザミの総苞を見ると，総苞片はすべて圧着している．これに対して，ウゼンアザミの総苞片は開出している（図23）．また両種ともに総苞はよく粘るが，これは各総苞片の中肋に腺体という構造物があるためである．カガノアザミでは腺体が楕円形だが，ウゼンアザミではこれよりもやや細い披針形となっている．このような違いはアザミ属では種のレベルで違い，つまり種差を表すことがわかっている．

カガノアザミの分布域の西に当たる京都府北西部や兵庫県北東部の日本海側には，タジマアザミ（仮称）が分布している（図24）．タジマアザミも全体はカガノアザミやウゼンアザミによく似ているが，総苞はより太く，総苞片は斜上して先端のトゲが鋭い．タジマアザミはいまだ正式には発表されていない種であるが，これまで該当する地域でカガノアザミと混同されてきたアザミである．

タジマアザミの分布域から西方へ向かうと，イワミアザミ，ナガトアザミ（いずれも仮称）などが分布することがわかってきた．さらに日本列島全体に範囲を拡げて調査を実施

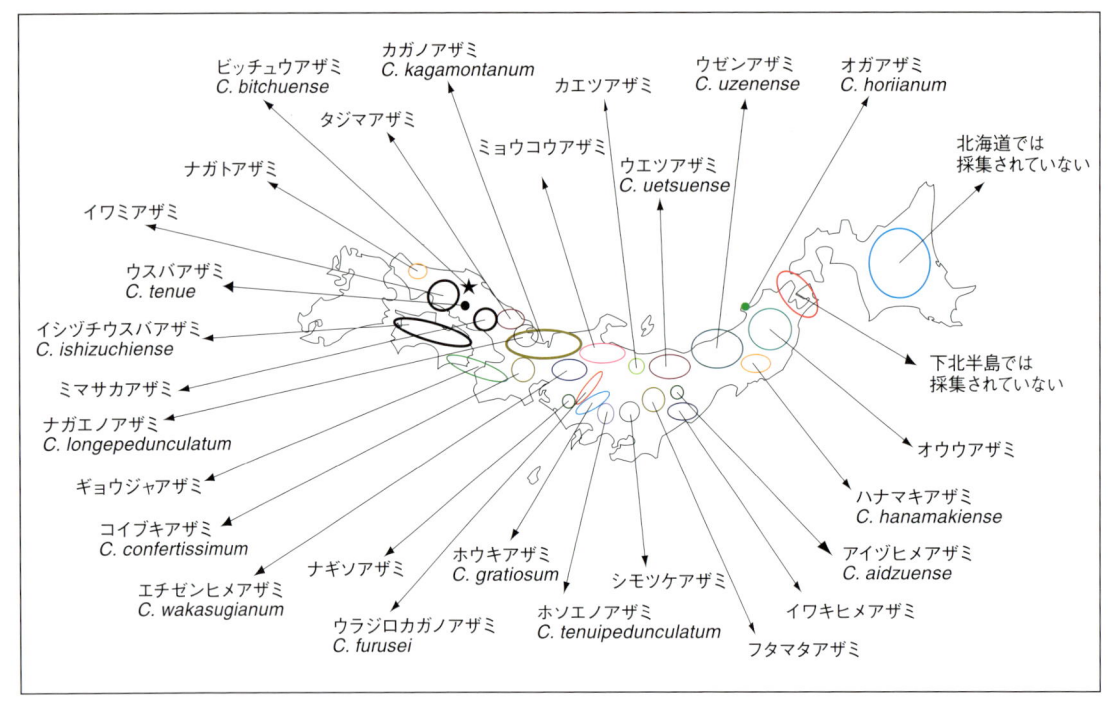

図25 カガノアザミ群の分布．学名を付していない和名はすべて仮称である．

した結果，図25に示したような状況であることがわかった．

カガノアザミ群は北海道と九州には分布していないが，本州と四国に分布し，著しい地理的分化を遂げていることが明らかになっている．この群のアザミはブナ帯域に生活の場をもっているため，垂直的な分化は見られないが，これまでに述べてきた分化のパターンがすべて含まれている．すなわち，まず大きく日本海側と太平洋側に分かれ，さらにそれぞれの地域で地理的な分化が起こっている．さまざまな種が認識できるが，それぞれの分布域が著しく狭いこともこの群のアザミの特徴である．各種の群落は小さくかつパッチ状に散在し，個体数も多くはない．このため種間の遺伝的交流の頻度が低くなり，地理的な分化に至ったものと推定され，すべての種が遺存的な性格を帯びている．フォッサマグナ要素に当たるのは東から，シモツケアザミ（仮称），ホソエノアザミ，ホウキアザミ，ウラジロカガノアザミの四つである．フォッサマグナ要素のところで述べたように，この要素には新固有と遺存固有の2種類があるが，カガノアザミ群のフォッサマグナ要素は明らかに遺存固有といえる．

以上，日本海側地域，太平洋側地域，フォッサマグナ地域などでの分化のようすを見てきた．しかし，ここで取り上げた例は山地帯（ブナ帯域）の構成要素であり，同様な分化は亜高山帯や高山帯でも起こっている．つまり，水平的な分化が異なる植生帯で並行して起こっているわけである．このことが面積の割に生物相が豊かだといわれる，日本列島の特徴が生まれる大きな原因の一つとなっている．

超塩基性岩の植物

マグマが地下の深いところで，ゆっくりと時間をかけて冷え固まったものを深成岩という．さらに，深成岩のうち，酸化ケイ素の比率が45％以下のものをカンラン（橄欖）岩という．カンラン岩が変成を受けたものは蛇紋

岩とよばれる．カンラン岩と蛇紋岩とをまとめて，酸性岩である花崗岩や中性岩の閃緑岩に対して，超塩基性岩という．この酸性・塩基性という言葉は化学でいう酸性・アルカリ性とは関係がない．「超塩基性」という言葉からは強いアルカリ性を連想するが，超塩基性岩からなる土壌はほぼ中性である（堀江，2005）．

超塩基性岩からなる土壌はカルシウム含量が低く，ニッケルやマグネシウム含量が高いことが特徴である．そのうち，とくに過剰なニッケルは植物の生長を著しく阻害することが知られている．しかし，このような劣悪な環境に耐えて生きる植物がある．これが超塩基性岩の植物である．また，他から超塩基性岩地域に入り込み，この土地の土壌に適応して変型したと考えられる植物もある．こちらは超塩基性岩変型植物という．変型には，葉が肉厚になったりあるいは細くなったり，茎や葉の下面が赤紫色を帯びる傾向がある．

超塩基性岩に生きる植物はその高ニッケルの条件にどのように対処しているのだろうか？　植物はまず，ニッケルを茎や葉の表皮細胞中に結晶として集積し，無害化している．高ニッケルの条件は鉄分の吸収低下を招くが，植物は体内の鉄の含有率を一定に保つことにより，鉄欠乏による成長阻害に対処している（堀江，2005）．超塩基性岩植物はこのような生理活性をもつことにより，この土壌での生活が可能となっているのである．

それでは超塩基性岩の植物を具体的に見てみよう．北海道・日高山脈の南部に，花の山として知られているアポイ岳（アポイヌプリ）がある．この山には大規模なカンラン岩の露頭があり，多くの固有種が知られている．これらは皆超塩基性岩の植物である．ここでは日高山脈の名前を冠した，キンポウゲ科のヒダカソウを取り上げたい（図26）．ヒダカソウは高さが15 cmほどになり，白い花を5

図26　ヒダカソウ（写真：梅沢俊）．

月から6月にかけて咲かせる愛らしい多年草であり，この山のカンラン岩地域にのみ見られる典型的な超塩基性岩の植物である．ヒダカソウにもっとも近縁な種は，山梨県・北岳に特産するキタダケソウである（図27）．アポイ岳と北岳は直線距離にして約800 kmほど離れている．この2種に近縁な植物はウメザキサバノオといい，北朝鮮の冠帽峰に分布する．冠帽峰はアポイ岳および北岳から1,000 km以上離れている．このようすは隔離分布の代表的な例としてよく知られている．

ヒダカソウの生育地は超塩基性岩であるが，キタダケソウのそれは石灰岩である（石灰岩植物については後述する）．冠帽峰の主な基岩は花崗岩であり（朝鮮総督府農林局，1935），特殊な土壌とはいえない．日本のキタダケソウ属にはもう1種，キリギシソウがある．キリギシソウは北海道・崕山の石灰岩地域に生育する．キリギシソウに近縁な種はサハリン（樺太）中部の石灰岩地域に分布する，カラフトミヤマイチゲである．キタダケソウ属はアジアからヨーロッパに約20種ほどあり，いずれも限られた地域に分布するが，大陸部には特殊な基岩に関連した種は見られ

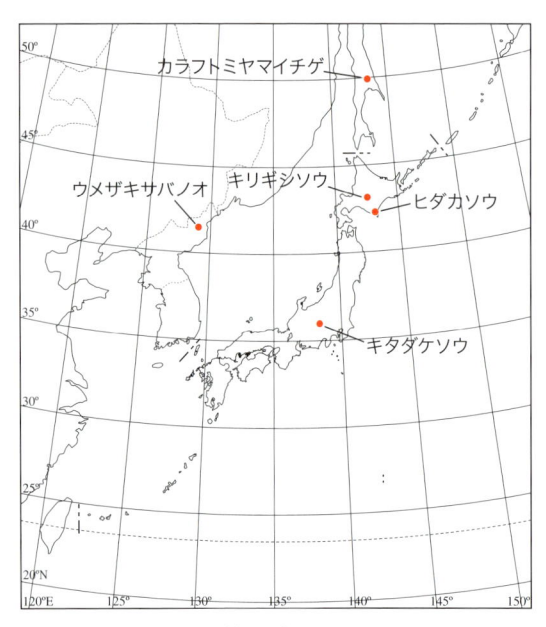

図27 ヒダカソウと近縁種の分布.

図28 ユウバリソウ（写真：梅沢俊）.

ない．以上のように，キタダケソウ属では特殊な基岩に結びついて隔離遺存的に生育する植物は極東アジアに限られる．

超塩基性岩変型植物

　北海道のほぼ中部に位置する夕張岳も超塩基性岩の植物が多く生育することでよく知られている山岳である．頂上直下には蛇紋岩の礫でおおわれた風衝地がある．盛夏にここを訪問すると，この山の名前を冠したウルップソウ科ユウバリソウの白い花を見ることができる（図28）．この植物も著しく固有度の高い種の一つで，世界中で夕張岳のこの風衝地でしか見ることができない．本州・中部山岳（白馬岳や八ヶ岳など）と礼文島，そして千島列島，カムチャツカ，アリューシャン列島に分布するウルップソウがこれに近縁である．ユウバリソウがこの属では例外的に白い花を咲かせること，ウルップソウが北太平洋に拡がる分布パターンをもつこと，そしてもう一種ホソバウルップソウが大雪山に分布することを踏まえると，ユウバリソウあるいはその祖先種は夕張岳の超塩基性岩地で形を変えて生き残ったと考えることができる．このような植物を超塩基性岩変型植物という．変型植物の場合は，比較的近いところの非超塩基性岩地に変型していないカウンターパートが生育しているのが特徴である．

　夕張岳のこの風衝地にはもう一つの固有種がある．キク科トウヒレン属の多年草，ユキバヒゴタイである．葉は厚く光沢があり，蛇紋岩の礫地にへばりついて生きている．この植物は夕張岳の特産ではなく，日高山脈北部のカンラン岩地帯にも分布している．隔離された時間が長いためか，夕張岳の集団と北部日高山脈の集団には形態的な分化が観察される．

　夕張岳の山頂から少し下ると左手に蛇紋岩崩壊地が現れる．この付近の，細かな礫からなる湿った斜面にはスミレ属の固有種，シソバキスミレ（シソバスミレ）が生育している（図29）．この植物は超塩基性岩の植物特有の，光沢があって，下面が紫色を帯びた厚い葉をもっている．シソバキスミレの系統解析は十分になされていないが，北海道と本州で複雑な地理的分化を遂げたオオバキスミレ群に由来するものと考えられ，これも超塩基性岩変型植物と見なすことができる．

図29　シソバキスミレ（写真：梅沢俊）.

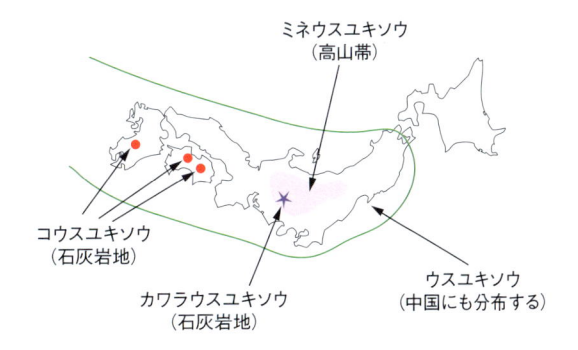

図30　ウスユキソウ群の分布.

石灰岩植物

　石灰岩地はカルシウム含量が過剰で，乾燥しやすく，また岩壁を形成することが多く，植物にとって好適な生育環境とはいいがたい．こうした条件は超塩基性岩の場合とよく似ており，石灰岩地の悪条件に耐えて生きる植物たちがいる．これが石灰岩植物である．隔離遺存的に分布する植物がある一方，石灰岩地で変型している植物もある点も超塩基性岩の植物と同じである．日本列島では北海道から沖縄までさまざまな地域に石灰岩地があるため，石灰岩植物にも数多くの例が知られている．ここでは，石灰岩と超塩基性岩の双方に関連して分化した植物の例として，キク科のウスユキソウ属（日本のエーデルワイス）を取り上げることにする．日本のウスユキソウ属には次の二つのグループが認められる．

　ウスユキソウ群
　　山地の植物
　　種としてはウスユキソウ１種
　ハヤチネウスユキソウ群
　　高山植物
　　ハヤチネウスユキソウ他５種

１）ウスユキソウ群

　ウスユキソウは本州から九州に分布し，中国にも分布域がおよぶ（図30）．種内に三つの変種が認められる．全体が小型で葉が匙形になるコウスユキソウは，紀伊半島（大峰山地），四国（石鎚山，剣山，東赤石山），九州（白岩山）に分布する．愛媛県の東赤石山が超塩基性岩である以外はすべて石灰岩地である．つまりコウスユキソウはそれぞれの基岩に対する変型植物である．葉が細くなるカワラウスユキソウも長野県伊那地方の石灰岩変型植物である．もう一つの変種ミネウスユキソウは本州中部山岳の高山植物であり，特殊な基岩とは結びついていない．このように，ウスユキソウという種自体が形態的な変異性に富んでいるため，特殊な基岩あるいは環境条件に適応して自らの形を変えていることがわかる．

２）ハヤチネウスユキソウ群

　ハヤチネウスユキソウは日本の代表的なエーデルワイスで，岩手県・早池峰山の超塩基性岩地の固有植物である（図31）．オオヒラウスユキソウは北海道後志支庁の大平山と崖山の石灰岩地に生える（図32）．エゾウスユキソウは特殊な基岩との結びつきは認められず，道央の高山と道央と道北の海岸に生える．ヒナウスユキソウは東北地方日本海側の高山に分布する．その変種であるホソバヒナウスユ

図31 ハヤチネウスユキソウ（写真：後藤はるみ）．

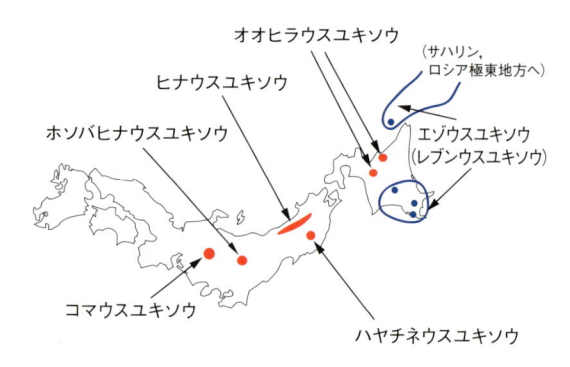

図32 ハヤチネウスユキソウ群の分布．

キソウは葉が細い超塩基性岩変型植物で，群馬県の至仏山と谷川岳に分布する．コマウスユキソウも特殊な基岩との関連は認められず，木曽山脈の駒ヶ岳周辺に分布する．このように超塩基性岩と石灰岩は化学的な性質は異なるものの，植物にとっては同じように生育に適していない環境をもたらすため，ある種は超塩基性岩に結びつき，別の種は石灰岩に結びつくという結果になる．キンポウゲ科のヒダカソウのグループでも同じような現象が観察されることは，すでに述べたとおりである．

文献

朝鮮総督府農林局．1935．冠帽峰附近森林植物調査書．50 pp.

堀江健二．2005．北海道・超塩基性岩植物の化学的特性に関する研究．*J. RakunoGakuen Univ.*, 26(2): 155-264.

堀田　満．1974．植物の進化生物学Ⅲ．植物の分布と分化．三省堂，東京．400 pp.

宣　淑桔．1977．香簡草属（シモバシラ属）．雲南省植物研究所・南京薬学院（編）：中国植物誌，66: 358-366．科学出版社，北京．

門田裕一．1978．天子山地の植物．東京大学大学院理学系研究科植物学専攻　修士論文．128 pp.

Kanai, H. 1958. Distribution pattews of Japanese plants, distributed on the Pacific side of central Japan. pp. 1-14.

原　寛・金井弘夫．1958．日本種子植物分布図集Ⅰ-Ⅱ．井上書店，東京．

勝山輝男・高橋秀男・木場英久・田中徳久．1997．ミュージアウム　ブックレット5　フォッサ・マグナ要素の植物　富士・箱根・伊豆に特有な植物たち．神奈川県立　生命の星・地球博物館，小田原．69 pp.

Kurosawa, S. and H. Hara. 1955. Variation in *Abelia spathulata* Sieb. *et* Zucc.with specieal reference to its floral gland. *J. Jpn. Bot.*, 30: 289-298.

Li, J. 1996. A systematic study on the genera *Stewartia* and *Hartia* (Theaceae). *Acta Phytotax. Sin.*, 34(1): 48-67 (in Chinese).

前川文夫．1977．日本の植物区系．玉川大学出版部，町田．178 pp.

前川文夫．1978．日本固有の植物．玉川大学出版部，町田．204 pp.

前原勘次郎．1931．南肥植物誌．三秀社，東京．86 pp. + 20図版．

高橋秀男．1971．フォッサ・マグナ要素の植物．神奈川県立博物館調査研究報告（自然科学）第2号．63 pp. 神奈川県立博物館，横浜．

植松春雄．1951．フォッサマグナのもつ植物分類地理学的価値．植物研究雑誌，26: 33-40.

キムラグモは日本の宝

小野展嗣

　日本列島のクモ類相の特性を一言で表すなら，「量（種数），質（科数）ともに豊富である」となる．現在，日本から57科1,400種ものクモが知られている．厳密な比較をしたわけではないが，この種数は似たような面積のドイツの1.5倍である．クモという動物で見る限り，日本列島全体でいわゆる「ホットスポット」を形成しているといえるだろう．

　クモという動物は肉食性で，主に昆虫を餌とするため，その生存にとって昆虫の多様性は重要である．環境要因としては森林や草原といったおおまかな植生や植物と地面がつくりだす造網空間のほか，物理的な要因とくに気温に影響を受ける．亜寒帯（北海道の山岳・冷涼地域や本州の高山帯），から冷・暖温帯（全土の大部分を占める），亜熱帯（琉球諸島）と幅広い気候帯を含むだけでなく，海洋島（小笠原）や洞窟，海浜などの特殊環境に恵まれた日本はまさにクモの宝庫である．

　数ある日本のクモ類の中で，特徴的なものを一つだけあげよ，といわれたら，私は躊躇なくキムラグモ類［ハラフシグモ科（Liphistiidae）：キムラグモ亜科（Heptathelinae）］を選ぶ．これらのクモは，古生代石炭紀の地層から知られる最古のクモの化石と形態がほぼ一致し，非常に原始的な形質を保持していて，シーラカンスやカブトガニ級の，俗にいう「生きた化石」である．

　現生のハラフシグモ類の分布は東アジアに局限されていて，異所的に分布するハラフシグモ亜科（ミャンマー，タイ，ラオス，マレーシア，インドネシアに分布）とキムラグモ亜科（日本，中国，ベトナムに分布）の2群に分かれている．このことは，クモの進化学研究の分野においては，欧米よりもアジアの学者にアドバンテージがあるということを示している．

　わが国では，大正9年（1920）に日本のクモ学の祖岸田久吉によって，この類の存在が初めて学界に知られた．最初に記載されたキムラグモ（写真）の記念すべきタイプロカリティー「城山」は，鹿児島市の市街地にかろうじて緑地として残存している．今日では，九州の中南部，屋久島，奄美諸島，沖縄島，八重山諸島などにキムラグモ属（*Heptathela*）とオキナワキムラグモ属（*Ryuthela*）の2属16種が生息していることが判明している．ハラフシグモ類は土壌に一定の湿り気がないと生きていけないので，自然がよく保持された林が後退すると生存が危ぶまれる．そのため，日本の全種が環境省の「日本の絶滅のおそれのある野生動物」（レッドリスト）の「絶滅危惧Ⅱ類」に指定されている．

　しかし，このような学問的には世界的に貴重なクモよりも，オーストラリアから侵入し，自然が破壊された市街地を中心に分布を拡大しつつある外来の有毒種セアカゴケグモの方が世情を騒がすのもまた，近代工業国家日本の一つの側面である．

文献

小野展嗣．2002．クモ学―摩訶不思議な八本足の世界．東海大学出版会，東京．xiii + 224 pp.

図　キムラグモ（*Heptathela kimurai*）の雌成虫（体長14 mm）．

3.10 小さい虫たちの大きい世界

友国雅章

近年，マスメディアで「生物多様性」という言葉をしばしば目にするようになった．地球温暖化，オゾン層の破壊，酸性雨など地球規模の環境破壊が進んでいる中で，多様な生物がすむことのできる豊かな自然環境の重要性が，これまで以上に広く認識されるようになってきたのであろう．この言葉とその概念は一般にはあまり馴染みがなかったようであるが，生物を研究する者にとっては，今ほど多用はされなかったものの，古くから親しみのあるものであった．単に「生物多様性」というと，多くの人は「生物の種の多様性」すなわち「ある特定の地域に棲息する生物の種の豊富さ」と解釈するであろう．現にマスメディア上でも，大部分がこの意味で用いられている．しかし，この言葉には大きく分けて三つの概念が含まれている．その一つはまさに上に述べた「種の多様性」であり，二つ目が生物とその生活基盤を含めた「生態系の多様性」で，これは「環境の多様性」と言い換えることもできる．第三の概念は生物の一つの種の中の「遺伝子の多様性」で，これが多様であるほど，つまり変異性に富んでいるほど環境の変化への適応力が高いといえる．このように，「生物多様性」には「個体（遺伝子）」，「種」および「生態系」という三つの異なるレベルでの「多様性」があって，そのどれが欠けても生物多様性条約で謳われている「生物の多様性の保全および生物資源の持続可能な利用」を図ることはできない．

国立科学博物館が1967年から35年間にわたって実施してきたプロジェクト「日本列島の自然史科学的総合研究」（以下，日列プロジェクトという）で行われた生物分野の研究の多くは，まさに日本列島の生物多様性，とくに「種の多様性」を解明するのがその主たる目的であったといえる．

日列プロジェクトによる昆虫の研究

日本の昆虫の多様性について語るのがこの節の本題であるが，その前に「日列プロジェクト」で得られた日本の昆虫に関する成果を概観しておきたい．

このプロジェクトは2年ごとに調査対象地域を変えて実施されたので，35年間で日本列島全域をほぼ完全にカバーしたことになる．本プロジェクトによる研究成果は，主として「国立科学博物館専報」（以下，専報という）で公表されている．専報はプロジェクトの開始当初から毎年1回，計35号が発刊された．それらには約700本の論文が掲載されており，うち83本が昆虫を対象にしたものである．それらの内訳を昆虫の分類群別に見ると，コウチュウ（鞘翅）類，セミ・カメムシ（半翅）類，チョウ・ガ（鱗翅）類およびハチ（膜翅）類に関する論文が全体の約85％を占めている（表1）．このプロジェクトは国立科学博物館の研究者を中心に実施されたので，研究対象となった昆虫の分類群に偏りがあるのは致し方ないが，外部の研究者にも何人か参加してもらったので，トンボ，ハエ，ゴキブリ，トビムシなどの論文も出版されている．これらの論文で，3新属，72新種，24新亜種が命名記載された（表1）．そのほかに日本新記録種や調査各地域の新記録種が多数発見されており，地域ごとの昆虫相の解明に大きく貢献した．また，このプロジェクトで得られた昆虫の標本は10万点近くに達する

表1 専報に掲載された昆虫の論文の内容.

分類群	論文数	新属数	新種数	新亜種数
コウチュウ	34	2	49	13
セミ・カメムシ	15	1	2	0
チョウ・ガ	12	0	1	5
ハチ	9	0	1	2
ハエ	3	0	3	0
その他	10	0	16	4
計	83	3	72	24

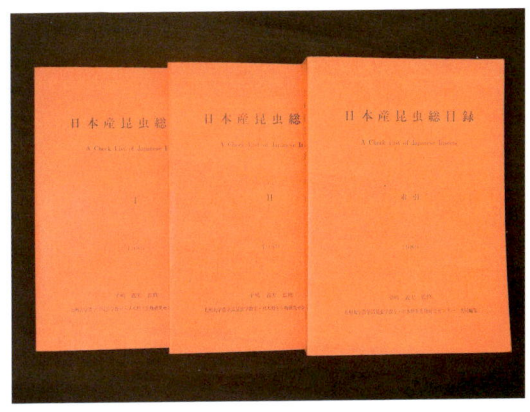

図1 日本産昆虫総目録，全3巻．

と推計され，その大部分は現在も国立科学博物館に大切に保管されている．その中には未研究の材料も数多く含まれているので，それらを材料にした研究成果はこれからも公表され続けるであろう．こうしてみると，本プロジェクトが日本全体の昆虫相の解明に果たした役割はかなり大きかったといえよう．

日本には何種の昆虫がいるか？

「生物多様性」の大切さが一般の人にもよく認識されるようになってきたのは大いに喜ぶべきことである．おそらくそのことと関連しているのであろう，「博物館で昆虫を研究している」と言うと，「日本の昆虫はどれくらい分かっているのですか？」とか「一体，日本には何種類の昆虫がいるのですか？」といった質問を最近しばしば受けるようになった．たとえ昆虫の専門家といえども，この質問に答えるのは容易ではない．なぜなら，動物全体の種の約75％が昆虫だといわれるように，その種数はきわめて多く，日本産に限っても全体の把握はとても一人や二人の専門家の手に負える代物ではないからである．ところが，1989年になってまことに便利でありがたい文献が出版された．「日本産昆虫総目録」（全3巻，九州大学農学部昆虫学教室・日本野生生物研究センター，1989；図1）がそれである．この目録は，いわば日本の昆虫分類学の専門家が総力を結集してまとめ上げたようなものであり，当時日本から知られていた昆虫28,720種が網羅されている（森本，1989）．この目録には脱落や学名の誤りなどさまざまな不備があって，1990年に「追加・訂正」版が出版されたほどであるが，近代的な昆虫分類学が欧米からわが国に導入されてからすでに100年以上が経過していたにもかかわらず，網羅的な日本産の昆虫目録はこれまでまったく出版されたことがなかったので，各界から非常に高く評価された．これによって日本の昆虫相の全貌が概観できるようになり，またその後の研究を一段と促進させる起爆剤ともなった．この目録に登載された種に追加・訂正を加え，世界の既知種数と比較したのが表2である．その後日本からは毎年200～300種ほどの新種あるいは新記録種が追加されているので，現在（2005年）では日本産の昆虫の既知種数はおそらく30,000種を超えているだろう．それでも世界中から知られている種数のわずか3.1％にすぎない．

世界的に見ても，日本の昆虫はよく調べられているほうである．にもかかわらず，毎年多くの新発見があるということは，昆虫がいかに多様であるかを物語るものであるといえよう．この目録では日本に棲息する昆虫の実数を7万から10万種と推定している．してみると，その解明度は30～40％といったところであろうか．チョウやトンボのように大型で

表2 日本と世界の昆虫の種数（森本，1996より）．

分類群	種数		分類群	種数	
	日本	世界（概数）		日本	世界（概数）
トビムシ	368	3500	カマキリ	9	1900
カマアシムシ	52	450	チャタテムシ	83	3000
コムシ	12	500	ハジラミ	150	2800
イシノミ	14	300	シラミ	40	500
シミ	9	340	アザミウマ	176	6000
カゲロウ	102	2100	セミ・カメムシ	2848	82000
トンボ	187	5000	ネジレバネ	31	500
カワゲラ	162	2000	コウチュウ	9131	370000
シロアリモドキ	3	300	アミメカゲロウ	138	4500
バッタ	222	20000	シリアゲムシ	38	470
ナナフシ	19	2500	ノミ	69	1750
ガロアムシ	6	24	ハエ	5298	150000
ジュズヒゲムシ	0	22	トビケラ	356	7000
ハサミムシ	21	1840	チョウ・ガ	5173	137000
シロアリ	16	2770	ハチ	4152	130000
ゴキブリ	52	3700	合計	28937	942770

比較的採集しやすいグループでは，さすがに新しい発見は非常に少ないが，体長2 mmにも満たない小さい種が多いハエ，ハチ，コウチュウなどの仲間には，未知の種がそれこそごまんといるのである．今のペースで研究が進むなら，全貌の解明には150〜250年かかるといわれている（森本，1989）のも決して大げさな数字ではない．ちなみに，世界の熱帯，亜熱帯の昆虫は日本とは比べものにならないほど多様である．しかもその研究ははるかに遅れているので，世界中の昆虫の種数は推定すら困難であるというのが本当のところかもしれない．

「わが国にいったい何種の昆虫がすんでいるのだろう」という素朴な疑問に対する答えを用意するのは，昆虫の分類を専門とする研究者にとって，非常に大きいテーマの一つである．なぜなら，「何種いるか」がわかるということは，日本のあらゆる昆虫がそれぞれに固有の名称のもとに種レベルで正しく識別されることを意味する．名前が付いてはじめて「名もない虫」が科学の対象となるのであ

る．名前のないものは議論の材料として扱えず，したがって，いかなる学問の対象にもなり得ない．「分類学はあらゆる生物科学の基礎をなす」といわれるのは，このためである．それゆえ，日本の昆虫の分類を研究する者は，全種の解明を目指して，フィールドに出かけては標本を集め，それを研究室に持ち帰って一つずつ名前を調べ，名無しの権兵衛が見つかれば名前を付けて特徴を記載し，論文にして公表する，という気の遠くなるような作業に日々励んでいるわけである．

日本の昆虫は本当に多様か？

昔から「日本の昆虫は多様である」ということがよくいわれてきたが，はたして本当にそうなのだろうか？　何事にも疑問の目を向けることは科学者として大切なことだから，このことも検証してみよう．ここで注意してほしいのは，「多様」かどうかは絶対的なものではないということである．あくまでも相対的な概念であって，「どこか」と比べたときはじめて「こちらの方がより多様だ」とい

えるのである．多様性を測る尺度として，さまざまな「多様度指数」が考案されており，決められた計算式に種数や個体数などの数値を当てはめるとその指数を求めることができる．ところが，この「多様性の比較」は論理的には可能だが，現実的にはきわめて難しい．われわれが一番関心があるのは，日本の昆虫がほかのアジア地域のそれと比べてどうかということだが，上にも述べたように，日本の昆虫ですら解明度はせいぜい40％程度であり，より研究の遅れているほかのアジア地域では，その数値はずっと低い．全体像が曖昧模糊としたものどうしを比較しても何も意味をなさないからである．チョウやトンボなどのように比較的研究の進んだグループでは，適切な多様度指数を用いて計算すれば，科学的に意味のある比較をすることができるが，それはあくまで個別の話であって，それでもって昆虫全体の多様性を比較したことにはならない．

このように言ってしまうと実も蓋もないので，日本の昆虫の多様性に関してもう少し前向きな話をしよう．昆虫に限らず，動物も植物も熱帯に近づくほど多様度が高くなることが一般的な傾向として認められている．寒い地方ではその多様度は高くないが，熱帯や亜熱帯には見られない種がすんでいるので，その両方を含んだ地域では生物の多様性が格段に高くなる．緯度でいうと日本列島は北緯45度31分から24度02分（沖の鳥島を除く）に位置する．しかも，山岳列島といっても過言ではないほど国土の多くが山地で占められている．気候区分でいうと寒帯から亜熱帯までに相当し，季節風と海洋の影響を強く受けている．そのため，四季の変化が明瞭で，生物の生存に不可欠な水にも恵まれている．このような自然環境は植物の多様化を促進させるので，多かれ少なかれ植物に依存している昆虫も多様になることが容易に推測される．「日本の昆虫は多様である」というのは，このようなおそらく正しい推測によるものであろう．

日本の昆虫はどこから来たか？

多様な日本の昆虫相は一体どのようにして成立したのだろうか？　現在の日本列島の大部分は，昔はアジア大陸の一部であったが，巨大な横ずれ断層が切っ掛けとなった海洋底の拡大によって大陸から引き裂かれ，その間に日本海ができたことにより島になったと考えられている．それは新第三紀の初期，つまり2,000万年から1,500万年ぐらい前の出来事であった．この時，多くの生物も島となりつつある陸地の上で世代を重ねながら，大陸から徐々に隔離されていき，完全に切り離されたあと，日本列島の上で独自の進化を遂げたと考えられる．北海道東部，伊豆・小笠原諸島，および南西諸島は日本列島の本体とは別起源で，プレートの動きなどによって，本体の成立後に日本列島に付け加えられたとされている．これにより本体上の生物とは別起源の生物がもたらされた可能性が高い．昆虫化石の研究からは，日本に今棲息しているものと同じ種が現れるのは第四紀（180万年前から）に入ってからで，第三期の地層から出土する昆虫は現在のものとは種レベルで異なっているといわれている．したがって，日本海の誕生によって日本列島に取り残された昆虫の，少なくとも一部は今の種の祖先に当たると考えてよいだろう．一方，日本列島が島弧として成立したあとも，生物に関しては周囲のアジア地域との間に深い関係を保ち続けた．とくに第四期の氷河期には激しい海進，海退が繰り返されたので，大陸と完全に地続きになったかどうかは定かではないものの，海退時には移動能力の高い生物が大陸や西太平洋の島々から日本列島に相当量供給されたと考えられる．とくに昆虫には，飛んだり，流木にひそんだりして長距離を移動できるものが多いので，この時期にたくさんの"新しいメ

図2 "古いタイプ"だと考えられている日本の昆虫．上段左からムカシトンボ，ギフチョウ，ニシキキンカメムシ（上），ベニモンカラスシジミ（下）．下段左からツノクロツヤムシ，ニセハムシハナカミキリ，アズマゲンゴロウモドキ，ヤマトアシナガバチ．

ンバー"が，そこで独自の進化を遂げてきた"古いメンバー"に加わったであろう．この新しいメンバーの多くは，現在のものと同じ種であった考えてよい．日本の昆虫にはロシア沿海州，朝鮮半島，中国，東南アジアなどとの共通種が非常に多い．これらは皆このような"新しいメンバー"である．そして，海を越えた昆虫の移動は今でも続いているのである．ごく大まかにいうと，日本の昆虫にはアジア大陸起源ながら日本で固有種になった古いタイプ（図2）のものと，ずっと後にほかの地域から渡ってきた新しいタイプ（図3）のものとが混在しているといえる．

日本のカメムシ相

これまでは日本の昆虫全般に関わる話をしてきたが，ここで私の専門であるカメムシの話をしよう．この節のはじめの方で紹介した「日本産昆虫総目録」には約830種のカメムシが登載されている．その後「日本原色カメムシ図鑑Ⅰ，Ⅱ」（全国農村教育協会，1993，2001）（図4）が刊行されたことなどもあって"カメムシファン"が急増し，新種やこれまで日本から記録のなかった種が次々と発見された（図5）．現在ではおそらく1,000種を大きく超えており，今後もこのような発見が続くだろう．これらの新発見の舞台はおもに琉球列島である．ここの昆虫相は"内地"のそれとは大きく異なっているので，古くからたくさんの昆虫研究家が調査をしてきたが，それでもまだ数多くの未知種が残されていたのである．その原因の一つは"ハブ"の存在であろう．とにかくこいつは怖い．カメムシを求めて草むらに分け入るのは大層勇気がいる．琉球列島にはハブがすんでいない島もたくさんあるが，そのような島は隆起サンゴ礁

図3 "新しいタイプ"だと考えられている日本の昆虫.上段左からシオカラトンボ,モンシロチョウ,ヒメアカタテハ.下段左からムモンホソアシナガバチ,ツヤアオカメムシ,ホシベニカミキリ,タマムシ,オオゾウムシ.

からなる比較的新しい島で,われわれの興味を引く昆虫はそれほど多くない.命の危険を顧みず,熱心に調査を続けてくれた人たちのお陰で多くの新発見がなされたことを感謝しなければならないと思う.驚いたことに,東京のど真ん中でも新しい発見があった.国立科学博物館が1996年から実施している皇居や赤坂御用地などの調査で,これまで日本からは未知であったカメムシが得られている(友国・林・碓井,2000;友国,2005).都会といえどもなかなか油断はならないのである.私は10年ほど前に,研究が進めば日本のカメムシは1,200種くらいになるだろうと予測したが,今ではこの数字を大幅に修正しなければならなくなっている.今の勢いだと1,500種を突破することになるかもしれない.

日本の昆虫の起源について,その種と近縁種の分布を比較することによって,一つずつ

図4 日本原色カメムシ図鑑Ⅰ,Ⅱ.

ていねいに調べていくといろいろおもしろいことがわかる.カメムシの全種を対象にこのような分析をするのは,海外での分布がはっきりしないものも多くてなかなか大変なので,情報量が比較的多いカメムシ上科(マルカメムシ科,ツチカメムシ科,カメムシ科,ツノカメムシ科など)でこの作業をしてみた(友

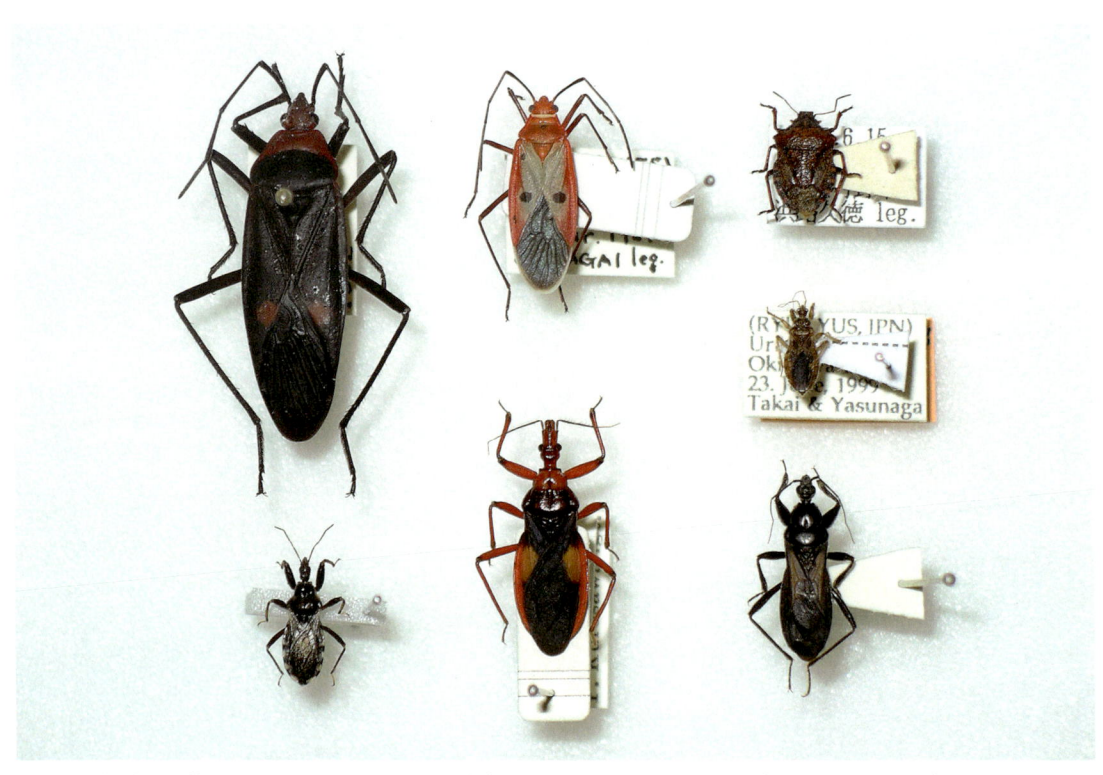

図5 最近日本から新しく発見されたカメムシ類．上段左からダイフウシホシカメムシ（写真はミャンマー産），*Dysdercus solenis*（和名なし；写真はフィリピン産），トゲクチブトカメムシ（上），ケブカサシガメ（下）．下段左からコメグラサシガメ，モンキヒラタサシガメ，キスジサシガメ（写真はベトナム産）．

国，1979，1981）．日本の昆虫の分布をごく大雑把に捉えると，アムールからシベリアにかけた地域と共通のグループ，中国からヒマラヤにかけた地域と共通のグループ，東南アジアからインド亜大陸にかけた地域と共通のグループ，および日本固有のグループの四つに大別でき，種数では二番目のグループがもっとも優勢であるといわれている．カメムシ上科についてもこの傾向は同様だが，第三のグループすなわち東洋区系（いわゆる南方系）の種（図6）が意外に多いことがわかった．このグループのカメムシの大部分は，日本ではイネ科，マメ科，ウリ科，ミカン科など栽培植物としてしばしば利用される植物に依存しているので，これらの植物とともに日本へ渡来したか，あるいはこれらが日本で広く栽培されるようになってから渡来したかのどちらかである可能性が高い．これらのカメムシを東南アジア産の個体と比較しても，形態的な違いをほとんど見出せない．このようなカメムシの渡来年代がごく新しいことを示す証拠の一つである．

分布を広げているカメムシ

かなり前から異常な暖冬が続いている．温室ガス効果による地球温暖化の一つの現れだといわれているが，はたしてそれだけだろうか？ カメムシの世界にも，確たる証拠は得られていないものの，おそらくその影響を強く受けていると推定できる現象が観察されている．昔は西南日本にしかいなかったカメムシが東や北にどんどん分布を広げているのがそれである．いくつか具体例を示そう．シロヘリクチブトカメムシ（図7）はおもに水田や畑地周辺の草むらにすみ，ガの幼虫の体液を吸う捕食性のカメムシで，1900年代の半ば

図6 日本産の東洋区系カメムシ類．上段左からヨコヅナツチカメムシ，オオキンカメムシ，ナナホシキンカメムシ．下段左からマルシラホシカメムシ（上），ヒメナガメ（下），ミナミアオカメムシ，チャバネアオカメムシ，イネカメムシ．

図7 シロヘリクチブトカメムシ．

でも九州南部と琉球列島にしかいない珍しい種であった．ところが，1980年代になると四国や紀伊半島でもポツポツと見つかるようになり，今ではそれらの地域では普通に見られるようになったばかりでなく，東海や関東地方でもしばしば採集されるようになってきた．同じく捕食性のヨコヅナサシガメ（図8）は典型的な熱帯起源のサシガメで，日本へは明治か大正時代に帰化したのではないかと考えられている．1950年代までは九州以外での採集記録はほとんどなかったが，最近では関東地方の北部まで広がっている．不思議なことにこのサシガメは，広い分布の空白地帯を挟んで1950年代後半にはすでに京都市内に定着していた，また琉球列島からは今もって未知である．もう一つ，キマダラカメムシ（図9）は黒褐色に黄色の斑点をちりばめた大型のカメムシである．台湾にもいるが，日本の

図8　ヨコヅナサシガメ．

図9　キマダラカメムシ．

個体群はこれとは別系統で，原産地は中国である．今から200年以上前に長崎県で採れた標本を基に新種として発表されたもので，出島での交易に伴って日本に侵入したと考えられている．以来，長い間長崎県以外では見つからず，当県を代表するカメムシでもあったが，1980年代になって佐賀県や福岡県でも見られるようになり，最近では岡山県辺りまで広がっている．これらのほかにも分布拡大中のカメムシがいるが，注目すべきは南方系のカメムシのすべてが分布を広げているのではないことである．分布拡大の原因が暖冬（温暖化）だけにあるのなら，もっと多くの種が同様な動きをするはずだが，そのようにはなっていない．きっとほかにも要因があると思われるが，それについてはよくわかっていない．

外国から来たカメムシ

最近は癒しを求めてペットを飼う人が急増していると聞く．それにあやかったかどうか知らないが，外国産の生きた昆虫が毎年大量に輸入されている．個人的な趣味としてこれらのペットを正しく飼う分には良いのだが，それらの一部が逃げだしたり，意識的に野に放たれたりして，日本在来の生物との間にさまざまな軋轢を生み出している．そのような事態を重くみた環境省が動いて「特定外来生物による生態系等に係る被害の防止に関する法律（略称：外来生物法）」を2004年6月2日に公布し，2005年6月1日から施行した．これにより，日本の生態系に重大な影響をおよぼす1科，13属，71種（一次指定と二次指定の合計）が「特定外来生物」に指定され，それらの飼養，栽培，保管，運搬，輸入

図10　ヘクソカズラグンバイ．

図11　ヘクソカズラグンバイが加害したヘクソカズラ．

などに厳しい規制がかかることになった．また，国や自治体は野外にいるこれら特定外来生物を駆除できるのもこの法律の特徴である．まずは一安心といったところだが，アメリカシロヒトリのように，外国から侵入してきた生物の中には，日本に有力な天敵がいないため，爆発的に個体数を増やすものがこれまでにもあった．とくに，それらが人や農作物，家畜などに加害をする場合は，時として深刻な事態を招くことにもなる．また，日本の在来生物を駆逐したり，それと混血したりすることによって，日本の生態系に重大な影響を与えることもある．厄介なのは，そのような事態を予測するのが非常に困難なことである．入ってみなければどうなるかわからないというのが実情なのである．それゆえ，外国からの侵入生物に対しては今後とも十分注意しなければならない．実は，カメムシにもごく最近に海外から侵入して爆発的に分布を広げているものがある．ここで紹介するのはヘクソカズラグンバイ，アワダチソウグンバイおよびプラタナスグンバイといういずれもグンバイムシの仲間である．ヘクソカズラグンバイ（図10）は1996年に伊丹空港の周りではじめて見つかった．東南アジアや中国に広く分布しており，日本へは航空貨物について入ってきたと考えられている（友国・斉藤，1998）．すでに近畿一帯に広がっているが，幸いヘクソカズラという有用性の低い植物を加害する（図11）ので大きい問題にはなっていない．アワダチソウグンバイ（図12）は2000年に西宮市で私自身が見つけたものである（友国，2002）．すぐあとの調査で，大阪湾一帯からも発見されたことから，神戸か大阪の港を通じて侵入したものだと考えられる．北米の原産で，日本ではセイタカアワダチソウ，ヒメムカシヨモギ，アレチノギク，オナモミなどさまざまなキク科植物に寄生している．数が多くなると栽培ギクやサツマイモなども加害することがあるので，発生量の多い地域では農業試験場などが注意報を出している．この種の拡散スピードは非常に速く，今では近畿はもとより四国と中国地方の一部にまで広がっている．最後のプラタナスグンバイ（図13）は，その名のとおり街路樹のプラタナスの葉を加害する北米原産のグンバイムシである．最初は2001年に名古屋の港湾地区で見つかったが，その時の調査で東京都港区，横浜市，清水市（現静岡市），松山市および北九州市でも発見された（時広ほか，2003）．いずれも港の周辺にとくに多かったので，船荷とともに運ばれてきたのだと思われる．こ

図12　アワダチソウグンバイ．

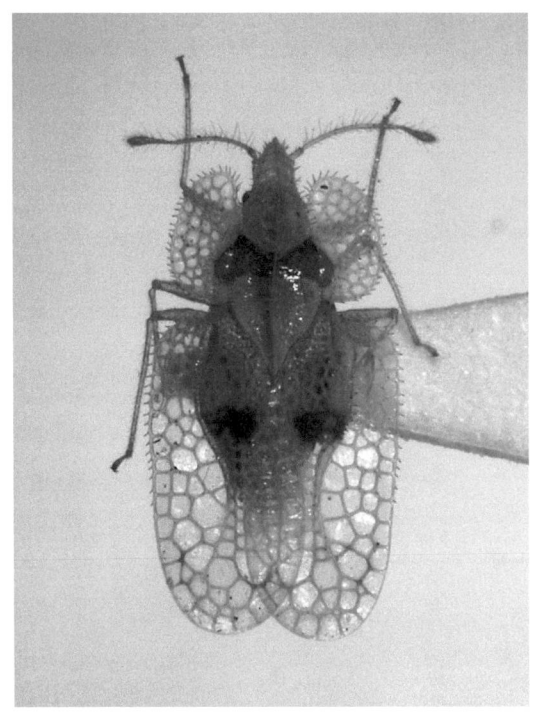

図13　プラタナスグンバイ．

れの拡散も速く，今では関東から西の太平洋側で広範に見られる．東京都内でも，至るところで街路に植えられたプラタナスの葉をみすぼらしくしている．ごく近年の外来種として，これほど明らかな例はほかのカメムシではあまり知られていないが，カスミカメムシやハナカメムシのような小型のカメムシ類には，同様な外来種がほかにもいるかもしれない．上の三つの例から明らかなように，空港と港湾が外来種の窓口になっている．海外からの多量の輸入物資がまずここで荷揚げされるので，それに付いてきた昆虫たちが最初にすみつくのも空港や港湾の周辺である．昆虫ではないが，しばらく前に世間を騒がせたセアカゴケグモが最初に見つかったのも港の近くであった．このような場所にはめぼしい昆虫がいないので，昆虫の研究家はふつう見向きもしない．それが盲点となって，招かれざる客が次々に上陸を果たしているようである．

文献

時広五朗・田中健治・近藤　圭．2003．我が国におけるプラタナスグンバイ（新称）*Corythucha ciliata* (Say)（カメムシ亜目：グンバイムシ科）の発生．植物防疫所調査研究報告，39: 85-87．

友国雅章．2002．海を渡るグンバイムシ．国立科学博物館ニュース，399: 7．

友国雅章．2005．赤坂御用地と常盤松御用邸の異翅半翅類（昆虫綱）．国立科学博物館専報，39: 397-408．

友国雅章・斉藤寿久．1998．大阪府池田市で発見された新しい侵入種と思われるグンバイムシ，*Dulinius conchatus* Distant．*Rostria*, 47: 23-28．

友国雅章・林　正美・碓井　徹．2000．皇居の半翅類（腹吻群同翅類を除く）．国立科学博物館専報，36: 35-55．

森本　桂．1989．日本産昆虫の種数と記載分類学の現状．日本昆虫学会第49回大会講演要旨，p. 59．

森本　桂．1996．昆虫類（六脚上綱）総論．日高敏隆（監修）日本動物大百科，8，昆虫Ⅰ．平凡社，東京，pp. 46-48．

微小甲虫アリヅカムシから見た日本列島 ──── 野村周平

　アリヅカムシは，主に森林の落ち葉の中にすむ，体長2mm前後の微小な甲虫である．名前のとおり，アリの巣に侵入して共生生活を送る種もあるが，大半のものは自由生活をして，トビムシやダニのような小さい土壌動物を捕食している．アリヅカムシは日本から約300種が知られているが，名前（学名）のついていない種が多数あり，実際には日本全土に800〜1,000種のアリヅカムシが生息すると推定されている．

　アリヅカムシの多くの種では後翅が退化し，飛べなくなっている．日本列島調査で，私がとくに重点的に資料を集めたのは，すべての種で雌雄ともに後翅が退化し，あまつさえ上翅が合着して開かなくなってしまっているアラメヒゲブトアリヅカムシ属（*Pselaphogenius*）であった．一般に，このような移動能力の低い昆虫は地域ごとに種分化が進み，狭い地域に少しずつ形や性質の異なる種が隣り合って分布する現象が観察される．

　アラメヒゲブトアリヅカムシ属は，外見はあまり差がないが，地域によって雄交尾器の中央片や内部骨片とよばれる器官の形状に顕著な変異が見られる．日本列島調査の結果から，九州北部では，5新種1新亜種を記載して8種1亜種を認めることができた．また，東北地方南部から関東，中部にかけては1新種を含む3種に整理された．しかし，それぞれの種の範囲内でも内部骨片の形状には著しい地域変異が見られた．また，十分な調査が行われていない近畿，中国，四国地方，九州南部，南西諸島からは今後どれだけの新種・新亜種が出てくるのか予想すらつかない．

　日本列島は，人間の世界でこそ「狭い日本」，「資源の乏しい小国」などとよばれることもあるが，移動能力の小さい微小甲虫にとっては，とてつもなく広い，限りなく広がる大地であるように感じられるのではないだろうか．

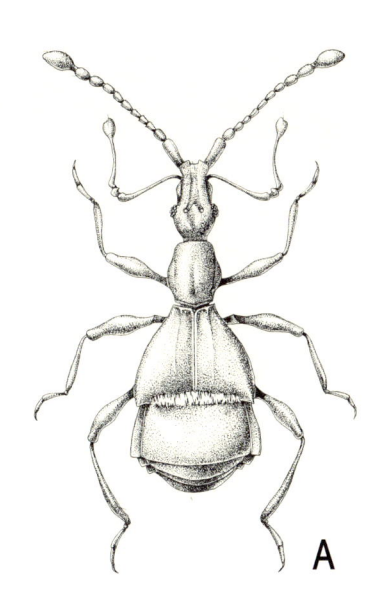

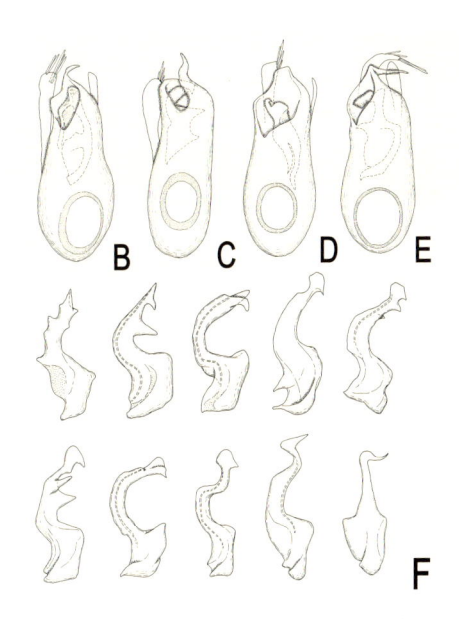

図　A．*Pselaphogenius debilis* Sharp アラメヒゲナガアリヅカムシ．B〜E．長崎県本土産アラメヒゲナガアリヅカムシ属4種の雄交尾器；B．アラメヒゲナガ（長崎市）；C．セイヒヒゲナガ（西彼杵半島）；D．タラダケヒゲナガ（多良岳）；E．シマバラヒゲナガ（島原半島・多良岳）．F．関東〜中部産カギヒゲナガアリヅカムシ雄交尾器内部骨片の地理的変異；上段左から，福島県，栃木県，茨城県，埼玉県，静岡県函南，下段左から静岡県伊豆半島，静岡市，長野県木祖村，上村，岐阜県．

淡水珪藻における汎世界種と地域固有種 ── 辻　彰洋

　珪藻類は，細胞長が数ミクロンから数百ミクロンの顕微鏡サイズの単細胞〜群体性の生物である．美しい微細な彫刻が施された珪酸質の細胞壁を持ち，淡水・海水を問わずさまざまな水域に生育している．また，陸上の地衣やコケ類に付着したり，土壌中に生育するものも知られている．

　従来，珪藻類を含む微細藻類の多くは，世界中に分布域をもつのがほとんどであると考えられてきた．そのため，現在でも中央ヨーロッパ産の珪藻類の図鑑が，日本の珪藻研究者にも同定のために幅広く利用されている．

　このような世界に広がる幅広い分布を考えるためには，移動力が大きくなくてはならない．その移動力を説明する方法として，乾燥して風に乗って移動する説や水鳥の羽や水かきに付着して移動する説などが考えられてきた．しかし，多くの研究者が空中を漂っている珪藻を採集して培養する研究を行ったものの，ハンチアなど土壌に棲息する仲間がほとんどで，一般的な水域に棲息する珪藻類が長時間空を浮遊して移動する根拠は見つかっていない．また，水鳥の羽や水かきによる移動については，研究が困難なためか，データがほとんどない．

　近年の珪藻研究は，むしろ地域固有種が重要なテーマとなっている．なかでも極東ロシアの古代湖であるバイカル湖の珪藻植生は，世界各国の研究者によって研究がなされている．日本の珪藻植生も，珪藻種の多くの模式産地であるヨーロッパの種類との比較検討が容易になったため，多くの地域固有種が見出されてきている．筆者も琵琶湖・阿寒湖・恐山湖・不動池（霧島）などから地域固有種を新種記載している．

　日本産の地域固有種についてはまだまだ研究すべき課題が残っているが，いくつかのパターンがあると筆者は考えている．一つ目は東アジアに幅広く分布する東アジア固有種で河川性の種類が多い．これらの種類については先達の研究者によってかなり多くのことがわかってきている．二つ目は個々の湖にプランクトンとして生育している湖固有種である（図1, 2）．化石データなどから見る限りこの湖固有種は個々の湖で進化したものではなく，生きた化石としてそれぞれの湖に残存した種と考えられそうである．系統的には北方性と考えられ，夏季でも深部に冷水塊をもつ琵琶湖や温泉水の湧出などで冬季でも水の移動がある阿寒湖や湯の湖・中禅寺湖で見られる．三つ目は酸性水域（温泉水）に出現する付着性の種類で，下北の恐山湖からとくに数多くの固有種が見出されている．また，日本の酸性温泉水域に幅広く分布すると考えられている種類でも水域ごとに微妙に形態が異なることがわかっている．酸性水域にしか生育できない種にとっては，地質的条件が限定される温泉が大海の孤島のように働き，温泉間の移動は不可能に近いだろう．

　珪藻をはじめとする微細藻類の地域固有種の研究はまだまだわからないことだらけである．汎世界種と思われていた種が形態やDNA解析によって地域ごとに異なる隠蔽種だったとの報告が相次いでいる．日本産の汎世界種とされている種は本当にそうなのだろうか？　日本の固有種はどのようにして分化してきたのだろうか？　ルーツはどこだろうか？　私にとって知りたいことはたくさんある．

　しかし，事態は急を要する．日本の水域には世界各地の水草や魚をはじめとする動植物が意図的・偶然を問わず，入ってきている．微細藻類の研究は大形の動植物に対して遅れているため，新しく増加した種が外来種であると断定することがきわめて難しいが，その植生は大きな影響を受けていると考える方が自然だろう．私たちが日本の固有種を理解する前に，日本の固有種の存在自体が永遠の闇に閉ざされてしまうかもしれないとの危機感を私は感じている．

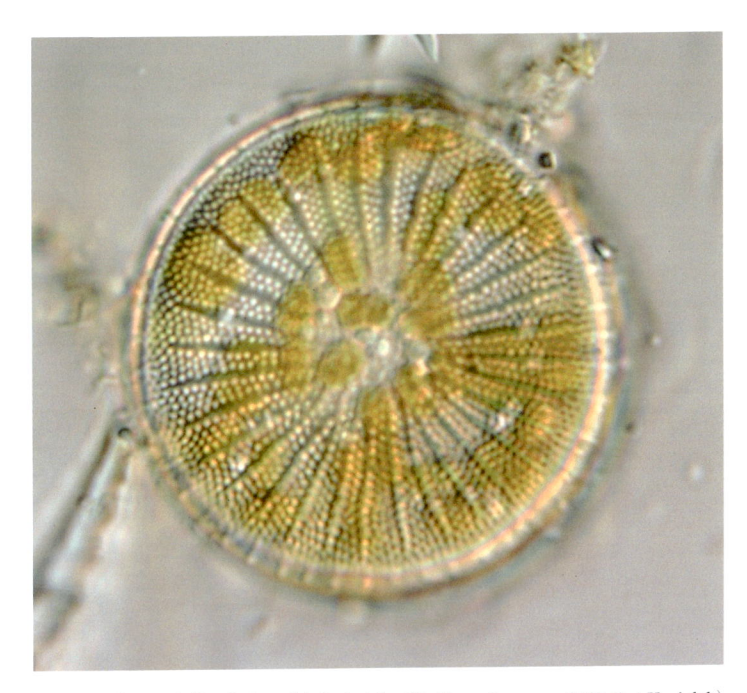

図1 琵琶湖の固有種であるスズキケイソウ（*Stephanodiscus suzukii* Tuji et Kociolek）.

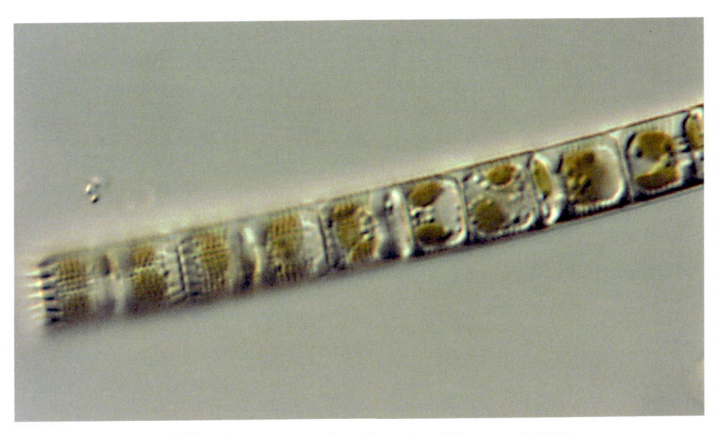

図2 琵琶湖の固有種である *Aulacoseira nipponica* (Skvortzov) Tuji.

3.11 動物でも植物でもない菌類の世界

細矢 剛

日本列島は，東西および南北に広く分布しており，大部分の地域では，そこにはっきりした四季が見られる．この多様な自然環境が，動植物の分布や四季に応じた移り変わりに影響を与えている．それは，菌類においても例外ではない．菌類は，端的にいえばカビ・酵母・きのこの仲間であり，多くのものはいわゆる微生物であるから目には見えず，一般にはほとんど認知されていない．しかし，菌類はさまざまな環境に存在し，多数の種を含み，形態・生態ともに多様で，動植物と並ぶ大きな生物群を形成する分類群なのである．また，日本人は，菌類を巧みに発酵食品などで利用してきた．本章では，巧妙で多様な菌類の形態と生態をご紹介するとともに，私たちの生活の欠かせないパートナーとしての菌類の役割や，日本における菌類の多様性研究の現状について述べてみたい．

菌類は動物でも植物でもない

目に見える生物を動物と植物に分けて認識するのは，アリストテレス以来行われてきた分類体系である（二界説）．動くものが動物で，動かないものが植物というのは直感的でわかりやすい．この分類では，きのこのような菌類は植物に属する．しかし，目に見えないような微生物が認識されだすと，状況が変わってきた．ミドリムシのような「動く植物」をどこに置くかという問いに簡単に答えることができず，問題となる．いわば，微生物の存在を知ることによって，それまではっきりしていると思われた動物・植物の区別がはっきりしなくなってきたのである．さらに，細胞についての研究が進むと，細胞の中にある核が核膜に包まれているか（真核生物）否か（原核生物）という差異で，生物全体が大きく二つに大別できることがわかってきた．

Whittaker (1969) は，上記に加え，生物の栄養の摂取の方法に着目した．植物は太陽の光をエネルギーとして，二酸化炭素と水から炭水化物をつくる（光合成）．そして，動物は，植物や他の動物を捕食する（摂食）．これに対し菌類は，細胞から消化酵素を分泌して細胞外の栄養物を分解し，細胞内に取り込んで生活している（吸収）．このような栄養の摂取法は，自然界で「生産」をする植物，「消費」をする動物に対し，動植物の遺体を「分解」するという立場と関係している．そこでWhittakerは，生物をまず原核と真核に大別し，原核生物をモネラ界とした．そして真核生物を栄養吸収法によって，動物界・植物界・菌界に分類し，分類がはっきりしない単細胞性の生物をプロティスタ界として自然界を認識する説（五界説）を提唱した（図1）．この説は，従来の二界説との対比が簡単に可能であったうえ，動物・植物・菌類の生態的役割と相まって理解しやすかったため，広く受け入れられ，学校教育の中でも紹介されるようになった．また，菌類という生物群の立場からすれば，初めてその独立性が認められた点で大きな意義がある．しかし，生物の自然な分類は本来，生物がたどってきた道筋（系統）を反映してなされるべきであるとの観点から，個々の生物がもっている遺伝子情報を読み取り，この情報に基づく系統の考察と分類の再構成（いわゆる分子系統学）が1990年代から盛んに行われるようになると，五界説も再考されるようになった．

現在盛んに行われている分子系統学的な解析の多くは，細胞の中にあるリボゾームの遺伝子配列を比較したものが多い．リボゾームは細胞内小器官（オルガネラ）の一つで，リボゾームRNAからできており，タンパク質をつくる機能を担っている．タンパク質のない生命は存在しないので，リボゾームのない生物も存在しない．そして，RNAはDNAから転写されて生成されるが，このリボゾームRNAの遺伝情報もDNAに存在する．したがって，リボゾームのもとになる遺伝情報はすべての生物に存在し，全生物を比較するうえで，重要な助けになる．

分子系統学による最大の成果の一つは，菌類は驚くべきことに植物よりもむしろ動物に近いということがわかったことである（図2）．図2では，原核・真核による生物の大別のし方が支持されている．そして真核生物の中では確かに，動物・植物の共通祖先が分岐した部分より動物に近い位置で菌類は分岐している．細胞壁をもち，大部分が動かない胞子で増殖する菌類が，むしろ系統上は細胞壁のない細胞を持ち，運動する動物に近いというのは意外なことであった．しかし，もし菌類が動物と共通の祖先から枝分かれしたのであれば，動物との共通点があるはずだ．Cavalier-Smith (2001) は，これを「後方に一鞭毛をもつ遊走細胞」と考えている．菌類の中には，ツボカビ類という菌群が存在する．これらの菌は，運動性をもった遊走子とよばれる細胞を形成して増殖する．この遊走子の細胞は，運動方向の後方に1本の鞭毛をもっている．細胞後方の一鞭毛といえば，動物の精子と同じである．

分子系統学によるもう一つの成果は，植物にも大きく二つの系統があり，そのうちの一方に従来菌類として分類されていた分類群が含まれるべきであることが判明したことである．先に述べたツボカビ類と同様に，鞭毛を

表1　真菌類の分類．

生殖細胞は鞭毛をもつ（後方一鞭毛）	ツボカビ門
生殖細胞は鞭毛をもたない	
有性胞子を形成する	
接合胞子を形成する	接合菌門
子嚢胞子を形成する	子嚢菌門
担子胞子を形成する	担子菌門
有性胞子を形成しない	不完全菌類

もった遊走子を形成する菌群にサカゲツボカビ類と卵菌類という菌群がある．これらの菌群は，細胞の側方に2本の鞭毛をもっている．このような遊走細胞の特徴はワカメやコンブのような褐藻類が形成する遊走子と類似することが指摘されてきた．そして，分子系統学的な研究により，褐藻類は緑色植物とは異なる系統（クロミスタ生物）に所属することが明らかになっている．今日では，サカゲツボカビ類と卵菌類は，クロミスタに所属することが明らかとなっており「偽菌類」とよばれている．もっとも，これらの生物群も，依然として菌学の教科書で扱われており，その伝統は今後も変わらないであろう．

以上により整理されてきた菌類の体系の概要は，表1に示すとおりである．これらの生物は，キチンとβグルカンよりなる細胞壁をもつ真核生物で，光合成能力を欠き，吸収栄養で，胞子で増えることを主な共通項としてまとめられており，胞子の性状（形態と形成過程）によって門のランクの分類がなされている．

分子系統学のお目見えにより，それまでの形態を中心とした分類体系については検証がなされ，より「自然な」分類体系が提唱されつつある．最近では，複数の遺伝子を総合的に解析した例が多い．幸いなことに，菌類においては，門のランクの分類についてはほぼ支持されている．しかし，その下のランクの分類になると，まだ議論が多い．なお，読

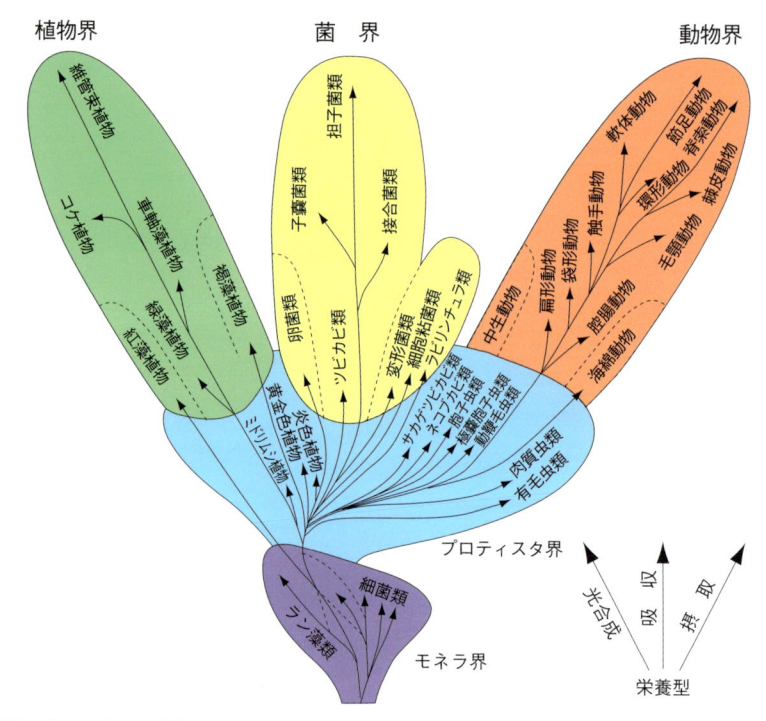

図1　Whittakerによる五界説.

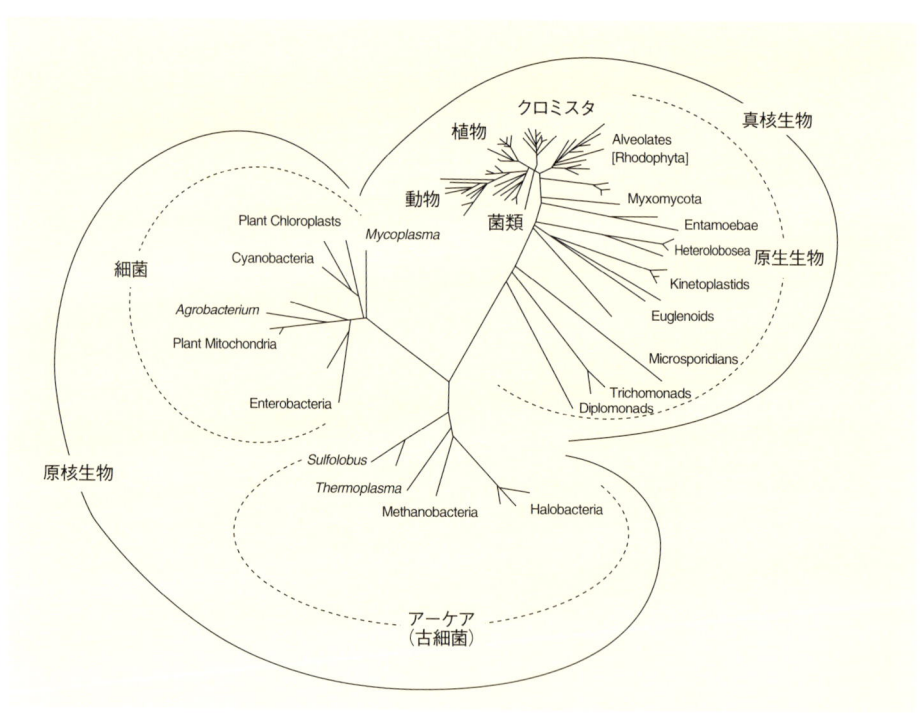

図2　分子系統学の成果による生物の系統の概要．Kirk *et al.* (2001) の図をもとに作図．
16S様 rRNA シークエンスデータに基づく，75分類群の無根系統樹．全生物が真核・原核に大別され，真核生物中で，菌類は植物よりも動物に近いところで枝分かれしていることに注意．

図3　顕微鏡で観察した落木や落葉．
きのこのもととなる菌糸．菌糸1本では目に見えないが，多数集まってシロを形成すると，人間の目にも容易に認識できるようになる．

者の中には，菌類というと納豆菌や粘菌（変形菌）も想像される方もいると思う．しかし，納豆菌は菌の字がつくが，細菌類であり，菌類ではない．粘菌（変形菌）は，現在では原生動物として分類されている．

日本の自然環境と菌類の多様性

日本が特徴的な自然環境と動植物相に囲まれていることは，他章でご理解いただけるものと思う．菌類の多くは自然界で「分解者」として働いているので，「分解される」植物や動物に大きく影響される．だから，特徴的な動植物相は，微生物である菌類の生物相にも影響を与えているのである．

それでは，日本における菌類の多様性の一端をご紹介しよう．まず，秋に雑木林を歩いていると想像してほしい．菌類といえば，大部分の読者はきのこを思い浮かべると思う．日本では，特産のものも多数知られている．「きのこ」というのは学術用語ではなく，広義には菌類がつくる複雑な胞子形成体のうち，可視的な大きさのものを指す．したがって，きのこは特定の系統に属する菌類だけが形成するものではない．きのこを形成するのは担子菌類が大部分であるが，子嚢菌類も含まれる．きのこの中には，分解基質に好みがあるものが認められ（基質嗜好性），きのこが何から発生しているかを知ることは，きのこの同定に役立つことが多い．大型のきのこは，いやといっても目につくものである．しかし，きのこの中には，落ち葉や腐朽木に隠れるようにしてひっそりと発生するようなものや，肉眼では見落とすような小型のものもある．これらのきのこを探し出すには注意力と若干の忍耐が必要である．筆者は，小型のチャワンタケとよばれる菌群を専門に研究している都合上，林ではビニールシートを広げ，四つん這いか腹這いになって進むのが採集のスタイルとなっている．そして，落木や落葉を拾い上げてはルーペで拡大して観察し，採集している．この拡大倍率となると，もうカビの世界まであと一歩である．林床に落ちて

3.11　動物でも植物でもない菌類の世界——179

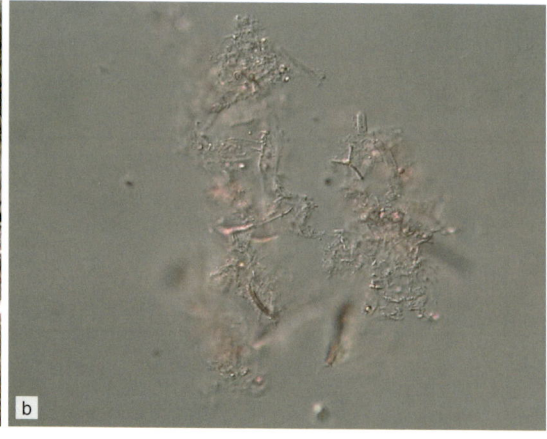

図4　水生不完全菌の胞子.
a．川のよどみや，岩かげに貯まった水泡．b．水泡に吸着されている水生不完全菌類の胞子．

いる材を拾ってルーペで観察してみよう．さまざまなカビが材上に発生しているのが観察できる．また，きのこ類が形成するシロとよばれる菌糸の塊が落ち葉や材を結びつけているのもしばしば目にすることができる（図3）．菌類は地味ながら，林床で活発な活動を展開しているのだ．

雑木林の中を流れる小川を見てみよう．小川の中には，落ち葉や小さな落木や落枝が水泡とともに溜まった場所がある（図4a）．これらの落ち葉や落木の上には，水生不完全菌類とよばれる菌類が発生することが知られている．水生不完全菌の特徴は，胞子の形状にある．S字型やテトラポッド型，複数の細胞からなる糸状や放射状など，複雑な形態をもつものが多い．胞子の形状として単純な球や楕円体を思い浮かべていると，大きく想像と異なっている（図4b）．これらの形態は，よどみにときどきできる水泡に吸着されるようにするための適応と考えられている．

最後に海に目を向けてみよう．海の中にも菌類がいるというのは意外かもしれないが，海も立派な菌類の生活場所となっており，海藻や海に流れ込んだ木材片などの分解に一役買っている．海の波頭にも水泡が形成されることがしばしばある．この泡を採取して検鏡

図5　海生子嚢菌類の胞子（写真：中桐昭）．
海生子嚢菌類 *Corollospora pulchella* の胞子．胞子の周辺にある構造（矢頭）は，胞子の最外層が破れて形成されたものである．

すれば，海生菌の胞子を観察することができる．先述の水生不完全菌のような胞子に加え，海生子嚢菌といわれる菌群は，胞子の外側の壁がはがれそのままビラビラの付属物となって残っている（図5）．これは，水中での抵抗を増して沈みにくくしたり，基質にからみつきやすくするための適応であると考えられている．海生菌は，塩を加えた培地での生育

図6 ヒイロタケ（写真：伊沢正名）．
ヒイロタケとシュタケは外見が類似するが，裏面の管孔の大きさによって区別することができる．

が良好で，胞子形成も見られ，海洋環境への適応を示す性質をもつものが多い．

さて，菌類は微生物であり，多くの場合は目に見えないような微小な胞子で増殖する．胞子は水や風で散布されることが容易に想像されるから，菌類は広い地域に分布するように思える．だから，カビにも分布パターンがあるというような考え方は，容易に受け入れられないかもしれない．しかし，分解者である菌類は，分解される生物の分布に強く影響される．また，生育温度や乾燥耐性などの性質から，たとえ胞子が運ばれたとしても，そこで定着できるかどうかは別問題なのである．このように，菌類は日本列島の自然の中で一定の分布パターンを示すことがある．

分布についての例は，形態学的に類似した菌の識別の例で考えるとわかりやすい．たとえば，サルノコシカケの類に，ウチワタケとツヤウチワタケという菌がある．いずれの菌も $Microporus$ 属に所属し，基本的に南方に多いのだが，ウチワタケはシイを主な基質としており，主に関東以南の南に多く分布する．これに対し，ツヤウチワタケはシイ以外の広葉樹にも発生し，全国的に分布する．両者は，単純には管孔の大きさで区別することができる．また，シュタケとヒイロタケはいずれも同系の橙色の子実体を形成し，いずれも同属 $Pycnoporus$ であり，両者は管孔の大きさで識別することが可能である（シュタケでは管孔は肉眼で認められるくらい大きい．ヒイロタケの管孔は，ルーペ程度の拡大で認められるくらい小さい）．シュタケは北方系の菌とされ，日本ではブナ帯以北に多く，世界的には日本・北半球温帯以北に多い．これに対し，ヒイロタケ（図6）は東南アジアから熱帯アジアに分布しており，日本では本州以南の平地に多い．このような大型菌類の分布については，今関・本郷（1987）によって詳しく検討されている．

同様の分布はカビについてもいえる．たとえば，植物の分解に関わる菌として $Cladosporium$ という属のカビがしばしば出現する．日本においては $C.\ cladosporioides$ という菌が多いが，ヨーロッパでは，$C.\ herbarum$ という種が優占して出現する．

次に，自然界において菌類が他の生物とどのように関わっているかについて考えよう．菌類は動物でも植物でもないが，他の生物の分解に関わるので，植物や動物がなくては存在できない生物である．しかし，自然界における菌類の役割は分解だけではない．他の生物に寄生をしたり，共存共栄の道を歩む場合すらあるのだ．次のような例はその代表的なものである．

地衣：子嚢菌（とごく稀に担子菌類）の一部は，緑藻またはシアノバクテリア（フォトビオント）と「地衣体」とよばれる構造をつくり，共生生活を営む．これらが地衣類である．地衣類は，さまざまな樹木の樹皮や岩などの上に発生した緑色のノリ状の構造として観察できる．地衣類は，世界では14,000種（日本では約1,200種）が知られており，菌類の既知種のうち，1/4は地衣化しているといわれる．その大部分は子嚢菌が地衣化したもの（子嚢地衣）である．フォトビオントは菌

類に光合成産物を供給し，菌（マイコビオント）はフォトビオントに安定したすみかを提供することによって，両者は共生関係にあるとされている．地衣類は長い間，地衣を形成しない子嚢菌とは別な体系で分類されていたが，別な体系で菌を分類することに対する疑問が投げかけられていた．しかし，子嚢菌の地衣化が菌類進化の過程で複数回起こっていることが示されたため（Gargas et al., 1995），地衣化という現象が，菌類の進化において非常に限られた現象ではないことが知られるようになってきた．またこれは，地衣類も子嚢菌の分類体系に含めることが必要であることを示唆している．

植物病原菌：多くの菌類が植物病原菌として知られている．植物病原菌とは，生きた植物に感染し，病斑や萎縮などの変形や病徴を示したり，生育障害をもたらす生物である．植物の病気は，他にもウイルスやバクテリアによって引き起こされるが，菌類によるものが最多である．*Monilinia* や *Sclerotinia* のように，重要な植物病原菌として世界的に研究されているものもある．日本では，イネのイモチ病を代表とする作物や野生植物の病原菌が多数知られている．いくつかの植物病原菌からは，植物に生理作用をもたらす何らかの生理活性物質が知られ，菌が宿主植物に対して化学的に影響を与えていることが証明されている．

エンドファイト：エンドファイトとは，植物体内に存在し，宿主植物に害を与えないか共生する菌類である．そのため，病徴を現さない状態で内在する植物病原菌もエンドファイトとして認識される．ビョウタケ目の *Pezicula* は代表的なエンドファイトであるが，強力な抗真菌物質エキノカンジン類を生産することが見出された．この事実は，*Pezicula* が抗真菌物質を産生することによって，他の植物病原菌の侵入を拒み，自分の居場所を確保すると同時に宿主植物を植物病原菌から保護しているものと解釈されている（Noble et al., 1991）．

菌根菌：高等植物との共生の代表的な形として，菌根の形成があげられる．菌根とは，菌と植物の共生によって根に形成される構造である．菌根形成菌としては担子菌が多く知られている．菌根は，根内での菌の存在様式によって類別され，外生菌根と内生菌根に大別される．いずれの場合も，菌根を形成した植物は，形成していない植物に比べて生育が良好となることが知られており，窒素やリンの取り込み量が増加する例が多く知られている．このようにして菌類は植物の生育を促進し，逆に植物は菌類に安全な居場所を提供することによって両者の共生関係が成り立っていると考えられている．また，共生関係が強固なものとなると，菌類は単独での生活ができないものとなるらしい．日本を代表するきのこであるマツタケは，マツを主なホストとして菌根を形成する．そのため，人工的な環境下で培養が困難なのである．

日本人が育てた菌類

菌類は，カビ・酵母・きのこの仲間である．では，普段私たちは生活の中でカビ・酵母・きのことどのように触れあっているだろうか？「そんなものに触れたことない」という方は，ちょっと考えてみてほしい．パンやシイタケを食べたことがない人はあまりいないだろう．パンは酵母の働きでできるものである．また，シイタケは菌類そのものである．お酒や味噌・しょうゆ・かつおぶしなど，日本人の生活に必須な調味料や食品も菌類の働きでできるものである．病気のときに飲むクスリの中にも，菌類からつくられるものがあるくらいだ．菌類は，むしろ私たちの生活と密接な関係がある生物なのである．

日本という場所の気候風土が生物の多様性

表2 私たちの生活と菌類との接点.

人間の生活（衣食住）の観点から，菌類との利害関係で代表的なものをリストアップしてみた．

人間の生活	菌類からの利	菌類からの害
衣（着る）	きのこ染め 装飾品	衣類がカビる
食（食べる）	食品（食用キノコ類，パン，味噌，テンペ，など） 飲料（ビール，酒）	食品の腐敗・汚染（マイコトキシン） 食用作物の植物病害
住（暮らす）	観賞用 医薬品原料 生物農薬 工業酵素	住宅がカビる アレルギー反応 植物病害 真菌症

をもたらし，多様な菌類が日本に生息しているということを前節で述べた．日本人はまた，自然の恵みを衣食住に上手に取り入れ，うまく利用してきた．また，時として自然は，人間に望まれない被害をもたらすものである．菌類についてもまた例外ではなく，私たちの生活と菌類には，さまざまな利害関係が生じている（表2）．ここでは，日本人がうまく利用してきた代表的な菌類としてシイタケとコウジカビを取り上げよう．

シイタケは，世界的な知名度がある．アメリカの菌類学の教科書においても，"Shiitake mushroom" として取り上げられているぐらいである．シイタケという名前からは，シイに発生することが想像される．事実，野生のシイタケはボルネオやニューギニアなど，東アジアから東南アジアの広い地域から見出されており，シイ・カシ類の起源の中心地とされるボルネオあたりの熱帯高地がシイタケの起源地で，シイ・カシの分布北上に伴って日本列島での分布域を広げたものと考えられている．現在では日本全域で見ることができるが，シイ以外にも，カシ，クヌギ，コナラ，ミズナラ，ブナなどブナ科の広葉樹や，稀に針葉樹（アカマツなど）に発生する．実際，今日ではシイタケの栽培には，コナラやクヌギなどの広葉樹が用いられていることが多い．従来，シイタケの栽培は，シイタケを発生させる原木（ほだ木）を湿った場所（ほだ場）に設置し，シイタケが発生するのをじっと待つだけで，まさに「風任せ」だったのである．しかし，これでは収量の見込みが立たないばかりか，計画的な栽培ができない．これを打開したのが森喜作である．森は，あらかじめシイタケ菌の菌糸を蔓延させた材片をほだ木に打ち込み，シイタケ菌を望んだように発生させることを可能にした．いわば，シイタケの「狩猟・採集」を「農業」へと進歩させたのである．この画期的なシイタケの栽培法はその後も改良が重ねられ，現在では大部分がおがくずを使って温度・湿度がコントロールされた室内で栽培が行われているが，屋外でほだ木とほだ場を用いた栽培も依然として行われている．

一方，コウジカビは，その名のとおり麹に使われるカビである．麹とは，穀類に菌類を感染させたもので，これを食品を発酵させるための種（スターター）として利用する．日本では，蒸した米に *Aspergillus oryzae* を接種したものが代表的で，酒，味噌，しょうゆなどの日本人の生活に必須な食品・調味料に用いられる．日本における麹の歴史は古く，紀元500年頃にはすでにしょうゆの原型である「比之保（ひしお）」が存在したという．いわゆるコウジカビには複数の菌があり，用途によって異なる菌が用いられている．たとえば，クエン酸発酵に用いられる黒麹とよばれる麹には，*A. niger* が，泡盛の製造には *A. awamori* が，それぞれ用いられる（小泉，1989）．

興味深いことに，*A. oryzae* は *A. flavus* というカビとの類似性が指摘されている．後者は，アフラトキシンという発ガン性の猛毒をつくることで知られている菌で，日本では汚染ピーナッツや黄変米などの被害が知られている．ところで，この両者の遺伝子はきわめて類似している．ほぼ100％の相同性があるという

報告（Kurtzman et al., 1986）すらあり，両者を分類学上区別する意義については，疑問も呈されている．しかし，A. oryzae からはアフラトキシンの生産はまったく知られていない．A. oryzae は天然ではあまり分離することができない．もともと麹から分離されたものであり，その自然界における起源については確実なところはまだわからないが，近縁種である A. flavus が自然界に普通に分布することから推察すると，日本人による永年の利用の歴史の中で選択されてきた生物であることが予想される．

また，さらに興味深いことに Aspergillus は高温多湿を好み，いろいろな種が日本の発酵食品でよく用いられている．これに対し，冷涼な気候のヨーロッパでは，より低温・乾燥を好む Penicillium（アオカビ）という菌が用いられる．たとえば，ブルーチーズやカマンベールチーズの製造には，アオカビが用いられている．そして，コウジカビとアオカビは，形態や酵素活性や二次代謝物などに類似したところがあり，分子系統学的にもきわめて近い関係にあることがわかっている．おそらく，汎世界的分布をするこれらの菌群のうち，それぞれの気候に適応した菌が選択され，人間に利用されるようになってさらに洗練された菌株の選抜がなされて，今日のような発酵食品に利用されるような形が定着したのであろう．いわば，欧州の「アオカビ文化」と日本の「コウジカビ文化」のようなものが存在するように思える．

日本にはどれくらいの菌類がいるか

日本が菌類相において多様であることは上に述べたとおりである．それでは，日本にはどれくらいの菌類がいるのだろうか．それに答えるのは，インベントリーという言葉である．インベントリーは，「目録」あるいは「目録づくり」と翻訳され，与えられた地域（あるいは環境）における生物相の一覧表（の作成）を意味する用語とされている．あらゆる資源（直接の消費を目的としたものに加えて，研究材料としての利用やその応用を前提としたものまで含めて）の使途を検討するにあたり，どのようなものが手元にあるのか，リストアップしておくこと，という意味なのであるが，日本の菌類に関して，インベントリーは必要なのであろうか．筆者は，次の4点から必要と考えている．

① 枚挙は，科学の基本である．自然を認識する行為の中で，入手したデータを整理し，一定の形で列挙すること（枚挙）は，自然科学の基本中の基本行為である．また，ここで得られ，整理された情報は，分類学・生態学をはじめとするあらゆる基礎学問と応用科学の基礎である．

② 生態学的研究の基礎である．「どこに，どのような生物が，どれくらいいるか」という問いは，生態学的研究の基礎をなすものである．インベントリーは前二つの問いに答えるものである．

③ 生物資源の利用のうえで必要である．インベントリーは，「どこに，どのような生物が」いるかを示すものであるから，それは生物資源の利用を考えるうえでの地図のような役割を果たす．地図をもとに行き先への経路を正しく把握できるように，インベントリーをもとに，利用可能な生物やそれを得るためにはどこを探せばよいかを考えることができる．

④ 環境保護のうえで必要である．上記と同様に，生物資源の永続的利用のためにも，環境および生物の保全が注目されており，絶滅危惧生物のリスト（レッドデータブック）が編纂されている．保護しようとする対象がはっきりしない限り，保護を主張することはできない．よって，環境保護の面からも，インベントリーが必要

となる．

　日本における菌類インベントリーの歴史はきわめて浅いといわざるを得ない．日本における最初の菌類の研究は，19世紀半ば，アメリカ合衆国北太平洋探検船に乗船して各地で植物とともに菌類を採集したチャールズ・ライトの標本がもとになっているとされる．その後，1905年，白井光太郎は1,200種からなる『日本菌類目録』を自費出版した．これが日本で初めての菌類のインベントリーといえる．その後，この目録は二度（1917年，1927年）にわたり増補・改訂され，収載された菌類の数も増加した．1954年，原攝祐により，『日本菌類目録』が編纂・出版されたが，これ以降の日本産の菌類インベントリーは永らく出版されなかった．1990年代に入ると，自然や環境に対する関心や絶滅危惧種への注目から，その基礎データとして日本産の生物についての目録の必要性が議論されるようになった．そこで，絶滅危惧種調査の基礎資料として，再び日本産の菌類のリストが作成された（野生生物保護対策検討会，1995）．このようなデータをもとに，現在までに集積されたデータから，おおよその数については算定されている（表3）．これによれば，日本の菌類は，世界で知られる菌に比べ，はるかに少ないように見える．しかし，それは日本での菌類のインベントリーが不十分なためであり，実数はもっと多いと予想される．具体的な例をあげよう．筆者は，チャワンタケとよばれるきのこ類の一群でヒアロスキファ科という菌群を専門に研究している．ヒアロスキファ科の菌類は，腐朽木や植物葉などに発生し，円盤形の子実体（きのこ）を形成する菌群である（図7）．その直径は数百マイクロメートルから数ミリメートルと非常に微細であるため，いわゆるきのこの研究者からは見過ごされやすい．逆にカビの研究者からすると，研究対象として大型すぎるし，培養下で

表3　日本産菌類の算定．

分類群	日本産種数
ツボカビ門	140　（15%）
接合菌門	264　（24%）
子嚢菌門	7,419　（23%）
（地衣化子嚢菌1,566種と不完全菌類941種を含む）	
担子菌門	4,160　（7%）
（地衣化担子菌6種を含む）	
不完全菌門	941　（7%）

日本分類学会連合　種数算定委員会編（2003）による．種以下の分類群も，便宜上種数としてカウントした．（　）内の数字は，日本産の種数を世界で知られている種数に対する比率で表したもの．

発生することは稀なため，その研究が著しく立ち遅れている菌群の一つである．日本を代表するチャワンタケ類の研究者，大谷（1989）は，日本産チャワンタケ類のインベントリーを行い，ヒアロスキファ科菌類として41種（変種などの種内分類群も便宜上種としてカウントした）を報告した．しかし，その後，筆者らを含む研究者たちによって現在までに多くの日本新産種（日本で初めて見出された種）や新種が報告され，現在では69種が日本産としてカウントされている．新たに見出された種はいずれも標本に基づいているものであり，その標本も多くは国立科学博物館に保存されている．比較的短い期間で多くの菌がインベントリーに追加されたことは，日本における菌類相がきわめて豊かであることを示すと同時に，日本にはまだ未記載の菌が多数存在することを示している．

　それでは，日本産の菌類インベントリーを更新していくためにはどうすればよいか．データの集積はインベントリーの必要条件である．だから，古今東西の文献から，日本の菌類を引用したデータを収集することは必須である．集積したデータに基づいたデータベースの構築も必要である．しかし，データの集積だけでは十分ではない．古い記録の中には，本当にその菌が存在したのか確実とはいえな

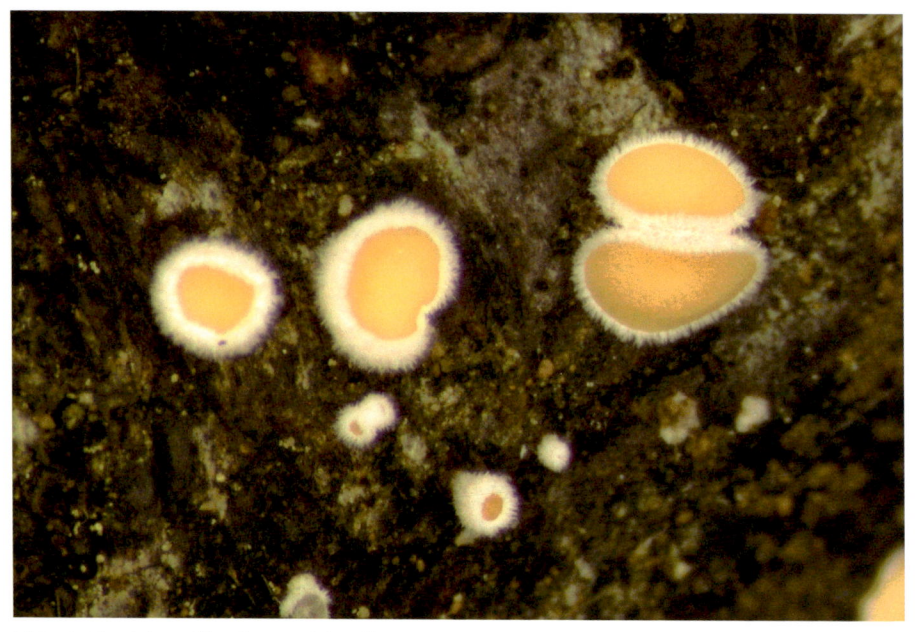

図7 ヒアロスキファ科のチャワンタケの例.

いようなあいまいな記載もあるし，現在ではその種を同定するのに明らかに不十分な記載もある．問題の菌が確かに日本産として認められるかという，データを評価することも必要なのである．十分なデータの検証を可能にする一つの方法は，その種と同定するに足りる十分な記載か，映像情報（図・写真）を添付することである．しかし，ある種が細分化されて，複数種が認識された結果として新種が記載される場合があるし，将来重要となる着眼点をあらかじめ想定して記載しておくことはほとんど不可能である．これに対し，写真や図は，本人が認識していなくても他人から別種であることを指摘できる可能性があり，文字による記述よりも有効といえるが，これも万能とはいえない．やはり，最終的には証拠となる標本が存在することが必要なのである．そして，そのような標本の保存することにこそ，博物館の意義があるといえる．

終わりに

　菌類は世界で100万種以上存在しているといわれ，現在わかっているのはその数パーセントにすぎないとされる．実際，毎年1,000種を超える新種が追加されている．菌類は，昆虫に次ぐ多様性をもっているのだ．日本は，南北に長く分布するという地域的な特性から，気候も多様性に富んでいる．この気候の多様性は多様な動植物相をもたらし，菌類も例外ではない．日本人は，また，この菌類を上手に生活に利用してきた．しかし，日本の大部分は菌類に関しては十分な探索がなされているとはいえない．われわれ日本人を育んだ自然を理解するためにも，そしてその自然の資源を利用・活用するうえでも，菌類にはインベントリーなどの基盤的研究がまだまだ必要なのだ．あらゆる生物の認識は人間の認識に基づくものである以上，常にインベントリーのメンテナンスをはかり，情報を更新し，ベストモードに保つ努力が必要である．博物館は，本来，標本収集と標本に基づく分類を行うのが重要な機能の一つである．また，旧態依然とした標本の収集だけを行っている場所とも誤解されがちである．しかし，インベン

トリーにおいては標本による情報のサポートを受け持ち，主に標本情報の集積・整理・情報発信を行う拠点としての機能を担いつつあるのだ．

文献

Cavalier-Smith, T. 2001. What are Fungi? *The Mycota*, 7 (Part A): 4-34.

Gargas, A., P. T. DePriest, M. Grube and A. Tehler. 1995. Multiple origins of lichen symbioses in fungi suggested by SSU rDNA phylogeny. *Science*, 268: 1492-1495.

原 攝祐．1954．日本菌類目録．日本菌類学会，岐阜県上川村，447pp.

今関六也・本郷次雄．1987．原色日本新菌類図鑑（Ⅰ）．保育社，東京，325 pp.

Kirk, P. M., P. F. Cannon, J. C. David and J. A. Stalpers ed. 2001. Dictionary of the Fungi, CAB International, Wallingford. 655 pp.

小泉武夫．1989．発酵～ミクロの巨人たちの神秘～．中公新書，東京，207 pp.

Kurtzman, C. P., M. J. Smiley, C. J. Robnett and D. T. Wicklow. 1986. DNA relatedness among wild and domesticated species in the *Aspergillus flavus* group. *Mycologia*, 78: 955-959.

Noble, H. M., D. Langley, P. J. Sidebottom, S. J. Lane and P. J. Fisher. 1991. An echinocandin from an endophytic *Cytosporiopsis* sp. and *Pezicula* sp. in *Pinus sylvestris* and *Fagus sylvatica*. *Mycol. Res.*, 95: 1439-1440.

大谷吉雄．1989．日本産盤菌綱菌類目録と文献．横須賀市博物館専報［自然］，37: 61-81.

白井光太郎．1905．日本菌類目録．日本園芸研究会，東京．151 pp.

白井光太郎・三宅市郎．1917．改訂増補 日本菌類目録，第二版 東京出版社，東京．811 pp.

白井光太郎・原 攝祐．1927．訂正増補 日本菌類目録，第三版．養賢堂，東京．508 pp.

野生生物保護対策検討会．1995．緊急に保護を要する動植物の種の選定調査報告書―菌類・地衣類・藻類・蘚苔類基礎資料編―．財団法人 自然環境研究センター．363 pp.

Whittaker, R. H. 1969. New concepts of kingdoms of organisms. Science, 163: 150-159.

細胞性粘菌の不思議な分布

萩原博光

　細胞性粘菌は，主に土壌中のバクテリアを栄養源として腐葉・腐植層に生息している（図1）．その分布は，気候要因に支配され，植生と密接に関係している．細胞性粘菌タマホコリカビ属の1種 Dictyostelium minutum は，世界的に冷温帯から亜寒帯にかけて分布する普通種であり，日本でもきわめてありふれた種類で，胞子の形態とアメーバ細胞の特徴的な集合パターンで他種と容易に区別できる（図2）．

　ところが，1983年に秋田県鳥海山における細胞性粘菌の垂直分布を調査した結果，D. minutum が出現してもおかしくない冷温帯を代表するブナ林から得られず，さらにその上部の林からも見つからなかったのである（萩原，1984）．分離方法が悪くなかったことは，ブナ帯より下部の林からは期待通りに D. minutum が得られたことが示していた．気候的にも植生的にも分布可能にもかかわらず分布していない場合，まず考えることは近縁種との競合である．鳥海山のブナ帯以上で普通に分布していた細胞性粘菌は，6種を確認した．そのうちの2種は，ブナ帯より下からも分離されていたため，対象から外された．次に，冷温帯から亜寒帯にかけて優占的に分布している D. minutum と競合して勝つとしたらその種も優占的に分布しているはずだと考えて条件を絞った．その結果，Dictyostelium microsporum 1種が最有力となった．この細胞性粘菌はブナ林からハイマツ林まで連続的に高頻度で出現していたのである．D. microsporum は，D. minutum と同様に小形の子実体を作るが，胞子の形態でもアメーバ細胞の集合パターンでも著しく違い，誰の目でも明らかに区別がつく（図2）．

　そこで，D. minutum と D. microsporum の胞子を混合して培養し，どちらが勝つかを実験した．その結果，培養温度が25℃では D. minutum が勝った．しかし，20℃と15℃では D. microsporum が勝ったのである．両種が競合していることは間違いなさそうだった．その目で過去の調査結果を洗い直してみた．1975年の愛媛県石鎚山，1979年の静岡県塩見岳，1985年の岐阜県白山，1987年の青森県岩木山と八甲田山の調査においても冷温帯で両種が明瞭に入れ代わっていたのである．日本の高山では D. microsporum のために D. minutum は本来の分布域まで勢力をのばせないでいるようだ．

　ではなぜ，1971年の北海道幌尻岳の調査では D. microsporum が出現せず，D. minutum が亜高山帯まで分布していたのだろうか．その分布パターンは，ヒマラヤ，ヨーロッパ，北アメリカの高山と同じであるけれども，本州以南の日本の高山とは明らかに違う．そこで1991年に北海道へ D. microsporum 探しの調査を行った．その結果，D. minutum は低地では普通に分布していたが，旭岳の亜高山帯からはわずかに D. microsporum のみが分離された．さらに1993年の斜里岳における調査の結果，ダケカンバ林では D. minutum が優占するものの，その上部のハイマツ林では D. microsporum のみが低い頻度ながら出現した．どうも基本的には，北海道の高山でも本州以南の高山と同じ分布パターンのようである．

　D. microsporum は，1978年に新種発表されてから長らく日本固有種であったが，1993年にドイツで見つかった．日本とドイツ以外では，北アメリカでもヒマラヤでも見つかっていない．競合相手の D. minutum は世界的汎存種である．これらのことから，D. microsporum は D. minutum の分布拡散によってしだいに分布域を狭められ，隔離的に残存しているという物語が成り立ちそうだ．日本ではかなり普通種である D. microsporum は，世界的に見れば絶滅危惧種に相当するのかもしれない．

文献

萩原博光，1984．鳥海山における細胞性粘菌の垂直分布について．国立科学博物館専報，(17): 47-54.

図1　細胞性粘菌タマホコリカビ *Dictyostelium mucoroides*. ×8（写真：伊沢正名）.

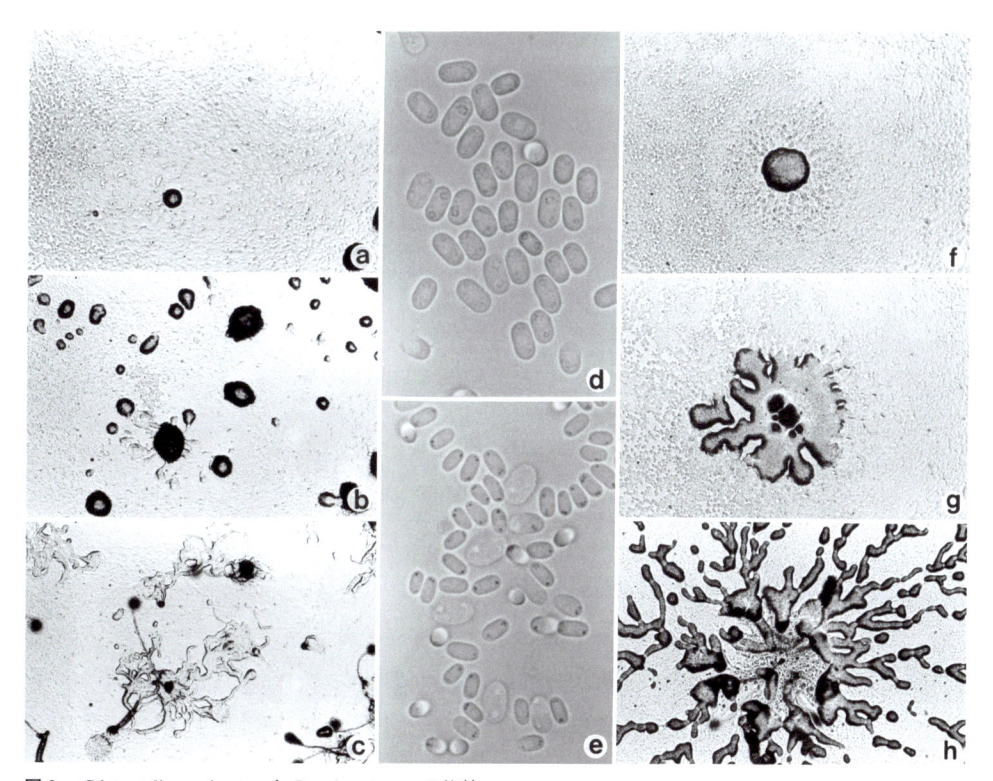

図2　*Dictyostelium minutum* と *D. microsporum* の比較.
a-d. *D. minutum*. a-c. 細胞集合（偽変形体）の発達経過．×22. d. 胞子．×900. e-h. *D. microsporum*. e. 胞子．×900. f-h. 細胞集合（偽変形体）の発達経過．×22.

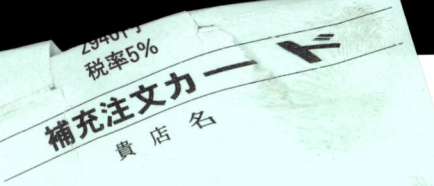

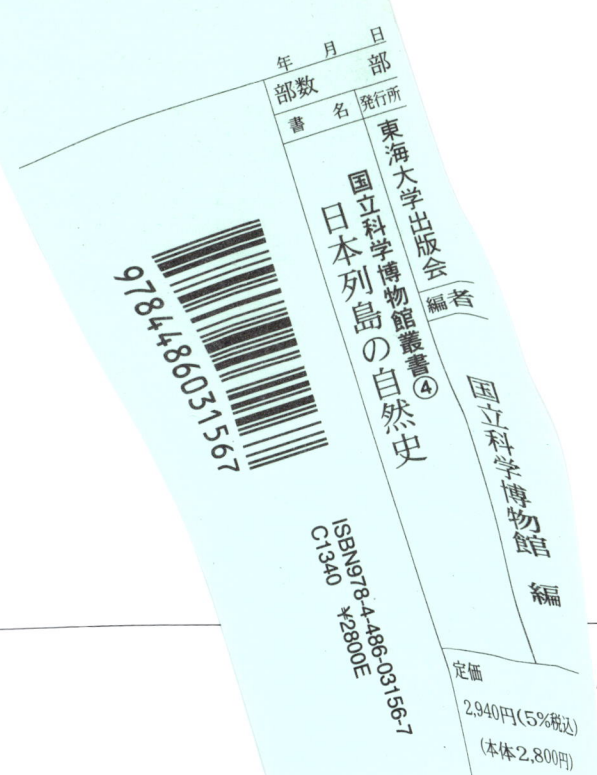

4

らサンゴ礁まで

海の中は本来非常に安定した環境である．紫外線の照射も温度の変化も陸上より小さい．そして地上よりはるかに長い生命進化の歴史を刻んできた．海藻，一見植物のように見える付着動物の数々，甲殻類，軟体動物，壮大な潮の流れに乗る魚類，クジラ，そしてそれらの寄生虫．磯の小さい潮だまりをすみかとする生物から，水深2,000 m を超える深海にすむものまで，日本列島の周囲では，海の生き物の多様な世界が展開する．

売上カード

東海大学出版会
神奈川県秦野市南矢名3-10-35
☎ 0463-79-3921

《書店さまへ》

特約店様へのお願い
◆注文カードは切りはなし売上カードだけを捺印してお送り下さい。(採用品は除く)
◆ご送付のカードにつき既定の販売促進費を毎年12月末締切2月末送金とさせていただきます。
◆このカードは貴店の販売実績として今後の販売上の貴重な資料として活用させていただきます。
◆現特約店以外の書店様には、ぜひ小会の特約店にご入会下さい。問合せは営業担当まで

日本列島の自然史

定価：2,940円(5%税込)
(本体2,800円)

ISBN978-4-486-03156-7 C1340 ¥2800E

4.1 日本近海のクジラとイルカ

山田 格

　日本近海でこれまで知られているクジラとイルカは次ページの表に示した42種である．世界で認知されているクジラ目の種は約80であるから，思いの外多数の種が日本近海では知られていることが注目される．ただし，この種数には，本来の分布域外で偶発的に発見されたものも含まれている．

　日本列島の太平洋側では，暖かい海水の流れる大河のような黒潮と，冷たい親潮とが茨城県沖付近でぶつかっており，北緯42度付近にはいわゆる亜寒帯収束線がある．一方，日本海では深層によどむ冷たい海水の表層に，暖流である対馬海流が卓越している．このような日本列島をとりまく海には，きわめて多様で豊かな生物相が知られている．クジラやイルカたちの分布や移動は，餌生物の分布や移動，潮流や水温などの要素と相関しており，日本近海のクジラやイルカの種数が豊富なのは，環境の多様性を反映している．

　これらのクジラやイルカについて，理解を深めるためには，船舶や航空機による目視調査，捕獲個体を飼育して観察する方法，調査のため，あるいは水産物として捕殺された個体を研究する方法，海岸に流れ着く個体を対象とするストランディング調査などの方法がある．いずれも長短がありそれぞれの知見を補い合いながら知識や理解は深められてきている．本稿では，各地の大学，博物館，水族館，あるいは研究機関や研究団体などとともに，国立科学博物館で進めてきた，日本列島総合調査やストランディング調査などによる知見と，各地で行われているホエールウォッチングや，ドルフィンウォッチングでわかってきたことなどを中心に，日本をとりまく海に棲息するクジラとイルカを紹介する．

ヒゲクジラ類

　ヒゲクジラ類は，その名の通りクジラヒゲをもつ．その特徴は群集性の餌生物を海水もろとも口に取り込んで，餌だけを濾しとって食べる摂食法にある．一般に大型で，大半は体長10 mを超え，30 mになるものさえある．

　名前の由来である「ヒゲ（クジラヒゲ）」は，ほぼ直角三角形の厚さ2から5 mm程度の角質でできた板状のヒゲ板が，上顎の縁に沿って，種によって片側200〜400枚程度並んで生えている．この直角三角形，短辺が上顎に植わっており，斜辺を内側に向けた状態で上顎の外側縁にほぼ直交する方向にびっしり並ぶ（図1）．内側に面している斜辺は，ヒゲ板内部の線維が露出してほうきのような状態になるので，プランクトンや，群集性の魚類が，この「やな」にかかって餌となる．

　ヒゲクジラたちは，いずれもこのヒゲ板でできたフィルターで，餌生物の群れを捕らえるのであるが，餌の群れを口の中に取り込む方法が大別して3通りあり，「漉きとり」，「呑みこみ」，「吸いあげ」と表現できる．

　「漉きとり」型は，セミクジラなどで見られるもので，この仲間では，摂餌の際，口を少し開いた状態で，コペポーダなどのプランクトンの群の中を進む．左右のヒゲ板の列の前端が開いているので，プランクトンを含む海水が口の中に入り，ヒゲ板の間を抜けて排出されるが，プランクトンなど海水中の浮遊物はヒゲ板のフィルターに捕らえられて口の中に残る．

　ナガスクジラの仲間は「呑みこみ」型で，

表　日本近海で報告されたクジラとイルカ一覧.

ヒゲクジラ亜目	セミクジラ科	セミクジラ	*Eubalaena japonica*
		ホッキョククジラ	*Balaena mysticetus*
	コククジラ科	コククジラ	*Eschrichtius robustus*
	ナガスクジラ科	ミンククジラ	*Balaenoptera acutorostrata*
		イワシクジラ	*Balaenoptera borealis*
		ニタリクジラ	*Balaenoptera edeni*
		カツオクジラ	*Balaenoptera brydei*
		シロナガスクジラ	*Balaenoptera musculus*
		ナガスクジラ	*Balaenoptera physalus*
		ツノシマクジラ	*Balaenoptera omurai*
		ザトウクジラ	*Megaptera novaeangliae*
ハクジラ亜目	マッコウクジラ科	マッコウクジラ	*Physeter macrocephalus*
	コマッコウ科	コマッコウ	*Kogia breviceps*
		オガワコマッコウ	*Kogia sima*
	アカボウクジラ科	アカボウクジラ	*Ziphius cavirostris*
		ツチクジラ	*Berardius bairdii*
		タイヘイヨウアカボウモドキ	*Mesoplodon pacificus*
		ハッブスオウギハクジラ	*Mesoplodon carlhubbsi*
		イチョウハクジラ	*Mesoplodon ginkgodens*
		オウギハクジラ	*Mesoplodon stejnegeri*
		コブハクジラ	*Mesoplodon densirostris*
	イッカク科	シロイルカ	*Delphinapterus leucas*
	マイルカ科	シワハイルカ	*Steno bredanensis*
		カマイルカ	*Lagenorhynchus obliquidens*
		ハナゴンドウ	*Grampus griseus*
		ハンドウイルカ	*Tursiops truncatus*
		ミナミハンドウイルカ	*Tursiops aduncus*
		マダライルカ	*Stenella attenuata*
		ハシナガイルカ	*Stenella longirostris*
		スジイルカ	*Stenella coeruleoalba*
		マイルカ	*Delphinus delphis*
		ハセイルカ	*Delphinus capensis*
		サラワクイルカ	*Lagenodelphis hosei*
		セミイルカ	*Lissodelphis borealis*
		カズハゴンドウ	*Peponocephala electra*
		ユメゴンドウ	*Feresa attenuata*
		オキゴンドウ	*Pseudorca crassidens*
		シャチ	*Orcinus orca*
		コビレゴンドウ	*Globicephala macrorhynchus*
	ネズミイルカ科	ネズミイルカ	*Phocoena phocoena*
		スナメリ	*Neophocaena phocaenoides*
		イシイルカ	*Phocoenoides dalli*

図1 2004年3月，茨城県那珂湊市に漂着したナガスクジラの上顎．左外側から見ているこの写真では左のヒゲの列の外側と，右のヒゲ板の列の内側が見えている．

プランクトンや群集性の魚類の群れを，海面に向かって追い上げ，大きく口を開いて海水もろとも口の中に取り込む．これは，二段階に開く顎関節と，口腔が皮下に落ち込むように広がって，ヘソのレベルまで入り込むという驚くべき特殊化のたまものである．ナガスクジラの仲間の頭部から腹部にかけて，「ウネ」とよばれる溝が多数縦走しているが，このウネのある範囲が，摂餌の際に餌を含んだ海水が入り込む範囲（ここでは「ウネブクロ」と表現する）を示している．摂餌の際には，この「ウネブクロ」がアコーディオンのようにのびて，流麗な彼らの体の前半が膨んでオタマジャクシのようになる．そのあと，

彼らは，餌生物を濾しとりながら，瞬く間にこの海水を押し出す．

「吸いあげ」型は，コククジラに特有である．彼らは，浅い海底の底質中にすむヨコエビやゴカイなどの無脊椎動物を食べるが，海底で右側面を下にして横倒しになり，口の右側から底質の泥を吸い上げて，左側から泥水を吐き出しながら餌を濾しとる．

これらのヒゲクジラ類には，大規模な季節的回遊をするものが多く，彼らは冬季には低緯度の温暖な「繁殖海域」で，交尾，出産，育児にいそしみ，夏季には高緯度の「摂餌海域」でひたすら餌をとることが知られている．この場合海域によって，見られる時季が限定されることになる．しかし，ヒゲクジラの中にも，通年低緯度ないし中緯度海域にとどまるものがあり，これらの種については，日本近海でも通年見られることもある．

1）ミンククジラ

おそらく種数，個体数など，あらゆる点でヒゲクジラを代表するのはナガスクジラ科のクジラたちであり，なかでも，日本では，ミンククジラは目視，混獲，ストランディングなど情報がもっとも多い．ミンククジラはナガスクジラ科ではもっとも小さい種で，最大でも9m程度である．洋上での動きは俊敏で，大型ナガスクジラ属の種とは異なり，摂餌行動もさまざまな姿勢で，シシャモ，サンマなどの群れを自在に捕らえるので見応えがある．日本近海では根室海峡や噴火湾などで活発な摂餌シーンを見ることができる（図2）．日本近海のミンククジラは，沿岸の定置網で毎年かなりの数が混獲されており，個体群の保全におよぼす影響が危惧される．

2）いわゆるニタリクジラ

ニタリクジラの分類については，複雑な歴史がある．2002年の国際捕鯨委員会で

図2　根室海峡で摂餌中のミンククジラ．「ウネブクロ」が膨らんでいるのがわかる（写真：佐藤晴子）．

合意された種名表でニタリクジラ（Bryde's whale）にあてられている *Balaenoptera edeni* のタイプ標本は，ミャンマーで採集され，Anderson（1878）によって記載された．その後，類似の種が，南アフリカで捕獲され，Olsen（1913）が *Balaenoptera brydei* として記載したが，残念ながらこの記載は，タイプ標本もなく種の特徴を議論するにはまったく不備なものであった．この種に関する形態学的記載は，20年近くのちになってようやく Lönneberg（1931）が出版したが，それは同じ南アフリカで捕獲された *Balaenoptera brydei* と考えられる個体の記載である．Junge（1950）は，Olsen の *Balaenoptera brydei* は Anderson の *Balenoptera edeni* の新参異名であると結論し，独立の別種であったこの2種は Anderson の *Balenoptera edeni* として認知されることになった．

しかし，Anderson の *Balenoptera edeni* と Lönneberg の *Balaenoptera brydei* を詳細に比較すると，頭骨形態，体長，DNAなどにさまざまな相違があり，別の分類群とすべきものである．この観点から日本近海のいわゆるニタリクジラを調べてみると，小笠原周辺などのニタリクジラは大型で，Lönneberg の *Balaenoptera brydei* の特徴をもつのに対し，高知沖などの「ニタリクジラ」は，小型で Anderson の *Balenoptera edeni* の特徴をもつ．和名の取り扱いには問題があるが，小笠原周辺などで捕獲される *Balaenoptera brydei* をニタリクジラ，*Balaenoptera edeni* には，かつて和歌山付近などで使用されていたというカツオクジラをあてるのがいいのではなかろうか．高知県や鹿児島県などではカツオクジラを通年見ることができる．

3）ツノシマクジラ

1998年9月，本州の西端，山口県の角島付近で，体長約11 mのクジラが漁船と衝突して死亡した．このクジラは，種の同定不能の謎のクジラであった．国立科学博物館では地元の要請を受けて展示用の骨格標本作製のための標本収集を行ったが，数年にわたる調査研究の結果，このクジラは，これまで記載されたことのない新種であることが判明した（図3）．ヒゲクジラとしては90年ぶりの新種，体長10 mを超えるような大型の種が21世紀初頭になって初めて認知されたというのはちょっとした驚きといえよう．種の名前として，限られた情報から地域名などを与えることに

図3 ヒゲクジラでは90年ぶりに新種記載されたツノシマクジラの完模式標本（NSMT M32505）頭骨.

は問題があるが，標本の採取をはじめさまざまな面で絶大な協力を得たタイプ標本の採集地角島の名前をこの種の和名として提案している．

その後，ツノシマクジラの標本が，ニタリクジラや，ザトウクジラなど，他の種名ラベルを付けられて，東南アジアやオーストラリアの博物館に所蔵されている例に少なからず遭遇した．1998年以前にすでに10頭近くのツノシマクジラが収集されていながら，認知されていなかったことは，中型とはいえツノシマクジラ程度の大きさのクジラの標本についてきちんと観察し，同定することがいかに困難であるかということを物語っている．

4）コククジラ

2005年のゴールデンウィーク，東京湾はおもわぬクジラ騒ぎで沸いた．4月下旬届いた情報は「黒っぽくて汚らしい大きなクジラらしいものを見た．」という内容であった．まもなく，テレビ会社から映像とともに問い合わせがあった．体長は10 mともいわれるが，映像を見る限りずっと小さく感じられる．とにかくやせていることと，泳ぎがへたくそなのが印象的であったが，まぎれもなく「コククジラ」である（図4）．この個体はゴールデンウィーク中，千葉県側あるいは神奈川県側の岸近くに現れ大変な人出を集めた．

日本近海でのコククジラ情報は近年まで稀有であった．1993年5月，伊豆大島周辺に3頭のコククジラが，しばらくとどまっていたことがあったが，このコククジラについては見事な摂餌シーンが撮影され，世界的に注目された．アラスカやカナダの摂餌海域で多くのカメラマンたちがコククジラの摂餌シーンの撮影に挑戦しているが，一般に海水の透明度が低く，この時大島沖で撮影されたような鮮明な映像は撮影されたことがなかった．

コククジラは，かつては大西洋にも棲息していたといわれるが，現在では太平洋のみに分布する．きわめて沿岸性で，太平洋の東と西の沿岸域に棲息するが，遊泳速度が遅く，捕獲が容易であるため濫獲されて激減し，1930年代以降は保護されてきた．アメリカ大陸西岸の個体群は，保護の成果が見られ，絶滅の危機は免れたといわれている．彼らは，夏にはアラスカ周辺の摂餌海域で餌をとり，冬にはメキシコ周辺の浅い入江などで，交尾，出産，子育てをする．往復する距離は約2万km，もっとも長距離を回遊する哺乳

図4 2005年ゴールデンウィーク中,東京湾に現れて人気を集めたコククジラ.若い雌で体長7.9 m(写真:横浜八景島シーパラダイス).

類といわれる.

一方,西太平洋個体群のコククジラは,厳しい絶滅の危機にさらされている.わが国や韓国の捕鯨業による濫獲で,完全に絶滅したとも考えられていた西太平洋個体群は,1990年代になってサハリン島の東海岸で,100頭をわずかに超える規模の群れが確認され,米ロの共同研究が進められている.東太平洋の個体群に関する知見によれば,きわめて岸近くに,繁殖海域があるはずではあるが,21世紀の現在,体長12 mにもなるこのクジラの繁殖海域が,いまだに不明なのは不思議なことである.わが国近海では,かつては捕獲対象種であったし,瀬戸内を繁殖海域とするものがいたと考える向きもあるが,明治期以降ほとんど見られなくなってしまった.1950年代から,2005年までの約50年の間に,確認されたストランディングあるいは目視の例は,14件ときわめて少ない.これらの日本近海で見られる個体と,サハリン東岸の摂餌海域の個体群の関係を解明することが本種の保全のための課題の一つである.

冒頭で触れた20005年5月に東京湾に迷入した個体は,ゴールデンウィーク明け,残念ながら湾口部の定置網で死亡した.水産庁主導による調査には,国立科学博物館も参加したが,体長8 m弱,きわめてやせた1歳の雌であった.2005年には7月にも,宮城県で母子連れと思われる2頭が定置網で死亡したが,もしこれらの個体が200頭に満たないという,サハリン沖の群れのメンバーであるとすると,自然死以外に1年で3頭が死亡したという事態は,群れ全体にとっても大きな問題であり,混獲問題は種の保全にとって大きな課題である.

ハクジラ類

ハクジラ類は,餌生物を1匹ずつ捕らえて食べる点がヒゲクジラと異なる.上下の顎に歯があるのが本来であるが,イカなどの頭足類を主食とするものでは,歯が退化する傾向があり,マッコウクジラの仲間や,イッカクの仲間,あるいはマイルカ科でもハナゴンドウなどでは,上顎の歯が機能を失ったり,消失してしまっている例が多い.さらに,アカボウクジラの仲間では,歯はオトナの雄でしか生えてこないうえに,生えてくる歯も摂餌の役には立たない.

ハクジラ類では,鼻道の一部を振動させて超音波を発生して反射波を検知し,海底地形などの情報を得たり,餌生物を探知したりするエコロケーションが特徴である.丸く膨ら

図5 マッコウクジラ．小笠原の近海では季節によってマッコウクジラの群れに遭遇する（写真：小笠原ホエールウォッチング協会）．

んだ頭部（メロン）は，この発射する超音波の調節機能をもつといわれ，下顎骨の内側から耳の骨にかけては音響脂肪とよばれる脂肪の塊があって，音を聞くうえで重要な機能を果たす．

1）マッコウクジラ

ハクジラ類最大のマッコウクジラは，紀伊半島沖，小笠原周辺，銚子沖，根室海峡付近などでよく見られ，太平洋側の各地でストランディングがある．巨大な頭部の大半を占める脳油は，かつて，アメリカを基地とした，帆船と手こぎのキャッチャーボートによる，いわゆる「ヤンキー捕鯨」の主たる目的とされ，世界中の海で捕獲された（図5）が，最近では太平洋岸各地でストランディングの報告が増大しており，個体数の回復が進んでいるとの考えもある．

2002年1月には，鹿児島県大浦町（現南さつま市）の海岸に14頭のマッコウクジラが，生きたまま流れ着いた．おりからの悪天候と，遠浅の海底地形のため救助作業は難航し，翌日になって1頭を沖合に曳航することができたのみで，13頭は死亡した．この死体処理には大変な手間がかかり，結局は重りを付けて海底に沈めるという処理がなされた．この海底のマッコウクジラの死体については，(独)海洋開発研究機構などにより，継続的な潜水観察が行われている．

この，南さつま市の海岸では，1934年2月にも21頭のマスストランディングがあり，処理に難渋した記録が残っている．記録写真によれば，妊娠した雌個体が含まれていたようで，2002年の14頭のうち，確認された13頭がすべて若い雄であったこととの対比は，今後の検討課題である．また，2005年7月には1頭だけながら雄のマッコウクジラが生きたまま打ち上げられており，この海域はマッコウクジラの回遊の要衝かもしれない．

2）アカボウクジラ科

アカボウクジラの仲間は，おそらくいずれも深く潜水してイカなどの頭足類を捕食すると考えられている．比較的小さな頭部，体側に密着する胸ビレ，尾側寄りに位置する小さな背ビレなどが特徴で，たいてい明瞭なクチバシがあるので場合によってはイルカに似ていると表現されることもある．喉元に相当する部位に「ハ」の字型の溝があり，頬に当たる部分が大きく膨らむようになっていて，いわゆる「吸い込み摂餌」を行うと考えられている．歯は下顎のみに1対または2対あって，

図6 タイヘイヨウアカボウモドキ．2002年7月鹿児島県川内市（現薩摩川内市）にストランディング．雌，6.48 m．外部形態や体色が初めて明らかになった（写真：いおワールドかごしま水族館）．

図7 オウギハクジラ．1988年12月新潟県西山町で撮影．オトナ雄．上顎を左右からはさむように下顎から生えていて，咀嚼とは無関係な歯に注意．

一般にオトナ雄にのみ萌出する．

3）タイヘイヨウアカボウモドキ

オーストラリアのクイーンズランド博物館のLongman (1926) は，1880年代から約40年間，収蔵庫に保管されていた頭骨標本を調査し，新種として記載した．1960年代にソマリアで発見されたもう一つの頭骨（Azzaroli, 1968）と合わせて，長い間世界中に2例の頭骨しか標本がなく，外部形態，体長，体色などは不明であった．

2002年7月，鹿児島県川内市（現薩摩川内市）の海岸で発見された体長約6.5 mの，クチバシの長いアカボウクジラ科の個体は，調査の結果タイヘイヨウアカボウモドキであることが判明した（図6）．完全な全身骨格，外部形態など，この個体の調査により本種の基礎的な知見が世界で初めて明らかになった．きわめて珍しい本種の発見は，前述のツノシマクジラの発見とともに，最近の国立科学博物館のストランディングネットワーク活動のめざましい成果で，世界的にも注目されている．

なお，この発見後まもなく前述の2例のほかに，4個体の標本が南アフリカ，ケニア，モルディブの博物館などに埋もれていたことが判明したので，鹿児島の個体は世界で7例目となる．その後，フィリピン，台湾などで発見が相次いでいるが，これらの新たな知見が蓄積されていくことにより，タイヘイヨウアカボウモドキは，体長6から6.5 m，細長いクチバシをもつことがはっきりしてきた．歯は下顎の先端に1対認められる．

4）オウギハクジラ属

アカボウクジラ科の中でもオウギハクジラ属の各種については不明な点が多い．日本近海では4種が確認されている．

オウギハクジラは従来きわめて珍しいとされていたが，日本海セトロジー研究会（現日本セトロジー研究会）や，国立科学博物館を中心に日本海側の各地でストランディング個体の調査が積極的に進められ，日本海では，実はミンククジラに次いで多く見られることがわかってきた．分布，食性，春先に日本海で出産するらしいことなど，わずかずつではあるが，実像がわかってきている．日本海沿岸各地の他，北海道では，オホーツク海沿岸，根室海峡，さらには太平洋側の噴火湾沿岸でも報告がある（図7）．

オウギハクジラが，日本海側の代表であるのに対し，太平洋側ではイチョウハクジラとコブハクジラが温かい海に分布し，冷たい水にはハッブスオウギハクジラが知られている．

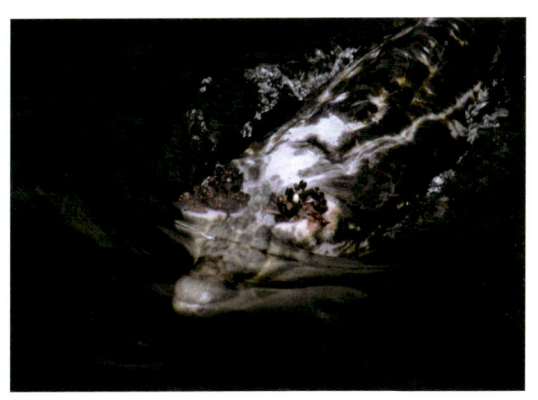

図8 コブハクジラ．2005年8月福岡県福岡市の博多湾に現れた，オトナ雄．目より高い位置に生えている歯，歯に付着している蔓脚類などに注意（写真：マリンワールド海の中道）．

図9 ミナミハンドウイルカ．2001年6月，御蔵島沖（写真：角田恒雄）．

成熟したコブハクジラの雄では，牙のような歯が，目よりも高くそびえたつ歯槽から角のように萌出する（図8）．

5）マイルカ科

「クジラとイルカはどう違うのか」という質問をよく耳にする．これに対して，生物学的に答えるには無理がある．つまり，日本では「クジラとイルカ」という言葉，英語でも「whale と dolphin and porpoise」という単語はそれぞれ，生物学が確立されるよりもはるか昔，人々が海で遭遇する「クジラ」や「イルカ」に対して確立した概念で，基本的には「小さくて可愛い」ものをイルカとよび，「大きくて畏敬の念を呼び起こす」ようなものをクジラとよんだ文化的な相違である．きわめておおざっぱにいえば，ハクジラ亜目に分類されているものの中で，小型のものをイルカとよんでいるということになろう．

最近の分子生物学の発展，国際的な共同研究の進展などの成果で，次第に従来の分類体系に変化が生じつつある．次に述べるハンドウイルカ属とマイルカ属はその代表で日本沿岸に棲息するものの解析で，実態が明らかになりつつある．

ハンドウイルカ属とマイルカ属のイルカは，世界中に広く分布している．とくに，ハンドウイルカは，世界中の水族館などで飼育展示されており，さまざまなメディアなどにも頻繁に登場するので，イルカの中でももっともなじみのある種である．世界中の熱帯や，温帯海域に分布し，かつては多数定義されていた種が，ハンドウイルカ1種にまとめられてきた経緯がある．しかし，頭骨の形態とミトコンドリア DNA の解析によりミナミハンドウイルカが，独立の種として再認知されるようになってきた．この種については，さらに再検討が進められており分類学的な理解が落ち着くまでにはまだしばらく時間がかかりそうである．外洋に棲息するハンドウイルカに対し，ミナミハンドウイルカは，沿岸性が強く，小型でクチバシが細長く，成熟すると腹側に斑点が生じることなどでハンドウイルカと区別される．わが国では，奄美諸島をはじめ，天草，御蔵島などの周辺で定住しているグループが確認されており，その他の海域でも本種の存在が議論されている（図9）．

マイルカ属では，クチバシが長いハセイルカと，クチバシの短いマイルカの存在が長く議論されていたが，日本近海では太平洋沿岸の西部と日本海ではハセイルカ（図10）が知られ，おそらく紀伊半島から房総半島にかけての海域を中間地帯としてそれより東ではマイルカが見られることが多いようである．イ

図10 ハセイルカの群．高知沖（写真：天野雅男）．

図11 銚子沖のカズハゴンドウの群（写真：銚子海洋研究所）．

ンド洋などではさらにクチバシの長いものもあるという．

6）ユメゴンドウとカズハゴンドウ

ユメゴンドウとカズハゴンドウは外見が類似しており，同定が困難である．同定の手がかりは胸ビレであり，ユメゴンドウでは胸ビレの先端が丸くなっているのに対し，カズハゴンドウの胸ビレの先は尖っている．また，ユメゴンドウでは歯が大きくて上下とも10対前後であるが，カズハゴンドウの歯は小さく20〜25対である．カズハゴンドウは数百頭，あるいはそれ以上の大きな群れをつくるが，ユメゴンドウは数十頭以上の群れをつくることはあまりない．

ともに，マスストランディングすることが知られており，とくにカズハゴンドウ（図11）は，宮崎県，茨城県，鹿児島県で大規模なマスストランディングの記録があり，国立科学博物館でも，しばしば対応してきている．

7）シャチ

シャチ（図12）は，地球上のほとんど全ての海域で見られる．東部北太平洋のワシントン州からアラスカ州に棲息するシャチの調査によって，いわゆる定住型（resident），回遊型（transient），外洋型（offshore）の3タイプがあり，食性，鳴音などに特徴があると

図12 シャチ．噴火湾．雄の背ビレは垂直にそびえ立つ．個体識別の結果，噴火湾と知床で同一個体が確認されている（写真：笹森琴絵）．

いわれるが，世界の他の海域でこの概念が適用できるかどうかは今後解明されなければならない課題である．近年，北海道沿岸域では，シャチの目視例が知られ，写真によるID作業も進められているが，2005年2月には，羅臼で流氷に閉じ込められて死亡した9頭の調査は国立科学博物館を中心に進められている．

8）ネズミイルカ科

ネズミイルカ科のイルカはクチバシが不明瞭で小型である．イシイルカは白黒の色彩が鮮やかであるが，一般にくすんだ灰色で目立たない．1960〜70年代以降，英語圏ではporpoiseとよばれるようになり，マイルカ科のdolphinと区別されるようになっている．

日本近海の沿岸域では，ネズミイルカとスナメリが知られているが，太平洋側は茨城か

図13 ネズミイルカ．根室海峡では安定してネズミイルカが見える．彼らは静かに餌を追う（写真：佐藤晴子）．

図14 白黒のコントラスト鮮やかなイシイルカ．噴火湾で（写真：笹森琴絵）．

ら宮城あたりを中間域として，日本海側では，能登半島付近を境界にそれより北にネズミイルカ（図13），南にはスナメリが分布している．ネズミイルカは背ビレがあるが，スナメリは背ビレがないのが特徴である．また，鳥取県と島根県付近以北の日本海と，銚子以北の太平洋には，イシイルカ（図14）が分布するが，イシイルカは高速遊泳する外洋性のイルカで，シャチにも似た白黒の体色が特徴的である．

むすび

日本近海のクジラ目（クジラとイルカ）について，国立科学博物館で調査する機会の多い種を選んで紹介した．

たとえば，スナメリとネズミイルカは，ともにネズミイルカ科に属し，沿岸性の小型イルカで，生態学的に似通った環境に棲息している．しかし漂着データを見ると，太平洋側では，千葉県から宮城県にかけての地域で分布が重複するが，日本海側では能登半島付近を境界に分布が分かれており，基本的には冷たい海域と，暖かい海域とに分布しているものと考えられる．オウギハクジラ属を見ると，暖かい海に棲息するコブハクジラとイチョウハクジラに対し，オウギハクジラとハッブスオウギハクジラは冷たい海に棲むと考えられる．これらの分布の差は，棲息に適している海水温に差があるのか，餌生物に対する選り好みがあって，餌生物の分布に差があるのか，あるいはもっと別の要因があるのか，今後の研究テーマの一つと思われる．

近年，北海道や冬の秋田県沖でハナゴンドウが確認されたり，真冬の日本海沿岸にハシナガイルカのストランディングがあったり，暖かい海に棲息するはずのイルカが，冷たいはずの海域で見られるようになったことは，クジラ，イルカなどの漂着，座礁などいわゆるストランディング情報が広く収集されるようになったこととも関係があるかもしれないが，もしかするといわゆる「温暖化」の一例で，海域によって従来よりも海水温が高くなるような出来事が起こっているのかもしれない．

常に，各地の海棲哺乳類の動向に目を配ることで，より深い理解が得られたり，海の環境の変化などを察知することが可能になることもあるのではあるまいか．

文献

Anderson, R. J. 1878. Anatomical and Zoological Resarches. Comprising an Acount of the Zoological Results of the Two Expeditions to Western Yunnan in 1868 and 1875. B.Quaritch, London, pp. 551-564.

Azzaroli, M. L. 1968. Second specimen of *Mesoplodon pacificus* the rarest living beaked whale. *Monit. Zool. Italiano*, (n.s.), 2: 67-79.

Junge, G. C. A. 1950. On a specimen of the rare fin

whale, *Balaenoptera edeni* Anderson, stranded on Pulu Sugi Near Singapore. *Zool. Verhandl.*, 9: 1-26.

Longman, H. A. 1926. New records of cetacea, with a list of Queensland species. *Mem. Queensland Mus.*, 8: 266-278.

Lönneberg, E. 1931. The skeleton of *Balaenoptera brydei*. *Ark. Zool.*, 23A: 1-23.

Olsen 1913. On the external characters and biology of Bryde's whale (*Balaenoptera brydei*), a new rorqual from the coast of South Africa. *Proc. Zool. Soc. London*, 1913: 1073-1090.

4.2 日本列島の魚たち

松浦啓一・篠原現人

日本列島はアジア大陸に沿って，太平洋の北西部に位置している．日本の国土は世界の他の国々と比べると決して広いとはいえないが，日本列島は南北にきわめて長い．北海道の宗谷岬の北端から沖縄の西表島までの距離は3,000 km余りある．3,000 kmという数字を見ても，直感的にはその長さがわかりにくいかもしれない．日本列島の長さを実感するためには，世界地図を広げて他の国と比べてみるとよい．西部太平洋の地図を見ると，日本列島の真下，つまり真南にオーストラリア大陸がある．オーストラリアの面積は日本の20倍もあるが，日本列島をオーストラリア大陸東岸に置いてみると，北東にあるヨーク岬の北端から南東にあるシドニーを越え，バス海峡まで達することがわかるだろう．つまり，日本列島の長さはオーストラリア大陸東岸の総延長に等しいのだ．

このように日本列島が南北に長いため，日本の海洋環境は変化に富んでいる．北海道のオホーツク海沿岸は冬になれば流氷に覆われるが，同じ季節に沖縄の海に潜れば美しいサンゴ礁と熱帯性の色鮮やかな魚たちを見ることができる．また，本州や四国，九州の岩礁や砂浜，干潟には温帯性の魚たちがすんでいる．そして，日本の太平洋側には日本海溝という8,000 mに達する深海がある．われわれ日本人は，このように多様な海洋環境を普通のことだと感じている．しかし，実は日本のように小さな国で，豊かな海洋環境と海洋生物相をもっている国は世界でも珍しい．本文では，海洋生物の中でも日本人に馴染みの深い魚たちの多様な姿を紹介することにしよう．

豊かな日本の魚類相

日本には何種類の魚がすんでいるのだろうか．魚がすめるのは水の中，つまり淡水と海水である．「日本の淡水域」というのは日本の国土に含まれる川や湖沼，地下水脈のことであるが，海は連続しているので，「日本の海」を定義するのは簡単ではない．しかし，現在，多くの国々で「自国の海」の定義に用いられているのは，海洋法で規定されている排他的経済水域（原則として沿岸から200海里以内）という概念なので，本書でもこれに従うことにする．現在までに日本の淡水域と排他的経済水域からは約3,900種の魚が報告されている．しかし，これで日本の魚を網羅できたかというと，そうではない．毎年，日本から新顔の魚たちが20種くらい報告されている．すなわち，毎年，新種が5～6種，既知種ではあるが日本から初めて記録される魚が15種くらい発表されている．まだまだ日本には未知の魚がいるのだ．では，日本に生息している魚は総計で何種類になるのだろうか．正確な数字はわからないが，概数を予測することはできる．

南北の違いはあっても日本と同じくらいの緯度にあるオーストラリアに4,430種の魚がすんでいる．陸上を見るとオーストラリアには熱帯があるが日本にはない（日本には亜熱帯はある）という違いはあるものの，海の中を見ると両国の環境は似ている．したがって，少なめに見積もっても，日本に4,000種を超える魚がいるのは確実である．実際，ハゼ類を研究している人たちによると，日本には約350種の未報告のハゼがいるという．つま

り，研究者の手元に標本や記録写真があるが，論文で発表されていない（学名がついていない）ハゼが350種もいるのだ．日本の既知種が3,900種だから，350種を加えれば，4,000種どころか，4,250種となる．未知種はハゼ類ばかりではないのだから，総数は4,400種前後にはなるであろう．

ハゼ類の例があるので，日本には4,000種の魚がすんでいるといっても差し支えない．さて，4,000種という数字は豊かさを示すのだろうか．それとも，一つの国にすんでいる魚の種数としては，ごく普通の数なのだろうか．全世界には現在，約25,000〜27,000種の魚が生息しているといわれている．数値に幅があるのは，未報告の魚や分類学上の整理が不十分なためである．日本産魚類は4,000種であるから，世界全体で知られている魚の種数の15〜16％ということになる．日本の国土面積はオーストラリアの5％しかないのだから，魚の種数で全世界の15〜16％というのは，国土の割には，きわめて豊かだといってよいだろう．もっとも，国土は狭くても日本の排他的経水域（451万 km^2）は世界第6位なので，「日本の海」は世界でも指折りの広さである．したがって，日本の海に多くの魚がいても当然かもしれない．

そこで，日本と同じような島国であるニュージーランドと比較してみよう．ニュージーランドの国土面積は日本の72％である．国土面積は日本より少ないが，排他的経済水域は世界第4位（483万 km^2）で日本よりかなり広い．ところが，ニュージーランドにすんでいる魚は1,000種である．種数では，日本の魚の25％にすぎない．どうしてこのように大きな違いがあるのだろうか．ニュージーランド周辺の海洋環境が日本と比べると単調であること，とりわけサンゴ礁が発達していないことが主な理由であろう．同じ西部太平洋の島国とはいっても，日本はニュージーランドと比べるとはるかに豊かな魚類相をもっているのだ．ちなみに排他的経済水域が世界最大の国はアメリカ（762万 km^2）で，オーストラリアは世界第2位（701万 km^2），第3位がインドネシア（541万 km^2），第4位がニュージーランド（483万 km^2），第5位がカナダで（470万 km^2），日本（451万 km^2）は前述したように第6位である．オーストラリアの排他的経済水域は日本の1.6倍あるが，オーストラリアの総魚種数は4,430種であり，日本の予測総魚種数（4,400種）とほとんど同じである．このような比較によって，日本の魚類相は世界でも飛び抜けて豊かであることがわかるであろう．

南からの強大な流れ「黒潮」と北から押し出す「親潮」

魚類ばかりではなく，ある場所にすんでいる生き物のことを知りたいと思ったら，その環境を調べる必要がある．なぜなら，生き物は環境と深く関わりながら生きているからである．生物の多様性が豊かであるということは，環境が多様性に富んでいることを意味している．魚類に関係のある環境要素にはさまざまなものがあるが，その中でも水温と餌生物はきわめて重要である．この二つの要素は海流の影響を強く受けるので，日本の海流について見てみよう．日本の周囲には暖流と寒流の二つの大きな海流がある．暖流は黒潮とよばれ，寒流は親潮とよばれている．

黒潮はフィリピン東方から東シナ海を北上して九州と奄美大島の間のトカラ海峡から太平洋に入り，日本の南岸に沿って北へ流れる．流速は毎秒2m以上に達し，流れの幅は100km，毎秒2,000〜5,000万トンの海水を運ぶ強大な海流である．黒潮には栄養分が少ないため，プランクトンの生息数が少なく，透明度は高い．このため，黒潮は青黒く見える．これ

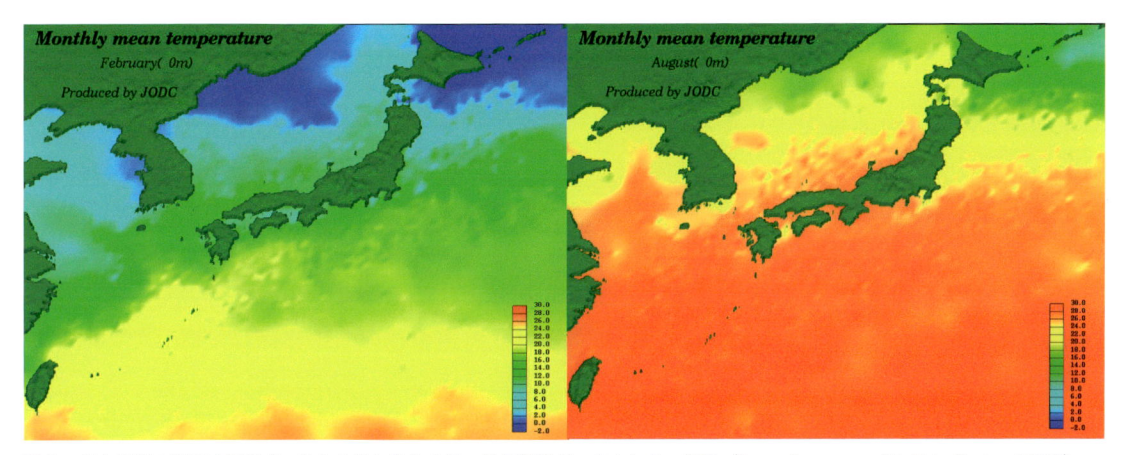

図1 日本周辺の海面水温分布. 左：2月；右：8月. 日本海洋データセンター提供（Japan Oceanographic Data Center: JODC）.

表1 日本各地の2002年における海面平均水温. 日本海洋データセンター（Japan Oceanographic Data Center: JODC）の「定地水温データ検索」に基づいて作成（単位：℃）.

地名	1月	2月	3月	4月	5月	6月	7月	8月	9月	10月	11月	12月
北海道 宗谷岬（稚内）	1.0	1.3	3.1	7.9	12.7	13.0	16.5	18.3	18.7	17.4	8.0	4.0
北海道 オホーツク海沿岸（紋別）	-1.0	-1.1	0.5	6.4	11.5	13.8	16.3	17.3	18.1	16.4	8.1	2.5
北海道 太平洋沿岸（厚岸）	0.0	-0.1	2.0	5.9	9.5	11.6	14.8	15.3	16.7	14.0	7.2	2.5
日本海（北海道奥尻島）	8.2	7.2	7.7	9.0	12.3	15.3	19.4	22.0	22.1	18.3	13.3	10.7
日本海（佐渡島）	9.8	8.5	9.9	12.1	14.7	18.8	22.4	26.5	25.0	20.4	14.6	11.7
日本海（島根県浜田）	9.9	9.8	11.4	14.9	16.7	20.4	22.3	25.1	23.7	19.7	14.3	12.3
房総半島（千倉）	13.8	14.0	14.2	16.8	19.0	20.0	19.7	23.1	25.0	21.4	17.4	16.9
伊豆諸島（神津島）	16.0	14.6	17.0	19.7	20.1	19.6	25.1	27.2	26.2	24.5	19.4	20.1
小笠原諸島（父島）	20.6	19.6	19.6	20.9	23.7	26.2	26.8	26.5	26.9	27.3	25.3	23.2
紀伊半島（串本）	15.5	16.3	17.4	19.2	22.4	24.6	27.2	28.6	26.8	23.7	19.8	18.6
四国（高知県室戸）	15.2	15.5	17.5	19.4	22.2	24.6	27.2	28.6	27.4	24.2	19.6	18.7
九州（鹿児島県垂水）	16.6	16.1	16.5	17.9	22.7	24.9	26.4	28.2	26.4	23.9	20.0	19.1
沖縄島（本部）	21.4	20.5	21.0	22.3	24.6	25.9	26.7	28.0	26.9	26.2	23.7	22.0
石垣島	21.2	21.2	22.6	24.6	26.6	27.5	28.4	28.8	28.3	26.9	24.5	23.4

これらの地点において平均水温の最低値を示すのは稚内であるが，日別の最低水温は宗谷岬の-2.7℃（2月），最高水温は石垣島の29.7℃（8月）となる．

が「黒潮」の名前の由来である．黒潮は川のように流れているため，昔，「黒瀬川」とよばれていたこともある．黒潮は九州南方で枝分かれして，枝流は日本海に入るが，黒潮本流は太平洋沿岸を北上して，房総半島付近に達し，そこで東へ向きを変える．日本海に入る枝流は対馬暖流とよばれ，本州と北海道沿岸に沿って北上する．対馬暖流は津軽海峡の西側で枝分かれして，大部分は津軽海峡を東へ進み，東北の太平洋側を南下して岩手県沖に達する．一方，対馬暖流の北へ向かう流れは，宗谷岬に達して二つに分かれ，一方はサハリンへ向かい，他方は南へ進路を取り，北海道のオホーツク海沿岸を南下して勢力が衰える．

黒潮本流に洗われる沖縄の島々にはサンゴ礁が発達している．黒潮の流れは四国や本州南部の沿岸にも強い影響をおよぼしている．四国南西部の柏島や紀伊半島には，沖縄と比べると規模は小さいもののサンゴ礁がある．沖縄の島々は亜熱帯に属するが，これは陸上の話で，海の中を見ると熱帯の風景が広がっている．そして，熱帯の魚たちは黒潮の影響

を強く受ける四国や本州の南岸，そして伊豆諸島の三宅島や八丈島にも見られる．つまり，日本の陸と海のようすはかなり異なるのである．

　一方，親潮は冷たい寒流で，流速は毎秒30 cm程度である．黒潮と比べると弱い海流である．黒潮は「川」のように流れているが，親潮は北から南へ「舌」のように押し出してくる．親潮は黒潮と比べると，はるかに栄養に富んでいて，栄養塩の濃度は黒潮の少なくとも5～10倍（数10倍以上という説もある）はあるといわれている．このため親潮海域では春になると植物プランクトンが大量に増えて，動物プランクトンや魚類も多くなる．親潮は千島列島南部から北海道東部沖，東北沖を南下して，本州東部の金華山～銚子沖で黒潮とぶつかる．この海域は混合水域とよばれている．親潮は低温のため黒潮よりも密度が高く重いため，混合水域で黒潮の下に沈み込む．混合水域には潮目が形成され，親潮に育まれるプランクトンを求めてさまざまな魚類が集まるため，この海域は好漁場となっている．

　強い黒潮の流れは南の海から南方系の魚類を北へ運んでくる．夏になるとサンゴ礁性魚類の幼魚が本州中部の沿岸に現れる．チョウチョウウオやスズメダイ，ベラなど色彩豊かな魚の子供たちを関東付近の磯で採集することができる．夏と冬の日本近海の表面水温を見ると大きな差があることがわかるだろう（図1）．海の中にも季節があるのだ．表面水温の季節的変化は，水温の高低差はあっても，北海道，本州，九州，そして沖縄にも現れる（表1）．

　日本海にも黒潮の枝流である対馬暖流があるため，本州北部や北海道にも暖流系の魚たちが現れる．前述したように，対馬暖流は北海道の宗谷岬にまで達する．宗谷岬という地名を聞くと，凍てついた冬景色を連想するかもしれない．確かに冬の宗谷岬は寒い．表面水温も氷点下まで下がる．しかし，夏には沿岸の海は一変する．宗谷岬で8月の下旬に潜水調査をしたことがあるが，水温が22度もあったので驚いた．想像していた以上に暖かい．実は夏に水温が一番低いのは宗谷岬ではなく，それよりはるかに南の厚岸付近である．厚岸は北海道東部の太平洋側に位置している．この海域は冷たい親潮に常に洗われているため，夏でも表面水温が上がらない．2002年の水温観測結果を見ると，宗谷岬の8月の表面平均水温は18.3度，厚岸は15.3度である．なんと厚岸は宗谷岬より3度も水温が低いのである（表1）．したがって，夏，日本で一番冷たい海は日本の北端ではなく，北海道の南東部（太平洋側）から東北の北東部である．

日本の魚類相の特徴

　日本産魚類の推計総数は約4,400種になると述べたが，現在，学名が確定している種類は約3,850種である．この数字に基づいて日本産魚類を概観してみよう．まず，日本産魚類の中で種数が多い科をトップから20位まで見てみると（表2），その合計種数は1,734種となり，日本産魚類のおよそ半数（45％）を占める．これらのグループを分析することによって，日本産魚類の大まかな特徴がわかる．

　第1位はハゼ科である．330種が報告されていて，他のグループよりも圧倒的に種数が多い．すでに述べたように，ハゼ類の未報告種が日本には350種もいるというのだから，既知種の数が多いのも当然かもしれない．ハゼ類は魚類の中でもっとも多様性に富んだグループであり，全世界に2,000種以上がいるといわれ，続々と新種が報告されている．第2位はベラ科で140種であるが，ハゼ科の半分にもおよばない．第3位はハタ科で131種となっていて，ベラ科と大差はない．これら三つの科に属する魚類の大半は，沖縄から本

表2 日本産魚類とオーストラリア産魚類の比較（未記載種など学名の定まっていない種は除外）．

	日本産魚類				オーストラリア産魚類		
順位	科　　名	種数	日本産魚種に占める割合	順位	科　　名	種数	オーストラリア産魚種に占める割合
1	ハゼ科 Gobiidae	330	8.6%	1	ハゼ科 Gobiidae	337	7.6%
2	ベラ科 Labridae	140	3.7%	2	ベラ科 Labridae	183	4.1%
3	ハタ科 Serranidae	131	3.4%	3	ハタ科 Serranidae	144	3.3%
4	スズメダイ科 Pomacentridae	98	2.6%	4	スズメダイ科 Pomacentridae	140	3.2%
5	フサカサゴ科 Scorpaenidae	95	2.5%	5	テンジクダイ科 Apogonidae	121	2.7%
6	テンジクダイ科 Apogonidae	89	2.3%	5	ヨウジウオ科 Syngnathidae	120	2.7%
7	ハダカイワシ科 Myctophidae	86	2.2%	7	ソコダラ科 Macrouridae	101	2.3%
8	カジカ科 Cottidae	79	2.1%	8	ハダカイワシ科 Myctophidae	95	2.1%
9	イソギンポ科 Blenniidae	76	2.0%	8	イソギンポ科 Blenniidae	91	2.1%
10	ゲンゲ科 Zoarcidae	68	1.8%	10	フサカサゴ科 Scorpaenidae	77	1.7%
10	ソコダラ科 Macrouridae	68	1.8%	11	アジ科 Carangidae	65	1.5%
12	ワニトカゲギス科 Stomiidae	57	1.5%	11	ワニトカゲギス科 Stomiidae	63	1.4%
12	アジ科 Carangidae	57	1.5%	11	ウツボ科 Muraenidae	60	1.4%
14	コイ科 Cyprinidae	54	1.4%	14	フエダイ科 Lutjanidae	59	1.3%
14	ヨウジウオ科 Syngnathidae	53	1.4%	14	カワハギ科 Monacanthidae	58	1.3%
14	ウツボ科 Muraenidae	53	1.4%	14	フグ科 Tetraodontidae	57	1.3%
14	フグ科 Tetraodontidae	52	1.4%	17	チョウチョウウオ科 Chaetodontidae	54	1.2%
18	チョウチョウウオ科 Chaetodontidae	51	1.3%	18	ネズッポ科 Callionymidae	46	1.0%
18	フエダイ科 Lutjanidae	50	1.3%	18	ニザダイ科 Acanthuridae	45	1.0%
20	クサウオ科 Liparidae	47	1.2%	18	コチ科 Platycephalidae	44	1.0%
	合計	1,734	45.2%		合計	1,960	44.2%
	日本産魚類の総計	3,836			オーストラリア産魚類の総計	4,430	

オーストラリア産魚類のデータは John R. Paxton が提供．

州中部までの暖かい海のサンゴ礁や岩礁にすんでいる．これら3科で日本産魚類の16%を占める．第4位はスズメダイ科の98種，第5位はフサカサゴ科の95種，第6位はテンジクダイ科の89種となる．フサカサゴ科にはメバル類やメヌケ類など冷たい海にすむ種類もいるが，多くのものは暖かい海にすんでいる．したがって，第1位から第6位までの合計883種の魚たちの大半は暖かい海にすんでいることになる．これら六つのグループで日本産魚類のほぼ4分の1，23%を占めることになる．実は世界の温帯から熱帯にある国ならば，これらのグループに属する魚類が魚類相のトップ10に必ず入っている．つまり，これらの魚類の多様性は日本だけではなく，世界中で高いのである．

第7位には86種を数えるハダカイワシ科が入っている．ハダカイワシ科は第6位までのグループとは大いに異なる．トップから第6位までの魚たちは概して沿岸の浅い海にすんでいる．これに対して，ハダカイワシ科魚類は沖合の深海にすむ発光器をもつ魚たちである．第7位のカジカ科魚類は冷たい海の沿岸に多く，深海にも生息している．日本では本州北部から北海道の沿岸に多くの種類が生息しているので北の海の代表的な魚といってよいだろう．第9位のイソギンポ科は暖かい海のサンゴ礁や岩礁にすむ魚類である．第10位のゲンゲ科魚類は主に深海に見られるが，冷たい海の潮間帯にもすんでいる．12位のソコダラ科とワニトカゲギス科のメンバーはすべて深海魚である．第20位までに，さらにもう

図2　北海道羅臼の海底で見られるコンブ林（写真：内野啓道）．

図3　北海道の海底にはヒダベリイソギンチャクなど多くの無脊椎動物が生息している（写真：内野啓道）．

図4　卵を守るニジカジカの雄．岩の上に黄色い粒のように見えるのは卵（写真：阿部拓三）．

図5　トクビレ科のアツモリウオ（写真：内野啓道）．

一つ深海で多様に種分化したグループが入っている．クサウオ科という一般に馴染みのない魚たちである．クサウオ科魚類の体は寒天やこんにゃくのように柔らかい．そのため，クサウオ科には柔らかい体にちなんだ和名をもつ「カンテンビクニン」とか「ヒレグロコンニャクウオ」という種類がいる．このように深海魚が多いのは，日本産魚類の一つの特徴といってよいだろう．オーストラリアの魚類相を見ると（表2），上位20のグループの中には深海魚はソコダラ科，ハダカイワシ科そしてワニトカゲギス科しかない．日本に深海魚が多いのは，太平洋側に日本海溝が発達しているためである．また，日本の沿岸には，湾の奥まで深い海が入り込む駿河湾や富山湾のような特殊な海底地形もある．このような海洋環境が日本の深海性魚類相を豊かにしているのであろう．

　日本とオーストラリアを比べると淡水魚類相にも大きな違いがある．日本には54種（亜種も含む）のコイ科魚類がいるが，オーストラリアには野生のコイ科魚類は1種もいない．さらに日本にはコイ科のほかにも一生を淡水で過ごすドジョウ科やギギ科，ナマズ科などの魚がいるが，オーストラリアにはコイ科やドジョウ科，ギギ科，ナマズ科に属する魚類は1種もいない（人為的に持ち込まれた場合

図6　ヤセカジカ属の幼魚を口にくわえたギスカジカの幼魚（写真：宗原弘幸）.

図7　岩礁に生息するイシダイ（写真：萩原清司）.

図8　チャガラ（上）とキヌバリ（下）は日本や朝鮮半島に固有のハゼ科魚類．沿岸の岩礁にすんでいる（写真：萩原清司）.

は除く）．このような魚類相をもたらした原因は日本とオーストラリアの地史の違いにある．日本はアジア大陸と何度もつながったり離れたりしたため，コイ科魚類やドジョウ科魚類が大陸から容易に日本に進入できた．これに対してオーストラリア大陸は古い時代に他の大陸から離れてしまったため，古代魚といわれるオーストラリアハイギョやアロワナの仲間など，オーストラリア固有の淡水魚は生息しているが，コイ科やドジョウ科などのグループは生息していない．

また，表2を見ると面白いことに気づく．日本は北半球にあり，オーストラリアは南半球にあるという大きな地理的相違があるにもかかわらず，主要なグループがそれぞれの国の魚類相に占める割合は似ている．たとえば，ハゼ科は両国で第1位を占め，日本では8.6％，オーストラリアでは7.6％を占めている．第2位のベラ科は日本では3.6％，オーストラリアでは4.1％，ハタ科は日本では3.4％，オーストラリアでは3.3％，スズメダイ科は日本では2.6％，オーストラリアでは3.2％，テンジクダイ科は日本では第6位の2.3％で，オーストラリアでは第5位の2.7％である．両国で大きく異なるのは日本には多くのカジカ科魚類がおり，第8位（2.1％）を占めるのに対し，オーストラリアにはカジカ科魚類は1種しかない．また，ゲンゲ科は日本では68種が記録されているが，カジカ科と同様にオーストラリアには1種しかない．カジカ科は主に浅海にすみ，ゲンゲ科は主に深海にすんでいるが，ともに北半球で繁栄したグループである．

北から南へと変わる魚たちの顔ぶれ

北海道から沖縄まで南北に長い弧を描く日本列島の陸上景観は変化に富んでいる．さまざまな花が咲き乱れる春の田園や原生林の緑の美しさ，切り立った山々が続く日本アルプ

図9 沿岸に見られるアマモ（写真：内野啓道）．

図10 アミメハギは全長6cm程度の小型のカワハギ科魚類．アマモ場や砂地に生息する（写真：萩原清司）．

図11 砂地を移動するゴンズイの群れ（写真：内野啓道）．

ス，日本海側に見られる大雪，そして強い日差しが降りそそぐ沖縄など，日本の風景は美しい．そして，そこにすむ生き物たちの顔ぶれもさまざまである．海の中はどうなのだろうか．実は，日本の海は陸上にも劣らない変化に富んだ景観を見せてくれるのだ．そして，日本列島を北から南へと旅すれば，魚たちの顔ぶれが大いに変わることに気づくだろう．

北海道の沿岸で潜ると，冷たい海の底にコンブがびっしりと生えている（図2）．ヒダベリイソギンチャクやバフンウニなど海産無脊椎動物の数が多いことも北の海の特徴である（図3）．北の海では種類ごとの生き物の量，つまり個体数の多さに圧倒される．北海道沿岸で主役となる魚はカジカ科やカレイ科，そしてタウエガジ科などである（図4）．北の海の魚たちは一般に地味な色をしていて，目立たない．しかし，中にはトクビレ科のアツモリウオ（図5）のように派手な色をした種類もいる．アツモリウオはまわりに何もない砂地にいると目立ってしまうが，紅藻や褐藻のそばにいれば意外に目立たない．北の海の代表であるカジカ科やカレイ科の種数は本州南部や四国，九州に行くと急激に減ってしまう．トロール漁業や定置網の漁獲物を見れば，北海道と本州の差は明瞭である．最近はスーパーマーケットが発達したため，全国どこにいてもいろいろな魚を食べることができるので，食材となる魚がもともとどこにすんでいたのか紛らわしくなってきた．しかし，地元の魚市場に並んでいる魚たちを北海道と本州で比べてみれば，魚たちの顔ぶれに歴然とした違いがある．

魚類相の違いを全般的に知るためには，船を使った大がかりな調査が必要であるが，身近な場所で魚類相の違いを知ることもできる．本州沿岸の磯の潮だまり（タイドプール）でもっとも普通に見られるのはアゴハゼという小さなハゼである．どこの潮だまりにもアゴハゼはいるので，その気になれば数カ所の潮だまりから100個体以上のアゴハゼを簡単に採集できる．しかし，北海道の磯にはアゴハ

図12 岩礁の地形は入り組んでおり，多くの魚類がすんでいる（写真：内野啓道）．

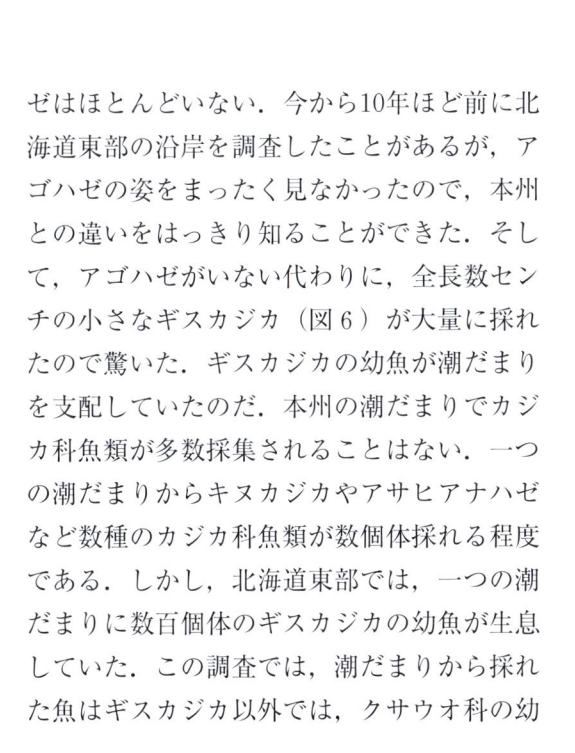

図13 有明海や朝鮮半島などの干潟に生息するムツゴロウ．干潟の泥の上を這い回っている（写真：藍澤正宏）

図14 有明海や朝鮮半島などの干潟の泥中にすんでいるワラスボ．上：側面図；下：頭部の拡大（写真：渋川浩一）

ぜはほとんどいない．今から10年ほど前に北海道東部の沿岸を調査したことがあるが，アゴハゼの姿をまったく見なかったので，本州との違いをはっきり知ることができた．そして，アゴハゼがいない代わりに，全長数センチの小さなギスカジカ（図6）が大量に採れたので驚いた．ギスカジカの幼魚が潮だまりを支配していたのだ．本州の潮だまりでカジカ科魚類が多数採集されることはない．一つの潮だまりからキヌカジカやアサヒアナハゼなど数種のカジカ科魚類が数個体採れる程度である．しかし，北海道東部では，一つの潮だまりに数百個体のギスカジカの幼魚が生息していた．この調査では，潮だまりから採れた魚はギスカジカ以外では，クサウオ科の幼魚だけであった．本州や四国の潮だまりでは，数カ所の潮だまりを回れば，数10種の魚の幼魚を採集できる．しかし，北海道の潮だまりではギスカジカが圧倒的な数を誇り，その他の魚が入り込める余地は少ないのであろう．

北海道から南へ下り，津軽海峡を越えて本州に入ると，暖かい海にすむ魚たちが目立つようになる．日本の温帯には日本周辺のみに見られる魚たちがすんでいる．イシダイ（図7）やメジナなどの岩礁性の魚たちや，アゴハゼ，チャガラ，キヌバリ（図8）などのハゼ科魚類，カワハギやアミメハギなどのカワハギ科魚類などは，本州や九州などの極東域に見られる代表的な魚たちである．もちろん，魚によってすんでいる場所は異なっている．

図15 熱帯性の魚たちが乱舞するサンゴ礁，慶良間諸島座間味島にて．(写真：内野啓道)．

図16 マングローブが発達する汽水域，八重山諸島西表島浦内川河口にて．(写真：内野啓道)

アマモ場（図9）にはカワハギ科のアミメハギ（図10）などがすみ，岩礁の周りにはイシダイやメジナなどの磯釣りの対象となる魚やゴンズイ科（ナマズの仲間）のゴンズイ（図11）などがすんでいる．そして，砂地にはヒメジやヒイラギなどの魚たちが見られる．

本州の太平洋側の沖合には日本海溝という深海がある．深海は通常，沖合にあるが，日本には深い海が岸近くまで迫っている所がある．太平洋側では相模湾や駿河湾，日本海側では富山湾の湾奥部に深い海がある．伊豆半島西岸の港から底曳船に乗り，沖合に向けて駿河湾を10分も走れば，そこは水深500 mの深海である．駿河湾の地形は急峻で，岸から海底に向かって一気に駆け下りるような海底地形が発達している．そのため，駿河湾には沿岸近くにも多くの深海魚が生息している．早朝，駿河湾の海岸を歩くと深海魚が浜に打ち上げられていることがある．深海が岸近くまで迫っているため，時として深海魚が潮流と風によって浜に運ばれてくるのだ．また，湾内で行われているサクラエビ漁の網にはムネエソ科やハダカイワシ科などの深海魚が入ることがある．昔は魚群探知機など漁業用機器の性能が優れていなかったためか，網に入った大量のサクラエビの中に黒い深海魚がかなり混じっていた．しかし，今では漁業用の機器の性能が向上し，サクラエビ漁の漁獲物に深海魚が混じることは少なくなった．

伊豆半島の東岸に立つと伊豆大島がすぐ近くに見える．そして，大島から南へ伊豆の島々が南に向かって豆粒のように連なり，水平線にかすんで見えることであろう．この海域には黒潮が流れており，伊豆諸島の三宅島や八丈島には規模は小さいもののサンゴ礁がある．三宅島の海には温帯性のカワハギもいるが，熱帯性魚類のイットウダイやゴンベの仲間たちもいる．このような魚類相を見ることができるのは伊豆諸島の特徴である．一方，伊豆半島をはじめとする本州や四国など，日本各地に岩礁が発達している．岩礁は入り組んだ地形を呈し，多くの魚類に生息場所を提供している（図12）．日本列島をさらに南下して九州の西岸に達すると有明海の広い干潟を目にすることができる．日本の沿岸には多くの干潟があったのだが，沿岸の開発のため干潟は次々と埋め立てられ，今では有明海など，ごく限られた場所にしか残っていない．広大な干潟にはムツゴロウ（図13）やワラスボ（図14）などの特殊な魚がすんでいる．また，有明海にはエツや斑点をもつスズキなど，中国大陸との関係を示す魚たちもすんでいる．

九州を離れてさらに南へ下り，奄美諸島に至ると，海の透明度が増して，水深30 mま

で潜っても明るい．本州や北海道の海とはまったく異なるのだ．奄美や沖縄は亜熱帯に属し，温帯に属する本州・四国・九州とは陸上の景観や動植物相が異なる．一方，奄美や沖縄の海中にはサンゴ礁が発達していて，熱帯性の魚たちが乱舞している（図15）．海の中は亜熱帯というより，熱帯なのだ．また，沖縄の島々の河口にはマングローブが発達しており，タイやインドネシアの河口域の風景とよく似ている（図16）．奄美や沖縄の海はサンゴ礁を見てもマングローブ地帯を見ても熱帯のフィリピンやインドネシアと大きな違いはない．さらに，琉球列島からフィリピンやミクロネシア，インドネシアを経てオーストラリアのグレートバリアリーフに至る西部太平洋には多くの共通種が生息している．琉球列島の魚類相は本州・四国・九州の温帯域の魚類相とは根本的に異なるのである．

　日本にはもう一つ忘れてはならない海がある．それは日本海である．この海はユーラシア大陸の東の隅にあった細長い淡水湖に起源をもつと考えられている．日本列島の形成とともに海水が流入して，海底の拡大により現在の姿になった．この海はブリやマダラ，スケトウダラなどの好漁場で，九州北部や本州西部の沿岸には南方系のニギス科，ホウボウ科などが，東北地方や北海道沿岸には北方系のカジカ科，カレイ科などの魚たちがすんでいる．もっとも特徴的なのは，水深3,000 mという立派な深海域があるにもかかわらず，体にたくさんの発光器をもつ深海魚が2～3種と極端に少ないことである．また深海底を調査すると，冷たい海を好むゲンゲ科魚類とウラナイカジカ科魚類の個体数が非常に多いことがわかる．日本海の深海域には年間をとおして冷たい水の塊（日本海固有冷水域）があるために，これらの魚類が多数生息しているのであろう．日本海では，新潟県あたりを境に南の沿岸は暖流の影響を強く受け，北の沿岸は寒流の影響を受けるが，沖合の深海には冷たい水域が北から南まで広がっているのだ．また日本海と周辺の海（オホーツク海，太平洋，瀬戸内海および東シナ海）の通路となっている海峡はとても浅い（水深10～140 m）．このことも日本海の深海魚の種数増加を抑制している原因の一つかもしれない．日本海のユニークな海洋環境は，深海性のゲンゲ科（前述のとおり種数第10位）の固有種や冷たい海のオホーツク海との共通種を多数生み出す結果となっている．

　このように北海道から本州，四国，九州そして琉球列島まで海の中を見ていくと，日本には冷たい海の魚，温帯にすむ魚，深海にすむ魚，そして熱帯にすむ魚までいることがわかる．これほど多様性に富んだ魚たちがすんでいる国は珍しい．そして，そこにすむ多様な魚たちの分類や生態には，まだまだわかっていないことが多い．日本産魚類の総計は4,400種になるという予測はおそらく今後5～10年の間に確認されるであろう．しかし，実際にはもっと多くの魚類が日本に生息しているかもしれない．そして，たとえ日本にいるすべての魚類を知ったとしても，それは日本産魚類の多様性を解明するための一つのステップにすぎない．多くの日本産魚類がいつ，どこで産卵するかはわかっていないし，彼らがどのような一生を過ごしているかもわかっていない．そして，日本産魚類の系統関係や起源にも未解明な部分が多い．水中にすむ魚たちの世界を研究することは難しい．しかし，1980年代から研究者や一般の人たちがスキューバを使えるようになり，魚類の研究は飛躍的に進んできた．また，比較形態学の手法も1980年代に飛躍的な進歩を遂げた．さらに，20世紀後半から今世紀にかけてDNA解析という新たな研究手法が導入され，魚類の系統関係の研究は長足の進歩を遂げつつある．われわれは今，これまでにはなかった研究の

発展期を迎えている．日本産魚類の全貌を目の当たりにするのは遠い将来のことではないであろう．

最後になったが，本文の作成に際して多くの方々にお世話になった．写真は以下の皆さんから提供していただいた（敬称略）：内野啓道（神奈川県立生命の星・地球博物館ボランティア），宗原弘幸・阿部拓三（北海道大学大学院水産科学研究科），萩原清司（横須賀市自然・人文博物館），藍澤正宏（千葉県立中央博物館分館 海の博物館），渋川浩一（国立科学博物館）．John R. Paxton（オーストラリア博物館）は表2に使用したデータを提供してくださった．日本海洋データセンターは日本周辺の海面温度のデータを提供してくださった．これらの方々と機関に謝意を表する．

4.3 南のタコ・北のイカ

窪寺恒己

日本列島を取り巻く海

　日本列島は大小合わせて6,800を超す島からなり，南は八重山諸島の波照間島（24°02′N）から北海道宗谷岬（45°31′N）まで，直線距離にしておよそ2,900 kmにわたり南北に連なっている．そのため，海洋区分としては南から亜熱帯海域，温帯海域，亜寒帯海域にまたがる．日本列島を取り巻く海は，長く複雑な海岸線から水深200 m前後まで比較的傾斜の緩やかな大陸棚が続き，さらに傾斜のきつい陸棚斜面を経て深海底に達する．太平洋側は水深7,000 mを超す海溝が複雑に走る深い海であり，日本海は陸に囲まれた平均水深1,350 mほどの縁海となる．

　日本近海には，南から暖流系の黒潮・対馬暖流が，北から寒流系の親潮・リマン海流が流れ込む．太平洋の熱帯低緯度海域から北上してくる黒潮は，通常幅が50〜60 kmほどあり，0.5〜2.5 m/secで流れている．黒潮は，膨大な熱量と熱帯・亜熱帯性起源の生物を南西諸島から本州太平洋側に沿って房総半島付近まで輸送した後，向きを変えて東へと流れ去る．その枝流である対馬暖流は，東シナ海の沿岸性水と混合し，日本海側の沿岸を北上して津軽海峡から太平洋へぬける．一方，寒流系の親潮・リマン海流はオホーツク海と北太平洋亜寒帯海域に起源をもち，北日本や大陸の東岸沿いを流速0.2〜0.5 m/secほどで広い範囲にわたり押し出すように南下してくる．寒冷で栄養塩類の豊富な海水と，亜寒帯性起源の生物を北海道から東北沖にもたらす．暖流系と寒流系がぶつかり混じり合う常磐・三陸沖や日本海中部は生物生産が高く，世界で

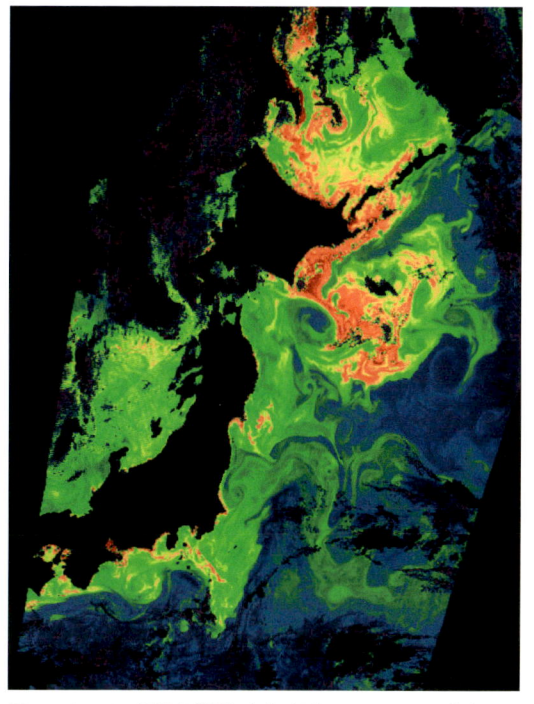

図1 ADEOS衛星が撮影した海表面クロロフィルの濃度パターン．植物プランクトンの多い親潮系水とそれの少ない黒潮軽水が三陸沖から道東沖で渦を巻くように混じり合うようすが鮮明に捉えられている（提供：JAXA　地球観測センター）．

も有数の漁場となる．

　黒潮の影響は表層から水深100〜200 mにおよぶが，それより深くなると水温と塩分が急激に下がり，水深300〜700 mにかけて北太平洋中層水とよばれる水塊が形成される．この中層水は北海道沖まで広がり，日本列島の陸棚斜面から沖合中層域に生息する生物に影響を与えている．この中層水より深くなると，水温は徐々に下がるが塩分は逆に高くなり，北太平洋深層水となる．日本海には，水深200〜500 mにかけて塩分の低い日本海中層水とよばれる水塊があり，その下には水温が0℃以下になる日本海深層水が広がる．

　このように日本列島をとりまく海は，北は

亜寒帯海域から南は亜熱帯海域まで広がり，長い海岸線と複雑な海底地形，表層域を流れる二つの大きな海流系，さらに特徴的な中・深層水の存在など，多様で変化に富んだ海洋環境を有している．そのため，豊富な沿岸・近海性生物のほか，北方系と南方系の生物の流入，さらに中・深層性の生物も多く生息し，海洋生物の多様性が非常に高い．この日本列島を取り囲む豊饒の海に，どんなタコやイカがすんでいるのであろうか．

タコ・イカ研究の系譜

日本人が古くからタコ・イカを食用としていたことは疑いない．近畿・瀬戸内海地方に点在する弥生時代の遺跡からは，土器で作った小型のタコ壺が数多く発掘されており，すでにタコ壺漁が行われていた証となる．また，奈良時代の木簡にも「烏賊」と記されたものがあり，イカの歴史も古い．タコもイカも天火に干して乾燥させると長く保存できることから，干鮑や鰹節などとともに貴重な海の幸として神前に供えられ，また慶事のご馳走として珍重されていたに違いない．当時どのようなタコやイカが食べられていたのか定かではないが，タコに関してはタコ壺の大きさや産地からおそらくイイダコではないかと推察される．イカは，沿岸性のアオリイカやヤリイカ，スルメイカなどが利用されていたのであろう．その後，漁法も流通過程も発達した江戸時代の博物誌「和漢三才図会」（1713）には，章魚（マダコ），石矩（テナガダコ），望潮魚（イイダコ），烏賊（アオリイカ），柔魚（スルメイカ）の5種が載せられている．

スウェーデンの博物学者リンネにより提唱された近代自然分類法，すなわち"生物種は学名をつけて区別し，学名は属名と種小名を連記する二名法に従って表記する"に基づき，日本近海の頭足類（タコ・イカ類）が研究され始めたのは19世紀中頃からである．最

図2　佐々木望博士（1883～1927）．

初の記載は，1866年ドイツの軟体動物学者Kefersteinによるヤリイカと思われる．日本の研究者では，1895年にメンダコを記載した飯島・池田博士の功績がある（Ijima & Ikeda, 1895）．新種ではないが，日本近海のダイオウイカに分類学的検討を加えた箕作・池田博士の報告（Mitsukuri & Ikeda, 1895）も特記される．それらを含め，19世紀末までに主にヨーロッパ諸国の研究者により，20種あまりの頭足類が日本の近海から報告された．20世紀に入り，日本の頭足類分類学に大きなエポックが訪れた．佐々木望博士（1883～1927）の登場である．博士は日本近海のみならず台湾から朝鮮半島，オホーツク海の頭足類を詳細に研究し，新種52，新亜種7を含む125種の頭足類を網羅した大著"A Monograph of the Dibranchiate Cephalopods of the Japanese and Adjacent Waters"（日本および隣接海域の二鰓頭足類図譜）としてまとめ，1929年，北海道帝国大学農学部紀要・第二十巻特別号として出版された．その後，頭足類研究は広島大学の瀧巌博士（1901～1984）に引き継がれ，日本近海から15新種が記載された（Taki, 1963, 1964）．これで日本近海産頭足類は140種あまりとなった．

そして、奥谷喬司博士（1931〜）である。奥谷博士は1979〜1984年の間、国立科学博物館動物研究部に勤められ、その後東京水産大学（現・東京海洋大学）に教授として赴任された。奥谷博士が博物館時代に「海洋と生物」という科学雑誌に連載した「頭足類の生物学：1〜37号」の資料編としてまとめた「日本近海産頭足類総目録Ⅰ・Ⅱ」には、169種の頭足類がリストアップされている。この169種が、奥谷博士の後任として博物館研究官に採用された私のスタートラインになった。

日本列島自然史総合調査

　国立科学博物館に研究官として採用されたからには、日本近海に生息するすべてのタコ・イカ類を可能な限り入手し、分類学的研究を加え博物館所蔵標本として登録・管理するのが務めであると考えた。しかし、狭い国土とはいえ日本をとりまく海は広く深い。日本の各地の磯から深海、さらには中・深層域に生息する頭足類を調査するには、それなりの予算と調査する手段が不可欠である。しかし、通常の研究費では本格的な調査は望むべくもなかった。

　そんな折、耳寄りな話を聞いた。博物館の自然史研究部門が一体となって「日本列島の自然史科学的総合研究」というプロジェクトを推し進めているという。このプロジェクトの発足は、私が博物館に入るはるか以前の1967年に遡る。その最初の成果をまとめた国立科学博物館専報第1号の巻頭に「この研究は当館が中心となって、日本列島の自然史科学的な実態を総合的に調査研究し、かつ、資料の総合的な収集を図ることを目的としている」と、当時の杉江清館長が創刊の辞を掲げている。これは、日本列島をいくつかのブロックに区切り、2年ごとに調査ブロックを移しながら博物館の研究者が現地に赴き担当分野の調査研究を行い、研究報告書を出版する

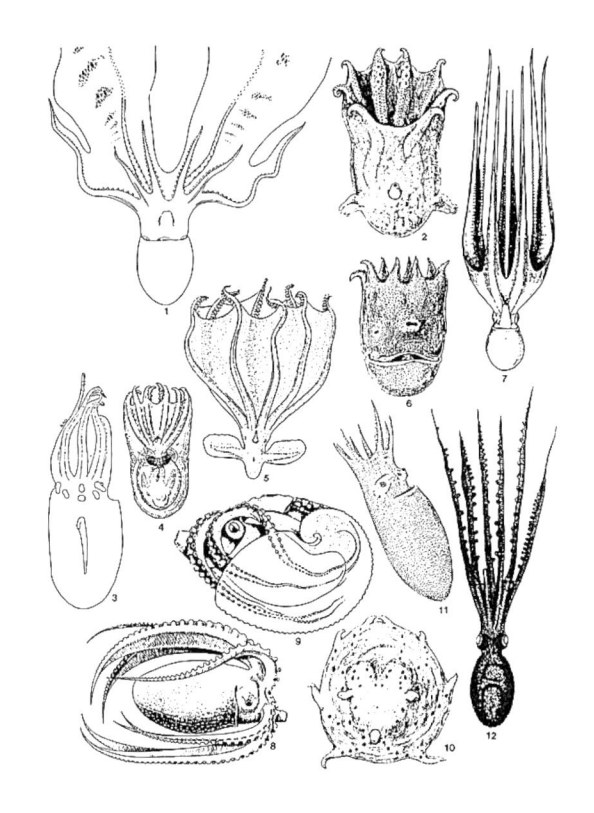

図3　「海洋と生物」に掲載されている八腕形目代表種。
1：ムラサキダコ，2：オオクラゲダコ，3：スカシダコ，4：クラゲダコ，5：メクラダコ，6：カンテンダコ，7：マダコ，8：アミダコ，9：アオイガイ，10：メンダコ，11：ナツメダコ，12：テナガヤワラダコ．

というプロジェクトで、参加すると現地までの旅費と滞在費、さらに研究費が支給された。これは、参加するに限る。しかし、岩石や化石、植物や昆虫など陸上のものならこの予算でなんとかなりそうだが、海に生息しているタコ・イカ類は、少し頭を絞らなければならなかった。

　日本は水産先進国である。日本の各地に水産庁管轄の水産研究所、また県立・道立の水産試験場がある。各々の研究所、試験場は自前の調査船をもち、さまざまな調査を行っている。そこで、調査対象のブロックに位置する研究所あるいは試験場に連絡をとり、どのような調査を行っているか、調査に参加させてもらえるか、調査の際に採集された頭足類を研究用として利用させてもらうことが可能

か，問い合わせをすることにした．

タコ・イカを探して東奔西走

1）山陰近海（島根県敬川沖：1984〜1985）

島根県立水産試験場の安達二朗氏から応答があった．島根県敬川沖の水深40〜100 mの沿岸域で1984年1月〜7月に底曳網調査で採集した頭足類の標本がかなりあるとのことで，とりあえず標本と採集データを送っていただいた．大学院時代は北太平洋亜寒帯外洋域の頭足類を研究していたので，日本海の沿岸性頭足類にはまったく素人であった．奥谷博士の著された「頭足類の生物学シリーズ」を参考書にして，さらに佐々木望大先達の原著まで紐解き調べたところ，総計1,300個体の標本から6科18種の頭足類が査定された．とくに新種は見出されなかったが，コウイカ類やヤリイカ類に未熟な私では種を確定できないものがあった．月別に水深20 m間隔で採集が行われていたので，季節的な消長と鉛直的な分布パターンを明らかにすることができた．加えて，既往の知見を整理して日本海の頭足類相として50種あまりの目録を編んだ（窪寺，1986）．

2）北海道北部海域（釧路・稚内：1990〜1991）

同じ動物第三研究室のエビ・カニ類の研究を行う武田正倫主任研究官と二人三脚で現地調査を行った．釧路でレンタカーを借り，オホーツク海に面した漁港を一つひとつ訪ねながら水揚げされている漁獲物の中からエビ・カニ類，タコ・イカ類を探しては，標本とした．網走水産試験場や稚内水産試験場，稚内市立ノシャップ寒流水族館を訪れ，日本の最北「宗谷岬」を回り，礼文島まで足をのばし，1週間ほどの調査旅行であった．礼文島では原付バイクを借りて，島内を走り回ったことも楽しい思い出である．しかし，陸上から海の生物を調べるには限界があり，報告書には

図4　日本最北端宗谷岬の磯でカニを採集する．

大学院時代に集めた資料と合わせて，「北海道北部海域に生息するドスイカの生物学的特性」と調査の主旨とやや離れた研究報告を提出せざるを得なかった（Kubodera, 1992）．この研究は，ロシアの研究者に引き継がれドスイカの分布南限にあたる日本海に日本海固有の亜種の存在が明らかにされた（Katugin, 2000）．

3）北海道襟裳岬沖（おしょろ丸：1992〜1993）

前回の轍をふまえ，今回は母校である北海道大学水産学部の練習船「おしょろ丸」の学生乗船実習航海に乗せてもらうことにした．この航海では，襟裳岬東方沖の水深300〜1000 mで6回のトロール実習操業が予定されていた．実習用とはいえ，オッターボードを備えた大型トロールネットであった．しかし，得られた頭足類は35個体と少なく査定された頭足類も4科7種に限られた．また，水深500 mを超す深海底から採集されたタコ類は佐々木大先達のバイブルを紐解いても手も足も出ず，チヒロダコ属の種不明4種とせざるを得なかった（窪寺，1993）．深海性タコ類の分類学的研究の必要性が強く意識された調査であった．

4）三陸・常磐沖（若鷹丸：1994〜1995）

1994〜95年は，阿武隈山地が調査ブロックとなった．阿武隈山地に海はない．東北区水

産研究所八戸支所に勤めていた北川大二氏から，研究所の調査船「若鷹丸」が新造となり試験操業をかねて東北沖でトロール調査を行うので，乗船されたらいかがとのお誘いを受けた．望むところである．1995年11月，動物第二研究室の魚類専門家，篠原現人研究官と2人で約2週間の調査航海に参加した．調査は大規模なもので，常磐沖から東北沖に東西に10側線を設け，各々の側線で水深150〜1,000 mの間に5地点と，3側線でさらに水深1,500 m，2,000 mの2地点を加え，各地点でトロールネットを曳き，大陸棚上から斜面域の底性魚類相と資源量を調べることが目的であった．

この調査航海は，つらかった．朝6時から作業が始まり，夕方6時〜7時まで操業が続く．調査に用いられたトロールネットは大型で，漁獲される量も半端ではない．それが，1日5回〜6回揚がってくる．調査員は揚がってきた漁獲物を選別して個体数を数え，重要魚種に関しては体長・体重を測定し，生殖腺の状態を記録する．その後，自分の興味があるものは標本として写真を撮影し，ホルマリン固定あるいは冷凍保存したりする必要がある．処理の終わるのがミッドナイトを過ぎることも珍しくなかった．総計4,000個体を超える頭足類が漁獲され，そのうちの519個体を標本とした．5科46種の頭足類が同定され，その中には日本近海からの新記録となるウチワイカやヒカリダンゴイカの1種，原記載以来の初記録種となるホクヨウイボダコも含まれていた．また，深海性のチヒロダコ属に関しても，原記載を紐解くことによって，不確定ながら5種に分けることができた．それでも，今までに記載されたものに当てはまらないタコ類が3種残された．クラスター分析という統計的手法を用いて当海域の頭足類群集を，金華山沖を境に南は亜熱帯要素と北は亜寒帯要素，水深300 mおよび900 mを境

図5　若鷹丸：船上での漁獲物処理作業．

に陸棚要素，移行帯要素，漸深底要素とグループ分けを行い，実り多い研究報告となった（Kubodera, 1996）．

5）東シナ海（陽光丸：1996〜1997）

1996〜97年の調査ブロックは，一転して九州地方北部となった．数年前から，長崎にある西海区水産研究所に勤める山田陽巳氏から，研究所で行っている東シナ海大陸棚の底魚資源調査の際に混穫された頭足類標本が1986年から山積みされているので，一緒に調べてみませんかとの相談が持ち込まれていた．これまた願ってもない話なので，調査ブロックを拡大解釈して調べることにした．やがて，大量の標本がコンテナで送られてきた．また，1997年には9月〜10月にかけて約3週間，調査船「陽光丸」の底魚調査に実際に乗船させてもらった．私の希望で通常の調査よりも深い水深までトロールネットを曳き，深層性の頭足類の採集も試みた．その調査を含め，10年間に集められた1,840個体の標本を調べたところ，12科44種の頭足類が同定された．既往の報告と合わせると，17科63種の頭足類が東シナ海から知られることになった．佐々木博士が1929年に記載したコシキワタゾコダコが原記載以降初めて採集されたほか，瀧博士が記載したマツバダコ，オオメダコなど稀種も含まれた．（Kubodera & Yamada, 1998）．

6）瀬戸内海（広島大学：1998～1999）

瀬戸内海は陸に囲まれ狭く，水深もおおむね30 m前後と浅く，また漁業も活発に行われており，すんでいるタコ・イカ類もよく知られている．しかし，ここには広島大学がある．生前に面識を得ることはできなかったが，大先達の瀧巌博士の母校である．

話は少し込み入るが，動物の新種を報告する場合，国際動物命名規約に則り，その記載の基となった標本を"タイプ標本"とし，それらを安全に保管できる研究機関に委託し，将来にわたり研究利用を可能にすることが必須条件となる．どんなに詳細な記載があっても，将来にわたり分類学的研究を進めるうえでタイプ標本は必要不可欠である．日本では，わが国立科学博物館や大学の資料館・博物館などが，その研究機関としての役割を果たしている．しかし，奥谷博士もずいぶんと探されたが，瀧博士が日本近海から報告された15種におよぶ新種のタイプ標本がどこに保管されているのか定かでなかった．広島大学に行けば何か手がかりが得られるかもしれない．また，瀬戸内海水産研究所と兵庫県水産試験場からも頭足類標本があるとの連絡があった．

1999年11月新幹線で広島に向かった．広島大学では新キャンパスの大きさに驚かされた．教育学部の鳥越兼治教授のご好意で，保管されていた頭足類標本を調べることができた．標本は少なくタイプ標本も含まれていなかったが，瀧博士が瀬戸内海から報告して以来一度も発見されていなかったテギレダコの入った標本瓶を見つけ，中に残されていた博士直筆のラベルを見たときは感激した．その後，安芸の宮島近くにある瀬戸内海区水産研究所，明石の兵庫水産試験場を訪問して底曳網調査で採集された頭足類標本をもらいうけて帰ってきた．それらすべての標本を合わせ375個体の頭足類を調べ，6科21種が同定された．今までの知見と合わせると，瀬戸内海には8科26種の頭足類が知られることになった（Kubodera, 2000）．

7）三浦半島（三崎漁港：2000～2001）

1967年から34年の長きにわたり営々と続いてきた「日本列島の自然史科学的総合研究」も「西太平洋の孤島の自然史科学的総合研究」という新たなプロジェクトに発展的に引き継がれ，幕を閉じることになった．最後のブロックとなった関東地方といえば，三浦半島がある．そこは，近代日本の海洋生物学の揺籃期にあたる明治19年（1886），三崎臨海実験所が帝国大学理学部動物学教授であった箕作佳吉博士の尽力により設立された場所である．箕作博士といえば日本のダイオウイカを報告した大先達でもある．当時，来日した欧米研究者の多くもこの施設に滞在し，三崎近海からさまざまな海洋生物の新種を報告した．頭足類では，コウイカ類に6種，ツツイカ類に3種が記載されている．いわば，近代日本海洋生物学発祥の地といっても過言でない．最後を飾るにふさわしい，ブロックとなった．

三崎には，三崎漁港に水揚げされる定置網の漁獲物を長年にわたり調べている山田和彦氏が住んでいる．以前から，珍しいコウイカ類やタコ類など携えて私の研究室に顔を出す

図6　三崎漁港に水揚げされたイカ類．ここから標本を選び出す．

ことがあった．そこで，1996年から山田さんに三崎周辺沿岸に設置されている定置網の漁獲物からタコ・イカ類も適宜採取してもらい，共同で研究する小さなプロジェクトを発足させた．漁港の人たちの協力と山田さんの人柄で，2001年までに344個体の頭足類標本が集まった．2001年の3月には私も三浦半島を訪れ，実際に三崎漁港に水揚げされる頭足類を採集し，定置網の仕掛けられている場所も視察した．また，神奈川県立水産センターや油壺マリンパーク，葉山しおさい博物館を訪問し，保管されていた53個体の頭足類標本も調べることができた．合わせて約400個体の標本から，種未定の4種を含む12科43種の頭足類が同定された．明治時代に三崎近海から記載された6種のコウイカ類のうち5種が再確認されたほか，未記載種と考えられるコウイカ類1種が認められた．また，ツツイカ類3種もほぼタイプ産地である当海域から得られた（Kubodera & Yamada, 2001）．

8）スコットランド（アバディーン：2000）

Cephalopod International Advisory Council（国際頭足類諮問評議委員会）という組織がある．シンポジウムやワークショップ，ニュースレターを通じて，世界の頭足類研究者の交流と研究の発展を支援することを目的として1983年に発足した．2年か3年おきに世界の各地でシンポジウムとワークショップを開催する．日本では1991年に奥谷博士が中心となって開催された．そのシンポジウムが2000年7月に英国スコットランドのアバディーン大学で P. Boyle 博士のオーガナイザーで開催されることになった．スコットランドには行ったことがない．シングルモルトのスコッチウイスキーも大好きである．Why not! である．このシンポジウムは世界各国から200名近い研究者が集まる盛大なものになった．このシンポジウムに今まで行ってきた「日本列島の自然史科学的総合研究」の成果を中心にまとめ，奥谷博士と共著で "Cephalopod Fauna in Japanese Waters"（日本の頭足類相）のタイトルでポスター発表した．日本近海に出現する169種の頭足類リストと今まで撮りためた標本写真を並べたシンプルなポスターであったが，50を超えるポスター発表の中でなんとグランプリを獲得してしまった．16年間続けてきた「日本列島の自然史科学的総合研究」のうれしい成果となった．

タコ・イカ調査に終わりはない

「日本列島の自然史科学的総合研究」は幕を閉じたが，1993年から国立科学博物館の重点研究の一つとして「深海性動物相の解明と海洋生態系保護に関する基礎的研究」が発足し，駿河湾（1993〜1996），四国土佐沖（1997〜2000），南西諸島（2001〜2004），東北沖（2005〜）で調査が続けられている．今まで種不明とされていた深海性のチヒロダコ属やイボダコ属の標本も充実してきた．その中には，明らかに未記載種と考えられるものも含まれているが，分類学的研究は始まったばかりである．このような大型プロジェクト調査以外にも，さまざまなルートを通じて頭足類研究は進められている．

南西諸島には，西海区水産研究所石垣支所の小菅丈治博士がいる．彼からは，ドレッジ調査や胃内容調査で採集された珍しい標本が送られてくる．その中では，1997年に沖縄本島名護湾の水深300 m からドレッジで採集されたミミイカ属の1種が未記載種と判断され，奥谷先生と共著で新種，オキナワミミイカを報告した（Kubodera & Okutani, 2002）．また最近送られてきた，石垣島近海で釣り上げられたハマダイが吐き出したヒカリダンゴイカの仲間も未記載種と考えているが，まだ手が付いていない．

南のタコといえば，琉球大学の大学院生で

オウムガイ NAUTILIDAE *Nautilus pompilius* Linnaeus, 1758	**トグロコウイカ** SPIRULIDAE *Spirula spirula* (Linnaeus, 1758)	**コブシメ** SEPIIDAE *Sepia (Sepia) latimanus* Quoy & Gaimard, 1832	**カミナリイカ** SEPIIDAE *Sepia (Acanthosepion) lycidas* Gray, 1849	**トラフコウイカ** SEPIIDAE *Sepia (Acanthosepion) pharaonis* Ehrenberg, 183
コウイカ SEPIIDAE *Sepia (Platysepia) esculenta* Hoyle, 1885	**ハリイカ** SEPIIDAE *Sepia (Platysepia) madokai* Adam, 1939	**シシイカ** SEPIIDAE *Sepia (Doratosepion) peterseni* Appellöf, 1886	**ヒメコウイカ** SEPIIDAE *Sepia (Doratosepion) kobiensis* Hoyle, 1885	**ヒョウモンコウイカ** SEPIIDAE *Sepia (Doratosepion) pardex* Sasaki, 1913
ウスベニコウイカ SEPIIDAE *Sepia (Doratosepion) lorigera* Wülker, 1910	**テナガコウイカ** SEPIIDAE *Sepia (Doratosepion) longipes* Sasaki, 1913	**エゾハリイカ** SEPIIDAE *Sepia (Doratosepion) andreana* Steenstrup, 1875	**コノハコウイカ** SEPIIDAE *Sepia (Doratosepion) foliopeza* Okutani & Tagawa, 1987	**ウデボソコウイカ** SEPIIDAE *Sepia (Doratosepion) tenuipes* Sasaki, 1929
トサウデボソコウイカ SEPIIDAE *Sepia (Doratosepion) subtenuipes* Okutani & Horikawa, 1987	**ボウズコウイカ** SEPIIDAE *Sepia (Doratosepion) erostrata* Sasaki, 1929	**アラビアコウイカ** * SEPIIDAE *Sepia (Acanthosepion)* sp.	**ハクテンコウイカ** SEPIIDAE *Sepia (Doratosepion) aureomaculata* Okutani & Horikawa, 1987	**スジコウイカ** SEPIIDAE *Sepia (Doratosepion) tokioensis* Ortmann, 1888

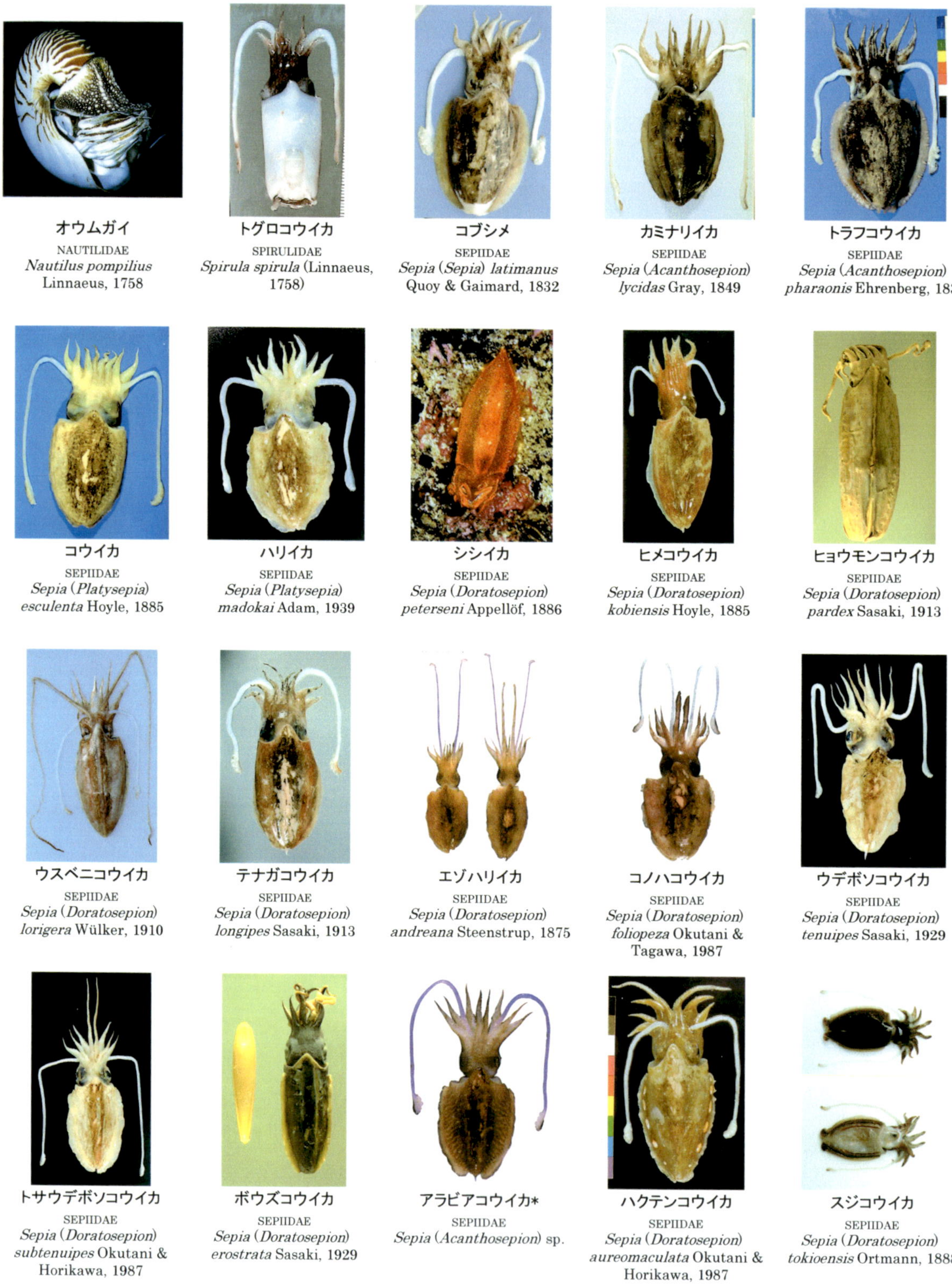

図9　Cephalopods in Japanese Waters（アバディーンのシンポジウムで発表したポスターより抜粋改変）．左：オウムガイ，トグロコウイカ，コウイカ類，右：有触毛類，八腕形類．

コウモリダコ VAMPYROTEUTHIDAE *Vampyroteuthis infernalis* Chun, 1903	ヒゲナガダコ CIRROTEUTHIDAE *Cirrothauma murrayi* Chun, 1913	ジュウモンジダコ STAUROTEUTHIDAE *Grimphoteuthis* cf. *tuftsi* Voss & Pearcy, 1989	メンダコ OPISTHOTEUTHIDAE *Opisthoteuthis depressa* Iijima & Ikeda, 1895	オオメンダコ OPISTHOTEUTHIDAE *Opisthoteuthis californiana* Berry, 1949
センベイダコ OPISTHOTEUTHIDAE *Opisthoteuthis japonica* Taki, 1963	オオクラゲダコ OPISTHOTEUTHIDAE *Opisthoteuthis albatrossi* (Sasaki, 1920)	ナツメダコ BOLITAENIDAE *Japetella diaphana* Hoyle, 1885	クラゲダコ AMPHITRETIDAE *Amphitretes pelagicus* Hoyle, 1885	マダコ OCTOPODIDAE *Octopus vulgaris* Cuvier, 1797
イイダコ OCTOPODIDAE *Octopus ocellatus* Gray, 1849	ワモンダコ OCTOPODIDAE *Octopus cyanea* Gray, 1849	スナダコ OCTOPODIDAE *Octopus kagoshimensis* Ortmann, 1888 (*O. aggina* Gray, 1849)	シマダコ OCTOPODIDAE *Octopus ornatus* Gould, 1852	ミズダコ OCTOPODIDAE *Octopus* (*Enteroctopus*) *dofleini* (Wülker, 1910)
マメダコ OCTOPODIDAE *Octopus parvus* Sasaki, 1917	ヤナギダコ OCTOPODIDAE *Octopus* (*Paroctopus*) *conispadiceus* (Sasaki, 1917)	イイダコモドキ OCTOPODIDAE *Octopus ovulum* (Sasaki, 1917)	テナガダコ OCTOPODIDAE *Octopus minor* (Sasaki, 1920)	テギレダコ OCTOPODIDAE *Octopus mutilans* Taki, 1962

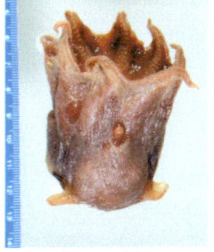

ある金子奈津美さんが修士論文のため沖縄島のごく沿岸域で採集したタコ類の中から，彼女と共著でマダコ属の新種，ソデフリダコを最近報告した（Kaneko & Kubodera, 2005）．金子さんによると，沖縄諸島のサンゴ礁からスクーバダイビングで潜れる水深に生息しているタコ類にも，まだまだ名前の付いていないものがたくさんいるという．南の海のサンゴ礁には，正体不明の小型のタコが潜んでいる．

北の海では，2001年より日本鯨類研究所の田村力博士チームと東海大学海洋学部の大泉宏博士とともに，東北沖で捕獲されたマッコウクジラの胃内容物を調べている．マッコウクジラの胃袋からは，底曳網や定置網などでは採集されない大型の頭足類の標本が得られる．今までにクラゲイカやヒヒロビレイカ，ダイオウホタルイカモドキなど，めったに目に触れることのない中・深層性の大型イカ類や，日本近海から初記録となるオオトガリウチワイカ，さらにヤツデイカ科・テカギイカ科の未記載種と考えられる大型標本も得られている．北の海の深層には，マッコウクジラだけが知っている大型頭足類の世界がある．

2005年現在，私のリストでは日本の近海から沖合を含め，195種前後の頭足類がリストアップされている．奥谷博士が1985年に整理した169種に26種が加えられたことになる．ただし，その中の25種は記載が不十分であったりタイプ標本の行方がわからなかったり，いまだ分類学的に確定されていない．それら未確定種を分類学的に整理する一方，いまだ見たことのないタコ・イカを探して頭足類調査はこれからも続く．

最後にあたり，本文中に記した方々や名前を記すことはできなかったが「日本列島の自然史科学的総合研究」のみならずさまざまなかたちで頭足類研究を進めるうえでご支援ご協力をいただいた研究機関，関係者各位に心から感謝の意をささげる．

文献

Ijima, I. and S. Ikeda. 1895. Description of *Opisthoteuthis depressa*, n. sp. *J. Coll. Sci. Imp. Univ. Tokyo*, 8: 323-337.

Kaneko, N. and T. Kubodera. 2005. A new species of shallow water octopus, *Octopus laqueus*, (Cephalopoda: Octopodidae) from Okinawa, Japan. *Bull. Natn. Sci. Mus., Tokyo, Ser. A*, 31(1): 7-20.

Katugin, O. N. 2000. A new subspecies of the schoolmaster gonate squid, *Berryteuthis magister* (Cephalopoda: Gonatidae), from the Japan Sea. *The Veliger*, 43(1): 82-97.

窪寺恒己．1986．島根県敬川沖の沿岸性頭足類相．国立科学博物館専報，(19): 159-166．

Kubodera, T. 1992. Biological characteristics of the gonatid squid *Berryteuthis magister magister* (Cephalopoda: Oegopsida) off northern Hokkaido, Japan. *Mem. Natn. Sci. Mus.*, (25): 111-123.

窪寺恒己．1993．北海道襟裳岬東方沖の中深層底性頭足類．国立科学博物館専報，(26): 83-88．

Kubodera, T. 1996. Cephalopod fauna off Sanriku and Joban Districts, northeastern Japan. *Mem. Natn. Sci. Mus.*, (29): 187-207.

Kubodera, T. 2000. Cephalopods fund in the Seto Inland Sea. *Mem. Natn. Sci. Mus.*, (34): 117-126.

Kubodera, T. and H. Yamada. 1998. Cephalopod fauna around the continental shelf of the East China Sea. *Mem. Natn. Sci. Mus.*, (31): 187-210.

Kubodera, T. and K. Yamada. 2001. Cephalopods found in the neritic waters along Miura Peninsula, central Japan. *Mem. Natn. Sci. Mus.*, (37): 229-247, pls. 1-2.

Kubodera, T. and T. Okutani. 2002. A new species of bobtail squid, *Euprymna megaspadicea*, from Okinawa, Japan. *Venus*, 61 (3-4): 159-168.

Mitsukuri, K. and S. Ikeda. 1985. Notes on a giant cephalopod. *Zool. Mag., Tokyo*, 7: 39-50.

奥谷喬司．1979-1985，頭足類の生物学，海洋と生物，no. 1-37．，生物研究社．

Sasaki, M. 1929. A monograph of the dibranchiate cephalopods of the Japanese and adjacent waters. *J. Fa. Agri., Hokkaido Imp. Uni.*, 20 (suppl.): 1-357, pls. 1-30.

Taki, I. 1963. On four newly known species of Octopoda from Japan. *J. Fac. Fish. & Anima. Husb., Hisoshima Univ.*, 5(1): 57-93, pls. 1-5.

Taki, I. 1964. On eleven new species of the Cephalopoda from Japan, including two new genera of Octopodinae. *J. Fac. Fish. & Anima. Husb., Hisoshima Univ.*, 5(2): 277-343, pls. 1-7.

4.4 海底を彩る役者たち

武田正倫・長谷川和範・齋藤　寛・藤田敏彦・並河　洋・倉持利明

　海底といっても，この一言が含む意味はいささか広い．人々が潮干狩りや磯遊びを楽しむ干潟や磯も，潮が満ちれば立派な海底であるし，水深数千メートルにおよぶ海溝の斜面や底もみな海底である．このため，海底という舞台に登場する役者たち，すなわち底生動物たちの顔ぶれはきわめて多様である．日本列島をとりまく海は黒潮（暖流）と親潮（寒流）の強い影響下にあり，これらが育むそれぞれ暖流系と寒流系の種に日本固有種が加わり，日本近海は豊かな海洋動物相に恵まれていることは海底をすみかとする底生動物においても変わらない．ところが，海洋の断面を調べてみると海水は決して一様ではなく，層状の構造をとることから，水深という要素が底生動物相をより複雑なものにしている．暖流の影響がおよぶのは，世界屈指の流量を誇る黒潮では最大で水深400 m にも達するが，黒潮の分枝で日本海沿岸を北上する対馬暖流では最大でも水深100 m 台に留まる．それぞれの暖流水の下層は，北日本沖合表層を南下してきた寒流水がもぐり込んだ冷たい海水が占めている．さらに水深数百メートルから千数百メートルを超えると深海固有の深層水が占め，そこには深海独特の底生動物相が展開されることがある．日本列島周辺の海底はおおむね急峻な斜面からなることから，地域や水深によりそれぞれ属性の異なる海水と接していることになり，形成される底生動物相は先に述べたように多様で複雑である．

　多様であることは，自然史を研究するものにとってたいへんありがたいことである．いくら調べても調べ尽くされることなく，興味深い題材に満ちあふれている．わからないことがこの上なくおもしろい．こういった状況はどの分類群においてもみな同じで，研究者は多様性を把握することに努力を注ぎ，同時にそれぞれのやり方で多様性を楽しんでいる．

カニの魅力

　カニは磯の人気者である．もちろん，食用としてもよく知られている．硬い甲，柄の先についた眼，器用に使いこなす大きなはさみ，そして横歩き．陸上動物を見なれた目には，多くの海産無脊椎動物は「変な動物」ばかりであるが，それらに比べればカニは少しは動物らしい動物であろうか．それでもやはり，かなりユニークな動物である．

　日本産のカニ類は約1,100種で（Sakai, 2004），甲幅5 mm ほどの小さなヤワラガニ（ヤワラガニ科）から甲長40 cm という巨大なタカアシガニ（クモガニ科）まで，大きさの変化に富んでいる．タカアシガニは世界一大きいカニとして有名で，十分に成長した雄がはさみ脚を左右に広げると4 m に達する．ところが，オーストラリア東南部の浅海にすむオウギガニ科の *Pseudocarcinus gigas* という種は，甲が横長で幅60 cm もあるが，歩脚が短く，左右に広げても1.5 m といったところである．さて，どちらを世界一とするか．カニ類は世界で6,000種ほどであるから，日本のカニ類は種類が多い．流氷が流れくる北海道沿岸から透明度の高い沖縄のサンゴ礁まで，豊かな海に囲まれていることに加えて，すぐ沖合は急深の斜面から深海底に至っているためである．

　筆者は大学院に入ってからカニ類の分類や生態，発生の研究を始め，これまでの40年

間，ほとんどカニ類だけを相手にして現在に至っている．1968年，筆者が修士課程2年の夏，国立科学博物館の波部忠重，今島 実の両博士（ともに元動物研究部長）が，福岡県水産試験場の調査船「げんかい」を使って対馬周辺海域の調査をされた．その際にアルバイト要員として乗船させてもらい，初めてばかりの貴重な経験をすることができたが，この調査がやがて自ら参加することになる日本列島調査の一環であることに当時は気付かなかった．

1) カニの甲殻

カニの甲は正しくは甲殻，口語ではこうら（漢字では甲羅）である．背面から見ると，円形，楕円形（縦長，横長），八角形，六角形，五角形，四角形（縦長，横長，菱形），三角形，などさまざまである（図1～3）．クモガニ類などでは，洋梨形という表現がぴったりの種が多い．背面が平べったいものから，強く盛り上がっているものまで，そして体の厚みも板状のソバガラガニ（ヤワラガニ科）から球形のミナミコメツキガニ（ミナミコメツキガニ科）までさまざまである．甲面の全体が滑らかで光沢のあるもの（図1-1, 1-3, 1-4, 2-3）から小さな甲域に細分されているもの（図2-4），円錐形の突起，長短のとげ，大小の顆粒，剛毛や軟毛，羽状毛など，おそらく身を守るために役立つであろう工夫がなされている（図1-2, 2-1, 2-2）．

基本的な甲域は体内の内臓器官の位置を示している．中央前部が胃域，中央が心域，中央後部が腸域，左右が鰓域である．各部が溝でいくつかの部分に分かれていることが多く，胃域はふつう原胃域，中胃域，後胃域の3部に，鰓域も前，中，後の3部に分かれている．たいがいの人は，カニの甲の絵を描くとき中央部にHの字を描く．これが前方の胃域と後方の心域，左右の鰓域の境界線を示している．このHはどのカニにも大かれ少なかれ見られるが，冬場に漁獲されるヒラツメガニ（ワタリガニ科：甲の輪郭が丸いのでキンチャクガニの名もある）は，白いHが目立つためか漁師さんはとくにエッチガニとよぶことが多い．

瀬戸内海に多産する有名なヘイケガニ（ヘイケガニ科，学名で *Heikea japonica* という）（図2-5）は，外国の博物館でもよく見かける．今から800年ほど前，源平の戦いに敗れた平家の亡霊が乗り移ったという．いかにも「悔しそうな顔」に見えるのは事実であるが，つり上がった目は中鰓域，しっかりとした鼻は心域，かたく結んだ口は甲の後縁である．この「顔つき」が魚の捕食から逃れるのに一役果たしているというが，それは勝手に人間が考えているだけのことで，実は海底では二枚貝の殻を背負っていて，貝殻から4本の脚が出ているようにしか見えない．後ろの2対の脚が背中側に位置し，それぞれの先端が小さなはさみになっており，貝殻を背負いやすくなっている．ヘイケガニの仲間は太平洋やインド洋各地にたくさんの種類が生息しており，それぞれ「顔つき」が異なる．

2) カニの眼

どの動物にとっても眼は重要な感覚器官である．だからこそ普通は特別のくぼみに入っている．しかし危険と引き換えに，周囲の情報を早く得るために眼が柄の先にあるのがエビやカニである．たいがいのカニ類では柄はそう長くないが，柄を立てれば視界は360度である．たとえば，干潟にすむオサガニ属（スナガニ科），浅海にすむメナガガザミ（ワタリガニ科）やメナガエンコウガニ（エンコウガニ科）（図1-5）などでは，柄が著しく長い．甲の前縁が全長にわたって浅い溝になっていて，倒した柄を収めることができるようになっている．種類によっては，甲よりもず

図1　いろいろなカニ類Ⅰ．1，アラメサンゴガニ（サンゴガニ科），はさみは鋭い刃状，甲幅1 cm；2，ハナヒシガニ（ヒシガニ科），はさみ脚は左右とも長大，甲幅1.5 cm；3，シマイシガニ（ワタリガニ科），はさみは鋭い切歯状，甲幅15 cm；4，アカモンガニ（アカモンガニ科），大きい方のはさみは臼歯状，甲幅15 cm；5，メナガエンコウガニ（エンコウガニ科），はさみ脚も眼柄も長い，甲幅5 cm；6，アサヒガニ（アサヒガニ科），はさみは平らなスパナ状，甲幅10 cm．

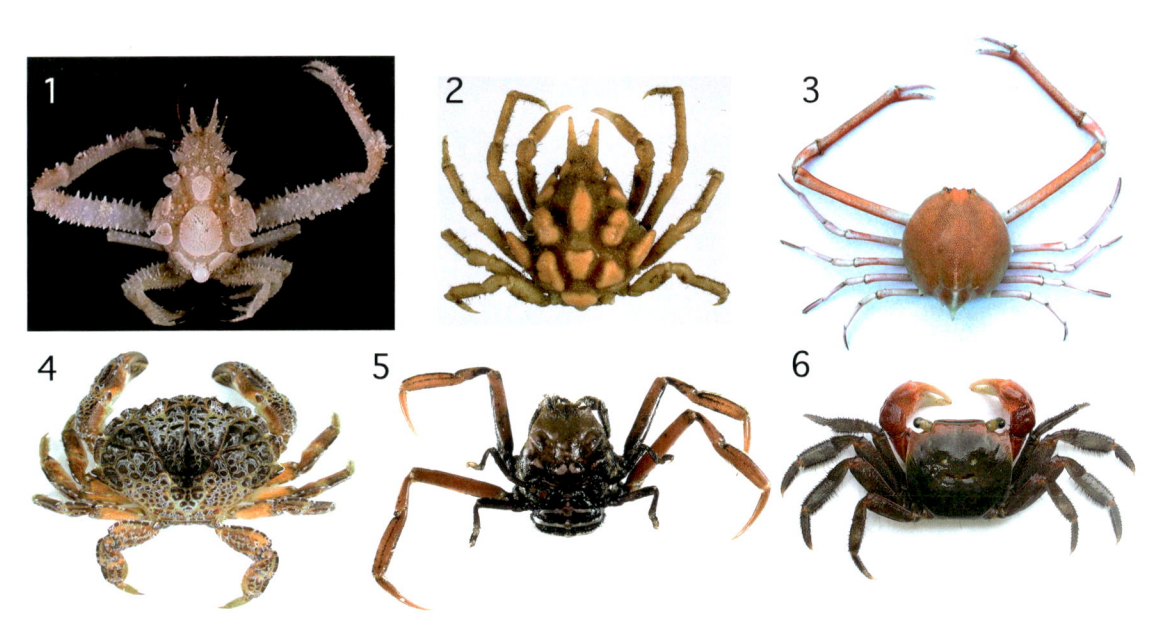

図2　いろいろなカニ類Ⅱ．1，コフキツノガニ（クモガニ科），甲に板状の突起がある，甲幅5 mm；2，フタバイボガニ（クモガニ科），甲に敷石状の突起が並ぶ，甲幅1 cm；3，オオコブシガニ（コブシガニ科），甲面が丸く盛り上がる，甲幅5 cm；4，ウモレオウギガニ（オウギガニ科），甲面は多数の甲域に細分されている，甲幅10 cm；5，ヘイケガニ（ヘイケガニ科），甲面が人の顔のように見える，甲幅2 cm；6，アカテガニ（イワガニ科），もっともカニらしいカニ，甲幅3 cm．

4.4　海底を彩る役者たち——229

っと長く飛び出している．眼柄の根元には関節があって，柄を立てたり倒したりが自由自在であるが，メナガガザミなどでは先端近くにも関節があるので，先端の「目玉」だけをくりくりと動かすことができる．

3）カニのはさみ

カニ類はエビとヤドカリ類とともに十脚類としてまとめられる．目立つ脚が10本あるために十脚類なのであるが，解剖学的にはこの10本は胸部付属肢8対のうちの後部5対，すなわち10本である．そしてカニ類では，そのうちの一番前の1対が必ずはさみになっている．ちなみに，ヤドカリ類も1対だけがはさみになっているが，エビ類では，はさみ脚がない種類から5対全部の脚がはさみになっている種類までいる．

はさみは便利な道具である．はさみの基本的な機能は物をつかむ・はさむことであるのはいうまでもないが，その使い方とそれに伴った形の変化には感心するばかりである．切歯のような歯が並ぶガザミ属，イシガニ属，ベニツケガニ属（いずれもワタリガニ科）のはさみは，獲物を捕まえて切るためのもので（図1-3），臼歯のような歯が並ぶゴカクイボオウギガニ属（オウギガニ科）のはさみは獲物をつぶすためのものである．片方のはさみが切歯，もう一方が臼歯になっているノコギリガザミ（ワタリガニ科）やキバオウギガニ（オウギガニ科）などは，餌によって使い分けるのだろうか．アカモンガニ（アカモンガニ科）（図1-4）などのように，左右のはさみの形だけでなく大きさも極端に違うこともある．サンゴの枝の間にすむサンゴガニ属とヒメサンゴガニ属（いずれもサンゴガニ科）のはさみは，かみそりの刃のように鋭い歯になっている（図1-1）．オニヒトデは，サンゴの肉質部を食べるためにサンゴの上におおいかぶさってくるが，サンゴガニ類はこの鋭い歯でオニヒトデの管足を下から切るという．すまいを提供してくれるサンゴへの恩返しといっては擬人的にすぎるかもしれないが，互いに助け合う結果になっていることは間違いなさそうである．

干潟にすむチゴガニやコメツキガニ（いずれもスナガニ科）は巣穴を掘り，その周辺を縄張りにして生活している．巣穴と縄張りの確保が陸上生活への第一歩であるが，これらのカニは潮が引いた干潟の表面に出てきて，はさみで泥をすくって口に入れる．もぐもぐやった後に，砂だけを口の前にはき出し，大きな砂団子ができるとそれを切り落とす．もぐもぐと砂団子切り落としを繰り返しながら縄張りの辺縁まで行く．結果として，砂団子が巣穴を中心に放射状に並ぶことになる．顕微鏡で見ると，干潟の泥の表面には無数ともいえる珪藻が付いているのに対し，砂団子には珪藻は含まれていない．口の内部で砂泥と珪藻を見事に分けていることになる．はさみは小さいが，内側にくぼんでいて，泥をすくい取るようになっている．口器にはたくさんの毛が生えているが，それらは単純ではなく，先端部が複雑に広がっているので餌だけを選んで食べることができるのである．ヤマトオサガニは同じスナガニ科に属していても，胃の中を調べると半分は泥である．口器の毛は先細りの単純な毛なので無理もない．

はさみは求愛の道具にもなっている．干潟にすむシオマネキ属（図3）やオサガニ属（いずれもスナガニ科）の雄は，雌に向かって種ごとに一定の型ではさみを振って求愛する．もちろん，はさみの形も種ごとに決まっている．狭い干潟にすむ近い仲間どうしで，間違いが起らないような良い仕組みではあるが，雌は自分の配偶者のはさみ振りの型をどうして知っているのだろうか．カニ類の雄のはさみ脚は雌よりも大きいのが普通で，十分に成長した雄では両方の指が曲がっており，

図3 シオマネキ属（スナガニ科）のはさみ振り．1，ベニシオマネキ，左は雄，右は雌，甲幅2cm（小笠原諸島父島にて）；2，オキナワハクセンシオマネキ，甲幅2cm（八重山諸島石垣島にて）．

指を閉じても間に大きなすき間が残る．交尾に際して，はさみで雌の歩脚をはさんで体位を安定させる行動を見ていると，両指の間のすき間は雌を傷つけないためだということがわかる．自然とはうまくできているものである．

4）カニの横歩き

かつて『カニは横に歩くとは限らない』という本を書いたことがある（武田，1992）．筆者もカニとともに歩いてきたが，横歩きばかりしていたわけではない．日本産約1,100種のカニ類のうち，ホモラ科15種，ミズヒキガニ科3種，コブシガニ科約85種，クモガニ科約150種，ヤワラガニ科10種，ヒシガニ科約30種などはたいがい前歩きであるし，アサヒガニ科15種（図1-6）はもっぱら後ずさりである．横歩きのカニの中でも，器用に前にも歩けるカニもいる．いつもは横歩きをしているカニでも，やむにやまれぬ場合には，前にも斜めにも歩く．甲が四角っぽいカニはほとんど横歩きである．歩脚の断面が楕円形に近い．関節は少しずつ向きが違うが，肘や膝のように1平面だけでしか曲がらないので，体の側面についている歩脚を曲げ伸しすれば，横歩きになってしまう．しかし甲が縦長や円形のカニは，歩脚の断面は円形に近い．すなわち棒のような脚で，関節の動きも手首，足首のような少しは回転運動が可能なのである．もちろん，横歩きのカニでも歩脚が体についている関節は回転運動が可能なので，前歩きもできるが，何しろ4対の歩脚が接しているのであまり自由がきかず，見た目には前に歩く姿は覚束ない．

5）北のカニ，南のカニ

タラバガニ（タラバガニ科）はカニように見えて，実は真のカニではない．触角にしても，はさみにしても，腹部にしても，雌の産卵孔の位置にしても，カニではなくヤドカリに近い．雌の腹部は右側にねじれ，内側を見ると左側にしか腹肢がない（カニでは腹部はねじれず，腹肢は両側にある）．雌の産卵孔は第2歩脚の根元の節にあるし（カニでは胸にある），雄には交尾器がない（カニでは種類ごとに形が違う交尾器がある）．

真のカニであるケガニ（クリガニ科）もズワイガニ（ズワイガニ科）も，寒海にすむカニである．成長は遅いが大型になる．ズワイガニが商品サイズになるまでに10年かかるといわれるし，ケガニは隔年にしか産卵しない．厳しい環境ではあるが，低温を克服することができれば捕食者が少ないということはいえるだろう．したがって個体数が多く，商業漁獲の対象になる．

一方，南の海ではどの種も小さく，個体数

は少ないが種数が多い．色も形も，もちろん生態も変化に富んでいるのは，他の動物と同じく，他の動物を食べるための，また食べられないようにするための適応の結果なのであろう．南の海を彩るさまざまなサンゴとカニとの関係を観察すると，いろいろな段階があることがわかる．死んだサンゴの隙き間を利用しているカニは多いが，生きているサンゴの枝の間だけにすんでいるサンゴガニ科の仲間（図1-1），サンゴに瘤をつくらせて内部にすむサンゴヤドリガニ（サンゴヤドリガニ科）などなど，どのカニにも商品価値はないが，生物学的には興味深いことが多い．筆者は一貫してサンゴ礁にすむカニ類を研究対象としてきたが，これからもまだまだ研究を続けていきたいと思っている．

（武田正倫）

日本の貝類相—どこまでわかっているか

貝類（軟体動物）は，海底を彩る無脊椎動物の中で花形の一つにあげられるだろう．軟体動物は，陸上や淡水のものも含めると10万種類ほどが地球上にすんでいるといわれ，海の中ではエビやカニなどの甲殻類（節足動物）と種類数でトップの座を競っている．日本周辺でも少なくとも7,000種を超える海産軟体動物が記録されていて（Higo et al., 1999ほか），食料として，あるいは装飾品として，古くから人々の生活とさまざまな形で結びついてきた．学術的な関心も古くから高く，最初はヨーロッパ人によって始められた近代的な日本産貝類の分類学は，明治の終わり頃には日本人研究者が主体となって進められるようになり，これまでに2,000に近い数の新種が日本人の手によって記載されてきた．その中でも，国立科学博物館の歴代キュレーターであった岩川友太郎博士，瀧　庸博士，波部忠重博士，奥谷喬司博士，松隈明彦博士らは，いずれも中心的な働きをされてきた．

1）日本の貝類研究の現状

それでは日本列島周辺に分布する貝類について現在どの程度わかっているかというと，実は21世紀に入り，ゲノム解析やコンピュータによる系統解析などの技術が進歩した今日でも，いまだ名前すら確定していない種類が少なくない．

一つは，まだ分類学の発達していなかった頃に，欧米人によって記載された多くの種類について，十分に確認作業が進んでいないことがあげられる．図も伴わない簡単な記載に基づいて同定されていたものが，実際にタイプ標本（新種を記載するときに使われた標本）を調べたところまったく別物であったという例は依然として多い．今や世界は狭くなり，昔に比べれば容易にヨーロッパやアメリカに渡ってタイプ標本を調べることができるようになったうえ，タイプ標本の画像データベース化も世界的に着実に進められている．とはいえ，数千種類におよぶ貝類全部を調べなおすのは容易なことではない．また古いタイプ標本の中には，すでに失われてしまったものや所在のはっきりしないものも多く，これらの実態を調べるのは難しい．

また一口に日本の貝といっても，黒潮に運ばれてくる熱帯域由来の種類，北太平洋から南下する寒流系の種類，それに朝鮮半島から中国大陸沿岸にも広く分布する温帯系の種類など，日本以外にも分布するものがほとんどである．熱帯由来の種類の多くは，通常「インド－西太平洋」とよばれる広大な海域に広く分布するし，冷水系の種類には分布が大西洋にまでおよぶものがある．したがって，日本の貝を調べるためには，近隣海域だけでなく，時にはアフリカやヨーロッパなど広い地域の種類と比較する必要がある．日本固有の新種として記載されていたものでも，情報が豊富となった今日になって詳しく調べなおした結果，他の地域ですでに学名が与えられて

いたという例も少なくない．

　さらに日本周辺にはいまだ名前の付けられていない種類や，研究者の目に触れてさえいない種類も多く残されている．調査船で少し深い海底を調べると，毎回といってよいほど初めて目にする種類が採集されるし，1,000 mを超える深海では得られるほとんどの種類に名前が付かない状況だ．一方，海岸の波打ち際に寄せられた砂の中に含まれる微小貝の中には，しばしば貝殻だけでは分類学的な位置すらわからないようなものも含まれている．潮間帯で普通に見られる貝でさえ，詳しく調べてみると複数の種類の複合体であったという例もある．

　このように分類の研究には，依然として広範な標本の収集，詳しい形態学的な研究，そして古典を含む文献の探索やタイプ標本の検討という昔ながらの地道な作業が欠かせない．なかでも，標本の収集なしに研究は始まらない．貝類標本というと，一般には貝殻の乾燥標本が馴染み深いが，解剖学的な形質や遺伝子の解析を含む最近の詳しい研究には軟体部が不可欠で，そのため現在ではアルコールなどに保存した液浸標本の重要度が増している．また，隠蔽種などの存在を確かめるためには生息微環境などの生態学的な情報も必要になり，それら情報の伴った状態の良い標本を得るためには独自のフィールド調査が必要となる．そのため，すでに何十万点もの標本が保管されている博物館でも，積極的に調査に出かけることになる．国立科学博物館では日本列島調査をはじめとして，深海域の調査や，日本との関連の深い東南アジアを対象とした海外調査も積極的に行ってきた．以下，これらの調査をとおして得られた，巻貝類に関する成果について紹介することにする．

2）潮間帯から浅海の調査

　貝類を含む海の生物がもっとも豊富なのは，何といっても潮間帯からその下の太陽の光が届く程度の浅い海の底だ．食物連鎖の基礎となる海藻や植物プランクトンが豊富で，海底環境は変化に富み，それらに対応して多くの生物が相互に関連をもちながら生活している．このような多様な生物相を明らかにするためにはさまざまな調査方法が必要となる．潮間帯や上部潮下帯の調査では磯歩きや素潜り，およびスキューバダイビングによる作業が中心となる．ただし夜行性のものが多く，昼間は岩の隙間や砂の間に隠れている貝類を見つけ出すのはなかなか難しい．さらに，肉眼で見つけ出すことが不可能な微小種の研究は遅れている．これらの微小種を効果的に採集するためには，岩の裏側や海藻など，微小貝がすんでいそうなところをブラシで擦り出し，砂や海藻片などとともに持ち帰り，研究室で詳しく調べる方法をとる．現場では「見つける喜び」のない地味な作業であるが，得られる成果は大きく，科単位で日本新記録となるような例も少なくない（長谷川，1997）．

　これよりもう少し深くなると，網やドレッヂなどの採集器具に頼らなければならない．従来，岩礁地ではイセエビなどの刺し網が，また砂底では底曳き網がこのあたりの深さの有効な採集手段だった．しかし，網目から抜けてしまうような小さな貝はやはり採集が困難となる．1999〜2000年に実施された日本列島調査は，関東地方とその周辺が対象地域だった．ちょうどその頃，東京大学の上島　励博士が，ドレッヂを使って集中的に下田湾周辺の調査をしていたので，さっそく共同で研究することになり，採集された巻貝類を調べることができた．ドレッヂは通常，生物の豊富な岩礁の混じる砂礫底で行われることが多いが，この調査では水深30 mほどの砂底を中心に50回近くも実施された．得られたサンプルの中から，死殻しか得られなかったものも含めて，合計470種ほどの巻貝類が

図4　1999〜2000年に下田沖浅海から採集された未記載種と考えられる巻貝類（殻高2.0〜13.5 mmのいずれも微小種）．1，ヒナシタダミ属の1種；2，シロガネシタダミ属の1種（いずれもニシキウズガイ科）；3，トウキョウリソツボ属の1種；4，リソツボ属の1種A；5，クリムシチョウジガイ属の1種；6，リソツボ属の1種B（いずれもリソツボ科）；7，ウズマキガイ属の1種；8，シラギク属の1種（いずれもイソコハクガイ科）；9，タマガイ属の1種；10，サザナミタマガイ属の1種；11，ハイイロタマツメタ属の1種（いずれもタマガイ科）；12, *Clathropsis* 属の1種；13, *Tuberculopsis* 属の1種；14, *Alipta* 属の1種；15, *Metaxia* 属の1種（いずれもアミメケシカニモリ科）；16，ムギガイ属の1種（フトコロガイ科）；17，ケボリクチキレツブ属の1種；18, *Inkinga* 属の1種（いずれもクダマキガイ科）；19, *Tibersyrnola* 属の1種；20，チャイロイトカケギリ属の1種；21，ヒダクチキレ属の1種A；22, *Elodiamea* 属の1種；23，ヒダクチキレ属の1種B（いずれもトウガタガイ科）．

得られた．これらを内外の文献に照らして詳しく調べた結果，未記載種の可能性が高いものが70種ほど含まれていたほか，日本新記録となった種も10種に上った（Hasegawa *et al.*, 2001）（図4）．このような沿岸の比較的浅い海にも，まだ多くの知られざる種類が残されていることを，この集中的な調査の結果が示している．

3）深海の調査

　人の手が容易に届かない深海は地球に残された最後のフロンティアといわれ，注目が高まっている．国立科学博物館でも1993年から継続して日本周辺において深海動物相調査を実施している．4年ごとに成果を報告書にまとめながら，これまで駿河湾，土佐湾，南西諸島で調査を行ってきた．深海の調査には，専用の設備をもった能力の高い調査船が必要となるため，さまざまな研究機関や大学と共同調査の形をとったり，場所によっては漁船を雇ったりして調べることになる．1993〜1996年に実施した駿河湾の調査では，主に西

図5　1993〜1996年に駿河湾漸深海帯の沈木から採集された新種の巻貝類.
1，ウスワタゾコシロガサ；2，キヌカツギワタゾコシロガサ；3，コバンワタゾコシロガサ（いずれもワタゾコシロガサ科）；4，マルチドリワタゾコシロガサ（オトヒメガサガイ科）；5，クボタシタダミ；6，ヒラマキクボタシタダミ；7，クボタシタダミモドキ；8，ヒロクチクボタシタダミ；9，フクレシタダミ（いずれもワタゾコシタダミ科）；10，キツキツボ（カワグチツボ科）；11，キツキイソマイマイ（イソコハクガイ科）；12，ガラスシタダミ（ガラスシタダミ科）．スケールバー：0.5 mm．

　伊豆戸田のタカアシガニ漁の漁船「精進丸」に乗船させてもらい，深海商業トロールにかかってきた動物を調べたほか，東京大学海洋研究所の調査船で採取されたサンプルも調べた．
　駿河湾は，隣の相模湾とならんで日本周辺では比較的深海生物がよく調べられている海域である．しかし，採集された巻貝の標本を調べると，まだ研究が行き届いていない種類が多く含まれていることがわかった．さすがに限られた時間で全部には手が回らないので，海底に沈んだ木（沈木）に付いている巻貝を重点的に調べることにした．駿河湾のような陸地に近接した深海域では，川から流されてきた木が多く沈み込んでいるが，餌となる有機物や足場となる岩礁の少ない深海ではこのような沈木は巻貝類の重要な食物，および付着基質となりうる．沈木に多くの貝が付いていることは古くからよく知られていたものの，日本周辺ではそれまでにまとまった研究がなかった．4年間の調査で駿河湾の沈木から採集された巻貝類は21種類に上ったが，それまで日本から知られていたものに該当したのはそのうち5種類にすぎなかった．標本の状態が悪く，かつ個体数が少ないため詳しい同定ができなかった2種類と，南半球に分布するよく似た種類にとりあえず同定した2種類を除く12種類は，報告書の中で新種として名前を与えた（Hasegawa, 1997）（図5）．その後の調査で得られた標本を合わせてみると，上記未同定の2種類と仮に同定した2種も新しい名前を与える必要があると思われるが，それはともかく，限られた海域の沈木に付いていた種類だけでも，得られた種類の75%以上がそれまで日本から未知の種類であったことは，いかに日本周辺に未知の種類が残されて

いるかを示している.

これはその後の調査でも同様で，2001～2004年に実施された南西諸島の調査では，水深200～1500 m の漸深海帯から生貝で得られた198種類の巻貝のうち，119種類は日本から初めての記録となるもので，さらにそのうちのおよそ100種類はまだ名前の与えられていない種類であった（Hasegawa, 2005）．出現した種類の実に半分近くにあたり，今後さらに詳しい研究を進めながら名前を与える作業をしていかなければならない．

4）これからどうするのか

以上述べてきたように，日本の貝類については，まだ多くの研究の余地が残されている．正式に名前の付けられていない種類だけでも膨大な数で，多くの研究者が協力しながらこれらの分類学的研究を進めていかなければならない．研究を効率化するためには，まずは既知の種類の記載情報などを網羅したデータベースを作成し，どこまでわかっているかを把握する必要がある．とくに重要なのは，タイプ標本の画像や情報であり，それによって入手困難な古典を端から紐解くことなく，またタイプの所蔵されている海外の施設に出向くこともなく研究が進められるようになる．これらの電子化作業は国際的な協力のもとで，急ピッチで進められているが，多くのタイプ標本を所蔵する国立科学博物館もその一端を担っている．しかし何よりも，この日本周辺の海に人知れず残されているであろう多くの貝類を探索していく努力は今後も必要である．

（長谷川和範）

日本列島ヒザラガイ紀行

ヒザラガイ類は8枚の貝殻をもつ貝類で，日本全国の海岸の岩礁地から深海底まで広く分布している．8枚の貝殻をもつ貝類とはどのようなものか疑問をもたれるかもしれない

図6　潮間帯岩上のヒザラガイ群．

が，図6を見れば，磯で見たことがあるという読者も多いであろう．ヒザラガイ類は軟体動物門多板綱（多板類）に含まれ，貝殻が8枚あるということのほかに，貝殻の表面に殻を貫通した無数の眼点があることや，歯舌とよばれる摂餌器官に磁鉄鉱でできた硬い「歯冠」をもつなど，ユニークな特徴をもっている．すべて海産で，世界中から約800種，日本産としては約100種が知られているが，他の動物と同様に，新種が次々と発表されているためその数は年々増加している．

1）代表的なヒザラガイ類

さて，日本にはどのような種類が，どのように分布しているのであろうか．日本沿岸に分布するヒザラガイ類は，その地理的な分布によって大きく寒流系と暖流系のグループに分けられる（村上，1989）．

寒流系のヒザラガイ類は千島列島からオホーツク海を中心に，種類によっては南は本州中部の銚子，北陸地方，大陸側では沿海州まで，北はベーリング海やさらには北米西岸まで分布する種もいる．寒流系グループを代表する種は，世界最大のヒザラガイ類であるオオバンヒザラガイ（ケハダヒザラガイ科）であろう（図7-1）．オオバンヒザラガイは体長30 cm 近くに達し，北米西岸では42 cm という記録もある．オオバンヒザラガイには一見

図7　代表的なヒザラガイ類．寒流系の種（1〜4）と暖流系の種（5〜7）．
1，オオバンヒザラガイ（ケハダヒザラガイ科），体長20 cm；2，エゾババガセ（ヒゲヒザラガイ科），体長5 cm；3，エゾヤスリヒザラガイ（ウスヒザラガイ科），体長6 cm；4，セワケヒザラガイ（ウスヒザラガイ科），体長2 cm；5，オオクサズリガイ（クサズリガイ科），体長3 cm；6，フチドリヒザラガイ（ケハダヒザラガイ科），体長2 cm；7，オオケムシヒザラガイ（ケムシヒザラガイ科），体長8 cm．

貝殻がないように見えるが，8枚の貝殻は背中の肉の中に埋もれて存在する．オオバンヒザラガイには興味深いアイヌ伝説がある．昔，ムイ（オオバンヒザラガイ）とエゾアワビ（巻貝類）とが言い争って戦った．その結果，エゾアワビは大敗を喫して，ムイ岬（恵山岬，函館の東方）以北にはすめなくなった．逃げるとき，あわてふためいてはいまわった跡が噴火湾の所々の岩の上に残っているというものである（波部，1970）．これは暖流系のエゾアワビと寒流系のオオバンヒザラガイとの分布の違いをよく説明しており，アイヌの人々の自然に対する造詣の深さを示しているものともいえよう．では実際この恵山岬あたりがオオバンヒザラガイの分布の南限なのかというと，実はもう少し南の岩手県大槌でも分布が確認されている．ただし，その生息深度は水深80 mと，潮間帯にも分布する北海道沿岸と比べるとはるかに深く，人目につかないところにすんでいるのである．生物の分布を調べるときは水平分布に加えて垂直分布（海洋生物の場合水深）も調べる必要があるが，深海はもちろんのこと，比較的浅い場所でも岩礁地では網を曳くのは難しく，スキューバダイビングでも潜るのが難しい水深では詳細な調査がなかなか進まない．今後の調査によってはオオバンヒザラガイの分布南限はさらに南下するかもしれない．さて，オオバンヒザラガイ以外にこの海域に特徴的な仲間は，マダラヒザラガイ科やヒゲヒザラガイ科，ヤスリヒザラガイ属（ウスヒザラガイ科）などである（図7-2〜4）．冷たい海の生き物というと地味なイメージがあるかもしれないが，マダラヒザラガイ類のように生きているときはまさに海底を彩るような美しい色彩を示すものも多い（死ぬとたちまち色が変化し，貝殻は赤褐色と白色に，殻のまわりの肉帯は薄い褐色になってしまう）．

暖流系を代表するヒザラガイ類は，ケハダヒザラガイ科やケムシヒザラガイ科，クサズ

リガイ科などであろう（図7-5〜7）．一般に小型の種が多く，華やかな色彩の種が多い．暖流系のヒザラガイ類はさらに二つのグループに細分される．一方はインドネシアやフィリピンなど西太平洋熱帯域に分布の中心をもち，「インド－西太平洋」に広く分布するグループで，仮に熱帯系ともいえるグループ，他方は日本沿岸や朝鮮半島，中国沿岸に分布するグループで，こちらは仮に温帯系ともいえるグループである．

2）日本列島ヒザラガイ紀行

　日本列島調査で筆者は，北海道東部，宮城県女川湾，長崎県五島列島，瀬戸内海，八丈島の5地点でヒザラガイ類の調査を行った．北海道東部では水深13 m以浅から20種のヒザラガイ類を確認した．このうちマダラヒザラガイ属の3種と，ヤスリヒザラガイ属の5種は北方領土を除けば本土での初記録となった．寒流系のヒザラガイ類はたとえばセワケヒザラガイ（ウスヒザラガイ科）のように銚子付近まで分布記録のあるものもあるが，南に向かうほど黒潮の影響を受けて，種数が減少する．女川湾では合計25種が確認され，そのうちの2種の未詳種（さらに詳しい比較検討などを行わないと同定が完了しない種で，新種を含む場合もある）を除くと13種が寒流系の種，10種が暖流系の種であった．

　女川湾では寒流系と暖流系の種が混在していたが，女川湾の暖流系の種とは温帯系の種で，熱帯系の種は分布していない．では黒潮分枝である対馬暖流の強い影響を受ける五島列島ではどうであろうか．五島列島では合計30種が確認された．うち6種は未詳種で，日本初記録2種を含む24種はすべて暖流系の種であり，そのうち21種が温帯系，3種が熱帯系の種であった．同様に瀬戸内海では合計15種のうちすべてが温帯系の種で，八丈島では合計16種のうち14種が温帯系，2種が熱帯系の種であった．このように地域ごとにヒザラガイ相を調べると，親潮，黒潮の影響の具合が著しく現れる．南西諸島でヒザラガイ類の調査を行えば熱帯系の種がより多く出現するのは確実であろう．

3）種数の再検討

　はじめに日本産のヒザラガイ類の種数がおよそ100種であると述べたが，この100種のリストが日本列島調査でも研究の基礎となった．この種数はその後の研究や日本列島調査でも変化することになるが，この100種がどのように調べられてきたのか，その研究史を簡単に紹介したい．

　日本のヒザラガイ類を最初に記載したのは米国の研究者 A. A. Gould で，1859年（江戸末期，安政6年）のことである．このとき記載された種はヒメケハダヒザラガイ（ケハダヒザラガイ科），ババガセ，ウシヒザラガイ（いずれもウスヒザラガイ科），カブトヒザラガイ（カブトヒザラガイ科）の4種であった．その後の研究も国外の研究者によって行われたが，1920年代（大正期）から瀧　庸と瀧　巖の両博士によって研究が開始された．国立科学博物館にも在籍した瀧　庸博士はとくにヒザラガイ類を集中的に研究し，1961年には最初の包括的な日本産ヒザラガイ類目録を公表した．この目録によって日本のヒザラガイ相の概要が明らかになったのである．このときの掲載種数は90種であったが，これにその後の研究成果が加えられ，肥後（1973）では100種（亜種も含む）がリストアップされたのである．

　さて現時点の種数であるが，日本産は107種が数えられる．あまり増えていないように見えるが，実は上記瀧（1961）および肥後（1973）のリストには名前だけが付いていて今では実体のわからない種や，同定に誤りがあると思われるものなど，かなりの数の未

図8　釜石沖の水深279 m の海底．キタクシノハクモヒトデ（クモヒトデ科）におおわれている．クモヒトデ類は中央の丸い部分（盤）の直径で体の大きさを表すが，その盤径がおよそ1 cmほどの個体が多い．

詳種が含まれていた．これを整理するとその100種（亜種を含む）は60〜70種となるため，その後の研究で全体の半数近くの見直しと追加が行われたことになる．しかしまだまだ新種を含め未詳種も多く，これらがすべて整理・記載されればおよそ150種を超えることが見込まれる．この数は世界でもっともヒザラガイ類の豊富な海域とされるオーストラリアーニュージーランド海域の161種にせまるもので，ヒザラガイ類一つをとってもわが国の豊かな海洋生物相を表しているといえよう．

(齋藤　寛)

海底はクモヒトデのベット

海は地球の表面積のおよそ7割を占めるが，その中でも9割を占めるのが水深200 m以深の深海底である．すなわち深海底は，地球上でもっとも広大なハビタットである．その深海底を彩っている動物としてまず第一にあげられるのは，なんといってもクモヒトデ類であろう．たとえば，北日本の大陸斜面の最上部（水深約200〜500 m）の海底は，キタクシノハクモヒトデ（クモヒトデ科）が数種の表在性クモヒトデ類とともに広い範囲の海底を隙間ないほどにおおっており，高密度ベッドとよばれている（Fujita & Ohta, 1989, 1990）．各個体がお互いに距離を保とうとしているため，まるでエッシャーの絵さながらの規則正しい模様を描いていることが多く，まさに海底を彩っている（図8）．

クモヒトデ類はヒトデ類と近縁ではあるがヒトデ類の一部ではなく，ヒトデ類，ウミユリ類，ウニ類，ナマコ類とともに，棘皮動物門の五つの綱のうちの一つである（藤田，2000）．体の中央の盤とよばれる部分から5本の細長い腕がのびている．この腕のことを「足」とよんでしまう人が多いが，正しくは「腕」である．「足」とよばれる器官は別にあり，それが管足である．管足は筋肉と水圧とで伸び縮みさせたり動かすことができる．ヒトデ類では管足をまさに「足」として動くために使っているが，クモヒトデ類ではしなや

図9 トゲモミジガイ（ヒトデ類：モミジガイ科，左）とナガトゲクモヒトデ（クモヒトデ類：トゲクモヒトデ科，右）の口面．トゲモミジガイでは管足が歩帯溝の中から出ているのに対し，ナガトゲクモヒトデには歩帯溝がない．

かな「腕」を使って動くことが多く，棘皮動物の中ではもっとも素早く動くことが可能である．ヒトデ類とクモヒトデ類のもっとも大きな違いは，腕の骨格のつくりにある．クモヒトデ類には腕骨とよばれる骨が腕の内部に並んでいる．腕骨は別名「脊椎骨」ともよばれ，ヒトの背骨のように骨が並び，それぞれが関節で連なっているため筋肉を使って曲げることができる．ヒトデ類ではこの腕骨の代わりに歩帯板という骨が2列に並んで，歩帯溝という溝をつくり，この溝に管足が並んでいる．この歩帯溝の有無によって，ヒトデ類とクモヒトデ類ははっきりと区別することができる（図9）．

さて，深海底を彩るクモヒトデ類だが，もちろん潮間帯など浅い海にも生息している．棘皮動物の中ではもっとも多様で，世界に約2,300種の現生種が知られており，そのうち日本近海には300種ほどが分布していることがこれまでにわかっている（藤田，1997）．

1）クモヒトデを食べるサメガレイ

棘皮動物の大きな特徴の1一つは，骨格の構造である．炭酸カルシウムを主成分とする小さな多数の骨が組み合わさって体がつくられており，体の外側を取り囲んでいる．外側の骨は薄い皮膚でおおわれている．クモヒトデ類の腕の中はほとんど「腕骨」で占められており，胃や生殖巣などの主な器官がある盤の部分も扁平で薄いものが多い．すなわち，体のほとんどが骨なのである．したがって，エネルギーとなるような栄養分は少なく，食物としてはあまり価値がなさそうである．そんなクモヒトデ類を食べる動物がいるのかと思うが，ゲテモノ好きはどこにでもいる．まずそうなクモヒトデをよく食べる捕食者として知られているのが，サメガレイとスナヒトデ類だ．

サメガレイは北日本に多く見られるカレイ科の魚で，深海の砂泥底に生息している．体にイボ状の突起が並んでいてあまり綺麗な魚

とはいえないが，煮付けなどにするととても美味しい魚だ．1980年代までは漁獲量も多かったが，その後減少の一途をたどり，近年では漁獲量も非常に少なくなってしまった．仙台湾の沖合で行われた日本列島調査において，水深約700〜800 mの海底からオッタートロールで採集されたサメガレイの消化管を開けてみると，中からクモヒトデがたくさん出てきた．胃の部分から取り出したクモヒトデはまだ原形をとどめていたが（図10），腸の部分では消化が進んでクモヒトデの骨片がばらばらになってしまっていた．こうなってしまうとクモヒトデの種を同定することは難しいが，形が残っているものからほとんどがノルマンクモヒトデ（トゲナガクモヒトデ科）という種であることがわかった．サメガレイが採集された水深帯で優占しているクモヒトデである．盤径7〜9 mmのクモヒトデが数多く食べられていたが，サメガレイの口はかなり大きく，しかも口が左右対称ではなく海底の方を向いている側の方が大きく裂けており，クモヒトデなどの底生動物を食べるのにうってつけだ．多少栄養価が低くても，クモヒトデはたくさんいるので量で補うことができるのかもしれない．主食はクモヒトデだが，この調査でサメガレイはホタルイカも食べることがあることがわかった．こちらは栄養はたっぷりありそうだ．しかし，このようなごちそうにありつける機会はあまりありそうにないので，普段はもっぱらクモヒトデを口に入れているようだ．

　スナヒトデ科の仲間は浅海の砂泥底に生息しているが，貪欲な肉食者として知られており，その胃袋の中にはクモヒトデ類が多数含まれている．サメガレイもそうであるが，クモヒトデ類以外の底生動物も胃内容に含まれており，クモヒトデ類だけを選択的に食べているわけではないかもしれない．何でもお構いなしに食べており，クモヒトデ類がそこい

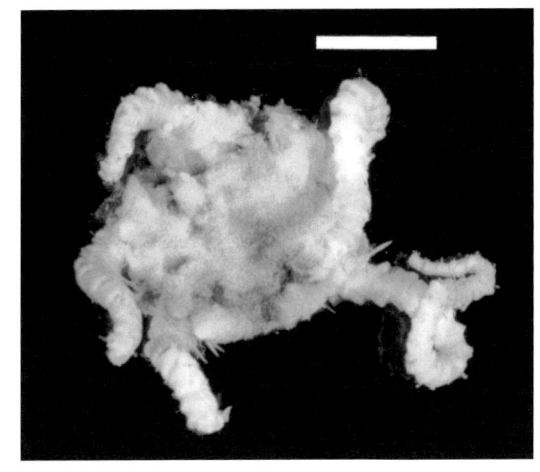

図10　サメガレイ（カレイ科）の胃の中から取りだしたノルマンクモヒトデ（トゲナガクモヒトデ科）．スケールバー：5 mm.

らにたくさんいるから結果としてクモヒトデ類が主食となっているのではないだろうか．

2）雌雄で抱き合うクモヒトデ

　クモヒトデ類のほとんどは雌雄異体であるが性的二型を示さず，解剖して生殖巣を観察しない限り外見では雌雄の区別をつけることができない．ダキクモヒトデは，外見で雌雄がすぐわかる数少ないクモヒトデの一つだ．このクモヒトデは，これまで国内では和歌山県の田辺湾でしか報告がなかったが，伊豆半島の下田沖で行った日本列島調査においてドレッヂにより採集された（入村ほか，2001）．「ダキ」の名前が示すように，大小2個体のクモヒトデが口側を向かい合わせ，5本の腕の位置をずらして抱き合っている（図11）．小さい個体は大きい方の5分の1ほどの大きさである．このようなペアは，最初は自分の子供を抱いているものと思われていたが，1933年にデンマークの偉大な棘皮動物学者であるモルテンセンによって雌雄のペアであることが明らかにされた．必ず雄の方が小型であり，完全な雌雄異体で雄性先熟などではないことがわかった．ウニ類やヒトデ類と異なり，クモヒトデ類では人為的な放卵・放

図11 下田沖で採集されたダキクモヒトデ（スケールは1目盛り1mm）．大きな個体が雌，小さな個体が雄．

精の誘導がきわめて困難なため，その発生の研究は非常に難しい．しかし，最近になって，日本海の敦賀湾にもダキクモヒトデが多数分布することが発見され，その繁殖からオフィオプルテウス幼生期を経て稚クモヒトデとなるまでの発生過程に関する素晴らしい研究が行われた（Tominaga *et al.*, 2004）．放卵・放精をして体外受精を行うダキクモヒトデにとって，雌雄のペアで抱き合っていることは受精の効率を高めるうえで非常に有利となることは間違いない．

ドレッヂによって採集された個体は，残念ながら海底で何に付着していたのかわからなかったが，ダキクモヒトデはタコノマクラ（タコノマクラ科）やスカシカシパン（スカシカシパン科）などのウニ類に付着して生活している．特定の付着基質を選択することによって，広い海底をやみくもに探し回るよりも雄と雌との出会いの確率を高めることができるのであろう．このように非常に興味深い生活史をもっているダキクモヒトデであるが，その分類上の位置すらはっきりとしていないままで，どの科に属するかも意見が定まっていない．クモヒトデ類は，まだまだ基礎的な調査研究が必要な動物群である．

（藤田敏彦）

動かない海産動物たち

陸上生物においては植物が大地に根を張って動かないのに対し，動物はその名のとおり餌を得るために動き回るというのが一般的な認識である．しかし海底に目を移してみると，そこには陸上では考えられない不思議な動物の世界が展開している．そのような不思議な動物の例として，海中で岩などに固着して生活している動物たちの存在をあげることができる．これらは，一般に付着動物などとよばれている．付着動物はさまざまな分類群に見られ，その姿かたちもまたいろいろで，中には植物を想わせるような形の動物もいる．まさに多様な世界である（図12）．

1）付着動物の多様な顔ぶれ

海綿動物は潮間帯から深海底まで広く分布し，すべての種類が動かない．とはいえ，すべてが岩などに固着しているわけではない．ヴィーナスの花籠と称され工芸品のような美しいカイロウドウケツのように，海底の砂泥に基部をさし入れて鎮座しているものも含む．

刺胞動物のイシサンゴ類は，暖かい海でサンゴ礁を形成する大型種が多く，付着動物の代表格といえよう（図12-1）．刺胞動物には，このイシサンゴ類とイソギンチャク類が属する花虫類以外に，ヒドロ虫類，箱虫類，鉢虫類が含まれる．刺胞動物は，外洋で生活している一部のヒドロ虫類や鉢虫類を除いて，すべてイソギンチャクの形を基本とした動かない時期（ポリプ）が生活の中心である．あの巨大なエチゼンクラゲでさえ，通常は数ミリほどのポリプの姿で生活し，子孫を残すためにクラゲをつくり出しているにすぎない．さらに，種によってポリプが互いにつながりあって群体という形をとるものがある．先ほど植物を想わせる動物と書いたのは，おおむね花虫類やヒドロ虫類の，さまざまに枝分かれ

図12 さまざまな海産付着動物. 1, ミドリイシの仲間（刺胞動物）；2, イバラカンザシゴカイ（環形動物）；3, マンジュウボヤ（脊索動物）.

して色鮮やかな群体をつくる種のことである．

環形動物のうちゴカイ類には，自由に歩き回る種類と，石灰質や泥質などさまざまな棲管をつくってその中にすむ種類がいる．後者が付着動物である．イシサンゴ類に埋まって生活するイバラカンザシゴカイ（カンザシゴカイ科）は，色とりどりの鰓冠を出してサンゴの表面を飾っている（図12-2）．

軟体動物のうち二枚貝類は固着性のものを多く含み，食卓にあがるマガキ（イタボガキ科）などはその一つである．それに対して巻貝類（腹足類）は積極的な捕食者が多いためか，付着動物は少ない．それでもオオヘビガイなどのムカデガイ科の仲間は完全な固着性で，典型的な付着動物である．

節足動物では，甲殻類のうち完胸類に含まれるカメノテなどのミョウガガイ科，エボシガイ科，フジツボ科の仲間もまた典型的な付着動物で，動くのをやめた甲殻類ということができる．これらは動くことをやめることにより，もともと歩脚であった蔓脚を海水中から餌をかき集めるための道具として使っている．

脊索動物は脊椎動物を含む分類群である．われわれ哺乳類に近縁な動物に付着動物がいるのは少し意外であるが，ホヤ類には付着性のものを多く含んでいる（図12-3）．東北地方で食されるマボヤ（マボヤ科）は，ロープに付着させて養殖されている．

ここに掲げた例は付着動物の一部にすぎず，分類群も形もあまりに多様であるが，餌のとり方に共通点がある．付着動物は一般的に，海中に漂っている懸濁物やプランクトン等を濾し取って食べている．刺胞動物は，毒液のカプセル（刺胞）を使って海中を泳ぐ動物や動物プランクトンを捕まえるから濾し取って食べるとはいいがたいが，餌が水流に乗ってやってくるのを待つという意味では他の付着動物と遠からず似た餌のとり方をしている．海中に浮遊しているものを濾し取る食べ方は，海水が懸濁物などで充たされた「栄養豊富なスープ状」であるためにできる方法である．

2）付着動物の住宅事情

これら付着動物は，水中でプランクトン生活をする幼生期（刺胞動物ではクラゲ期も）を除き，いったん何かに付着して成体になる

とその場を動くことができない．幼生は泳ぐことができるが，その遊泳力は微々たるもので，ほとんどが海流や潮流によって流されてしまう．つまり，幼生が運ばれて付着したところがその動物の生存に適した環境ならば，そこで子孫を残して分布を拡大することができるが，逆に生存に適していない場合は適したところに移動することもできず，子孫を残すことなく死んでしまうことになる．

幼生が生存に適した場所に付着したとしても，そこには付着動物ならではの住宅事情があり安穏としてはいられない．生存に適した場所は，他の付着動物にとっても好適な場所であり，すみ場所を巡って陣取り合戦が展開されるのである．動く動物にも縄張りをもつものが知られているが，そのような動物ではたとえ争いに負けたとしてもそこから逃げることはできる．しかし，一度固着したら一生そこから離れることができない付着動物においては，争いに負けるとどうすることもできない．そこで，付着動物には他種の動物と共存する術を得たものや，他の付着動物がすまない新天地を探しだしたものもいる．たとえば，ヤドカリイソギンチャク（クビカザリイソギンチャク科）は，特定のヤドカリ（ケスジヤドカリやヤスリヤドカリ）のすまいである貝殻上を占有して生活している．このイソギンチャクは，ヤドカリの餌のあまりをちゃっかり頂戴するなど住と食の面でヤドカリに依存している．一方，ヤドカリはイソギンチャクを身にまとうことで捕食者から守られており，お互い様の関係（共生関係）となっている．すでに述べたようにイソギンチャク類は刺胞をもつため，イソギンチャクを襲う動物は少ない．ミミエボシ（エボシガイ科）やオニフジツボ（フジツボ科）はクジラの体表に着生し，クジラとともに大航海する自ら動くのをやめた甲殻類である．たまたま付着した「基質」がクジラだったものがうまい具合に選択されて生き残り，安住の地を得たと考えるのが妥当であろう．

3）付着動物は有効な指標になる

付着動物の場合，幼生が付着した場所の環境がその個体の運命を決めてしまうことはすでに述べた．つまり付着動物の分布を調べることで，その海域の自然環境を詳しく知ることができる．たとえば，亜熱帯起源の付着動物がある海域に分布していれば，そこは暖流の影響のある温暖な海であることがわかる．付着動物の継続的な分布調査は，海流の影響などを考えるうえでとくに有効な指標になる．広い地域を網羅した継続的な自然史研究は，日本列島調査が意義としたところであり，付着動物の分布に基づく海流の影響を調べた研究例を見出すことができる．

環形動物のカンザシゴカイ類（図12-2）は石灰質の棲管をつくり，基質に固着して生活する付着動物で，その分布について詳細な報告がなされている（今島，1984，1986ほか）．カンザシゴカイ類は暖海性の種類が多く，日本近海における暖流の影響を調べるにはうってつけの付着動物である．種子島，小笠原，伊豆大島と新島，潮岬，伊豆下田，隠岐，男鹿半島という広い海域で調査された．とくに日本海側ではそれまでの調査があまりなく，能登半島以北からの報告は皆無だったこともあり，男鹿半島での調査は重要な意味をもっていた．隠岐周辺で得られた24種と男鹿半島付近で得られた20種のほとんどが，黒潮の強い影響下にある紀伊半島の潮岬周辺に分布していた．さらに，海外での調査結果とも比較すると，男鹿半島で記録された10種がミクロネシア海域と共通であることも明らかとなった．これらは，男鹿半島周辺の日本海が暖海性の種が存在できる環境であることを明瞭に示している．

一方，脊索動物のホヤ類についても，紀伊

半島沿岸，伊豆下田周辺，男鹿半島，隠岐において同様に調査された（Nishikawa, 1984, 1986ほか）．なかでも紀伊半島は日本近海で知られているホヤ類の3分の1の種が分布する，ホヤ類相豊富な海域であることがわかり，しかもその7割以上が熱帯性の種でいかに黒潮の影響が強いかが示された．さらに男鹿半島では34種のホヤ類が記録され，それらの大部分が温暖な海域で見出される種であることが明らかとなった．

このようにカンザシゴカイ類やホヤ類の調査結果から，男鹿半島周辺は対馬暖流に強く影響されて，暖海性の海産動物が分布している地域であることがわかった．

〔並河　洋〕

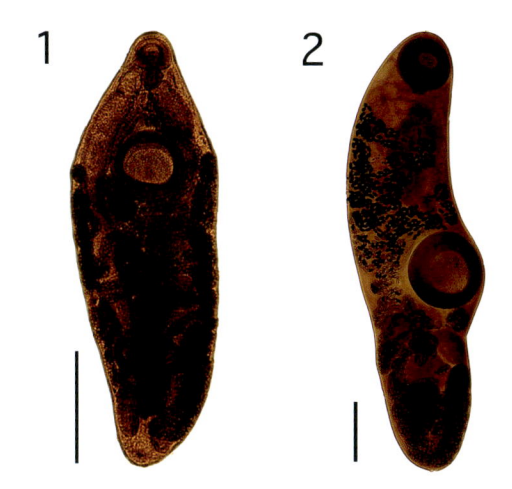

図13　典型的な寒流系の二生虫．1, *Lecithaster gibbosus*；2, *Derogenes varicus*（いずれもヘミウルス科）．スケールバー：0.5 mm.

寄生虫屋海を行く

寄生虫はすみ場所と栄養をほかの動物（宿主）に頼って生きる生物であるから，外部寄生性のもの以外は宿主の体内にすんでいる．したがって寄生虫が海底を彩ることはほとんどないのだが，少し味わいの違う日本列島の自然史を紹介できるかもしれない．日本列島調査等で日本各地で収集された標本をもとに，日本産海産魚類の二生虫相の成り立ちのようなものを考えてみた．二生虫とは吸虫類（扁形動物）に属し，すべてが寄生性で，脊椎動物のもっぱら消化管にすんでいる．扁形動物はこのほかにも，プラナリアの仲間やヒラムシ類からなる渦虫類，魚類や両生類の寄生虫として重要な単生虫，そしてサナダムシで知られるこちらもすべてが寄生種の条虫類を含んでいる．

1）宿主を換えて分布を広げる

寄生虫と宿主の種間関係は基本的に対応がある．特異性といって，ある種の寄生虫が寄生しうる宿主がさまざまな程度に限定される．つまり特異性がもっとも強い種はある1種の宿主にしか寄生できず，特異性が弱まるにつれ近縁な種に宿主範囲を広げているのが通常である．またとくに二生虫の生活史は複雑で，第1中間宿主はおおむね貝類，加えて第2中間宿主をとることもあり，これらの中間宿主の種も原則として決まっている．したがって魚類の二生虫の生活は魚類をはじめとした自由生活性の動物の支配を受けており，二生虫の地理的分布などは，宿主魚類のそれに一致することになる．ところが寄生虫には，先に述べたように宿主範囲を広げるという裏技がある．宿主転換といって，近縁種はおろか縁の遠い魚種まで宿主を乗り換えてしまうことがある．

ヘミウルス科の *Lecithaster gibbosus*（図13-1）ははるか北大西洋，北極海から北日本沿岸まで分布する典型的な寒流系の二生虫で（Machida & Araki, 1994；Zhukov, 1960ほか），その宿主魚類はニシン目，サケ目，タラ目，カサゴ目，スズキ目と実に多岐にわたっている．日本では北海道のオホーツク海側，太平洋側のクサウオ科とカジカ科（いずれもカサゴ目）およびゲンゲ科（スズキ目），富山湾のクサウオ科，加えて駿河湾といった深海のキホウボウ科（カサゴ目）から得られて

昭和天皇も参加された日本列島調査 ——————並河 洋

　昭和天皇は，昭和4年頃から相模湾を中心に海産動物の採集・研究をされていた．なかでもクラゲやイソギンチャクの仲間であるヒドロ虫類（刺胞動物）に興味をもたれ，とくにポリプ世代を専門にご研究になり，7報のご報文と2冊のご著書を出版されている．ポリプ世代は，何らかの基質に付着して生活している世代のことで，付着動物と見なすことができる．

　昭和天皇の2冊のご著書は，ライフワーク的なご研究であった相模湾産ヒドロ虫類についてまとめられたもので，それ以外のご報文には，未記載種であったキセルカゴメウミヒドラ（カゴメウミヒドラ科）についての分類学的なご研究に加え，天草，小笠原，伊豆大島，新島のヒドロ虫相に関するご研究が含まれている．

　これらのうち1983年にご出版の『伊豆大島および新島のヒドロ虫類』は，国立科学博物館の日本列島調査に関連したご報文と考えることができる．昭和天皇がその中で研究されたヒドロ虫類の標本は，元動物研究部長の今島　実博士が伊豆大島および新島における日本列島調査でドレッヂ採集したサンプルから選別し，献上したものだったからである．今島博士は，研究対象が多毛類であったが，若かりしころからヒドロ虫にも興味をもち，標本の作成も行っていたのである（今島，2005）．

　昭和天皇は，大島および新島で採集された標本を詳細にご研究になり，1新種，14日本新記録種を含む，88種のヒドロ虫類を報告された（図1）．昭和天皇は，序文に「この研究報告が伊豆諸島の自然史科学的総合研究に些かでも寄与するところがあれば幸いである．」と記述されている（裕仁，1983）．このご報文は，その後に出版された2冊のご著書，『相模湾産ヒドロ虫類』および『相模湾産ヒドロ虫類 II』へと発展していくものとして位置づけられる．

文献

裕仁，昭和天皇．1983．伊豆大島および新島のヒドロ虫類．皇居内生物学御研究所．83 pp.（英文）+ 47 pp.（和文）．

今島　実．2005．私がたどった日本産多毛類の分類．タクサ，(19): 1-7．

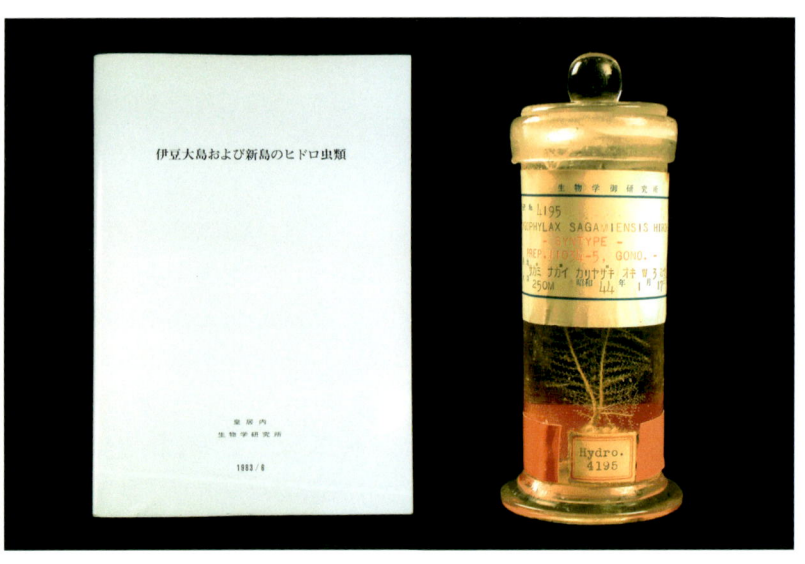

図1 「伊豆大島および新島のヒドロ虫類」ご報文の表紙と新種サガミタバキセルガヤ（*Zygophylax sagamiensis* Hirohito, 1983）のシンタイプ標本．

いる．同じヘミウルス科の *Derogenes varicus* (図13-2) もやはり寒流系の種で (Machida & Araki, 1994；Zhukov, 1960ほか)，宿主範囲が広いことで知られている．国立科学博物館所蔵の標本だけをみても，北海道各地のカジカ科，ケムシカジカ科，ウラナイカジカ科，クサウオ科，ダンゴウオ科（いずれもカサゴ目），タウエガジ科（スズキ目），カレイ科（カレイ目），青森県沖，山形県沖や富山湾など日本海のケムシカジカ科，ウラナイカジカ科，クサウオ科（いずれもカサゴ目），スズキ科，ゲンゲ科，タウエガジ科（いずれもスズキ目），カレイ科（カレイ目），福島県沖太平洋のチゴダラ科（タラ目），ヒウチダイ科（キンメダイ目），ケムシカジカ科（カサゴ目），さらに加えて土佐湾の深海域で捕れたチカメキントキ（スズキ目：キントキダイ科）から得られている．このようにこれら寒流系の二生虫のいくつかは，おそらくカサゴ目などの北方種に端を発するものが器用に宿主転換を繰り返しながら親潮とともに南下し，北日本沿岸に分布域を広げ，さらに南では深海域に進出したように見える．正しい言い方をすれば，より多様な分類群の魚類に受け入れられた二生虫が，より広く分布拡大を果たした，ということになる．日本産海産魚類の二生虫相の大きな要素の一つとして，このような寒流系の種の進出が掲げられる．

2）情熱のコレクション

国立科学博物館の二生虫コレクションの大多数を占めるのは，筆者の前任で元動物研究部長である町田昌昭博士により採集されたものである．町田博士は日本列島調査はもちろん，時にはお小遣いまではたいて日本各地の漁港を回り，また時には大学の調査船にも乗り組み，魚類の寄生虫を採集した．なかでも博士がもっとも情熱を燃やしたのは熱帯・亜熱帯海域のサンゴ礁などに生息する多様な沿岸魚類の二生虫で，南西諸島からフィリピン－インドネシア海域の調査を丹念に行い，採集された標本は膨大な数に上る．まさに「寄生虫屋海を行く」である．

南西諸島に生息する魚類の種数は約1,200種といわれ，フィリピン，スラウェシ，ニューギニア海域の2,000～2,500種にはおよばないものの，グレートバリアーリーフやパラオ，ヤップの1,300種，東カロリン諸島やニューカレドニアの1,000～1,150種に匹敵する，世界でも屈指の多様性を誇る．町田博士のまとめによると，これまでに南西諸島産海産魚から23科129種の二生虫が記録されており（町田，1999），以後の記録を加えると159種となる．この種数は同海域における魚類二生虫の種多様性のわずか8％にすぎないというが，現時点で見られる二生虫相の特徴をテングハギ属（スズキ目：ニザダイ科）とイスズミ属（スズキ目：イスズミ科）に寄生する種を例にみてみることにする．南西諸島のテングハギ属魚類に見られる12種の二生虫（Machida & Uchida, 1990）は，いずれもフィリピン，フィージー，ハワイ，フロリダなどにも分布が知られ，暖流系の中でも熱帯－亜熱帯性の種であった（図14-1～5）．しかも特異性が強く，多くが同じテングハギ属もしくはニザダイ科の魚類から得られている．わずかながらキンチャクダイ科，チョウチョウウオ科（いずれもスズキ目），モンガラカワハギ科（フグ目）からの記録があったものの，少なくとも南西諸島ではテングハギ属以外からは得られていない．イスズミ属の二生虫も，ようすはほとんど同じである．日本産のイスズミ属魚類から知られる二生虫は11種（Machida, 1993ほか）で（図14-6～11），そのうちの1種はハワイ，パラオ，小笠原から記録があるものの南西諸島からの報告がない．これを除いた10種のうち3種は南西諸島もしくは潮岬のイスズミ属から新種記載されたも

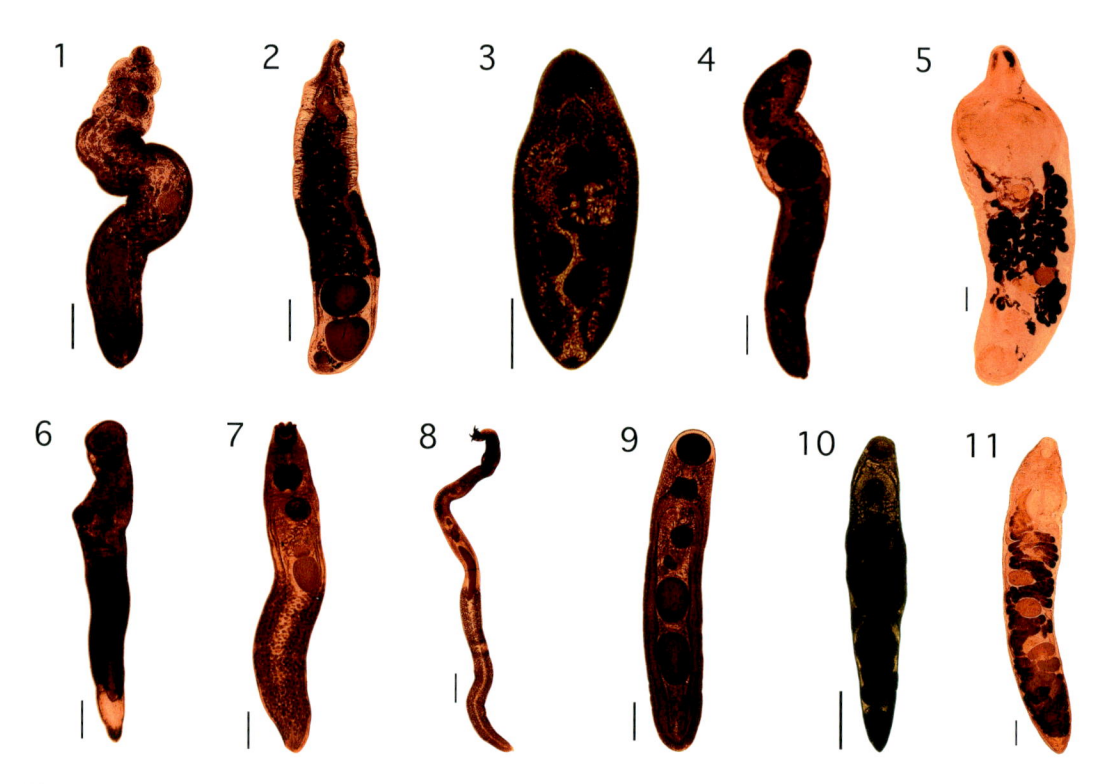

図14 テングハギ属（1〜5）およびイスズミ属魚類（6〜11）から得られる二生虫のいくつか.
1, *Hapladena tanyorchis*（ワレトレマ科）；2, *Hexangium leptosomum*（アンギオディクチウム科）；3, *Preptetos caballeroi*（レポクレアディウム科）；4, *Monolecithotrema kala*（ヘミウルス科）；5, *Prosogonotrema bilabiatum*（プロソゴノトレマ科）；6, *Discocephalotrema kyphosi*（ハプロスプランクヌス科）；7, *Cadenatella isuzumi*；8, *Jeancadenatia pacifica*（いずれもエネンテルム科）；9, *Koseiria xishaense*（レポクレアディウム科）；10, *Machidatrema chilostoma*；11, *Neopisthadena habei*（いずれもヘミウルス科）. スケールバー：1, 3, 4, 7, 9, 10 = 0.5 mm；2, 5, 6, 8, 11 = 1 mm.

ので，日本特産種か今後分布が明らかになっていく種である．その他はハワイ，フロリダ，カルフォルニア湾，パラオ，インド，南シナ海などから記録があり，やはり熱帯－亜熱帯の種といえる．特異性はテングハギ属の二生虫よりもさらに強く，これまでに記録された宿主はイスズミ属魚類に限られ，*Enenterum* 属，*Cadenatella* 属，*Jeancadenatia* 属からなるエネンテルム亜科などは，すべてがイスズミ属魚類の二生虫で占められている．熱帯－亜熱帯の沿岸，とりわけ西太平洋域は熱帯性動物の宝庫といわれ，魚類が多様に種分化した結果，魚類の種類数が多く，二生虫も共進化により多くの種に分かれたことは理解しやすい．このこととこの強い特異性との間には何か関係があるのかもしれない．また先にも触れたエネンテルム科をはじめ，ギリオウケン科，オフィストレベス科，シストロキス科，プロソゴノトレマ科などはすべてが暖流系の二生虫が占めるのに対して，寒流系の種のみからなる科はないこととも関係がありそうだ．

宿主を乗り換えて分布を広げると前に述べたが，特異性が強い暖流系の二生虫は，黒潮とともに北上することはないのだろうか．宿主に縛られるあまり分布を広げることができないのだろうか．あくまでもこれまでの調査に見る限りであるが，南西諸島から知られるような暖流系の中でも熱帯－亜熱帯の種の多くは，北上してもせいぜい太平洋側で土佐湾や潮岬，日本海側では対馬までで，おおむね西日本に限られるようだ．それでも，ハワイや南西諸島のモンガラカワハギ科やカワハギ

図15 暖流系の二生類．1，*Lepocreadium clavatum*（レポクレアディウム科）；2，*Opecoelus sphaericus*（オペコエルス科）．スケールバー：1 mm.

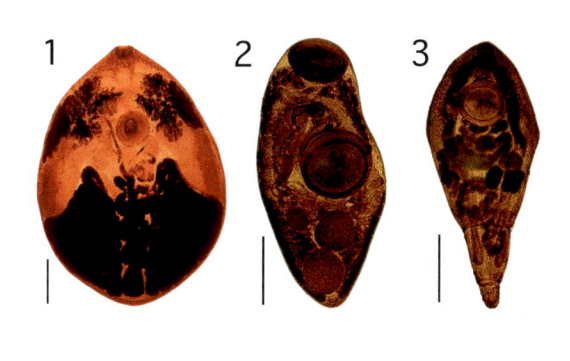

図16 深海の固有種．1，*Hypertrema ambovatum*（フェロディストマム科）；2，*Spinoplagioporus minutus*（オペコエルス科）；3，*Dinosoma triangulata*（ヘミウルス科）．スケールバー：1, 3 = 1 mm；2, 0.5 mm.

科（いずれもフグ目）から知られるレポクレアディウム科の *Lepocreadium clavatum*（図15-1）が，ウマヅラハギ（フグ目：カワハギ科）を宿主に神奈川県の諸磯湾で記録されている．もっともこの種はフグ目以外の魚類，すなわちスズメダイ科，チョウチョウウオ科（以上スズキ目），ガンゾウビラメ属（カレイ目：ヒラメ科）からも知られており，特異性はかなり穏やかである．それでは，暖流系の二生虫には寒流系の種で見てきたようなあたり構わずとはいわないまでも広い宿主範囲をもつものはいないのかというと，やはりそうではい．オペコエルス科の *Opecoelus sphaericus*（図15-2）は南はカルフォルニアやハワイ，北は日本海に面した極東ロシアのプチャーチン島から記録されている（Zhukov, 1960）．カルフォルニアでの宿主はフサカサゴ科，カジカ科（いずれもカサゴ目），スズキ科，メジナ科（いずれもスズキ目），ハワイではヒメジ科（スズキ目），南西諸島ではヤガラ科（ヨウジウオ目），ハタ科，メジナ科，スズメダイ科（いずれもスズキ目）であった．加えて本州および北海道の太平洋側では，国立科学博物館所蔵のものも含めてアナゴ科（ウナギ目），ウラナイカジカ科（カサゴ目），タウエガジ科（スズキ目），日本海

側ではフサカサゴ科，オニオコゼ科，アイナメ科，ケムシカジカ科（いずれもカサゴ目），メジナ科（スズキ目）からそれぞれ得られている．ただしこの場合注意を要するのは，上に掲げた分布と宿主は Zhukov (1960) が提唱したシノニムに基づいていることである．これが正しくなかった場合，本種の南限は南西諸島となり，暖流系の種にはかわりはないが亜熱帯－温帯の種といわざるを得ない．とはいえ南西諸島から北日本まで分布が見られるのは確かで，やはり巧みに宿主を乗り換えていることがうかがえる．

3）寄生虫は過去を語る

　寒流系の二生虫が西日本の深海域に進出していることはすでに述べた．ところが深海域にはこれらに加えて深海固有の種が見られ，しかもその分布域は広く，世界各地の深海域から散発的に報告されている例が多い．フェロディストマム科の *Hypertrema ambovatum*（図16-1）はニュージーランド沖のホラアナゴ科（ウナギ目）から原記載され，以後メキシコ湾，駿河湾，土佐湾と熊野灘のホラアナゴ科およびアナゴ科（いずれもウナギ目）から見つかっている（Machida & Kamegai, 1997ほか）．また遠くバレンツ海やノルウ

ェー沖，アイルランド沖のギンザメから知られるオペコエルス科のSpinoplagioporus minutus（図16-2）が駿河湾のギンザメでも記録され（Machida & Kamegai, 1997），西部北大西洋のハドソン海山のセキトリイワシ科（サケ目）とチゴダラ科（タラ目）から知られるヘミウルス科のDinosoma triangulata（図16-3）が土佐湾のアナゴ科から得られた（Kuramochi, 2001）．これら深海固有種の分布様式は，深海が形成されてまもない古い時代に深海域に適応した魚類（一次深海魚）にそれ以前から寄生していた，もしくはそれら魚類の共通祖先に寄生していた二生虫が現在もなお維持されていると理解することができる．一方，日本海の深海域に生息する魚類は寒流系の種が進出したものばかりで，この太平洋側に見られる一次深海魚はいないという．これは日本海の深海域から得られる二生虫に深海固有種がまったく含まれず，すべて寒流系のものに限られることとよく一致する．寄生虫は宿主個体の，さらに宿主が属する種をはじめとした分類群の過去を背負っている．深海固有の二生虫は，かなり古い時代の二生虫相を反映しているのかもしれない．

（倉持利明）

文献

藤田敏彦．1997．クモヒトデ類．奥谷喬司・武田正倫・今福道夫（編）：日本動物大百科．7．無脊椎動物．平凡社，東京，pp. 172-173.

藤田敏彦．2000．棘皮動物門．白山義久（編）：無脊椎動物の多様性と系統．裳華房，東京，pp. 231-251.

Fujita, T. and S. Ohta. 1889. Spatial structure within a dense bed of the brittle star *Ophiura sarsi* (Ophiuroidea: Echinodermata) in the bathyal zone off Otsuchi, northeastern Japan. *J. Oceanogr. Soc. Japan*, 45: 289-300.

Fujita, T. and S. Ohta. 1990. Size structure of dense populations of the brittle star *Ophiura sarsii* (Ophiuroidea: Echinodermata) in the bathyal zone around Japan. *Mar. Ecol. Progr. Ser.*, 64: 113-122.

Gould, A. A. 1859. Descriptions of shells, collected by the North Pacific Exploring Expedition. *Proc. Boston Soc. Nat. Hist.*, 7: 161-165.

波部忠重．1970．貝の博物誌　保育社カラー自然ガイド25．保育社，大阪．152 pp.

長谷川和範，1997．海藻上のマイクロ世界．奥谷喬司（編）：貝のミラクル．東海大学出版会，pp. 39-57.

Hasegawa, K. 1997. Sunken wood-associated gastropods collected in Suruga Bay, Honshu, Japan, with description of new species. In Deep-Sea Fauna and Pollutants in Sagami Bay. *Natn. Sci. Mus. Monogr.*, (12): 59-123.

Hasegawa, K. 2005. A preliminary list of deep-sea gastropods collected from the Nansei Islands, southern Japan. In Hasegawa, K. *et al.* eds.: Deep-Sea Fauna and Pollutants in Nansei Islands. *Natn. Sci. Mus. Monogr.*, (29): 138-190.

Hasegawa, K., Hori, S. and Ueshima, R. 2001. A preliminary list of sublittoral shell-bearing gastropods in the vicinity of Shimoda, Izu Peninsula, Central Honshu, Japan. *Mem. Natn. Sci. Mus, Tokyo*, (37): 203-228.

肥後俊一．1973．日本列島周辺産海産貝類総目録．長崎県生物学会．58＋398＋61 pp.

Higo, S., P. Callomon. and Y. Goto. 1999. Catalogue and Bibliography of the Marine Shell-bearing Mollusca of Japan. Elle Scienctific Publications, Yao. 749 pp.

今島　実．1984．男鹿半島周辺海域のカンザシゴカイ類（多毛類）の種類と分布．国立科学博物館専報，(17): 111-117.

今島　実．1986．隠岐諸島島後周辺のカンザシゴカイ類．国立科学博物館専報，(19): 153-157.

入村精一・藤田敏彦・上島　励．2001．下田沖陸棚上のクモヒトデ類（棘皮動物）について（予報）．国立科学博物館専報，(37): 311-315.

Kuramochi, T. 2001. Digenean trematodes of auguilliform and gadiform fishes from deep-sea areas of Tosa Bay, Japan. In Fujita, T. *et al.* eds.: Deep-Sea Fauna and Pollutants in Tosa Bay. *Natn. Sci. Mus. Monogr.*, (20): 19-30.

町田昌昭．1999．琉球列島沿岸魚の寄生蠕虫相．大鶴正満ほか（監）：日本における寄生虫学の研究，6．目黒寄生虫館，東京，pp. 95-102.

Machida, M. 1993. Trematodes from kyphosid fishes of Japanese and adjacent waters. *Bulletin of the Natn. Sci. Mus., Tokyo, Ser. A*, 19: 27-36.

Machida, M. and J. Araki. 1994. Some trematodes and cestodes in fishes from off eastern Hokkaido, northern Japan. *Mem. Natn. Sci. Mus., Tokyo*, (27): 87-92.

Machida, M. and Sh. Kamegai. 1997. Digenean trematodes from deep-sea fishes of Suruga Bay, central Japan. *Natn. Sci. Mus. Monogr.*, (12): 19-30.

Machida, M. and A. Uchida. 1990. Trematodes from unicornfishes of Japanese and adjacent waters.

Mem. Natn. Sci. Mus., Tokyo, (23): 69-81.

村上汐里．1989．日本産現生ヒザラガイ類の分布．日本ベントス研究会誌，37: 65-71.

Nishikawa, T. 1984. Ascidians collected in the vicinity of the Oga Peninsula, the Japan Sea. *Mem. Natn. Sci. Mus. Tokyo*, (17): 149-161.

Nishikawa, T. 1986. Some ascidians dredged around the Oki Islands, the Japan Sea. *Mem. Natn. Sci. Mus., Tokyo*, (19): 175-184.

Sakai, K. (ed.) 2004. Crabs of Japan. World Biodiversity Database CD-ROM Series. Biodiversity Center of ETI.

武田正倫．1992．カニは横に歩くとは限らない．PHP 研究所，236 pp.

瀧　庸．1961．日本産ヒザラガイ目録．ちりぼたん，1 (7-8) 附録，7 pp.

Tominaga, H., S. Nakamura. and M. Komatsu. 2004. Reproduction and development of the conspicuously dimorphic brittle star *Ophiodaphne formata* (Ophiuroidea). *Biol. Bull.*, 206: 25-34.

Zhukov, E. V. 1960. Endoparasitic worms of the fishes in the Sea of Japan and South-Kuril shallow waters. *Trudy Zool. Inst. SSSR*, 28: 1-148.

4.5 海の草原と森林－海藻の世界

北山太樹

　四方を海に囲まれ，約3万4千kmもの長い海岸線を有する日本は，海洋国であると同時に，海藻に囲まれた「海藻国」でもある．流氷が着岸する北海道東部のコンブ藻場からサンゴ礁が広がる沖縄諸島のイワヅタ群落まで，日本全体でおよそ1,500種の海藻が海岸線に沿って分布している（吉田ほか，2000）．日本列島は海藻で縁取られているといってもよいだろう．もし海藻だけを残してすべてのものを消したなら，海藻で描かれた実物大の日本の白地図が宇宙空間に浮き上がるかもしれない．このように海藻に囲まれた日本は，世界でもっとも大量に，しかも多種多様な海藻を食用としている国でもあり，この意味でも「海藻国」とよぶにふさわしいといえるだろう．

　ところが，磯で生物の観察会を開いてみると，目の前に生えている海藻がワカメやヒジキであることに気付く人が少ないことに驚かされる．人間は，陸の上で日常生活を営んでいるため，植物といえばタンポポのような草花やスギなどの樹木のことを思い浮かべるのが普通で，海底に生える海藻にまで関心をもてないのである．「海の藻屑」という言葉もあるほどで，漁業者でもない限り，海の中にも草原や森林のあることを知る人は少ない．それは学者も同様で，リンネの24綱分類（Linnaeus, 1735）以来，海藻は植物の中の小さな分類群に押し込まれ，遺伝学から生態学まであらゆる分野の植物学が陸上植物を中心に行われてきた．学者にとっても長いあいだ海藻は「海の藻屑」だったのである．しかし，20世紀後半からの顕微鏡（とくに電子顕微鏡）技術や分子生物学的手法の発達により，海藻を含む藻類全般についての研究が急速に進み，今や生物全体の系統分類から地球環境の問題に至るまで，海藻なくして語れない時代となった．そこで本項では，まず海藻とはどのような生物か，そして日本列島と海藻がどのような関係にあるかを紹介したい．

海藻とは何か

　「海藻」を分類群で定義するのは困難で，実は研究者のあいだでも「海藻」の示す範囲が一致していない．なぜなら「海藻」は，多くの国語辞典にも書かれているように「海底に定着して生育し，肉眼で見える緑藻・褐藻・紅藻などの藻類の総称」（大辞林，1995）であって，あくまでも生態上の観点から名付けられた名称だからである．つまり，系統学上は「海藻」という分類群はなく，いろいろな生物グループの中から「海藻」的な生き方をしているものを集めたものが「海藻」なのである．ただし，海藻は海底に定着しているとは限らず，貝や亀などの動物，ロープや船舶のような人工物に付着する場合や，イタニグサ（樺太などに分布する紅藻の一種）のように付着器をもたずに転がって集塊をつくる場合もある．大航海時代に「船の墓場」とよばれて恐れられた北大西洋の「サルガッソ海」は，サルガッスム・ナタンス（褐藻の一種）などのホンダワラ類が，海面に浮いたまま繁殖している海域である．ここでは海藻の定義を「海にすむ目に見える大きさの藻」としておこう．

　では，その海藻には具体的にどんなものが含まれるのだろうか．ワカメやテングサは誰でも知っている海藻であるが，珪藻やアマモ

はどうだろうか．一般に植物プランクトンとして認識される珪藻類や渦鞭毛藻類のように個体の一つ一つが目に見えないサイズの微小藻類の場合，海産種であっても「海藻」とはよばれていない．一方，アマモ，スガモ，ウミヒルモなどの花と維管束をもつ植物は，大きな体に成長して海中にアマモ場を形成するけれども，藻類ではないので「海藻」ではなく「海草」と表記して区別するのが普通である．これら海産種子植物は陸上生活から海中生活へ適応進化した生物であり，動物におけるクジラなどの海産哺乳動物にたとえることができる．

表 1 は，最近の考え方を取り入れた生物全体の分類である．海藻を含む門（phylum）のみ綱（class）のランクまで示し，大部分が海藻種である綱に★印，ごく一部が海藻種の綱には☆印をつけた．海藻が複数の高次分類群にまたがって位置していることがわかるだろう．ほとんどの海藻は，★印の付いた紅藻綱，アオサ藻綱（海産緑藻），褐藻綱のいずれかに属している．この三つのグループは，そもそもはからだの色の違いによって分類され，古くから海藻を構成する主要グループとして知られてきた．色による分類は一見人為的なようにも思われるが，実は葉緑体内の色素組成の違いによるものであり，系統をよく反映していると考えられている．光合成を担う色素にはいろいろなものが知られているが，たとえば葉緑素（クロロフィル）で比較すると，赤色のからだをもつ紅藻類にはクロロフィル a しか見られないのに対し，緑色のアオサ藻類はクロロフィル a と b を，茶色の褐藻類は a と c を含むという違いがある．コケから被子植物までの陸上植物すべてがクロロフィル a と b をもつ緑色の植物であることを見ても，海藻が著しく異質な系統のグループを含んでいることがわかる．なお，アオサ藻綱は従来「緑藻」とよばれてきたけれども，

表1　生物全体における海藻の位置．海藻（肉眼的な海産藻類）を含む界のみ門を示す．★：大部分の種が海藻である門グループ．☆：ごく一部が海藻である門グループ．この表は Cavalier-Smith (2004) に基づく．ただし，以下の改変が加えられている．1) 原核生物圏に古細菌界を採用し，全体で7界とした．なお，Cavalier-Smith は「古細菌」を門レベルで扱っている．2) クロミスタ界とアルベオラータ界を合わせて黄色生物界とした．界レベルの分類はまだ不安定で，最近では，紅藻が葉緑体をもつすべての真核生物の祖先であることを理由に，真核生物をアメーバ界，後方鞭毛生物界，植物界の3界とする説も提案されている（Nozaki *et al.*, 2003；野崎，2004）．

原核生物圏（Empire Prokaryota）
　真正細菌界（Kingdom Eubacteria）
　　イオバクテリア門
　　スフィンゴバクテリア門
　　プロテオバクテリア門
　　スピロヘータ門
　　プランクトバクテリア門
　　藍色植物門（＝シアノバクテリア門）
　　　　☆　藍藻綱　　（海藻の例：アイミドリ）
　　　　　　原核緑藻綱
　古細菌界（Kingdom Archaeobacteria）
真核生物圏（Empire Eukaryota）
　原生動物界（Kingdom Protozoa）
　動物界（Kingdom Animalia）
　菌界（Kingdom Fungi）
　植物界（Kingdom Plantae）
　　灰色植物門
　　紅藻植物門
　　　　★　紅藻綱（海藻の例：スサビノリ，トサカノリ，アヤニシキ）
　　緑藻植物門
　　　　　　プラシノ藻綱
　　　　　　ペディノ藻綱
　　　　★　アオサ藻綱（海藻の例：ウスバアオノリ，ミル，カサノリ）
　　　　　　トレボウクシア藻綱
　　　　　　緑藻綱
　　　　　　車軸藻綱
　　コケ植物門
　　維管束植物門
　黄色生物界（Kingdom Chromalveolata）
　　繊毛虫門
　　胞子虫門
　　渦鞭毛藻門
　　クリプティスタ門
　　黄藻植物門
　　　　　　珪藻綱
　　　　　　黄金色藻綱
　　　　　　ディクチオカ藻綱
　　　　　　ペラゴ藻綱
　　　　　　ラフィド藻綱
　　　　　　ボリド藻綱
　　　　　　ピングイオ藻綱
　　　　　　真正眼点藻綱
　　　　　　ファエオタムニオン藻綱
　　　　☆　黄緑藻綱（海藻の例：クビレミドロ）
　　　　★　褐藻綱（海藻の例：モズク，ワカメ，ヒジキ）
　　偽菌門
　　オパロゾア門
　　ハプト植物門

狭義の緑藻（淡水産）と紛らわしいことから，アオサ藻綱の名が使われるようになりつつある．

生物の界（kingdom）レベルの分類は，生態学的な視点から生物をモネラ界，原生生物界，動物界，菌界，植物界に分けたホイッタカーの5界説（Whittaker, 1969）以降もさまざまな修正が加えられ，今日もなお新説が生まれる状況にある．表1はその1例にすぎない．こうした流れの中で褐藻類は黄藻植物門に含められ，卵菌類やクリプト藻類などとともに黄色生物界（あるいはクロミスタ界）として，ホイッタカー5界のいずれからも区別される傾向にある．つまり，主要3海藻類のうちで，ワカメやヒジキといった褐藻類は，紅藻類やアオサ藻類とは，系統学的にかなり離れた生物と考えられているのである．さらに☆印をつけられた藍藻綱にいたっては，界の上のランクである園（empire）のレベルで異なるグループに属しており，海藻の範囲はバクテリアにまでおよんでいることになる．このことは，単細胞の段階で多様な系統へ進化を遂げた藻類が，別々に多細胞化や大型化を試みた結果，各々のグループの中から目に見えるサイズの生物を生み出したことを物語っている．さらには数億年後，数十億年後の地球上により多くの系統グループから新たな海藻が出現する可能性すらあるだろう．見届けられそうにないのが残念である．

海流がつくる海藻の水平分布

すべての海はつながっているので，日本全国同じ海藻が生えていてもよさそうなものであるが，現実には海藻の地理的な分布（水平分布）は種によって異なり，海域ごとに独特な海藻相が形成されている．たとえばコンブ類は，北海道に分布が集中し，南西諸島にはまったく見られない．その一方で，イワヅタ類は南西諸島に種類が多く，北上するにつれ

図1　チャシオグサ（アオサ藻）の藻体（伊豆半島須崎）．

て種数は少なくなり，津軽海峡が北限（フサイワヅタ）になっている．また，コンブ類だけを見ても，ワカメのように沖縄を除く日本のほぼ全域に分布するものもあれば，ナガコンブのように北海道の釧路より東方にだけ見られるものもある．なかには北海道厚岸湖特産のエナガコンブのように著しく狭い範囲に生息する海藻も知られている（川嶋，1993）．こうした種ごとにまちまちな水平分布が組み合わされて各海域の海藻相は成立しているのである．では，海藻の水平分布はどのように決まるのだろうか．

海藻の水平分布を制限するもっとも大きな要因は水温である．種によって生育可能な温度の幅は異なり，生育に適さない水温環境には分布を広げることができないために，海藻の分布は生育可能な温度の上限の等温線と下限の等温線のあいだにはさまれてのびること

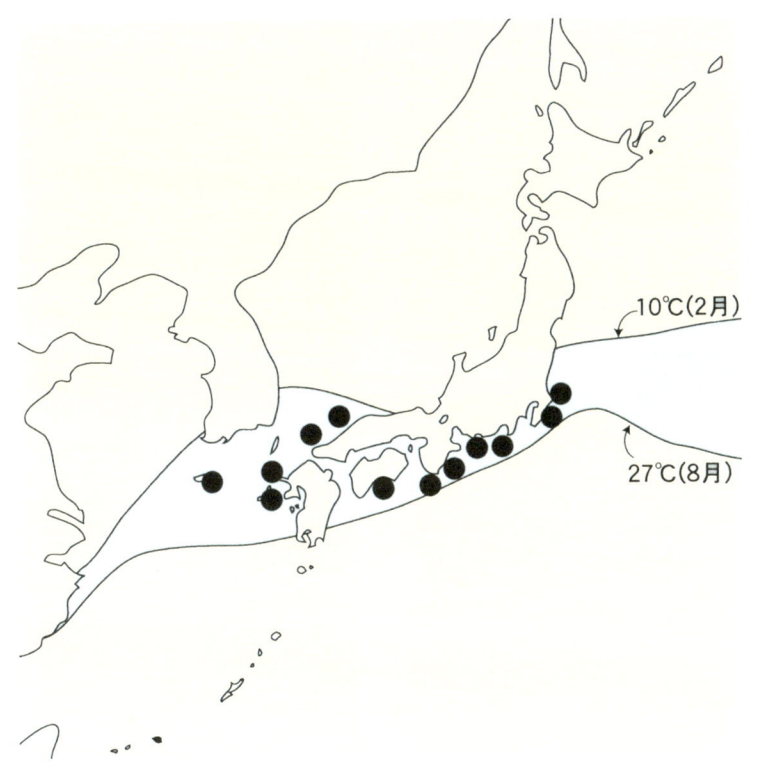

図2 チャシオグサの分布．チャシオグサの採集記録（●）は，冬期10℃の等温線と夏期27℃の等温線とにはさまれている．van den Hoek & Chihara (2000) をもとに作図．

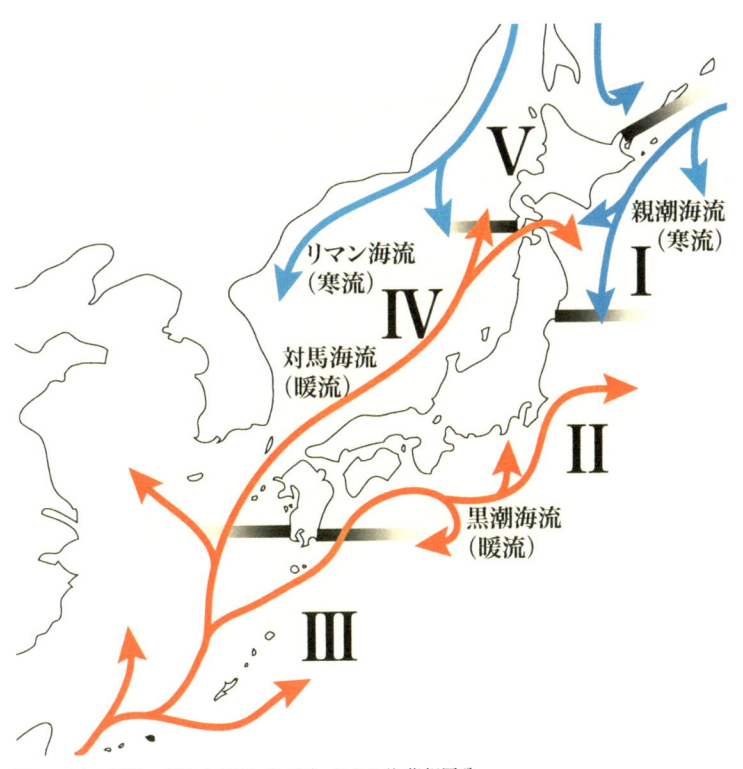

図3 日本近海の海流と岡村（1931）による海藻相区分．

図4　ナガコンブ（褐藻）の藻場（北海道厚岸）．

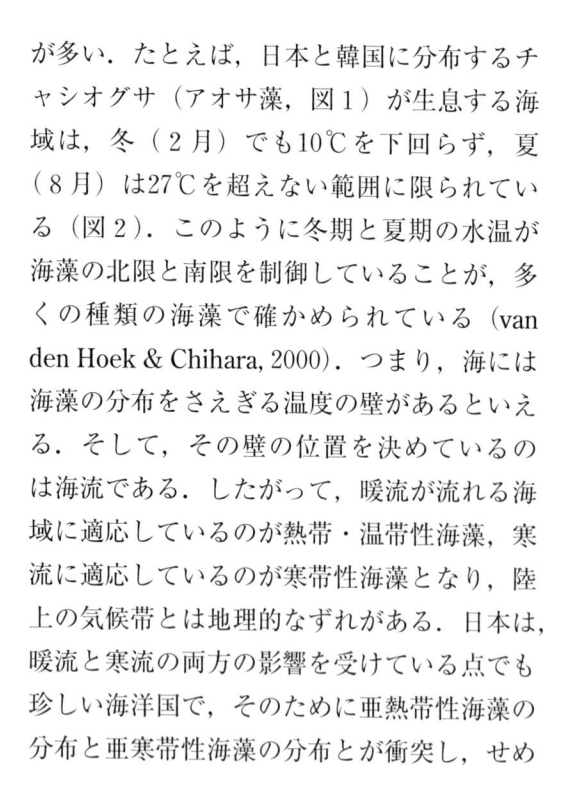

図5　オオバモク（褐藻）やアカモク（褐藻）がつくる海中林（伊豆半島須崎）．

図6　シワヤハズ（褐藻）の群落（伊豆神津島）．

が多い．たとえば，日本と韓国に分布するチャシオグサ（アオサ藻，図1）が生息する海域は，冬（2月）でも10℃を下回らず，夏（8月）は27℃を超えない範囲に限られている（図2）．このように冬期と夏期の水温が海藻の北限と南限を制御していることが，多くの種類の海藻で確かめられている（van den Hoek & Chihara, 2000）．つまり，海には海藻の分布をさえぎる温度の壁があるといえる．そして，その壁の位置を決めているのは海流である．したがって，暖流が流れる海域に適応しているのが熱帯・温帯性海藻，寒流に適応しているのが寒帯性海藻となり，陸上の気候帯とは地理的なずれがある．日本は，暖流と寒流の両方の影響を受けている点でも珍しい海洋国で，そのために亜熱帯性海藻の分布と亜寒帯性海藻の分布とが衝突し，せめぎ合い，入り交じるところとなっている．また，暖流にのって日本海や太平洋岸を北上する「流れ藻」のような存在を考えると，海流には分布を広げる役割があることも否定できない．日本列島の特殊な形状が，アジア屈指の多様な海藻相を生み出したという見方もできるだろう．

こうした特異な日本の海藻相については，日本の海藻学の祖である岡村金太郎（1867〜1935）によって研究の先鞭がつけられている．岡村（1931）は，日本に亜寒帯性，温帯性，亜熱帯性の三つの海藻相を認めた上で，海流の影響を加味しながら日本の海藻相を五つに分けた（図3）．

I）宮城県金華山以北の太平洋沿岸（亜寒帯性海藻相）

　　千島列島から南下する世界有数の寒

図7　カギケノリ（紅藻）の群落（伊豆神津島）．

図8　カサノリ（アオサ藻）の群落（沖縄本島）．

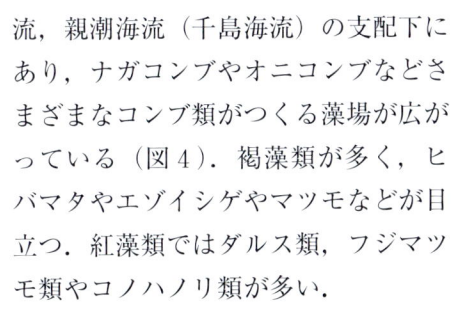

図9　オキナワモズク（褐藻）の藻体（沖縄本島）．

　流，親潮海流（千島海流）の支配下にあり，ナガコンブやオニコンブなどさまざまなコンブ類がつくる藻場が広がっている（図4）．褐藻類が多く，ヒバマタやエゾイシゲやマツモなどが目立つ．紅藻類ではダルス類，フジマツモ類やコノハノリ類が多い．

II）宮城県金華山以南，鹿児島県大島以北の太平洋沿岸（温帯性海藻相）

　太平洋沿岸に沿って北上する黒潮海流の影響を受け，紅藻類，アオサ藻類，褐藻類ともに豊富な種類の海藻が分布する．とくにホンダワラ類やアラメ・カジメなどのコンブ類が大規模な海中林を形成している（図5）．他の褐藻類としてはアミジグサ類（図6）が，紅藻類ではテングサ類，アマノリ類，ムカデノリ類，カギケノリ類（図7）が，アオサ藻類ではミル類がとくに豊富である．

III）鹿児島県大島・野間崎以南の九州沿岸および南西諸島・小笠原諸島（亜熱帯性海藻相）

　サンゴ礁の分布と重なり，ラグーン（礁湖）内の砂地に適応した，カサノリ類（図8），サボテングサ類，イワヅタ類などのアオサ藻類が広大な群落を形成する．紅藻類ではコナハダ類，ガラガラ類が，褐藻類ではラッパモクなどのホンダワラ類やアミジグサ類，モズク類（図9）などが目立つ．

IV）鹿児島県野間崎以北・津軽海峡以南の日本海沿岸（温帯性海藻相）

　対馬暖流が北上し，IIと似た海藻相

で，ホンダワラ類による海中林が多い．日本海特産のツルアラメがつくるコンブ藻場も見られる．

Ⅴ）津軽海峡以北の日本海沿岸および北海道のオホーツク沿岸（亜寒帯性海藻相）

対馬暖流の8割ほどが津軽海峡から太平洋へ流れ出しているために，津軽海峡で温帯性の海藻種が急速に減少する．ホソメコンブやリシリコンブなどのコンブ藻場やスギモク・フシスジモクなどのホンダワラ類による海中林が見られる．

今日でも岡村の区分は有効であるが，経験則的な面もあることから，統計学的な手法が試みられている．国立科学博物館の日本列島調査に参加して紀伊半島と能登半島を調査した吉崎誠氏と田中次郎氏は，日本各地の海藻相の文献データを合わせ，27区間のアオサ藻類と褐藻類の共通性をはかりデンドログラムで表現することにより，日本の海藻相を6つの区域に分けた（吉崎，1979；吉崎・田中，1986）．それによれば，岡村のⅡは，千葉県銚子で二つに分けられるという．また，各地の海藻相の特性を数値で表現するための指標もいくつか考案されている：アオサ藻類の種数を褐藻類の種数で割るC/P値（瀬川，1956），アオサ藻類と褐藻類について同型世代交代の種数を異型世代交代の種数で割るI/H値（中原・増田，1971），コンブ目の種数をヒバマタ目の種数で割るL/F値（新崎，1976），アミジグサ目・コンブ目・ヒバマタ目の亜寒帯性・温帯性・亜熱帯性の種数を使って算出するLFD値（田中，1997）．たとえば，北海道東部は，異型世代交代を行うコンブ類の種類が圧倒的に多いので，C/P値とI/H値とLFD値は国内最低で，L/F値は最高となる．これに対して，褐藻類が少なく，コンブ類が皆無の南西諸島は，逆の結果になる．詳細は，各論文に譲るが，こうした海藻相の研究も標本コレクションの蓄積のうえに成り立っていることはいうまでもない．

光と潮汐がつくる海藻の垂直分布

海藻は，水平方向だけではなく垂直方向にも多様な分布（垂直分布）をもつ．ただし，海藻も光合成ができなければ生きていけないので，太陽光がまったく届かない深海底にはおらず，海岸からせいぜい数キロメートル程度の狭い範囲に分布が限られている．よく知られているエンゲルマンの補色適応説は，海藻の色がその生育深度に届く光の種類と補色関係になるように適応しているというものであるが，一般には，赤い色の光が水に吸収されやすく，緑色の光がもっとも深いところまで届くことから，緑色の光をよく利用する紅藻類は比較的深所に，赤色の光をよく利用する緑藻類（＝アオサ藻類）は浅い所に，褐藻類はその中間に分布するというような説明が流布している．しかし，現実の垂直分布は，光の質だけでなく，光の量にも支配されているので，この説だけで説明することは難しい（千原，1999）．実際，海に潜ってみるとどの深さにもアオサ藻類と紅藻類が生育していることがわかる．むしろ，浅い所には暗い赤色の紅藻類と明るい緑色のアオサ藻類が，深い所に明るい赤色の紅藻類と暗い緑色のアオサ藻類がみとめられる．ちなみにこの暗い緑色とは古来日本人が「海松色（みるいろ）」とよんでいたもので，ミル類やバロニア類などに特徴的な色であるが，これら深所性のアオサ藻類がシフォナキサンチンという赤い色素を有し，緑色の光も利用していることが海藻生態学者の横浜康継氏らによって発見されている（Yokohama et al., 1977）．海松色が深い海底に適応した色であることを明らかにした，日本版補色適応説といえよう．しかし，このよ

図10 潮間帯．上からアナアオサ（アオサ藻），ウミトラノオ（褐藻），ウミゾウメン（紅藻），ヒジキ（褐藻），チガイソ（褐藻），フダラク（紅藻）の帯状分布が見られる（下北半島大間）．

うなことはダイビングを趣味にしていない限り確かめる機会がないのが普通で，そのために空想科学的な補色適応説が一人歩きしているように思われる．自然を知るには，まず自分の眼で見ることが大切である．

じつは海の中に入らなくても海藻を見ることができる場所がある．高潮線（もっとも潮が満ちたときの海面）と低潮線（もっとも潮が引いたときの海面）にはさまれた潮間帯である．そこは，太陽と月の引力によって起こる潮汐のために1日のあいだに陸になったり海になったりするところで，干潮の時間を調べておけば，容易に海藻を観察することができる．潮間帯の海藻は，種ごとに同じ高さに生育する傾向があり，急斜面には明瞭な帯状の分布が生じやすい（図10）．高いところほど空気にさらされる時間が長いことから，各海藻種がもっている乾燥や熱や紫外線などに対する耐性の差が模様となって現れるものと考えられている．本来，海藻にとって潮間帯は成長や繁殖には厳しい場所と思われるけれども，そのかわりに競争が少なく，干潮の間は魚介類の食圧を免れるのであろう．

先に述べたように，海藻相は海流によって変化（水平分布）しているから，垂直分布を構成する海藻種は各地で異なる．「ヒジキ，ヒバマター所に生えず」という諺のようなものがあるように，本州ではヒジキが帯状分布をつくっている位置に，北海道東部ではヒバマタの大群落が見られる．さまざまな環境要因の組み合わせが多様な海藻の世界を生み出しているのである．横浜氏が「磯の海藻の横縞模様は月と太陽が描いた抽象画」（横浜・野田，1996）と語っているのはけだし名言であり，その絵の具は海流が用意しているということができるかもしれない．是非，最寄りの海岸にて鑑賞してほしい．

文献

新崎盛敏．1976．海藻．元田　茂（編）：海藻・ベントス第1編，海洋科学基礎講座5．東海大学出版会，pp. 1-147．

Cavalier-Smith. 2004. Only six kingdoms of life. *Proc. R. Soc. Lond. B*, 271: 1251-1262.

千原光雄．1999．藻類の多様性．千原光雄（編）：藻類の多様性と系統．裳華房，pp. 2-28．

van den Hoek, C. and M. Chihara. 2000. A Taxonomic Revision of the Marine Species of Cladophora (Chlorophyta) along the Coasts of Japan and the Russian Far-east. *Natn. Sci. Mus. Monogr.*, No. 19, 242 pp.

川嶋昭二．1993．改訂普及版日本産コンブ類図鑑．株式会社北日本海洋センター，札幌．206 pp．

Linnaeus, C. 1735. Species Plantarum. Vol. 2. Stockholm. pp. 561-1200.

松村　明（編）．1995．大辞林．三省堂．2616 pp．

中原紘之・増田道夫．1971．緑藻と褐藻の生活史と水平分布．海洋科学，3 (11): 24-26．

野崎久義．2004．ゲノム情報から推測された植物の新しい概念と真核生物の新分類体系．遺伝，58: 75-82．

Nozaki, H., M. Matsuzaki, M. Takahara, O. Misumi. H. Kuroiwa, M. Hasegawa, T. Shi-i, Y. Kohara, Ogasawara, H., and T. Kuroiwa. 2003. The phylogenetic position of red algae revealed by multiple nuclear genes from mitochondria-containing eukaryotes and an alternative hypothesis on the origin of plastids. *J. Mol. Evol.*, 56: 485-492.

岡村金太郎．1931．海産植物の地理的分布．岩波講座地理学．岩波書店．86 pp．

瀬川宗吉．1956．日本原色海藻図鑑．保育社．175 pp．

田中次郎．1997．褐藻（コンブ目，ヒバマタ目，アミジグサ目）の分布にもとづく海藻相解析．藻類，45: 5-13．

Whittaker, R.H. 1969. New concepts of kingdoms of Organisms. *Science*, 163: 150-160.

Yokohama, Y., A. Kageyama, T. Ikawa, and S. Shimura. 1977. A carotenoid characteristics of chlorophycean seaweeds living in deep coastal waters. *Bot. Mar.* 20: 433-436.

横浜康継・野田三千代．1996．海藻おしば―カラフルな色彩の謎―．海游舎．94 pp．

吉田忠生・吉永一男・中島　泰．2000．日本産海藻目録（2000年改訂版）．藻類，48: 113-166．

吉崎　誠．1979．紀伊半島の海藻と本邦太平洋沿岸の海藻分布について．国立科学博物館専報，(12): 201-211．

吉崎　誠・田中次郎．1986．日本沿岸の海藻分布と能登半島の海藻相．国立科学博物館専報，(19): 109-119．

5 日本列島の人々の成り立ち

数万年前，アジア大陸から日本列島にやってきた人々は，豊かで変化に富む森と海を見出した．このとき，私たち日本人の，自然とともに生きる歴史が始まろうとしていた．

ここでは，後期旧石器時代から縄文時代にいたる長い"児童期"と弥生時代という激動の"思春期"を経て成長してきた私たちのポピュレーション・ヒストリーを，身体特徴に関する人類学の研究成果をもとに再現してみた．

5.1 日本列島の旧石器人

馬場悠男

はじめに

　旧石器人骨の発見と研究には，功名心と猜疑心が織りなす人間のドラマがつきまとっている．ときとして，不十分な学問的背景の中で無理に下された判断が喧伝され，後に批判が表面化し，やがて卑小な結末に至るドラマは，本人でなくとも悲しい（小田・馬場，2001；春成，2005）．その中にあって，私たちは新たな旧石器人骨の発見と研究を目指すとともに，できるだけ学問（サイエンス）に忠実でありたいと願っている．

1）旧石器人骨の検証

　旧石器遺跡捏造事件が発覚し，当該遺跡が検証されて以来，日本列島のほぼすべての前期・中期旧石器遺跡は無効と見なされている（前・中期旧石器問題調査研究特別委員会，2003）．しかし，後期旧石器遺跡は以前から日本中で数多く発見され，その有効性を疑う研究者はいない．すなわち，およそ4万年前以降，日本列島にヒトが居住していたことは間違いない．彼らが，私たちの直接の祖先であった可能性もあるだろう．

　旧石器遺跡捏造に関連して，旧石器人骨の真偽に関しても若干の批判があった．しかし，一部の人類学者が判断を誤ったことはあったとしても，意図的に捏造したことはなく，まして，人類学者の大部分が，だまされて，捏造人骨を宣伝して回るようなことはなかった．むしろ，遠藤・馬場（Endo & Baba, 1982）の明石人骨再検討や馬場（岡村ほか，1998）の牛川人骨および聖嶽人骨に対する疑義のように，かなり自浄作用が働いていた．

　それ以降も検討を続けた結果，日本列島の20カ所ほどの遺跡から出土している旧石器人骨のうちのかなりの部分が，旧石器時代から由来したものではない，あるいは人骨ではないことが明らかになりつつある（馬場，2001）．それらを踏まえて，日本列島旧石器人の現状を整理してみる．ただし，それぞれの旧石器人骨に関する基本的文献は，楢崎ほか（2000）および馬場（2001, 2003）にまとめてあるので，ここでは大部分を省略する．なお，本稿の年代は較正していない数値である．

2）アフリカから日本列島へ

　最近の人類学・考古学の成果によると，アフリカでおよそ20万年前に誕生した新人ホモ・サピエンスは，5万年ほど前から本格的にユーラシアに拡散し始めた（海部，2005）．彼らは，ヨーロッパのネアンデルタール人（ホモ・ネアンデルターレンシス）を圧迫し，東南アジアのジャワ原人（ホモ・エレクトゥス）を滅ぼし，海を越えてオーストラリアにまで達したと考えられている．同じ頃，東アジアそして日本列島にもやってきたらしい．

　当時，日本列島は大陸とは地続きではなかった．舟などの証拠は見つかっていないが，旧石器人たちは海を渡ってきたのだろう．それ以降でもっとも寒かった2万年ほど前には，海水面は100 m以上も下がったが，やはり完全に地続きにはならなかった．しかし，北方では海峡が凍結し，ヒトもマンモスなどの動物も，氷の上を歩いてやってきた．

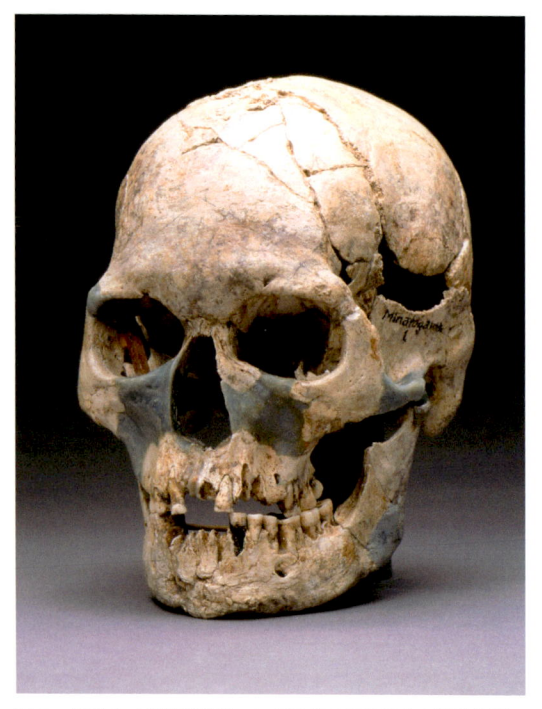

図1　港川人1号男性頭骨．日本最古のほぼ完全な頭骨化石．

日本旧石器人の代表：港川人

　港川人骨は，那覇市の実業家・大山盛保によって，1970年に沖縄県具志頭村港川石灰岩採石場のフィッシャーで発見された数体分の人骨化石である（図1，2）．これまで日本列島で発見されている人骨化石の中で例外的に保存の良い人骨であり，2万年近く前の私たちの祖先が，どのような姿形をして，どのような生活をしていたかを明らかにしてくれる唯一の資料である．

1）港川人の姿形

　港川人骨のうちでもっとも保存の良い1号男性人骨に基づき，港川人の姿形を復元してみる．港川人1号男性の頭の骨は，現代日本人男性と比べると，広く長く低い（図3）．骨は厚く，頭頂部で8 mmもあり，現代人の1.5倍もある．脳容積は1,390 cm^{3}であり，現代人男性平均よりやや小さい．前頭骨は全体

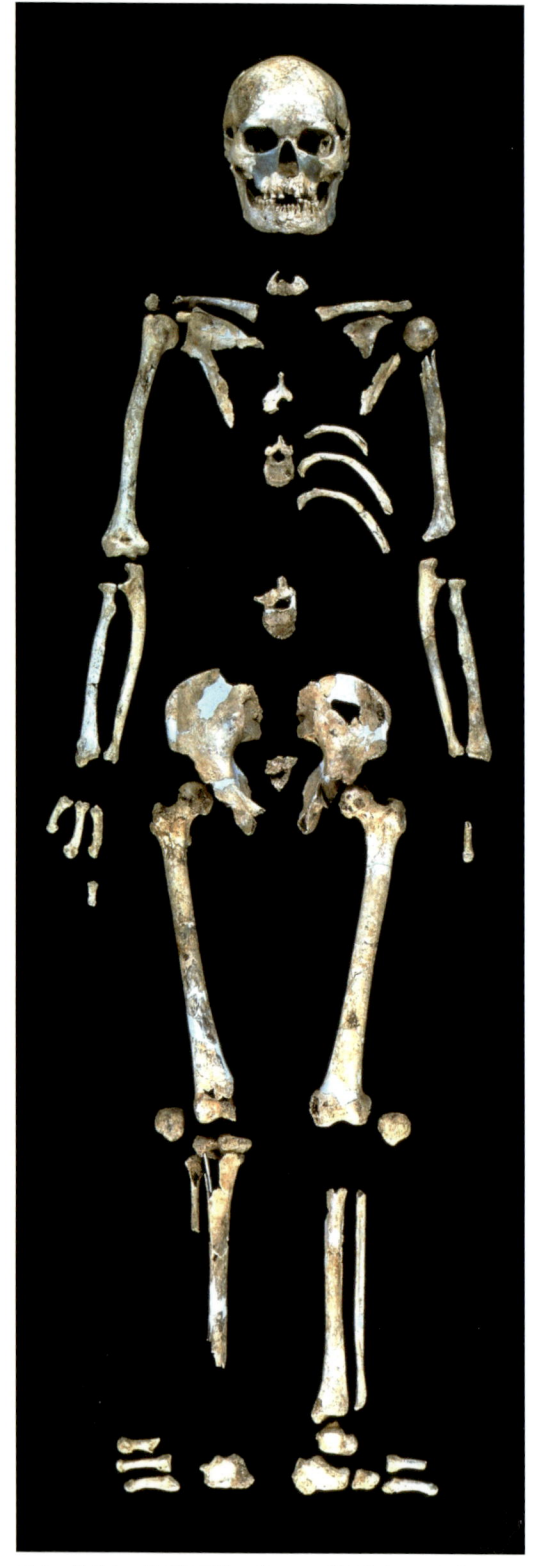

図2　港川人1号男性骨格．東アジア新人としては最古のほぼ完全な骨格．

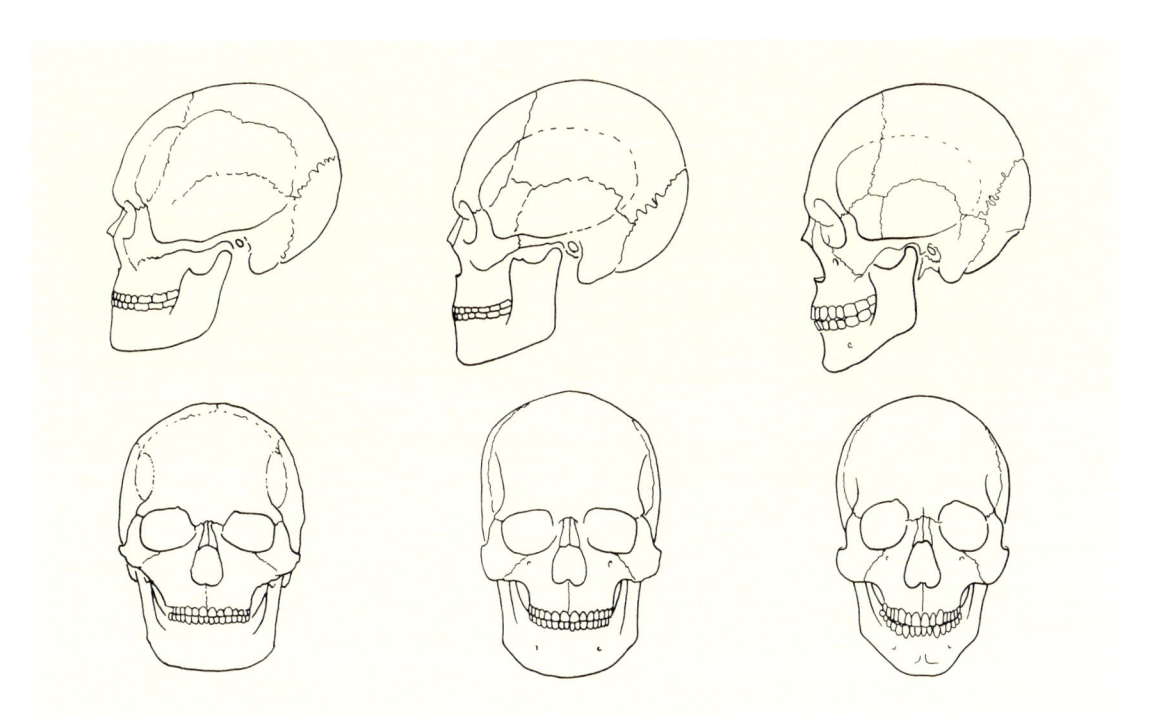

図3 港川人1号男性（左）・縄文人男性（宮野貝塚104号，中）・現代日本人男性（右）の頭骨の模式的比較．港川人は縄文人と似ているが，系統的近縁関係を表すのか，古代的な特徴の共有なのか判断が難しい．

に小さく，額は後ろに傾いている．耳の付近が外側に出っ張っていて，後ろから見た頭の輪郭は丸く，その点ではホモ・ネアンデルターレンシスの頭と似ている．これらの特徴は，約1.8万年前という年代から予想されるよりもかなり原始的である．

後頭骨の下半分には，頸の筋肉が付く項平面があるが，港川人1号のこの部分の面積は狭く，頸の筋肉の発達がさほど良くなかったことを表している．頸の筋肉は背中の筋肉とつながっているので，少なくとも，港川人1号は全身の筋肉が強力だったことはあり得ない．

港川人1号男性の顔は，かなり広く，短く（低く），奥行きがある（前後に長い）．その点で，現代日本人の顔とは大いに異なっている．眼球の入る眼窩は上下に狭く，その上縁は直線的である．横から見ると，眉間は突出し，鼻根はくぼみ，鼻背は隆起するので，輪郭線はジグザグで，彫りが深い．歯槽骨は厚く発達し，出っ歯の傾向はなく，現代人に顕著なオトガイ（顎先）の突出もほとんど目立たない．

港川人1号の頭骨では，咀嚼筋の一種である側頭筋の入る側頭窩（コメカミの部分）が著しく深く，側頭筋の発達がきわめてよかったと思われる．この発達の程度は，ホモ・サピエンスにおいては稀であり，ホモ・ハイデルベンシスやホモ・ネアンデルターレンシスなどの旧人に匹敵するほどである（Baba et al., 1998）．

頬骨は上下に狭いが，外側に張り出している．また，頬骨の下面では，咀嚼筋の一種である咬筋が付く部分は明瞭である．したがって，咬筋も良好に発達していたと考えられる．歯は著しくすり減っており，とくに切歯では歯冠の大部分が失われているほどである．その結果，噛み合わせは，上下の切歯がぴたりと合う鉗子状になっている．下顎骨の下縁は，下方に凸湾し，いわゆる「揺り椅子」状態で

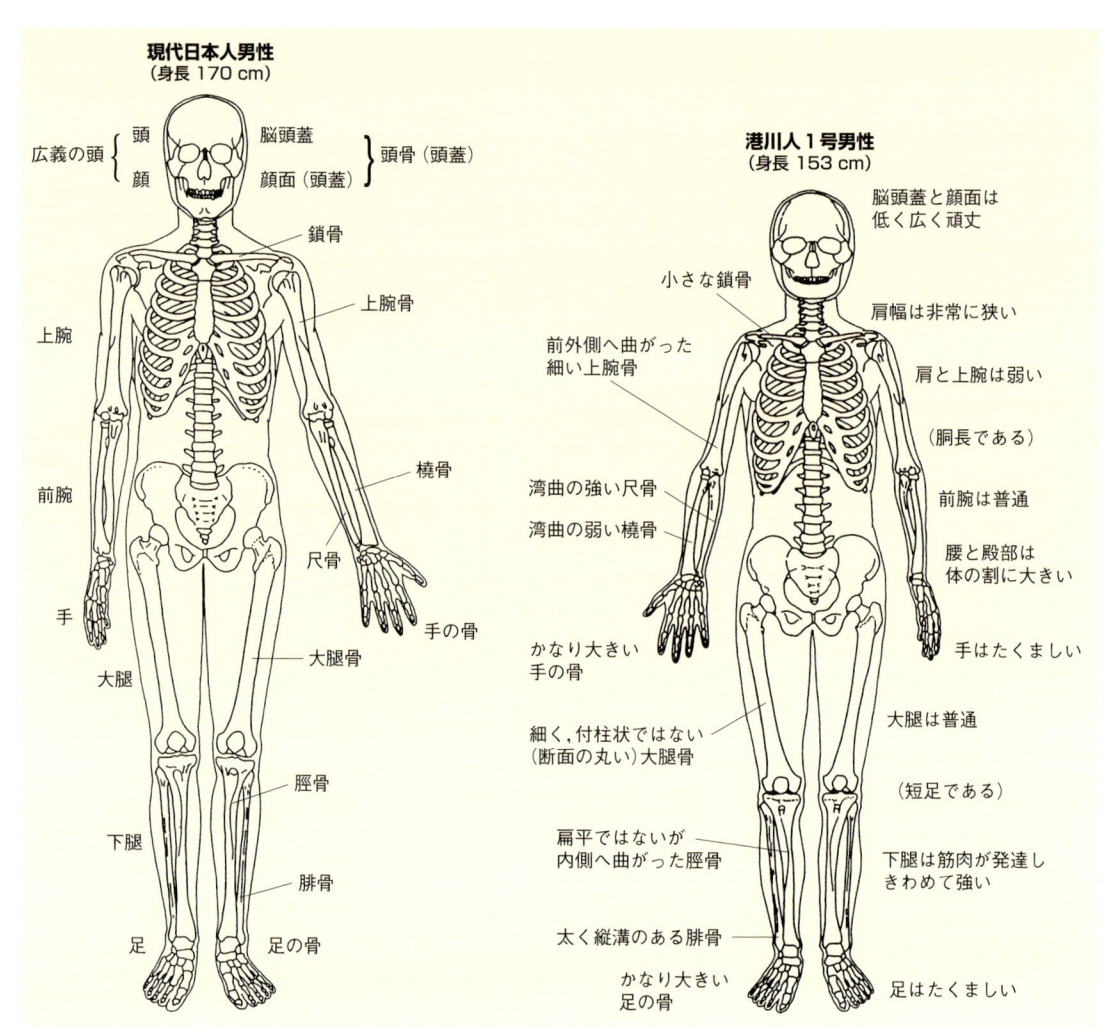

図4 港川人1号男性（右）と現代日本人男性（左）の骨格の模式的比較.

ある.

この港川人男性1号に見られる頭や顔の形態は，他の港川人にも見られ，縄文人の形態ともある程度は似ている.

港川人1号男性の推定身長は153 cmであり，縄文人男性平均（159 cm）よりもやや小さく，現代日本人青年男性平均（170 cm）よりはるかに小さい（図2，4）．1号男性の脊柱（背骨）は細く，胴体の構造が華奢だったらしい.

一般的に，縄文人の四肢骨は筋肉がよく発達していたと思われる特徴が多い．すなわち，鎖骨が長く，上腕骨（肩と肘の間）の三角筋粗面（腕をあげる肩の筋肉が付く）が発達し，大腿骨後面の粗線（膝を伸ばす筋肉が付く）が隆起して，割り箸を貼り付けたようになり（付柱状），脛骨（スネの2本の骨のうち太い方）の骨体が左右に扁平で，前後に幅広くなる（構造的に強い）などの特徴がある.

しかし，港川人1号男性にはこのような特徴はほとんど見られない．たとえば，鎖骨は短く，上腕骨はあたかも女性のように細い．しかし，手の骨は比較的大きく頑丈である．大腿骨は身体の大きさに相応しており，粗線の発達は弱いが，骨体上部の骨は厚い．脛骨は扁平ではないが比較的頑丈であり，内側に

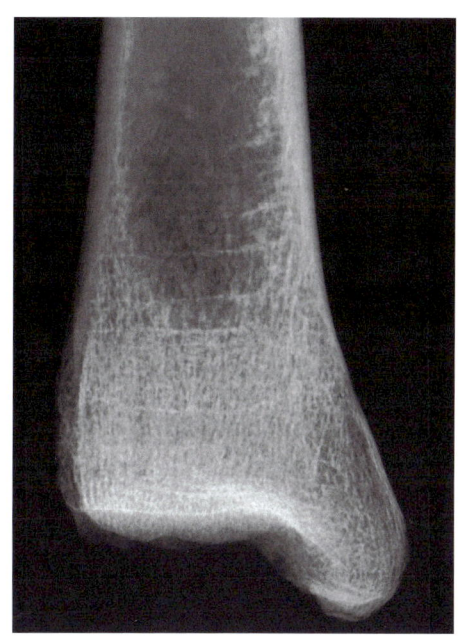

図5 港川人1号男性の脛骨下部のレントゲン写真．横走するハリス線が見られる．若年時の栄養障害の影響と考えられる．

凸に湾曲している．腓骨（スネの2本の骨のうち細い方）も太く，筋肉付着部が縦溝を作っている．したがって，下腿（スネ，ふくらはぎ）の筋肉は，他の部分に比べれば，よく発達していたと解釈できる．港川人の足は身体の割には大きいが，奇妙なことに踵（踵骨隆起）が非常に短い．この状態では，テコ比の関係で，下腿の筋肉が強力な必要があり，実際に下腿の骨から推測された結果と一致している．

2）港川人の生活

港川人1号男性人骨に見られるこれらの形態特徴は，大なり小なり他の港川人骨にも見られ，港川人の共通特徴と考えられる．つまり，港川人は，小柄で，上半身が華奢であり（4号女性はやや例外），力仕事には向いていない．ただし，下半身は体の大きさ相当には発達している．また，手と足は，体の割には頑丈である．

このような体の特徴は，狭い沖縄における

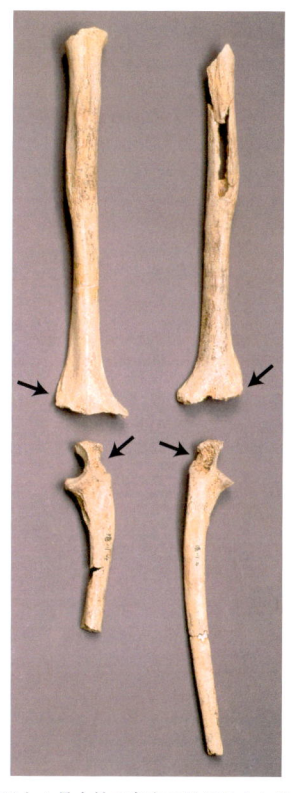

図6 港川人4号女性の左右の肘に見られる対称的な傷痕．上腕骨の下端が失われ，尺骨の肘頭後部がえぐられている．人為的に傷つけられたと考えられる．

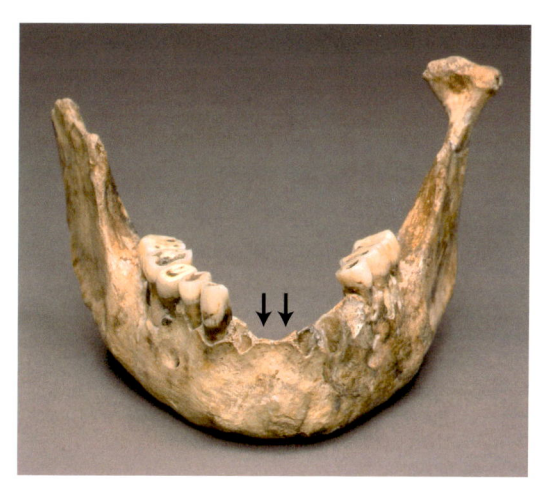

図7 港川人下顎Aに見られる左右中切歯の抜歯．風習的な抜歯かどうか判断が難しい．

5.1 日本列島の旧石器人

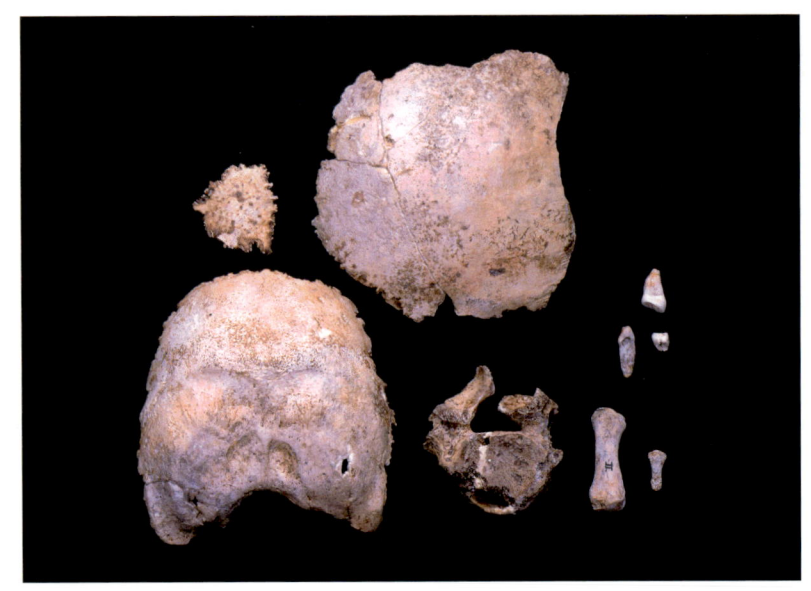

図8 ピンザアブ人骨．上は右頭頂骨，左上は尖頂骨，左下は後頭骨，下中は第5腰椎，下中右は右第1中手骨，下右は手末節骨，右中は歯3本．

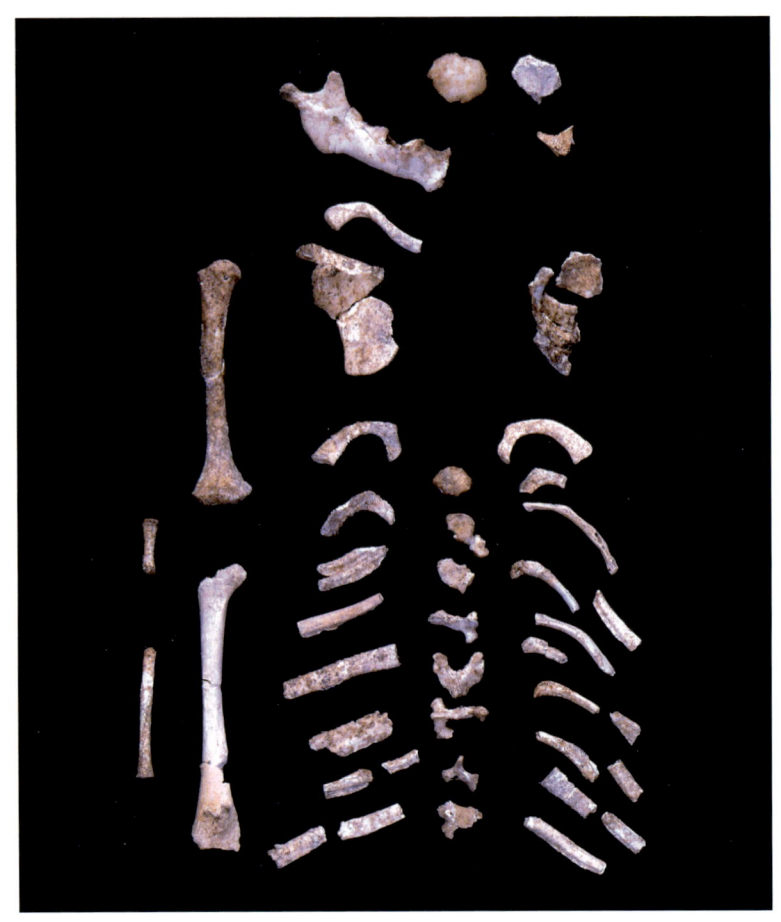

図9 下地原洞穴人骨．乳児の部分的骨格．上中左は下顎骨右半，左中は右上腕骨，左下の大きな骨は右大腿骨．

図10 山下町洞穴人骨．6〜7歳の小児．右は右大腿骨，左は右脛骨．

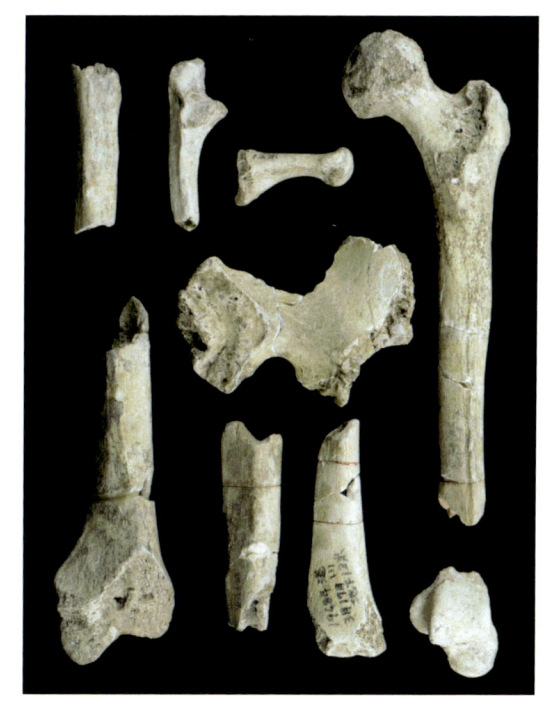

図11 上部港川人骨．数個体に属する骨片．上の左から右へ，右上腕骨，右尺骨，左第1中足骨，右大腿骨，中央は左腸骨，下の左から右へ，右大腿骨，左脛骨，右脛骨，右距骨．

栄養状態の良くない放浪性の採集狩猟生活のために，エネルギー消費量をできるだけ少なくしようとした結果と見なせる．港川人の顎や咀嚼筋はきわめてよく発達しており，歯は著しく減っている．したがって，彼らが硬い粗末な食物を食べていたことは疑いない．

港川人の脛骨のレントゲン写真では，ハリス線とよばれる横線が多く見られ，病気や飢餓によって成長が一時的に止まった可能性を示している（図5）．これも，当時の環境を考慮すれば当然の結果であろう．

港川人4号女性人骨の肘には特有の傷があり，しかも左右の上腕骨と尺骨（肘と手首の間）の同じ部分が同じ形に破損している（図6）．したがって，何らかの葬送儀礼として傷つけられたと考えられる．つまり，死者に対し特別な感情をもっていて，何らかの処理を施したことがわかる．

女性の下顎骨Aでは，真ん中の切歯2本が抜けているが，それ以外の歯は健全である（図7）．この状態は，縄文時代によく見られる風習的抜歯に一致する．ただし，旧石器時代に切歯を失うと大きな不利となるので，実際に風習的抜歯があったかどうかはわからない．

旧石器人骨と見なされているその他の化石資料

1）浜北人骨

静岡県浜北市根堅岩水寺の石灰岩採石場で，1960〜62年に発見された断片的な人骨化石である．放射性炭素法で1.4万年前と推定される（松浦・近藤，2000）上層堆積からは，若い女性の頭骨片・鎖骨・上腕骨・尺骨・寛骨（腸骨）などが出土しており，東京大学の鈴木尚によると，形態は縄文人骨と類似している．およそ1.8万年前と推定される（Kondo & Matsu'ura, 2005）下層堆積からは脛骨片が出土しているが，縄文人的な骨体の扁平性を示さない．

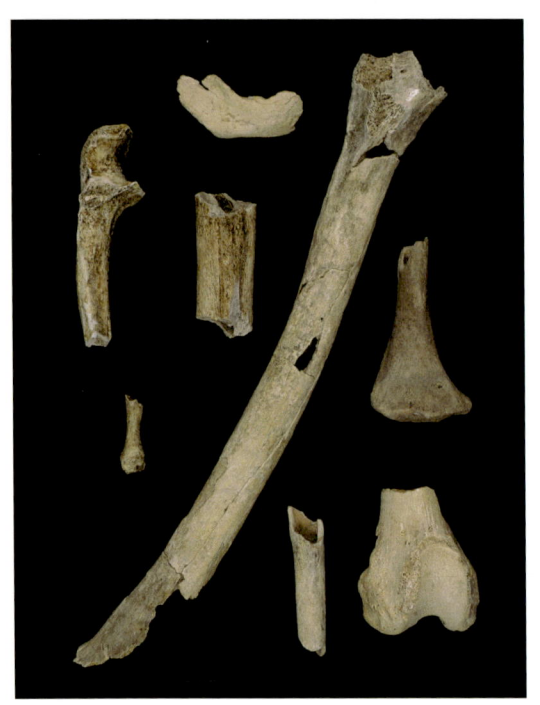

図12 葛生人骨．中央は左大腿骨，その左側では，上はニホンザル下顎骨，中は右大腿骨，左上は右尺骨，下は右第5中手骨．右側では，上はクマ上腕骨，下右はトラ大腿骨，下中は不明の動物骨．

図13 牛川人骨と左上腕骨の復元．人骨ではないが，どの動物か不明．

2）ピンザアブ人骨

沖縄県上野村（宮古島）豊原ピンザアブ（山羊洞）で，1979～83年に発見された部分的な化石人骨である（図8）．頭頂骨，後頭骨，その他の骨片と歯を含む．年代は木炭の放射性炭素分析から2.6万年ほど前と推定されている．人骨を研究した国立科学博物館の佐倉朔によると，ピンザアブ人骨は，港川人と似ており，年代もさらに古いので，港川人よりやや先行する集団に属するとのことである．

3）下地原洞穴人骨

沖縄県具志川村（久米島）の下地原(しもじばる)洞穴から，1983年と1986年に発見された乳児の部分骨格である（図9）．下顎骨，右上腕骨，右大腿骨，その他の骨片が含まれている．年代は，放射性炭素法で1.5万年前と推定されている．形態に関しては，国立科学博物館の佐倉朔によって概略が報告されているが，乳児で

あるために類縁関係は不明である．

4）山下町洞穴人骨

沖縄県那覇市山下町の山下町第1洞穴で，1968年に発見された，6～7歳の子供の大腿骨骨体の上2/3と脛骨骨体の上2/3である（図10）．放射性炭素法による年代は3.2万年前あるいはそれより古く，現在のところ年代の明らかな日本の人骨資料の中で最古といえる．東京大学の鈴木尚によると，大腿骨後面の粗線がすでに突出しかかっているので，新人ホモ・サピエンスのものと考えてよいとのことである．

5）上部港川人骨

沖縄県具志頭村の港川採石場の石灰岩フィッシャーで，大山盛保によって1967～69年に発見された断片的な人骨である（図11）．四肢骨片9点を含んでいて，形態は縄文人骨と似ている．これらの人骨は，フィッシャーの

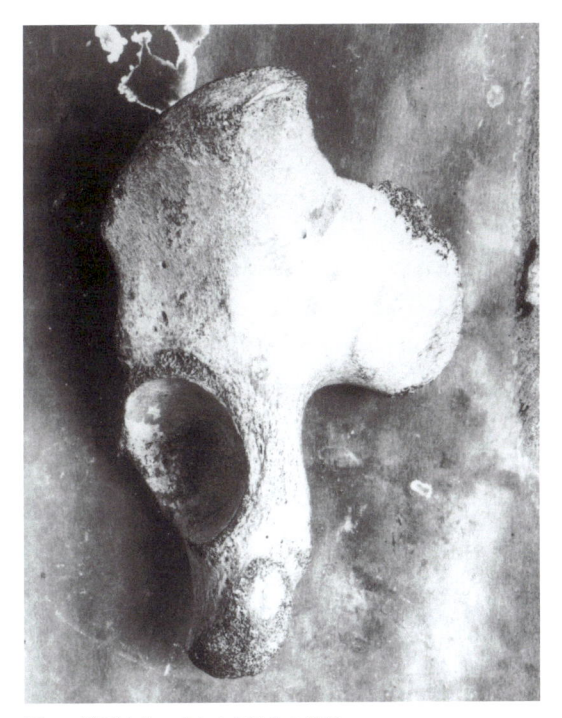

図14 明石人骨．成人の左寛骨の外面． 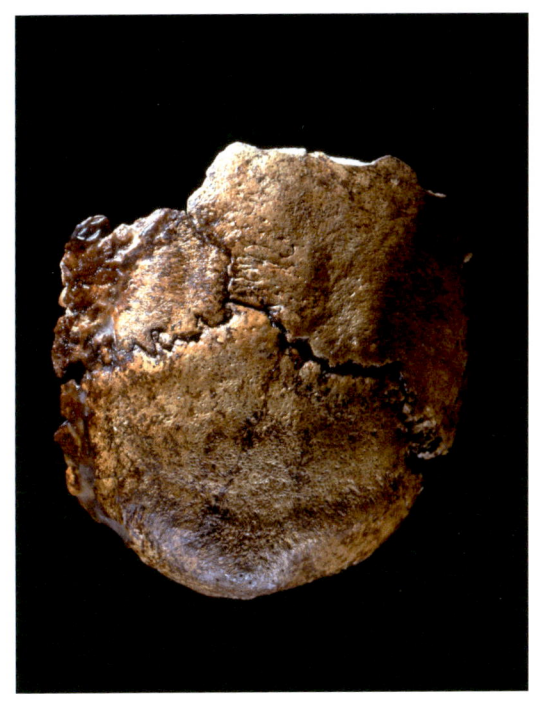　　　　　　　図15 聖嶽人骨．成人の頭頂・後頭骨の外面．

採石作業面より上層部から出土したので，後に採石作業面より下層部から出土した港川人と区別するために，上部港川人とよぶことにした．年代はおよそ1.2万年前と考えられるので，旧石器時代に属するかどうか微妙である．

旧石器人骨とは見なされていない化石資料

1）葛生人骨

栃木県葛生町で主として直良信夫の関係者によって発見されたいわゆる葛生人資料は10点あるが，1950年に発見された上顎切歯と1951年に発見された左上腕骨は所在がわからない．今回は，残りの8点を検討した（図12）．1951年発見の左大腿骨下端部は，国立科学博物館の甲能直樹によると小型のトラ，1950年発見の右上腕骨下部は，国立歴史民俗博物館の春成秀爾と西本豊弘によるとクマの幼体（未成年），1951年発見の下顎骨は，京都大学霊長類研究所の茂原信生によるとニホンザルであることが確認された．1950年発見の化石骨は，骨壁が薄く，一般哺乳類のものとは異なるので，大形のトリの可能性もある．

1951年に発見された壮年後期男性の左大腿骨は，骨体の湾曲が強く，後面は粗線を中心に隆起するが，いわゆる付柱（ピラステル）の形成は弱い．骨体上部の扁平性は中程度である．このような状態は，縄文時代中期以降のどの時代の人骨にも該当する．1984年に発見された成人男性の右第5中手骨，そして直良の遺した資料から春成秀爾によって再発見された右尺骨上部と右大腿骨骨体上部は，成人男性のもので，形態特徴からでは縄文時代以降のどの時代に属するか判断できない．以上の形態学的判断と年代推定結果（Matsu'ura & Kondo, 2002）を勘案すると，葛生人骨は中世あるいは近世に属する可能性が高い．

2）三ヶ日人骨

静岡県引佐郡三ヶ日町只木の石灰岩採石

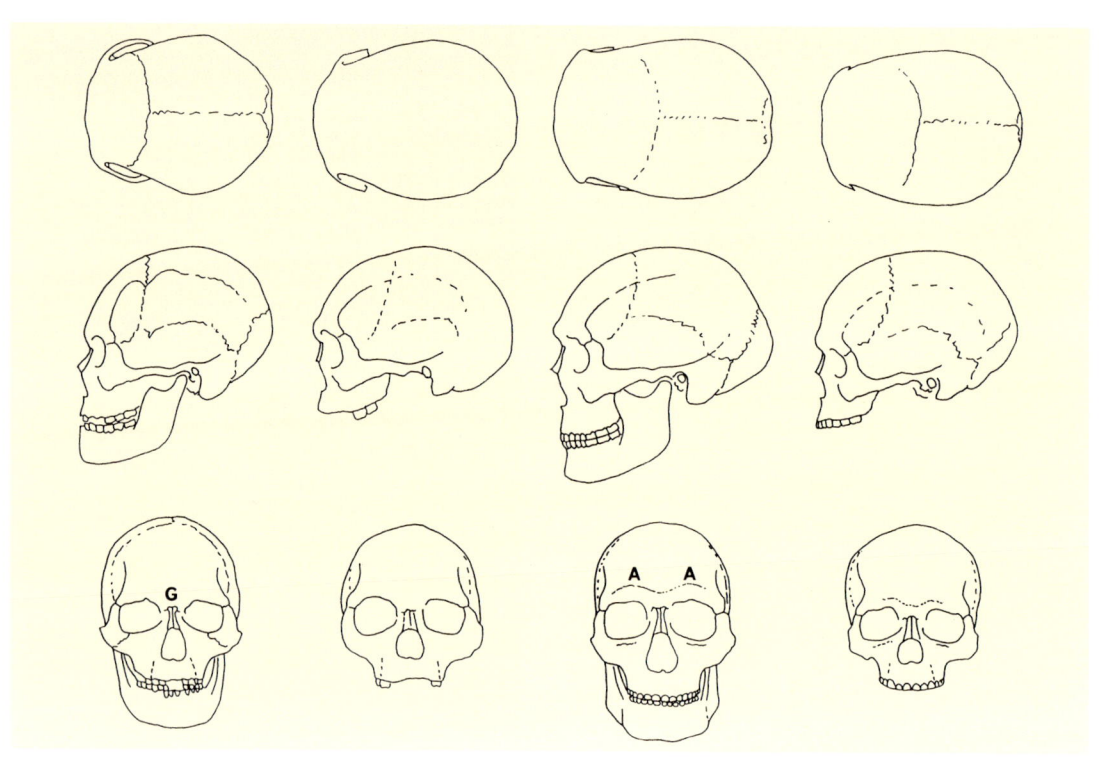

図16 港川人1号（左）・ワジャク人1号（左中）・山頂洞人101号（右中）・柳江人（右）の頭骨の模式的比較．港川人とワジャク人の頭は，前頭骨が小さく，上から見ると卵形で，前から見ると下部（耳の直上）が張り出している．また，眉間（G）が眉弓（A）よりも突出している．山頂洞人と柳江人の頭は，前頭骨が大きく，上から見ると俵型で，前から見ると上部が張り出している．また，眉弓が眉間よりも突出している．

表1 日本の旧石器時代人骨といわれた化石資料（主なもの）．

遺跡名	所在地	出土部位	時代	コメント
葛生	栃木県	四肢骨，下顎骨，歯	歴史時代？	人骨4，動物骨4，行方不明2
泊洞穴	富山県	頭骨，肋骨	後期旧石器時代末	縄文早期人と似ている
浜北	静岡県	頭骨片，四肢骨片，歯	後期旧石器時代末	縄文人と似ている
三ヶ日	静岡県	頭骨片，四肢骨片	縄文時代早期	縄文人と似ている
牛川	愛知県	上腕骨，大腿骨	中・後期旧石器時代	上腕骨は人骨ではない
明石	兵庫県	左寛骨	縄文時代以降？	現代人と似ている
夜見ケ浜	鳥取県	下顎骨	後期旧石器時代？	縄文人的な形態？
聖嶽洞穴	大分県	頭骨片，距骨	歴史時代？	原始性はない
岩戸	大分県	頭骨片，歯	後期旧石器時代	小破片で特徴不明
山下町洞穴	沖縄県本島	大腿骨，脛骨	後期旧石器時代	約6〜7歳の子供
港川	沖縄県本島	全身骨格数体	後期旧石器時代	初期の現代型新人の特徴？
上部港川	沖縄県本島	四肢骨片	後期旧石器時代末	縄文人と似ている
桃原洞穴	沖縄県本島	頭骨	縄文時代以降？	特に古い特徴はない
大山洞穴	沖縄県本島	下顎骨	後期旧石器時代末	やや原始的？
カダ原洞穴	沖縄県伊江島	頭骨片	縄文時代以降？	やや厚い頭蓋骨
ゴヘズ洞穴	沖縄県伊江島	頭骨片，四肢骨片	後期旧石器時代末？	特に古い特徴はない
下地原洞穴	沖縄県久米島	全身骨格	後期旧石器時代末	乳児
ピンザアブ	沖縄県宮古島	頭骨片，椎骨，四肢骨	後期旧石器時代	港川人と似ている

場から，1959〜61年に発見された部分的な人骨化石である．東京大学の鈴木 尚によると，これらは複数の成人に属する頭骨片，寛骨（腸骨），大腿骨骨体などを含み，いずれも縄文時代人とよく似ている．最近，人骨の年代が放射性炭素法により約9000年前と推定され（Matsu'ura & Kondo, 2001），縄文時代早期に属することが判明した．

3）牛川人骨

愛知県豊橋市牛川鉱山で1957年に発見された上腕骨骨体と大腿骨骨頭の化石である（図13）．上腕骨化石は，東京大学の鈴木尚により，旧人の上腕骨の骨体中央部であり，きわめて低身長の女性のものと解釈された．

しかし，私が1988年に化石骨を吟味したところ，ヒトの上腕骨であると判定できるだけの形態特徴を備えていないことが判明した．この骨がどのような動物の骨であるのかについては不明だが，大きさと形の点でもっとも類似しているのは，インドゾウの子供の腓骨である．したがって，私は，暫定的に，この骨がナウマンゾウの子供の腓骨ではないかと思っている（岡村ほか，1998）．大腿骨骨頭に関しては，ヒトの男性とのことだが，一見した限りでは，ヒグマと似ているとの印象をもった．

4）明石人骨

兵庫県明石市で1931年に直良信夫により発見された寛骨（骨盤の一部）化石である（図14）．直良はこの骨は旧人のものであると考えていた．明石寛骨のオリジナル化石は太平洋戦争中の空襲で焼失してしまった．戦後，残っていた写真と石膏模型を見た東京大学の長谷部言人は，この寛骨には原人と似た特徴があると考え，もはや実在しない寛骨を *Nipponanthropus akashiensis* と命名した．

その後，世界的に寛骨の発見例が徐々に増え，寛骨の進化傾向がかなり明確に認識された．そこで，東京大学の遠藤萬里と私が明石寛骨の研究を行い，明石寛骨は原人でも旧人でもなく新人であり，縄文時代以降に属する可能性が高いとの結論を出した．この結論に関しては，非専門家による若干の異論もあるが，専門家の間では十分に受け入れられている（百々，1987）．なお，私は明石人骨が数万年前の新人に属する可能性を否定するわけではないが（岡村ほか，1998），その可能性は非常に低いと考えている．

5）聖嶽人骨

大分県本匠村の聖嶽洞窟から1962年に発見された前頭骨片と頭頂・後頭骨片（図15），そして1983年に発見された距骨である．年代は，フッ素含量が比較的高いこと，そして細石刃石器が伴出したことから1.4万年前と推定されていた．頭頂・後頭骨片は，新潟大学の小片保によって，骨片が著しく厚く，側頭筋の付着する側頭腺が後頭骨に進入するなど原始的な特徴が指摘され，山頂洞人101号と似ていると主張された．

しかし，私が調べてみると，頭蓋の進化傾向に照らした場合，いわゆる原始的特徴は認められず，山頂洞人101号との類似性も根拠が希薄なことが明らかになった．そして，江戸時代人骨の中に，この骨片と似ているものが数多く見られることがわかった．したがって，この骨片が旧石器時代から由来した可能性はきわめて低いと判断される．また，同遺跡から出土した他の人骨の放射性炭素年代は中世に相当することがわかり（松浦・近藤，2001），この頭頂・後頭骨片の年代も同様と判断するのが妥当であろう．

なお，北川ほか（2001）によると，距骨にもとくに原始的な特徴は見られない．

日本旧石器人の総括と類縁関係

以上をまとめると，日本列島で発見されている旧石器人骨は，すべて後期更新世の新人ホモ・サピエンスに属し，旧人あるいは原人に属するものはない．現在のところ，日本の旧石器人は，地域・時代・形態特徴の面で，若干の例外や未解決の問題もあるが，2群に分けられる．

すなわち，日本本土および沖縄県で発見されている1.5万〜1.2万年前の人骨（浜北・上部港川）と，沖縄県で発見されている3.2万〜1.5万年前の人骨（山下町洞穴・港川・ピンザアブなど）である（松浦・近藤，2000）．人骨形態の面では，前者は縄文人とよく似ており，後者は港川人に類似していると見なしてよいだろう（馬場，2003）．

形態の類似性および年代の連続性から判断し，日本本土と沖縄の1.5万〜1.2万年ほど前の旧石器人が縄文人になった可能性は高く，それを否定するデータは見つからない．

港川人に代表される沖縄の3.2万〜1.5万年前の旧石器人がどこからやってきたか，また縄文人の祖先であるかについては，結論が出ていない．鈴木尚は計測数値分析から，港川人の頭骨が柳江人と似ているので，柳江人→港川人→縄文人という進化系列を考えた．

私は，以前，形態分析から，港川人頭骨が中国の山頂洞人頭骨や柳江人頭骨よりもジャワのワジャク人頭骨と似ているので，太平洋沿岸部におけるヒトの移住の可能性を示唆したが，ルーツやルートを特定するには至っていない（Baba et al., 1998；図16）．なお，朝鮮半島のヨンゴク人頭骨（Norton, 2000）が，写真から判断する限りでは，港川人頭骨によく似ているので，今後，十分な検討を行いたいと思っている．

港川人は，頭骨にきわめて原始的な特徴が見られ，四肢骨にも縄文人とは違う特徴が多いので，港川人が縄文人の直接の祖先であるかどうかに関しては，まだ不明な点が多い．ただし，港川人とヨンゴク人を含む東アジアの後期旧石器人集団が縄文人の祖先集団であったと考えるのはきわめて妥当である．

文献

Baba, H., S. Narasaki. and S. Ohyama. 1998. Minatogawa Hominid fossils and the evolution of Late Pleistocene humans in East Asia. Anthropol. Sci., 106 (Supplment): 27-45.

馬場悠男．2000．ホモ・サピエンスはどこからきたか．河出夢新書，河出書房新社，東京．207 pp.

馬場悠男．2001．旧石器遺跡問題の批判と更新世人骨問題の現状．「前期旧石器問題を考える」シンポジウム抄録，国立歴史民俗博物館春成研究室，pp. 61-74.

馬場悠男．2003．港川人は琉球人の祖先か．「沖縄県史各論編第2巻考古」，沖縄県教育委員会，那覇，pp. 523-577.

百々幸雄．1987．明石人＝現代人説の検討．国立歴史民俗博物館研究報告，13: 249-262.

Endo, B. and H. Baba. 1982. Morphological investigation of innominate bones from Pleistocene Japan with special reference to the Akashi man. J. Anthrop. Soc. Nippon, 90 (Suppl.) : 27-54.

春成秀爾．1994．「明石原人」とは何であったか．日本放送出版協会，東京．317 pp.

春成秀爾．2005．「石の骨」の虚実．松本清張研究，北九州市立松本清張記念館，北九州市，pp. 92-120.

海部陽介．2005．人類がたどってきた道．NHKブックス，日本放送出版協会，東京．332 pp.

北川賀一・安井金也・池田次郎．2001．大分県聖嶽洞穴で採集された距骨について．Anthropol. Sci., 109: 1-8.

Kondo, M. and S. Matsu'ura. 2005. Dating of the Hamakita human remains from Japan. Anthropol. Sci., 113: 155-161.

松浦秀治・近藤 恵．2000．日本列島の旧石器時代人骨はどこまでさかのぼれるか—化石骨の年代判定法—．馬淵久夫・富永健（編）：考古学と化学をむすぶ．東京大学出版会，東京，pp. 135-167.

松浦秀治・近藤 恵．2001．骨依存体の年代分析．春成秀爾（編）：大分県聖嶽洞窟の発掘調査．国立歴史民俗博物館春成研究室，佐倉市，pp. 71-78.

Matsu'ura, S. and M. Kondo. 2001. Dating of Mikkabi human remains from Japan. Anthropol. Sci., 109: 275-288.

Matsu'ura, S. and M. Kondo. 2002. A chronological study on the 'hominid' remains from Kuzuu. Anthropol. Sci., 110: 95.

中橋孝博．2005．日本人の起源．講談社メチエ，講

談社，東京．268 pp.

楢崎修一郎・馬場悠男・松浦秀治・近藤　恵．2000．日本の旧石器時代人骨．群馬県立自然史博物館研究報告，4: 23-46.

Norton, C. 2000. The current state of Korean paleoanthropology. *J. Hum. Evol.*, 38: 803-825.

小田静夫・馬場悠男．2001．「日本人はるかな旅展」図録．NHK・NHKプロモーション，東京．117 pp.

岡本道雄・松藤和人・木村英明・辻誠一郎・馬場悠男．1998．シンポジウム日本の考古学1：旧石器時代の考古学．学生社，東京．354 pp.

Suzuki, H. and K. Hanihara (eds.). 1982. The Minatogawa Man – the Upper Pleistocene Man from the Island of Okinawa. University Museum Bulletin, The University of Tokyo, 208 pp., 68 pls.

前・中期旧石器問題調査研究特別委員会編．2003．前期・中期旧石器問題の検証．日本考古学協会，東京．625 pp.

5.2 縄文人の世界

山口　敏

縄文時代とは

　およそ1万年前，更新世の氷河期が終わって完新世の後氷期に入ると温暖化によって氷河や氷床の氷が融け，海水面が上昇して地形が変化したばかりでなく動植物相にも大きな変化が起こり，旧石器時代人の狩猟採集生活は変革を迫られることになった．その結果，西アジアや東アジアの大河の流域など一部の地域で，植物を栽培し家畜を飼育する農耕・牧畜の生活が始まった．旧石器時代の石器が主として狩猟用の打製石器であったのに対して，森林を切り開いて田畑を耕すのに磨製石斧を多用するようになったこの時代は新石器時代とよばれている．

　新石器時代に起こったもう一つの大きな変革は土器の発明である．土器は水や食料の貯蔵に役立つだけでなく，生食できなかったものを水と一緒に加熱して食べられるようにすることができる．この発明が農業による食料生産と相まって人々の食生活を安定させることとなり，その結果，農耕牧畜の先進地域では急速に人口が増大し，しだいに周辺地域に新石器文化を広げていった．

　ヨーロッパでも西アジアに接する地中海地方では早くから新石器文化の恩恵に浴したが，アルプスより北の地域では農耕文化の伝播が遅れ，完新世に入ってからもしばらくの間は旧石器時代的な狩猟採集生活が続いた．この時代は中石器時代とよばれている．

　東アジアでは黄河や長江の流域を中心に早くから農耕を伴う新石器文化が発展したが，後氷期の海進によって大陸から海で遠く隔てられるようになった日本列島では本格的な農耕文化の伝播が大幅に遅れ，紀元前1千年紀の弥生時代をまたなければならなかった．この間，人々の生業は長いあいだ主として狩猟・漁撈・採集に頼っていたが，土器の製作は早くから行われていた．この時代は日本列島独特の，細縄を転がして文様を付けた土器にちなんで，縄文式土器時代（あるいは縄文時代）とよばれている．

　縄文時代は，土器の形や文様の変遷をもとに，草創期，早期，前期，中期，後期，晩期の6期に分けられている．この時代の日本列島はクリやドングリなどの堅果類，イノシシやシカなどの獣類，川を遡上するサケ・マス類，内湾や外洋の魚介類など豊かな野生の食料資源に恵まれ，人々は竪穴住居を建てて定住的な生活を送り，大陸とは違った独自の文化を発展させていた．この時代の日本列島人は一体どのような人たちだったのだろうか．

縄文時代人骨

　縄文時代人の実像を知るための手がかりは遺跡で発見される人骨である．火山灰質の酸性土壌の多い日本列島では骨類の保存条件があまり良くないため，縄文時代の人骨が発見されるのは主として石灰岩地帯の洞窟や岩陰遺跡と，沿岸部の貝塚遺跡に限られている．中でも比較的豊富な人骨資料が発見されているのは，太平洋側の内湾の沿岸に残された規模の大きな貝塚遺跡で，時代的には縄文中期から晩期にかけてのものが多い．

　前期以前の人骨も，各地の比較的小規模な貝塚と，内陸部の洞窟や岩陰で発見されてはいるが，その数は中期以降の貝塚人骨に比べてかなり少ない．

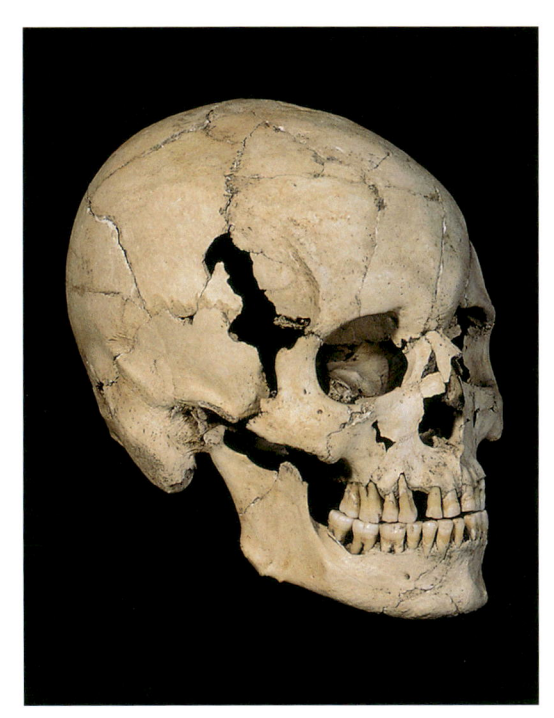

図1 縄文晩期の成人男性頭蓋（岩手県宮野貝塚）．

主として太平洋側の縄文中期から晩期にかけての貝塚遺跡で発掘された人骨は，資料数が豊富であるばかりでなく，地域差が少なく比較的均質な形態特徴をもっているので，現代日本人の骨格と比較しながらその特徴を以下に列挙することとする．

1）頭骨

まず脳頭蓋の長さ（前後径）と幅（横径）が大きく，高さはやや低い．脳をおさめる頭蓋腔の容積は現代人よりもやや大きい．眉間と眉弓が盛り上がり，眉間の下の前頭鼻骨縫合部がくぼみ，その下の鼻骨が高く隆起している．鼻骨の水平方向の湾曲が強いばかりでなく，その横にある上顎骨の前頭突起も含めて左右の眼窩の間の部分が全体として立体的な構造になっている点が，後世の日本人と大きく異なっている．頬骨弓が横に張り出しているために顔の横幅が広いが，上下方向の径（顔高）は小さく，寸詰まりの顔となっている．これに比例して眼窩と鼻（梨状口）も高さが低く，幅が広い．眼窩の入り口の形は現代人では円形に近いが，縄文人の場合は横長の長方形である．古墳時代以後の日本人では上顎骨の歯槽突起前部の傾斜が強い（歯槽性突顎）が，縄文人ではこの傾斜が弱い（直顎）．頬骨や下顎骨の咀嚼筋付着部はよく発達しているが，下顎骨の骨体部は高さが低く，現代人の下顎骨下縁の後部にしばしば見られる角前切痕はない（図1，2）．

2）歯

意外なことに，歯の大きさは現代の日本人よりも小さい．人類の歯は一般的には時代とともに退化してきたが，日本列島の場合は縄文人よりも次の弥生時代人の方が大きな歯をもっており，そのあと時代とともに小さくなってきたことが明らかにされている（Brace & Nagai, 1982）．このことは，弥生時代人が前代の縄文人の遺伝形質をそのまま受け継いだのではなく，縄文人よりも大きな歯をもった渡来人の遺伝的な影響を強く受けたことを意味すると考えられる．

縄文人の歯は大きさばかりでなく，細部の形態的な特徴でも現代日本人とは異なっている．弥生時代以降の日本人では上顎の切歯がシャベル状になっており，下顎大臼歯の歯根の数が過剰であることがしばしば見られるなどの点でアジア大陸のいわゆるモンゴロイド集団との共通性が認められるのであるが，縄文人の歯では切歯のシャベル形が弱く，下顎大臼歯の咬頭数の減少がしばしば見られる．東アジア人とアメリカ先住民の歯を詳細に研究したアメリカの人類学者 C. G. ターナーは，歯の形態特徴の出現率に基づいて，モンゴロイドを，中国，シベリア，アメリカ大陸に分布する中国歯型と，東南アジアを中心に分布するスンダ歯型の2群に分類した（Turner, 1990）．この分類によれば弥生時代以降の日

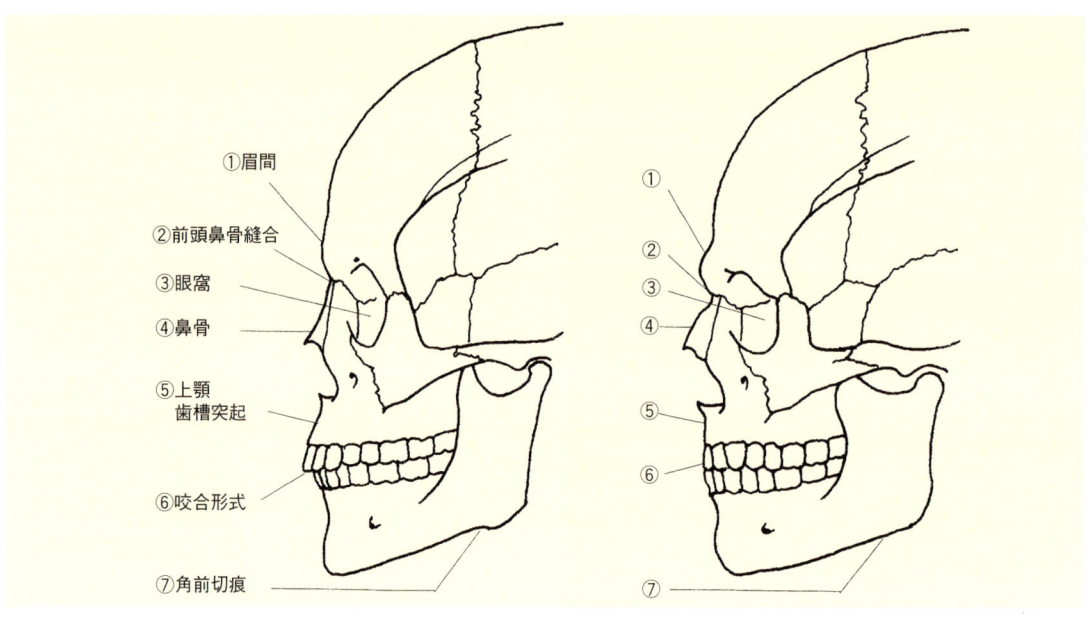

図2　頭蓋側面観の違い（右は縄文人，左は後世の日本人）．山口（1999）より．

本人は中国歯型に属し，縄文人とアイヌはスンダ歯型に属することになる．

歯の咬耗の程度は現代人に比べてかなり強く，成人の前歯の咬み合わせの形は現代人のような鋏状ではなく，毛抜き状である．

3）四肢骨

四肢骨にもいくつかの重要な特徴が見られる．四肢骨の長さから推定される平均身長は，男性で約158 cm，女性では約149 cmである．この値は現代の日本人の平均身長（男171 cm，女158 cm）に比べるとかなり小さいが，近年の急激な身長増大が始まる前の明治時代の平均身長と比べれば，ほとんど差はない．ただ縄文人の四肢骨の中では鎖骨だけが突出して長いので，肩幅の広い体形であったことが想像される．

現代人とのもう一つの大きな違いは，四肢骨の長さのつり合いにある．上肢でも下肢でも，遠位にある骨（上肢でいえば橈骨と尺骨，下肢でいえば脛骨と腓骨）が近位の骨（上腕骨と大腿骨）に比べて相対的に長い．この傾向は手足の小さな骨の長さにも認められる．縄文人は肘から先と膝から下の部分の長い，すらりとした体形であったと考えられる．

縄文人四肢骨の第三の特徴は，長骨の骨幹部分の断面形にある．上腕骨，尺骨，橈骨，大腿骨，脛骨，腓骨のすべての長骨を通じて，骨幹中央部分の横断面形を見ると，最小径に比して最大径が大きいという共通の特徴がある．この特徴は四肢骨の扁平性とよばれているが，とくにその傾向は脛骨の骨幹に顕著に現れており，横径が狭く前後径の大きい脛骨は扁平脛骨とよばれてよく知られている．大腿骨の骨幹中央部も横径に比して前後径が大きいが，この場合は骨幹後面の粗線という筋肉付着部が強く隆起してあたかも付け柱のような構造になっているため，ピラスター状大腿骨とよばれることがある（図3）．下肢骨に見られるこのような構造は，いずれも激しい身体活動に際して骨幹に加えられる強い力学的なストレスに対抗するための構造と解釈されている．上肢骨では，尺骨の骨間縁が著しく発達しているために，骨幹の断面形が独

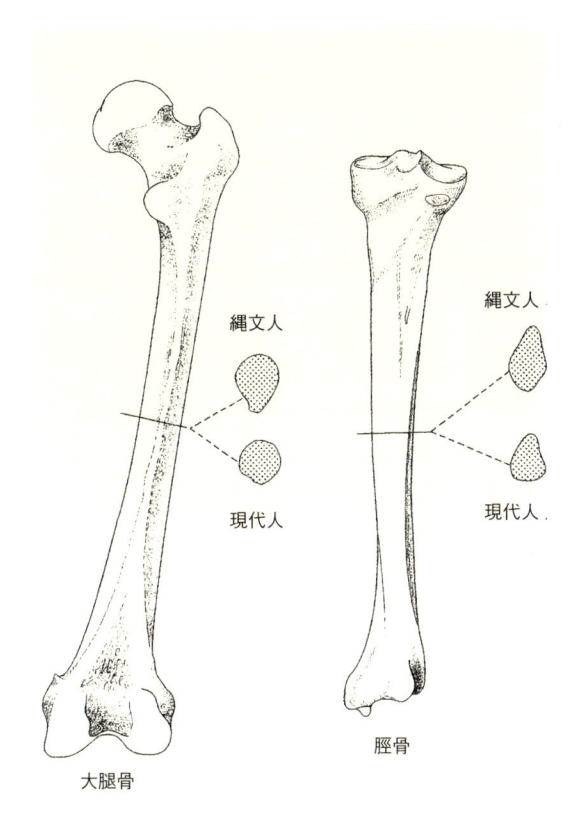

図3 下肢骨中央横断面形の違い．山口・小沼 (2003) より．

特の形になっている．この構造には前腕の激しい運動の際に骨間膜に生じる緊張が関係しているものと考えられる．

近隣集団や現代人との関係

縄文時代とほぼ同時代の新石器時代の人骨資料は，日本列島に隣接する地域ではシベリア，中国北部の黄河流域，および中国東部の長江下流域で比較的まとまった数が出土しており，人類学的な計測値も報告されている．これらの大陸東部の新石器時代人骨格は基本的には現代日本人と共通するモンゴロイドの特徴をもっており，上に列挙した縄文人の特徴とはかなり異なっている．とくに大きな違いは，眉間から鼻骨にかけての部分が大陸の新石器時代人ではほとんど例外なく平坦であるのに対して，縄文人ではこの部分が起伏に富んだ形態をもっていることと，四肢の遠位部分が前者では相対的に短いのに対して後者では長いことである．

比較の対象を新石器時代以後の時代にまで広げてみても，結果はほとんど変わることがない．東アジアで縄文人との類似を示す唯一の例外的存在は，北海道のアイヌである．縄文人とアイヌも，細部にわたって比較するとたとえば頭蓋長幅示数などに違いが見られるのであるが，この示数は時代とともに変化することが知られているので，この差異をあまり重大視することはできない．最近では，北海道での縄文時代とそれに続く続縄文時代や擦文時代の人骨の研究によって，本州の縄文人と共通の特徴を備えていた北海道の縄文人が時代とともにわずかずつ変化して，近世以後のアイヌに近づいていった様相が明らかにされつつある．九州・四国・本州方面では弥生時代以降に大陸からの移住民の強い影響を受けて縄文人の形質が大幅に失われたのに対して，稲作文化の影響を後々まで受けなかった北海道では，縄文人の形質がかなり濃厚に維持されてアイヌに受け継がれたものと考えられる．

縄文人と西日本のいわゆる渡来系弥生人とのあいだにかなりの断絶があり，縄文人の遺伝形質の多くがアイヌに伝えられたという考えは，百々幸雄らによる頭蓋の非計測的小変異の研究によっても支持されている（百々，1995）．百々らは22項目におよぶ小変異の出現率を比較して，縄文人と弥生時代以降の日本人との距離がアイヌとの距離に比して著しく大きいことを明らかにしたが，中でもとくに差の顕著なのは，前頭骨の眼窩上孔と後頭骨の二分舌下神経管の出現率である．これらはいずれも神経の通路に見られるごく微細な形の変異であるが，弥生以降の日本人をはじめ，東アジアのモンゴロイド集団では眼窩上孔が多く出現し，二分舌下神経管は稀であるのに対して，縄文人とアイヌだけは二分舌下

神経管が多く眼窩上孔が少ないという特徴を共有している．

　時代を遡って目を旧石器時代に転ずると，縄文人の特徴にはユーラシア大陸の後期旧石器時代人と共通する点が少なくない．後期旧石器時代人骨がもっとも豊富に出土しているのはヨーロッパであるが，クロマニヨン人で代表されるヨーロッパの旧石器時代人と極東の日本列島の縄文人とのあいだには，たとえば脳頭蓋が大きいこと，眉間と鼻骨の隆起が高く，前頭鼻骨縫合の部分が深く切れ込んでいること，顔面骨格の幅が広く，高さが低いこと，眼窩縁が横に長い長方形であること，四肢骨の遠位部が長く，骨幹が扁平であることなど，多くの類似点がある．

　東アジアでは後期旧石器時代の人骨の出土例はまだごく少ないが，沖縄の港川人と中国南部の柳江人に，縄文人と共通する特徴がいくつか認められている．本州の後期旧石器時代人骨は発見例が少ない上に，保存状態もごく断片的であるが，浜北人の骨に関しては縄文人的な特徴がいくつか指摘されている（鈴木，1983）．

　日本列島周辺地域では後氷期の海進によって多くの旧石器時代遺跡が水没したこともあって，人骨化石の発見例が乏しい．このため縄文人の系譜を具体的に明らかにすることは今の段階では困難であるが，いずれにせよ縄文人は後期旧石器時代人の狩猟採集民的な身体特徴を完新世に入ってからも長く保持し続け，弥生時代に日本列島に本格的な農耕文化が導入されたあとはその遺伝形質は農耕化の遅れた北海道で維持されて，アイヌの中に色濃く継承されたと考えることができよう．

　アイヌとの骨格上の類似から類推して，おそらく生前の縄文人は眉やひげが濃く，二重まぶたで，彫りの深い顔立ちの人々であったと思われる．

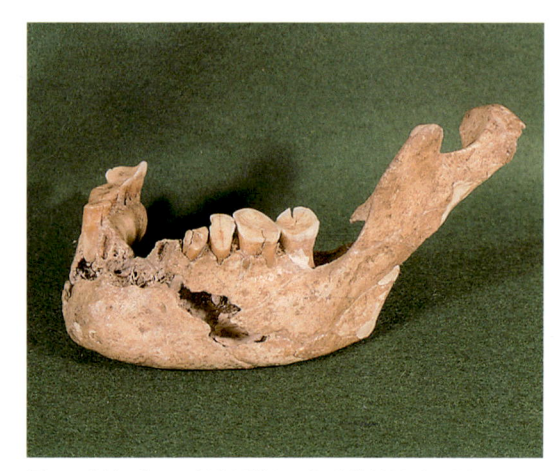

図4　咬耗の著しい縄文早期人の歯（愛媛県中津川洞）．

時代的な変化と地域差

　これまで述べてきた縄文人像は中期から晩期までの，主として太平洋側の貝塚遺跡出土の人骨資料に基づくものであった．前期以前の縄文人については人骨発見例が少なく全体像を把握することはまだ困難であるが，中期以降の縄文人に比してやや低身長，低顔型で華奢な作りの個体が多い，という傾向が見られる．低身長は日本列島の後期旧石器時代人にも認められているので，初期縄文人に見られる低身傾向は後期旧石器時代人との関係を示唆するのかもしれない．しかし他方では身長がやや高くて頑丈な作りの人骨も早・前期の遺跡で何例か発見されているので，初期縄文人は中期以降の縄文人に比べてやや多様性に富んでいたということも考えられる．縄文時代前半期の人骨には，歯の磨耗が極端に進んでいる例が少なくない（図4）．しかも磨耗面が平らでなく，中から外に向かって傾斜していることが多い．これは食糧難の際に，救荒食として繊維の多い植物の根や茎などをよく噛んだり扱いたりしていたためではないかと想像される．

　縄文時代の後半に関する限り，北海道から東北・関東・中部地方の太平洋岸，瀬戸内地

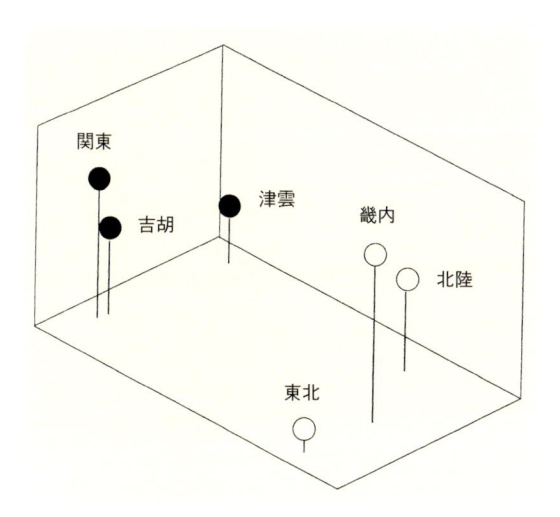

図5 頭蓋計測値に基づく縄文人3集団（●）と現代人3集団（○）の形態的な距離関係．山口 (1999) より．

方，九州，沖縄まで，主として貝塚遺跡から出土する人骨にはあまり顕著な地域差は認められないことが知られている．出土例数の比較的多い東北，関東，中部，瀬戸内の貝塚人骨には脳頭蓋の高さや顔の正中部分の突出度などにわずかな地理的勾配が認められるが，明確な境界線を設けるほどの段差はない．少なくともこれまでに出土している人骨資料から判断する限りでは，縄文時代後半の住民はかなり均質であったということができそうである．関東地方と東海地方と瀬戸内地方の代表的な貝塚人骨群の相互間の形態的な距離は，現代日本の東北，北陸，畿内の各地方の人骨資料間の距離とほぼ同程度である（図5）．

しかし，ここで注意しなければならないのは，本州の内陸部や日本海岸に多い，比較的大規模な遺跡（たとえば青森県の三内丸山遺跡など）を残した縄文人の人骨資料がほとんど発見されていないことである．これは貝塚や洞窟遺跡以外の開地遺跡で人骨が保存されにくいという日本列島の土壌の性質によるものであるが，将来新たな人骨資料の発見によって，地域差の存在が明らかになる可能性がないとはいい切れない．たとえば，能登半島の真脇（まわき）遺跡で，大量のイルカ骨の堆積層に埋

もれて保存されていた縄文前期人の頭骨を見ると，太平洋側の貝塚人骨にはあまり見られないような繊細な特徴が顔面骨格や歯に認められる．わずか1例の所見であるので，単なる個体的変異にすぎないという可能性もあるが，この地域における縄文人骨資料の今後の追加発見を期待したいところである．

骨と歯から見た縄文人の生活

縄文人骨には時としてさまざまな病変や異常が見られる．これらについての統計的な調査はまだ少ないが，いくつかの例を紹介しよう．

一般に農耕民に比べると狩猟採集民では齲歯（むしば）が少ないとされているが，縄文人は1人平均1～2本の齲歯をもっていたことが知られている．現代人の12～13本に比べれば少ないが，狩猟採集民としては多い方である．これには縄文人の食生活の中で植物性食料，とくに堅果や塊茎などに由来する炭水化物が比較的大きな役割を占めていたことが反映されているものと思われる．

成長期に歯が顎骨の中で形成されている間に個体の成長を一時阻害するようなストレス（飢餓や疾病）に遭遇した場合，歯のエナメル質の形成が一旦中止され，その後事態が改善されて成長が回復した後もエナメル質の表面に溝あるいは小さなくぼみの形で形成不全部分が残される．これはエナメル質の形成不全とか減形成とよばれるもので，その出現率は幼児期におけるストレスの頻度や程度を表すとされている．縄文人における形成不全の出現率は江戸時代人よりも低いことが報告されているが，このことは必ずしも縄文人の成長期におけるストレスのレヴェルが低かったことを意味するわけではない．逆にストレスによる幼児死亡率が高かったために，生き延びた個体が少なかったという可能性があるからである．

これらに比べると例数ははるかに少ないが，

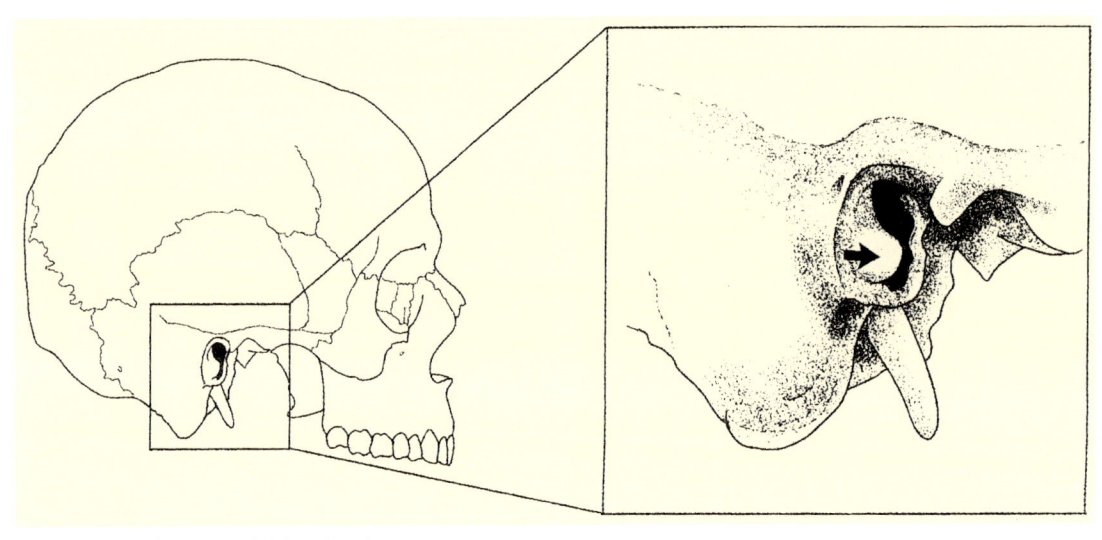

図6　外耳道骨腫．山口・小沼（2003）より．

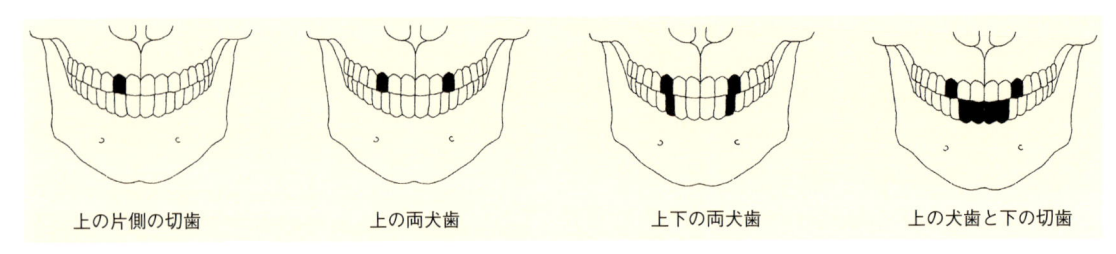

| 上の片側の切歯 | 上の両犬歯 | 上下の両犬歯 | 上の犬歯と下の切歯 |

図7　風習的抜歯のさまざまな形式．山口・小沼（2003）より．

　縄文人骨の中には重篤な大腿骨の骨折が治癒している例とか，小児麻痺に罹ったり，上顎裂や半椎のような奇形をもちながら成人に達するまで生存していた例があり，当時の社会が弱者や障害者を扶助する機能を備えていたことを示している．

　また縄文人の頭骨の耳の孔にこぶのようなもの（外耳道骨腫）が見られることが珍しくないが，これは冷水刺激の繰り返しによって形成されるものであり，潜水漁撈活動が盛んであったことを物語っている（図6）．

　また縄文人骨の中には石や骨の鏃(やじり)の刺さっている例がいくつか発見されているが，弥生時代人における同様の例に比べるとはるかに少ない．このことは，縄文時代における紛争の規模が弥生時代のそれに比べてかなり小さかったことを示唆しているように思われる．

　人骨資料から縄文人の生活を語る場合に，欠かすことのできないものに抜歯の風習がある．これは健全な前歯の一部を故意に抜き去るもので，世界の多くの民族で知られている身体毀(きそん)損風習の一種である．基本的には思春期に成人式の一環として行われ，子供が痛みの試練に耐えて一人前の大人になった証しとされるものであるが，婚姻や服喪に際しても行われる場合があることが知られている．

　縄文時代の初期の抜歯例は散発的であるが，中期に上顎の左右いずれかの側切歯を1本だけ抜く形式の抜歯が普及し始め，後期以後は上下左右の犬歯を抜く形や，上顎の両側犬歯と下顎の切歯4本を抜く形が盛んになり（図7），最盛期には上顎の第1小臼歯まで抜かれるようになった．晩期には抜歯ばかりでなく，上顎の切歯に縦の溝を入れて二叉あるい

は三叉の形に尖らせた例も少数ながら発見されている（叉状研歯）．これらは社会的に特殊な役割を担った人たちであったと推測されている．

縄文時代の土製の人形（土偶）の中には顔に線刻のある例があり，入れ墨が行われていた可能性が考えられているが，確かな証拠は残っていない．

縄文時代遺跡で発見される相当数の人骨資料について各個体の死亡年齢を推定すれば，当時の平均寿命を求めることが理論的には可能なはずであるが，実際には乳幼児の遺体が一般の埋葬とは別の取り扱いを受けることがあり，また幼小児骨格の保存率が成人骨格に比べて低いことなどもあり，観察できる資料だけから平均寿命を推定することはかなり困難である．

日本の古人骨資料について古人口学的な研究を試みた小林和正は，対象を15歳以上の個体に絞り，頭蓋の縫合，恥骨結合，仙腸関節面などの年齢変化をもとに死亡年齢の推定を行い，縄文人の15歳時の平均余命を男性16.1年，女性16.3年と推定した（小林，1979）．参考までに江戸時代人骨に基づく推定は男女それぞれ28.9年と25.6年，現代日本人（2000年）におけるそれは63年と70年である．骨の加齢変化に基づく年齢推定はかなり大きな誤差を伴うことが指摘されており，ここに紹介した小林の推定作業にも多かれ少なかれ誤差が含まれているものと考えなければならないが，同じように人骨から推定された後代の推定値との比較から見ても，縄文人の寿命がかなり短かったことはほぼ疑いないものと思われる．縄文人骨を観察した場合の一般的な印象の一つは，椎骨や四肢骨の関節面によく現れる加齢現象としての骨棘や骨堤が比較的少なく，概して若々しい個体が多いということである．これは当時の平均寿命が短かったことの現れと見てよいであろう．

縄文人の人口がどの程度であったかについて出土人骨から推測することはほとんど不可能であるが，先史学者の山内清男は日本列島と緯度上の位置が近く，海洋性の気候条件が類似し，サケも遡上する北アメリカのカリフォルニア地方に注目し，そこに住む狩猟採集民の人口密度のデータを参考にして縄文人の人口規模を約15万人ないし25万人程度と推測したことがある．その後，民族学者の小山修三は，竪穴住居の規模，数，遺跡の密度などからより精度の高い推定を試み，縄文時代最盛期（中期）の本州・四国・九州の人口を約26万人と推定した（小山，1984）．ちなみに，小山による弥生時代人口の推定は60万人，税の記録に基づく奈良時代の推定人口は約540万人，2000年現在での日本人人口は約1億2000万人である．

平均寿命といい，推定人口といい，高齢化と人口集中に悩まされている現代社会から見ればおよそかけ離れた世界であるが，これらの数字は，縄文人にとって生きることがいかに難しいことであったかを如実に物語っているように思われる．

文献

Brace, C. L. and M. Nagai. 1982. Japanese tooth size: past and present. *Am. J. Phy. Anthrop.*, 59: 399–411.
百々幸雄（編著）．1995．モンゴロイドの地球［3］日本人のなりたち．東京大学出版会，東京．
小林和正（編著）．1979．人口（人類学講座11）．雄山閣出版，東京．
小山修三．1984．縄文時代．中央公論社，東京．
鈴木 尚．1983．骨から見た日本人のルーツ．岩波書店，東京．
Turner, C. G. II. 1990. Major features of sundadonty and sinodonty, including suggestions about East Asian microevolution, population history, and late Pleistocene relationships with Australian Aboriginals. *Am. J. Phy. Anthrop.*, 82: 295–317.
山口 敏．1999．日本人の生いたち．みすず書房，東京．
山口 敏・小沼稜子．2003．私たち日本人の祖先．てらぺいあ，東京．

現代人とは歯並びが異なっていた縄文人 —— 海部陽介

　現代社会では，上下の歯列がうまくかみ合わない，歯並びが乱れているといった不正咬合が問題となっている．ところが縄文時代には，そのような問題はほとんどなかった．縄文人と現代人とでは，かみ合わせにも違いがある（図1）．現代人では鋏状咬合，つまり上顎の前歯が下顎の前歯に覆いかぶさるようにかみ合うのが正常とされる．ところが縄文人では，現代の歯科学では不正咬合と見なされる鉗子状咬合（上下の前歯が切端でかみ合う）が普通である．さらに，現代人では強度の"出っ歯"（歯槽性突顎）が珍しくないが，縄文人ではそのようなことはなく，彼らの口元は引き締まって見える．

　このような縄文人の歯列とかみ合わせの特徴は決して彼らに特異的なのではなく，先史時代には，世界のどこの集団にでも普通に見られるものであった．現代人のような歯列形態が優勢になったのは，地域によって違いがあるが古くても数千年前，たいていは数百年前頃からのようである．

　それでは，現代社会で不正咬合が増加した理由は何なのであろうか．有名な仮説の一つに，異なる集団間の混血というものがある．近代以降に世界規模での人の移動が激しくなり，顎と歯のサイズがさまざまな集団が互いに混血したせいで顎と歯のサイズの調和に乱れが生じたというのだ．しかしそうであるのなら，歯のスペース不足だけでなくスペース過剰という症例があってしかるべきだが，実際には前者ばかりが目立つ．明らかに，混血説では事実を十分に説明できない．

　不正咬合の増加の謎を解くためには，現在だけを見るのでなく，過去と現在の歯列形態の違いとそれを生じた背景についてもっと詳しく調べる必要がある．そのような意識の下，これまでにオーストラリアのP. R. ベッグ，アメリカのR. S. コルッチーニ，日本の井上直彦，葛西一貴，および筆者らが，それぞれの視点に基づいた調査と解析を行ってきた．これらを通じて見えてきた主な知見は，以下のように整理できる．

　まず，家畜飼育や調理技術などの発達に伴ってやわらかい食事が主体となった近現代では，よくかまなくても十分な栄養が取れる．そのため，十分な運動をしないと体の骨が頑丈に発育しないのと同様に，顎の骨にも発育不良が生じているらしい（Kaifu, 1997）．ところが，歯のサイズは生まれつき遺伝的におおよそ決まっているため，顎が十分に成長しないと歯が生えるスペースが不足し，

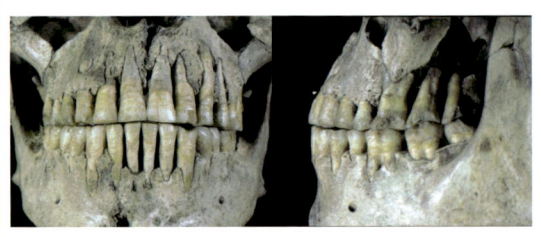

図1　鉗子状咬合と美しい歯並びを示す，縄文人の歯列．

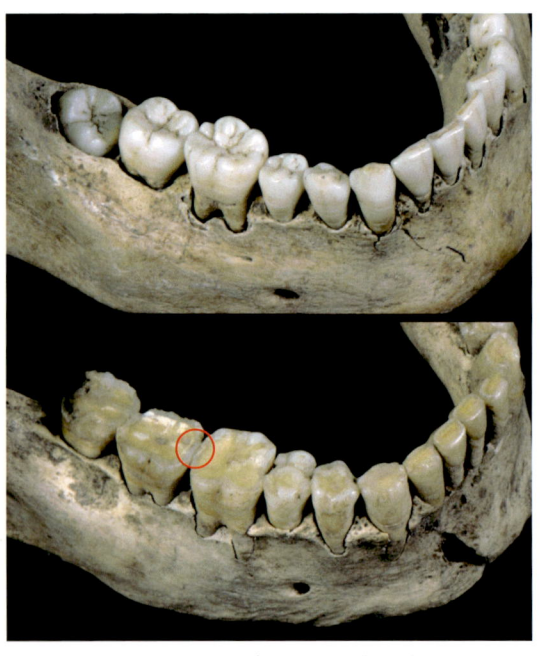

図2　縄文人の咬耗が軽い青年の歯列（上）と咬耗の進んだ成人の歯列（下）．咬耗は垂直方向だけでなく，○で示した箇所のように，隣合う歯の接点で水平方向にも進行する．

歯列は乱れてしまう．どうやらこの顎の骨の発育不良が，不正咬合の最大の原因である可能性が高い．つまり不正咬合は，遺伝子の変化を伴う"退化的現象"なのではなく，環境の変化によるものと考えられる．日本では，このような顎骨の発育不良は江戸時代以降にとりわけ顕著となったようである．

一方，不正咬合の主因ではないが，やはり歯列形態の時代変化に大きく影響したのが歯の磨耗（咬耗）する量の変化である（Kaifu et al., 2003）．現代人の歯もある程度は咬耗するが，先史時代人における咬耗はこれとは比較にならないほど劇的であった（図2）．先史時代の咬耗の原因は，主に食物に砂などの磨耗性の物質が混じっていることと，タフな食物を何度も力強くかむ過程で上下および隣どうしの歯がこすれあうことにある．

歯がすり減り続けると歯と歯の間に隙間が生じ，上下歯列のかみ合わせの関係も変化してしまう．縄文人などの人骨を詳しく調べてみると，咬耗に伴い個々の歯が移動してこの隙間を埋め，常に機能的な歯列形態を保とうとするメカニズムがあることがわかってきた．このようなヒトの歯の生理的移動には，主に三つがあるらしい（図3）．一つは，垂直方向の咬耗による歯の損失を補う垂直方向の移動であり，「連続的萌出」とよばれる．2番目は，隣接する歯との間に咬耗によってできる隙間を埋めるために後歯（臼歯）が前方へ移動するもので，「近心移動」とよばれる．そして3番目は，やはり隣接歯間に生じる隙間を埋めるため，前歯が，後へ倒れ込むように移動することで，「舌側傾斜」とよばれる．

これらのメカニズムは，先史時代人の特徴的な歯列形態を生むうえで鍵となる役割を果たしている．実は先史時代人でも，歯が生えてきた子供の頃は現代人のように鋏状咬合を示す．しかしその後に前歯の咬耗が進むに従い，舌側傾斜が生じて成人に見られるような鉗子状咬合が形成されていくのである（図4）．つまり，縄文人の鉗子状咬合は生まれつきではなく，咬耗に伴って歯列形態が変化した結果として，形成されたものなのである．一方の現代人では，歯があまり咬耗しなくなったために，以前起こっていた歯列形態の変化が起こらず，子供の咬合形態が維持されているのだといえる．鋏状咬合は現代の歯科学では"正常"と見なされるが，人類史を通じてみると事実はそう単純ではない．いわゆる"出っ歯"の起源は，まず前歯の咬耗の減少にある．その後，顎骨の発育不良が起こることによって，その程度が著しくなったのであろう．

以上のようなことは，現代人の集団だけを観察する通常の医学的研究からはわからない．過去の祖先たちと比較する人類学的研究を行うことにより，私たちは自らの身体と健康について，より充実した知識を得ることができるのである．

文献

Kaifu, Y. 1997. Changes in mandibular morphology from the Jomon to modern periods in eastern Japan. *Am. J. Phys. Anthrop.*, 104: 227-243.

Kaifu, Y., K. Kasai. G. C. Townsend and L. C. Richards. 2003. Tooth wear and the "design" of the human dentition: A perspective from evolutionary medicine. *Yrb. Phys. Anthropol.*, 46: 47-61.

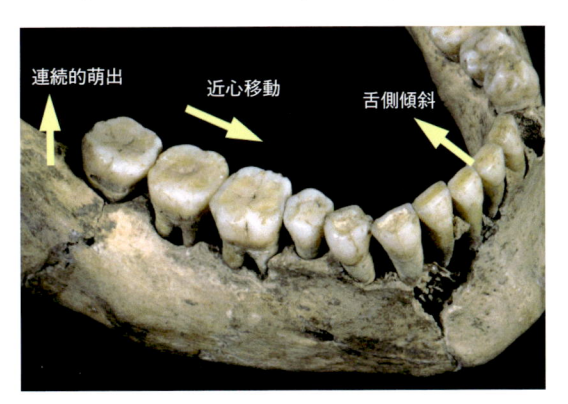

図3　咬耗を補償する3種の歯の生理的移動．

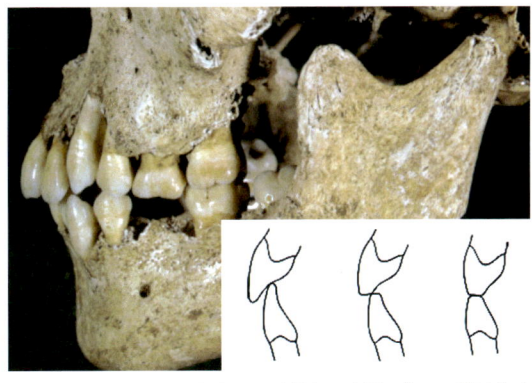

図4　鋏状咬合を示す縄文人の子供と，咬耗に伴って鉗子状咬合が形成される過程．

5.3 アジア大陸から来た弥生時代人

溝口優司

　最近，炭素14年代測定に基づく新しい弥生時代開始期の実年代が公表されたことにより，縄文時代から弥生時代への移行時期は一体いつだったのか，という問題が活発に議論されている．今村（2003），藤尾（2003），春成（2003）によれば，その移行時期は従来の紀元前500年頃から500年遡って，紀元前1000年頃になるという．

　人類学の分野でも，人骨標本の年代が違えば，分析結果の解釈に大きな影響が出てくる．ここでも，この問題を念頭におきながら，骨や歯の形態に基づく，弥生時代人の源郷と，弥生時代以後の日本人の時代的変化についての研究結果を紹介する．

3種類のアジア人集団

　まず，過去1万年前から現代までのアジアにはどんな人たちが住んでいたのかを概観しておこう．頭蓋（前頭骨や後頭骨，鼻骨，頬骨など，20数個の頭蓋骨が集まって，1個の頭蓋を構成している）の計測値（図1）を使って調べてみると，大きく分けて，大体3種類の人たちがいたことがわかる（Mizoguchi, 1988a; Pietrusewsky, 2005）.

　一つは，縄文時代人，東南アジア新石器時代人，現代アイヌなどに代表されるような，かつて「プロト・モンゴロイド」とよばれていたアジア人の祖型的集団．二つ目はバイカル湖付近の新石器時代人やブリヤート，モンゴル人，チュクチなどの現代北方アジア人の集団で，寒冷地に適応した結果形成されたと思われる特殊化集団．三つ目は，華北新石器時代人や現代の大部分の東アジア人（日本人，朝鮮人，華南中国人など）と東南アジア人を含む繊細型集団である．

　これまで，現代日本人の起源に関してはいろいろな仮説が提出されてきたが，現代日本人の直接の祖先と目されている弥生時代人が，

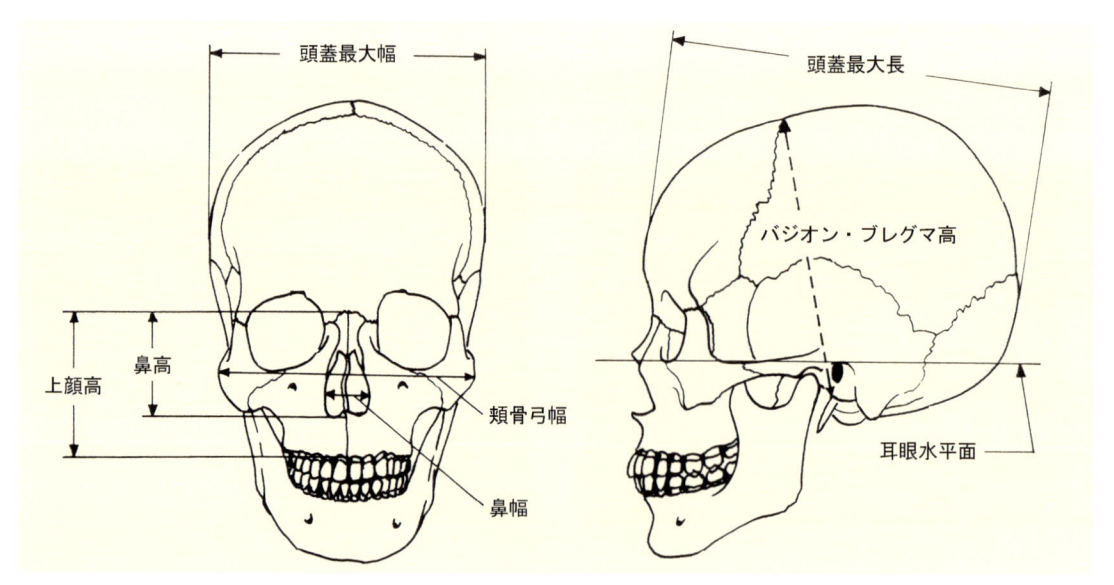

図1　しばしば使われる主な頭蓋計測値．

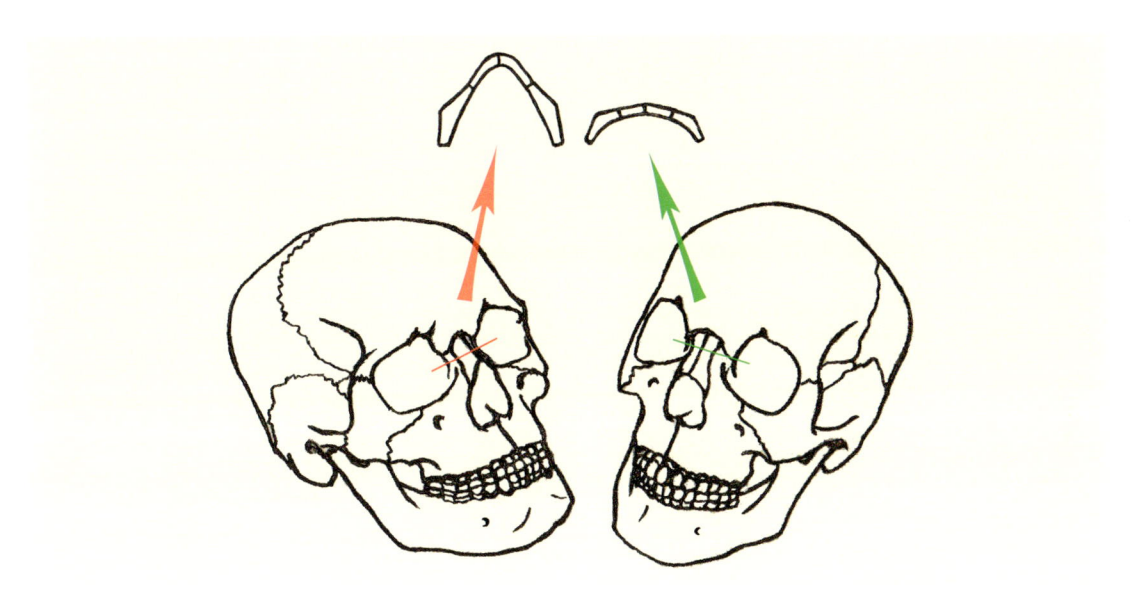

図2　縄文時代人男性（左）と渡来系弥生時代人男性（右）の顔つき．縄文時代人の顔は高さが低く，横幅が広い低・広顔型であるのに対して，渡来系弥生時代人の顔は高・狭顔型．眼窩の入り口の形は，縄文時代人の場合は直線的で上下に低い四角形だが，渡来系弥生時代人の眼窩は高く，角の丸い四角形．眉間や眉弓は，縄文時代人の場合は強く隆起し，鼻根部がくぼんでいるが，渡来系弥生時代人の場合は眉間から鼻根にかけての部分が平坦でなだらかな曲線を描く．また，縄文時代人の鼻は，鼻骨が上顎骨の前頭突起とともに前方へ突出しているので，俗にいう，鼻筋の通った高い鼻だが，渡来系弥生時代人の場合はいわゆる低い鼻（ちなみに，人類学で鼻が「高い」といえばあくまでも「上下に長い」，「低い」といえば「上下に短い」の意）．矢印の上の図は鼻根に近い部分の横断面である．

はたしてすぐ前の時代の縄文時代人と近い関係にあったのか否か．あるいは，日本列島の外にその源郷を求めるべきなのか．上記3グループのどれに属するかの調査・分析を行った結果があるので，以下に紹介しよう．

弥生時代人の起源

　弥生時代人といえば，弥生時代に生きていた人たちのことであるが，実際の遺骸，つまり人骨は東日本ではきわめてわずかしか見つかっていない．しかし，西日本，とくに九州からは大量の弥生時代人骨が発見されている．その大半は平坦で高い（上下に長い）顔を持った人たち（図2の右側）であるが，九州北西部などから発見される弥生時代人は縄文時代人（図2の左側）と同じような彫りの深い顔を持っている．前者の平坦顔の弥生時代人は，これまでの色いろな証拠から渡来系弥生時代人とよばれ，アジア大陸のどこかから渡来してきた人々，あるいはその子孫，あるいは土着の縄文時代人と混血した結果生じた人々，と考えられている．

　問題は，彼ら，またはその祖先が，どこから渡来してきたのか，である．これについてはまだ定説はないが，可能性はいくつかあげられている．

　筆者は，縄文時代から古墳時代相当期までの全アジア地域の295遺跡から出土した男性頭蓋と，190遺跡から出土した女性頭蓋の計測値を，地域別・時代別に分類混合した上で総合的に分析し，弥生時代人の源郷を探ったことがある．その分析では，まず，東日本古墳時代人が男女ともに他のアジア人集団よりも東日本縄文時代人と西日本弥生時代人に同程度に似ていること，他方，西日本古墳時代人は男女ともに西日本縄文時代人よりもはるかに西日本弥生時代人に類似していることを確認した．つまり，現代日本人の直接の祖先であることは歴史的にもまず間違いないと思われる古墳時代人の形成には，やはり直前の

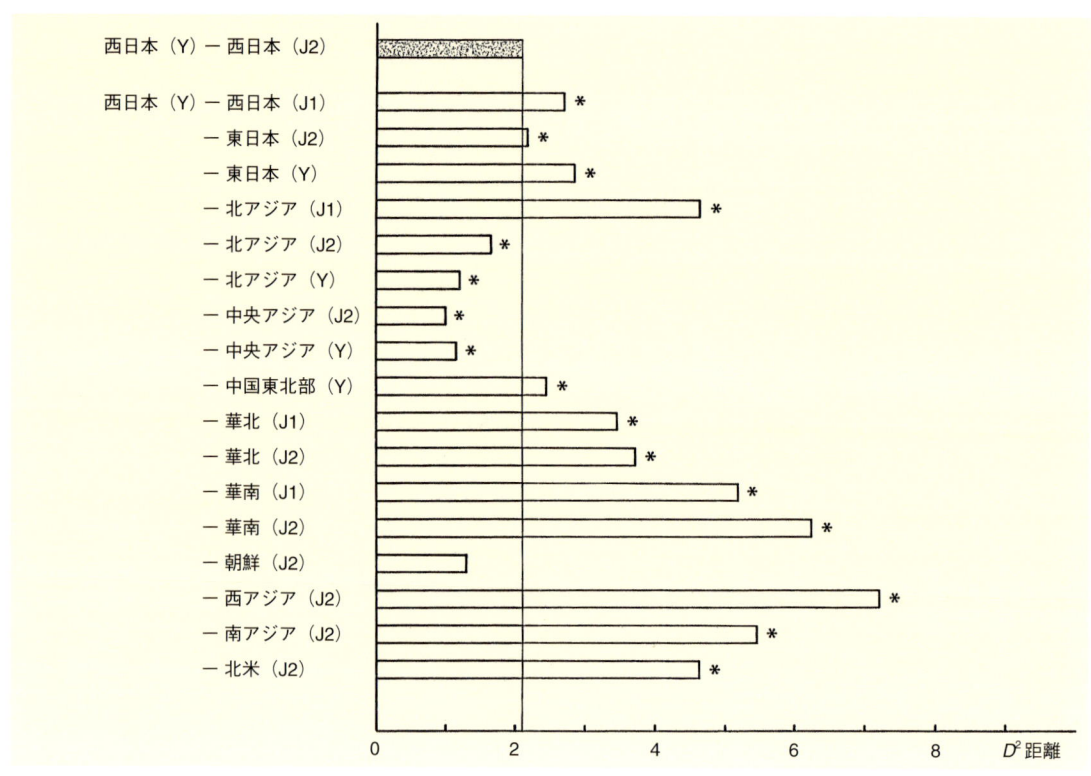

図3 西日本弥生時代人にもっとも似ている弥生時代以前のアジア人集団の探索．集団名の後の括弧内の記号はおおよその年代：J1＝11000-3600BC, J2＝3600〜500 (1000?) BC, Y＝500 (1000?) BC〜AD300, K1＝AD 300〜600, K2＝AD600〜1200. 棒グラフは男性頭蓋計測値7項目（図1参照）に基づくマハラノビスの汎距離（D^2）．＊印は，西日本弥生時代人と西日本縄文時代（後半）人の間の距離（点々のある一番上の棒）に比べて，5％の有意水準（片側F検定）で差があった距離を示す．溝口（1993）を改変．

弥生時代人が大きく関わっていた，ということが客観的に示されたわけである．

では，東日本・西日本の古墳時代人がともに多かれ少なかれ似ていた西日本弥生時代人がもっとも類似していた同時代または直前の集団はどんな集団だったのか．結果は男女で若干異なっていた．男性の場合は，同じ西日本の縄文時代人よりも縄文・弥生時代相当期の中央アジア・北アジア人に，女性の場合は，縄文時代相当期の北中国人と西日本縄文時代人にもっとも類似していた．ここでは，標本個体数の多かった男性の結果のみを示す（図3）が，以上から筆者は次のように考えた．

まず，縄文時代の日本列島には縄文時代人が広く分布していた．同じ頃，アジア大陸ではバイカル湖からアルタイ山脈付近で形成された北方アジア系の遊牧民が中央アジアや北東アジアへ拡散し，弥生時代頃には彼らの子孫が朝鮮半島付近にも分布するようになった．ただし，このような分布状態が，彼らの移住の直接の結果なのか，あるいは，隣接地域間結婚の繰り返しによる遺伝子だけの移動の結果なのかは不明である．いずれにせよ，その頃朝鮮半島付近で生活していた北方アジア人的な特徴をもった人たちが弥生時代から古墳時代にかけて西日本に渡来し，先住の縄文時代人と共存もしくは混血した結果，古墳時代までには北方アジア人的特徴が特に西日本で強く，また東日本でも相当見られるようになった．

なお，女性の西日本弥生時代人は同じ地域の縄文時代人と縄文時代相当期の北中国人に類似していたが，標本個体数が少ないこともあり，これについては今後さらに検討を要す

る．

　以上が筆者の分析結果と解釈であるが，そのほかにも，近年，興味深い調査・分析結果がいくつか発表されている．たとえば，松下（2002）は頭骨や四肢骨の形質に基づいて，中国山東省臨淄の戦国時代・前漢時代人の一部に北部九州・山口タイプの弥生時代人や南九州・南西諸島タイプ弥生時代人に類似するものがいること，黄河と長江の源流がある青海省の青銅器時代人（紀元前1000年）は北部九州・山口タイプ弥生時代人の特徴である高顔・高身長・鼻根部扁平という形質をセットでもっていること，黄河中流域にある河南省殷墟出土の殷代（商代）終末人骨（紀元前11世紀前後）には北部九州・山口タイプ弥生時代人に似ているものもあるが多様性が認められること，等々を指摘している．

　また，中国江南地域の古人骨を研究した中橋ら（Nakahashi *et al.*, 2002）は，頭骨計測値の総合的比較により，弥生時代人は，縄文時代人やシベリア，華北，華南の新石器時代人よりは山東省臨淄や江南地域の初期鉄器時代人，華北殷墟の青銅器時代人と非常によく似ていることを示した．このことから，中橋らは，まだ渡来系弥生時代人の源郷を特定するのは難しいが，新石器時代末から漢代にかけての時代に，中国北東部から長江下流域には渡来系弥生時代人と形態的に似ている人々が広く分布していた，と力説している．

　このように，渡来系弥生時代人の源郷はいまだに絞り切れてはいないが，少なくとも，縄文時代人が渡来系弥生時代人の主要な祖先である可能性が低いことだけは間違いない．

渡来民の数

　さて，渡来系弥生時代人の源郷の問題とは別に，縄文時代から弥生時代にかけて，なぜ急激に（たかだか数百年で）人骨の形態が変化したのか，という問題がある．つまり，大陸から大量の渡来民が一挙に押し寄せてきたためなのか，あるいは，一回の渡来の人数は少なくても，農耕民であった渡来民の人口増加率が採集狩猟民であった縄文時代人の人口増加率よりも高かったためなのか，という問題である．

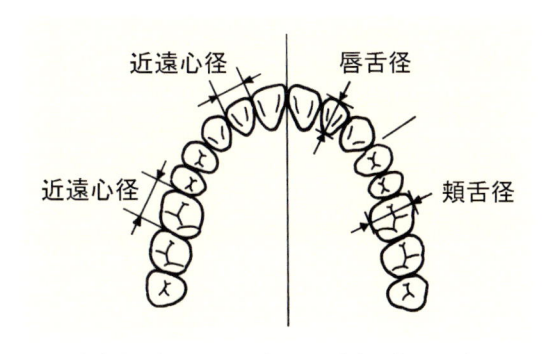

図4 永久歯の歯冠径．図の右側で，犬歯と第1小臼歯の間にある線は前歯と後歯の境界を示す．歯冠近遠心径と直交する歯冠径は，この境界より前では唇舌径，後では頬舌径とよばれる．

　1967年から1987年にかけて，山口　敏は古人骨の研究に基づいて縄文時代人と渡来民の混血説を展開するが，農耕文化をもってきた渡来民の人口増加率は採集狩猟民であった縄文時代人の人口増加率よりも高かったので，渡来民の身体的特徴が古墳時代の終わり頃までには東日本にまでも急速に浸透した，と考えていた（Yamaguchi, 1987；溝口，1995）．

　これに対して，埴原和郎（Hanihara, 1987）は，古代日本への渡来民の数に関するコンピュータ・シュミレーションを初めて行って，予想をはるかに超える多数の渡来者（1,000年の間に約10万人〜300万人）があった可能性を示唆した．

　その後，中橋・飯塚（1998）も，縄文〜弥生時代移行期の北部九州への渡来民について，やはりコンピュータ・シュミレーション的な検討を行った．結論として，彼らは，山口と同様，仮に初期渡来民の数が土着の縄文時代人よりも少数であったとしても，その人口増加率が縄文時代人の場合よりも大きかったとすれば，弥生時代中期の人々が圧倒的に渡来

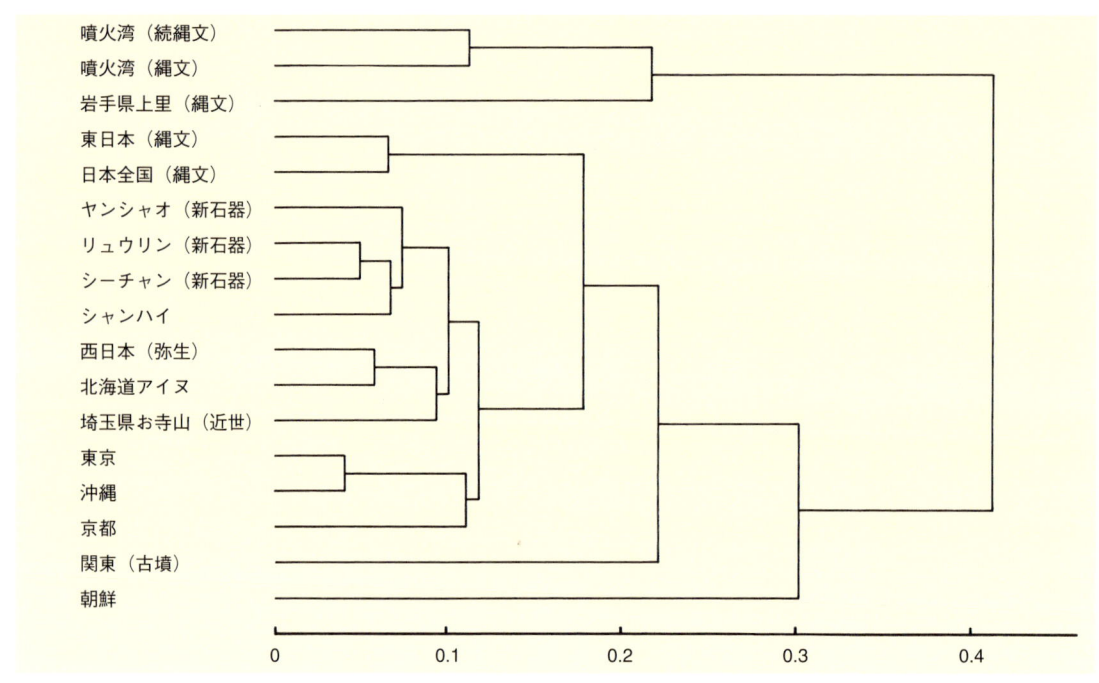

図5 北海道噴火湾沿岸地域の続縄文時代人と東アジア人集団の間の類似関係．永久歯歯冠径22項目の男女混合データに基づくペンローズの形態距離を群平均法によって処理したクラスター分析の結果．溝口（1988b）を改変．

民的である，という事実をうまく説明できる，と考えた．

以上のようなことがいわれていたところに，冒頭に述べたような，弥生時代開始期が500年遡るかもしれない，という年代学的報告があったわけであるが，この報告が正しいとすれば，一挙大量渡来説ところか，少数渡来民急速人口増加説すらとる必要はなく，縄文時代人よりもわずかに高い人口増加率をもつ渡来民が来てゆっくり増加したと考えても，無理なく弥生時代後半の人々の形態を説明できる（中橋・飯塚，2005），ということになるわけである．

北海道縄文時代人の子孫：続縄文時代人とアイヌ

ところで，本州以南の弥生時代は，北海道では続縄文時代の前半に大体対応する．この北海道の続縄文時代の人々は本州以南の弥生時代人とどのような関係にあったのだろうか．

これに関して，かつて，筆者（溝口，1988b）は，国立科学博物館の「日本列島総合調査」の一環として，調査・分析したことがあるので，ここでその結果を紹介しておこう．

分析した噴火湾沿岸出土の続縄文時代人資料は永久歯であるが，標本個体数が少なかったため，性別不明個体も含めた男女混合標本を使わざるを得なかった．したがって，結果は多少歪んでいる可能性もあることをはじめにお断りしておく．用いた計測値は，上下顎中切歯から第2大臼歯までの歯冠近遠心径（図4）と上下顎第1小臼歯から第2大臼歯までの歯冠頬舌径（図4）の計22項目である．これらに基づいて，縄文時代から現代までの国内外16集団との差異を，ペンローズの形態距離とよばれる総合的な指標によって表し，続縄文時代人がどんな集団に類似しているかを検討した．

結果は，図5の樹状図に示すとおりである．すなわち，噴火湾沿岸の続縄文時代人は同

長頭　　　　　　　　中頭　　　　　　　　短頭

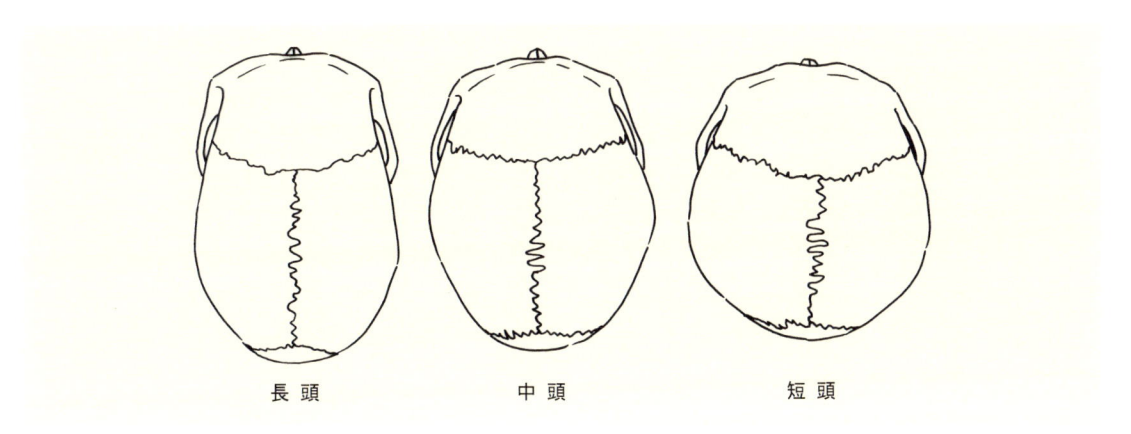

図6　長頭・中頭・短頭に分類される頭蓋の上面観.

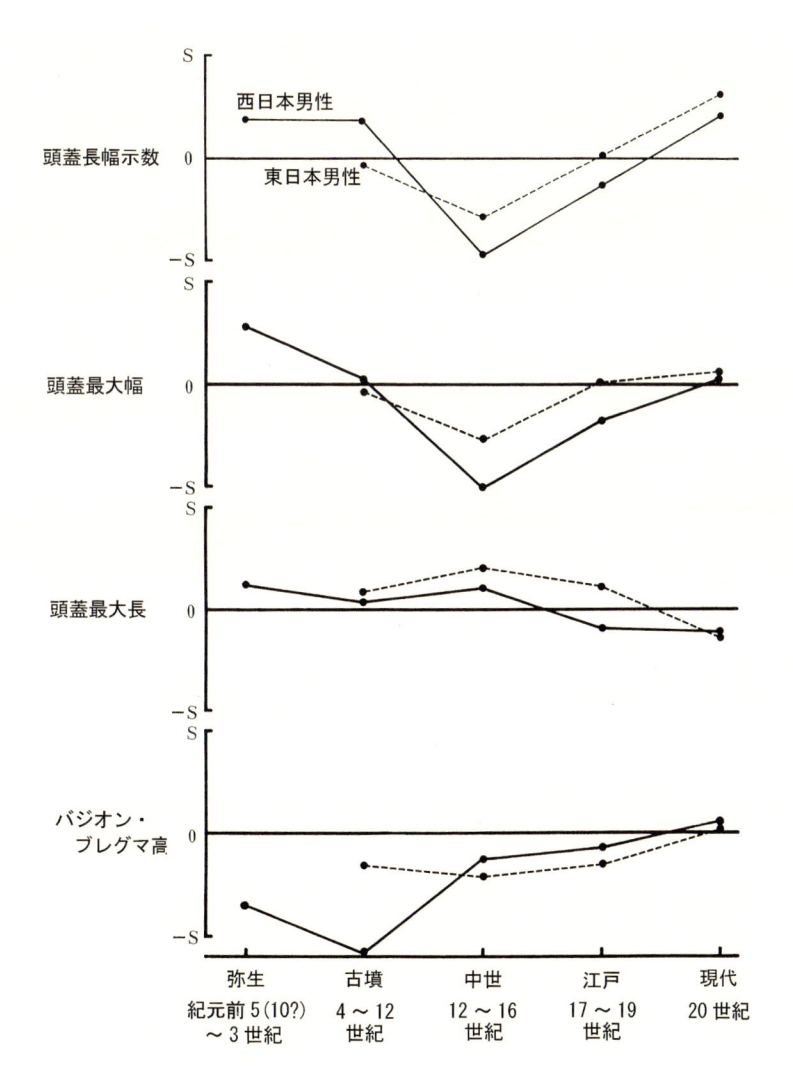

図7　西日本と東日本における頭蓋長幅示数および脳頭蓋3主径の時代的変化．複数の遺跡からのデータを地域ごと，時代ごとに混合した男性標本に基づく．Sは標準偏差．頭蓋長幅示数の変化は，中世までの長頭化現象と中世からの短頭化現象が西日本でも東日本でも起こっていたことを示す．Mizoguchi (1992) を改変.

じ地域の縄文時代人にもっとも類似しており，西日本の弥生時代人とはあまり似ていなかった．なお，この樹状図は集団間の全体的な関係を俯瞰するためのものであるが，その元になったペンローズの形態距離を直接比べて噴火湾沿岸の続縄文時代人に近いものを探すと，もっとも類似しているのは，すでに述べたように，同じ噴火湾沿岸の縄文時代人（形態距離＝0.11），次に近いのは北海道アイヌ（形態距離＝0.20）で，西日本の弥生時代人はもっと遠い距離（形態距離＝0.27）にあった．

以上の結果は男女混合標本に基づくものである上に，統計学的な有意性検定を行ったものでもないので，あまり断定的なことはいえないが，これが正しいとすれば，北海道では，縄文時代から比較的最近まで，アジア大陸や本州などとは無関係に，すなわち，西日本の弥生時代人などからはほとんど影響を受けないで，独自に小進化的な変化が起こって縄文時代人からアイヌが形成された，と解釈してもさしつかえないであろう．この結論は，百々（1995）ら，他の研究者によるその後の研究結果とも矛盾がない．

弥生時代以降の形態変化

最後に，弥生時代以後の日本人の形態変化についても少し触れておこう．

弥生時代以後も，身長，頭形，鼻形など，多くの特徴に変化があったことが知られている（溝口，1993）が，歴史的に，弥生・古墳時代以後の日本列島への大量移民はなかったようなので，形態変化があったとすれば，それは食性などの環境要因の変化に応じた集団全体としての非遺伝的な変化か，遺伝的組成の変化を伴う形態変化，つまり進化のどちらかでなければならない．しかし，その形態変化の具体的な原因となると，はっきり特定されているものは少ない．

ここでは，これもその変化の原因は絞り切れてはいないが，比較的よく言及される頭形の時代的変化の例を紹介しておこう．

1956年，鈴木尚（Suzuki, 1956）は，関東地方の中世鎌倉時代人の脳頭蓋が，上から見たとき，前後に長い楕円形であるのに対して，それ以後の時代の脳頭蓋はもっと前後に短く，丸い形をしていることを報告した．日本における「短頭化現象」の発見である（Mizoguchi, 1992）．

短頭化現象とは，数十〜数百年の間に，集団的に，上から見たときの頭形（図6）が前後に長い楕円形（長頭）から円形に近いもの（短頭）へと変化する現象である．短頭か長頭かは，頭蓋長幅示数という，計測値に基づく簡単な示数を使って決定する．式で表すと，頭蓋長幅示数＝（頭蓋最大幅／頭蓋最大長）×100 となる（図1）．この示数による分類の仕方には歴史的にいろいろな議論があったが，現在普通に使われる分類基準は次のようなものである：〜64.9＝超長頭型，65.0〜69.9＝過長頭型，70.0〜74.9＝長頭型，75.0〜79.9＝中頭型，80.0〜84.9＝短頭型，85.0〜89.9＝過短頭型，90.0〜 ＝超短頭型．

この短頭化現象は，その後1987年，中橋孝博によって，西日本でも起きていたことが確認された（Mizoguchi, 1992）．改めて東・西日本における頭蓋長幅示数の時代的変化を示せば，図7のようになる．これを見れば明らかなように，両地域とも，古墳時代から中世にかけては短頭化とは逆の長頭化現象が起きていた．それがどういうわけか，中世で短頭化に転じ，その後は現代までもその傾向が続いている．

実は，短頭化現象や長頭化現象は日本のみならず，世界各地で起こっていたことが知られているが，すでに述べたように，その原因となると，いまだに万人が納得する答はない．咀嚼筋や項筋の発達程度，骨盤の形，姿勢，成長期の栄養状態など，いろいろな原因候補

があげられている（溝口，2000）が，その特定はさらに今後の課題である．

いずれにせよ，弥生・古墳時代以後も，日本人の顔かたち・姿かたちは変化してきた．これは，絶えず起こる種々の環境変化に応じて，自らの身体的特徴をも変化させて生きながらえてきた人類集団の一つの姿である．このような変化の原因とメカニズムを明らかにすることができれば，われわれの子孫は，たとえ環境が苛酷な方向に変化しようとも，その変化に打ち勝てるだけの術を手に入れることができるかもしれない．人類学の社会における存在意義の一つはここにある．

文献

百々幸雄．1995．日本人の原像：骨からみた日本列島の人類史．百々幸雄（編）：モンゴロイドの地球（3）日本人のなりたち．東京大学出版会，東京，pp. 129-171.

藤尾慎一郎．2003．研究の内容・結果・意味．炭素14年代測定と考古学（国立歴史民俗博物館研究業績集）．国立歴史民俗博物館，千葉，pp. 6-9.

Hanihara, K. 1987. Estimation of the number of early migrants to Japan: A simulative study. *J. Anthrop. Soc. Nippon*, 95: 391-403.

春成秀爾．2003．弥生時代の開始年代．歴博，(120): 6-10.

今村峯雄．2003．AMS-^{14}C法と弥生開始期の暦年代．歴博，(120): 11-15.

松下孝幸．2002．弥生人の地域差とそのルーツ．常田律子・曲子波奈（編）：文部科学省科学研究費補助金特定領域研究（A）「日本人および日本文化の起源に関する学際的研究」研究成果報告書Ⅰ．尾本惠市，京都，pp. 315-319.

Mizoguchi, Y. 1988a. Affinities of the protohistoric Kofun people of Japan with pre- and proto-historic Asian populations. *J. Anthrop. Soc. Nippon*, 96: 71-109.

溝口優司．1988b．有珠10遺跡を中心とする北海道噴火湾沿岸地域出土の続縄文時代人永久歯の歯冠径．国立科学博物館専報，(21): 211-220.

Mizoguchi, Y. 1992. An interpretation of brachycephalization based on the analysis of correlations between cranial and postcranial measurements. In Brown, T. and S. Molnar, eds.: Craniofacial Variation in Pacific Populations. The University of Adelaide, Adelaide, pp. 1-19.

溝口優司．1993．日本人の起源―形質人類学からのアプローチ．坪井清足・平野邦雄（編）：新版古代の日本1：古代史総論．角川書店，東京，pp. 25-50.

溝口優司．1995．日本の自然人類学の流れ．蜷川真夫（編）：AERA Mook 8：人類学がわかる．朝日新聞社，東京，pp. 108-113.

溝口優司．2000．頭蓋の形態変異．勉誠出版，東京．

中橋孝博・飯塚　勝．1998．北部九州の縄文～弥生移行期に関する人類学的考察．*Anthropol. Sci. (Jap. Ser.)*, 106: 31-53.

中橋孝博・飯塚　勝．2005．弥生時代の人口増加．国立科学博物館・国立歴史民俗博物館・読売新聞東京本社（編）：縄文vs弥生．読売新聞東京本社，東京，p. 131.

Nakahashi, T., M. Li and B. Yamaguchi. 2002. Anthropological study on the cranial measurements of the human remains from Jiangnan Region, China. In Nakahashi, T. and M. Li, eds.: Ancient People in the Jiangnan Region, China. Kyushu University Press, Fukuoka, pp. 17-33.

Pietrusewsky, M. 2005. The physical anthropology of the Pacific, East Asia and Southeast Asia: A multivariate craniometric analysis. In Sagart, L., R. Blench and A. Sanchez-Mazas, eds.: The Peopling of East Asia: Putting Together Archaeology, Linguistics, and Genetics. RoutledgeCurzon, London, pp. 201-229.

Suzuki, H. 1956. Changes in the skull features of the Japanese people from ancient to modern times. In Wallace, A.F.C., ed.: Men and Cultures. University of Pennsylvania Press, Philadelphia, pp. 717-724.

Yamaguchi, B. 1987. Metric study of the crania from protohistoric sites in eastern Japan. *Bull. Natn. Sci. Mus., Tokyo, Ser. D*, 13: 1-9.

最先端の手法で日本人の歯を見る　　　　河野礼子

　日本人の歯の大きさや，咬頭（歯冠表面の高まり）の数や隆線の走り具合などの形態的な特徴については，地域差や時代変化など，さまざまな観点から調べられてきた．たとえば，現代日本人ではシャベル状の上顎切歯が多いことが知られているし，大陸から渡来した弥生時代人は，先住の縄文時代人に比べて，全体的に歯の近遠心径が大きかったと報告されている（Matsumura, 1995）．では，そうした大きさの違いや形態的な特徴は，歯を構成するいずれの組織の違いによるのだろうか．

　歯の表面はエナメル質という人体でもっとも硬い組織でおおわれており，その内側には骨よりも少し硬い象牙質が土台をなしている．象牙質の内側は髄腔とよばれる空洞になっており，血管や神経が入っている．さて，口の中で舌でまず触れるのがエナメル質だが，その厚さは人類の進化を考えるうえで非常に重要である．人類の遠い祖先である猿人は大臼歯のエナメル質が非常に厚く，また現代人でも類人猿と比べると厚い．エナメル質の厚さは食べ物の種類や食べ方などと密接に関連しながら進化してきたと考えられ，人類のエナメル質が何のために厚くなってきたのか，その理由がわかれば，人類の進化の背景を知る手がかりになると期待されるからだ．

　ところで，私たち現代人の大臼歯はせいぜい1cm程度の大きさで，表面のエナメル質の厚さはほんの1〜2mmほどであるが，正確な厚さや分布の偏り具合を詳細に知ることはなかなか難しい．従来は，歯を回転カッターで切断した断面や，自然に壊れた歯の割れ口を利用して厚さを計測していた．しかし，大臼歯は非常に複雑な形をしており，断面の向きによっては実際よりもエナメル質が厚く見えたりするし，断面からでは全体像はなかなかわかりにくい．

　こうしたなか，筆者らは，最先端の形態計測技術（高精細積層CT撮影など）を活用して，大臼歯の形態を三次元的に計測する手法を確立してきた．一言でいうと，エナメル質の外側の表面と，内側の表面，すなわちエナメル質と象牙質の接する面の形状を，まるごとデジタルデータとして再現してしまったのだ（図1）．これによって，断面という二次元的な視点にとどまらず，歯冠全体のエナメル質の分布のありさまを正確に評価することが可能になった（Kono, 2004）．シンプルな厚さの違いから，歯冠内でエナメル質の分布がどこにどの程度偏っているか，といった細かい特徴まで，視覚的・直感的に把握し，定量的に比較することができるのである．現在は，日本人を含めた現代人と現生類人猿，そして各種の化石人類や化石類人猿の大臼歯のエナメル質の分布を調べ，エナメル質の厚さの変遷とその意義を解明する研究を進めている．

　では日本人の大臼歯エナメル質の厚さはどんなであろうか．あまり多くはないがこれまでに分析した結果をまとめてみると，下顎大臼歯の頬側近心咬頭の頬側面でのエナメル質の厚さは，縄文時代人10個体では1.5〜1.7 mm（平均1.6 mm），江戸時代人9個体では1.5〜1.8 mm（平均1.7 mm）であり，1例ずつ調べた弥生時代人と古墳時代人とではそれぞれ1.5 mmと1.9 mmであった．歯の大きさは，頬舌径が，縄文時代人と江戸時代人とはともに平均が10.2 mm，弥生時代人は10.3 mm，古墳時代人は10.7 mmであった．

　アメリカ先住民資料の調査によると，エナメル質の厚さは集団内の変異が大きく，下顎大臼歯の同部位での厚さは1.4〜2.2 mmと，かなりの幅があることが明らかとなった（Suwa & Kono, 2005）．上記の日本人の値は，いずれもこのアメリカ先住民集団の変異の範囲内におさまっている．日本人でも集団内の変異は同様に大きいとすれば，エナメル質の厚さの時代変化や地域集団ごとの特徴を見出すには多数の資料を分析する必要があり，現状はとても十分とはい

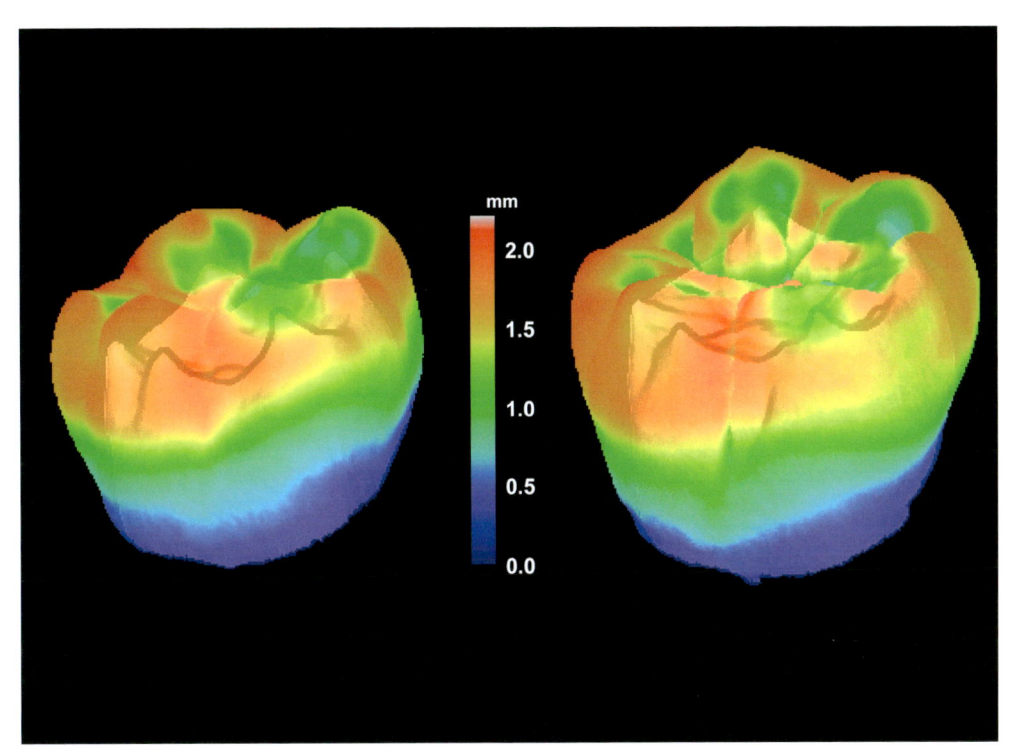

図1　伊川津遺跡出土の縄文時代人（左）と池之端七軒町遺跡出土の江戸時代人（右）の第一大臼歯のエナメル質分布．エナメル質の厚さを色に置き換えて表した．うっすらと透けて見えるのは内側の象牙質との境界面．

えない．

　弥生時代人と古墳時代人のたった1例ずつの結果が，縄文時代人・江戸時代人で見られた範囲の最小と最大に相当したのはちょっとした驚きではあるが，たまたま偶然の結果である可能性も十分に考えられる．集団としての特徴といえるかどうか判断するためには，まずは最低でも縄文時代人・江戸時代人と同じくらいの資料数を分析してみる必要がある．そういう意味ではようやくスタート地点に立ったばかりというのが現状であるが，こうした研究が今後少しずつ進んでゆけば，日本人の歯の大きさの時代差や形態特徴について，新たな視点からとらえられるようになるかもしれない．

文献

藤田恒太郎・桐野忠大・山下靖雄．1995．歯の解剖学（第22版）．金原出版株式会社，東京．

Kono, R. T. 2004. Molar enamel thickness and distribution patterns in extant great apes and humans: new insights based on a 3-dimensional whole crown perspective. *Anthropol. Sci.*, 112: 121–146.

Matsumura, H. 1995. A microevolutional history of the Japanese people as viewed from dental morphology. *Natn. Sci. Mus. Monogr.*, No. 9.

Suwa, G. and R. T. Kono. 2005. A micro-CT based study of linear enamel thickness in the mesial cusp section of human molars: reevaluation of methodology and assessment of within-tooth, serial, and individual variation. *Anthropol. Sci.*, 113: 273–289.

5.4 遺伝子で探る日本人の成り立ち

篠田謙一

ヒトのDNAを分析し，その進化のようすや拡散の過程を明らかにする分子人類学は，DNAの解析技術が飛躍的に進歩した1980年代から盛んになり，現在では自然人類学の分野でも大きな位置を占めるようになっている．今のところその最大の成果は1980年代後半に発表された「新人のアフリカ単一起源説」(Cann et al., 1987) であり，これまで主流の学説だった，人類の進化はアフリカを出た原人が各地で独自に進化してそれぞれの地域の新人に移行したという「多地域連続進化説」を全面的に否定するものだった．アフリカ単一起源説によれば，現生人類はすべて10〜20万年前にアフリカで生まれ，6万年ほど前にアフリカを出て全世界に広がったものだという．この説に従えば北京原人やジャワ原人，あるいはネアンデルタール人といった各地の先行人類はすべて絶滅したことになる．

当然のことながらアフリカ単一起源説は最初から多くの研究者に受け入れられたものではなく，90年代を通じて多地域連続進化説論者との間で激論が戦わされた．アフリカ単一起源説は発表当初「ミトコンドリア・イブ説」と称されたように，ミトコンドリアDNAの一部領域の分析によって導かれたものだった．解析した個体数やDNAの領域もそれほど十分なものではなく，解析の方法自体にも不備が指摘されるなどしたため，この分野の専門家の間でも結論に疑問をもつものが多かった．しかし，さまざまな遺伝子の解析が進んだ結果，ヒトの遺伝子は他の高等霊長類と比べても極端に変異が少ないことが確認され，少なくとも分子人類学の立場からは，現生人類の歴史が非常に短いものであるということは確実な状況になっていった．また，人骨の形態学的な研究からも新人のアフリカ単一起源説を支持する意見が多くなり，現在では多くの人類学者はこの説を支持している．

ヒトゲノム計画によって，私たちのもつ30億塩基対のDNAはその配列が判明しており，そこから推定される遺伝子の数は2万〜3万個の間であるといわれている．それぞれの遺伝子のDNA配列は，特定の祖先遺伝子から独自の変化を経て現在に至っているので，遺伝子単位で見れば私たちは数万のルーツをもつことになる．ただし，遺伝子は組み替えによって子孫に伝わるので，十世代もさかのぼれば私たちにそのDNAを伝えた候補者は1,000人を超えてしまい，個々の系統を追求することは事実上不可能である．しかし，実はすべてのDNAがこのような伝達様式をもつのではなく，DNAの中には組み替えを起こさずに子孫に伝わるものも存在する．それは母から子供に伝わるミトコンドリアのDNAと，男性に継承されるY染色体を構成するDNAである．この二つは確実に系統を追求することができるので，現在ヒトのルーツを探る目的でもっとも精力的に研究されている．ここでは研究が先行しているミトコンドリアDNAの結果をもとに話を進めていく．

ミトコンドリアDNAの解析には，核の遺伝子の解析と比較して主として以下の四つのメリットがある．

1. ミトコンドリアDNAは，核に含まれるDNAに比べて，5倍〜10倍の速度で突然変異が蓄積されているといわれており，同一の種内であっても変異を調べるのに適当である．

2. 一般に卵子の中には精子から入ったミトコンドリアを積極的に排除する機構が存在するので，受精に際して父方の精子からミトコンドリアDNAが入り込むことはなく，その遺伝子は母から子供へと単系的に伝わっていく．したがって母系の相続のみを考察すればよいので，系統を単純化して考えることができる．
3. この二つの理由から現代人のミトコンドリアDNAについて豊富な資料が蓄積されており，核の遺伝子に比べて比較の対象が充分に存在している．
4. 通常核のDNAは一つの細胞に2コピーしか存在しないが，ミトコンドリアは細胞の種類によっては1細胞中に数百から数千個も存在しており，さらに1個のミトコンドリア中に複数個のDNAをもっている．したがって抽出が容易で，ごく少量のサンプルからも解析が可能である．

ミトコンドリアDNAの構造

ヒトのミトコンドリアDNAは，約16,500塩基対の環状のDNAであり，細胞質の中にあるミトコンドリアというエネルギーの産生に関係する小器官中に存在する．図1はその模式図である．核のDNAでは遺伝情報として働くエクソンがゲノム全体の1.5％程度しかないのに対し，ミトコンドリアDNAはほとんど無駄な部分を持たない．また，核のDNAとはいくつかの異なった独特の遺伝暗号をもち，遺伝子同士が隣接して存在しているなどの特徴をもっている．ミトコンドリアDNAは37個の遺伝子をコードしているが，ミトコンドリア自体で機能するタンパク質は数百種類あるといわれているので，実はその大部分の遺伝子が核のDNAの中にコードされていることになる．また，図中に示したDループとよばれる部分はミトコンドリアDNAの複製開始点に当たっているが，遺

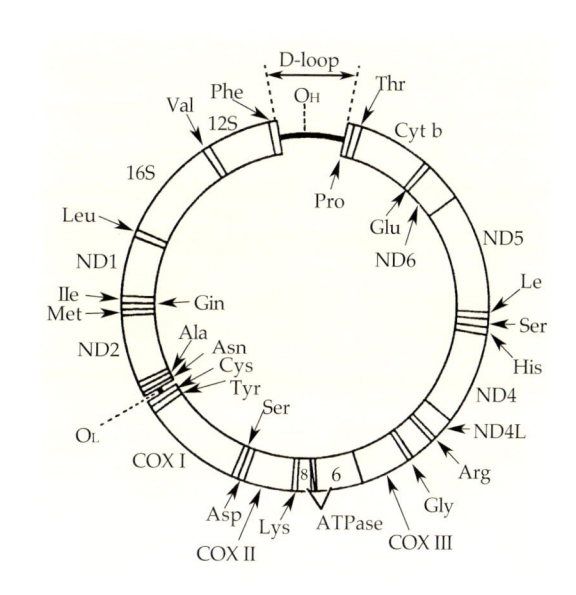

図1 ミトコンドリアDNAの構造．
ミトコンドリアDNAは環状で，外側を重鎖，内側を軽鎖とよぶ．重鎖と軽鎖の複製開始点（図中のOHとOL）はノンコードの部分（一本線で示す）に存在している．重鎖の遺伝子配列は左回りに書かれており，略号を環状DNAの外側に記入した．一方，軽鎖の配列は右回りで，軽鎖がコードしている構造の略号は内側に記入してある．それぞれの遺伝子の略号は以下のとおりである．二つのリボソームRNA遺伝子（12Sと16S），13種類のタンパク質（ND1〜ND6, Cyt b, CO I〜CO III, ATPase 6,8），アミノ酸の略称で示した22種類のtRNA．一番上に書かれているのが，最大のノンコード領域であるD-loop領域を示している．

伝子をコードしていないために，塩基配列の置換が起こってもミトコンドリア自体に何の影響も与えないと考えられている．そのためこの部位には同一の生物種内であっても変異が多数蓄積されており，生物の種内変異を研究する際の格好のターゲットとなっている．

近年ヒトのミトコンドリアDNAの全塩基配列を対象とした研究が進展したことによって，その大部分を占める遺伝子をコードしている領域にも多数の1塩基多型部位（SNP；Single Nucleotide Polymorphism）が存在することが明らかとなった．これらの変位はD-loop領域の塩基置換よりも安定しているので，系統を構築するのに適している．ヒトのミトコンドリアDNAでは，SNPを基にハプログループという系統関係を考慮した分類体系が構築されている．

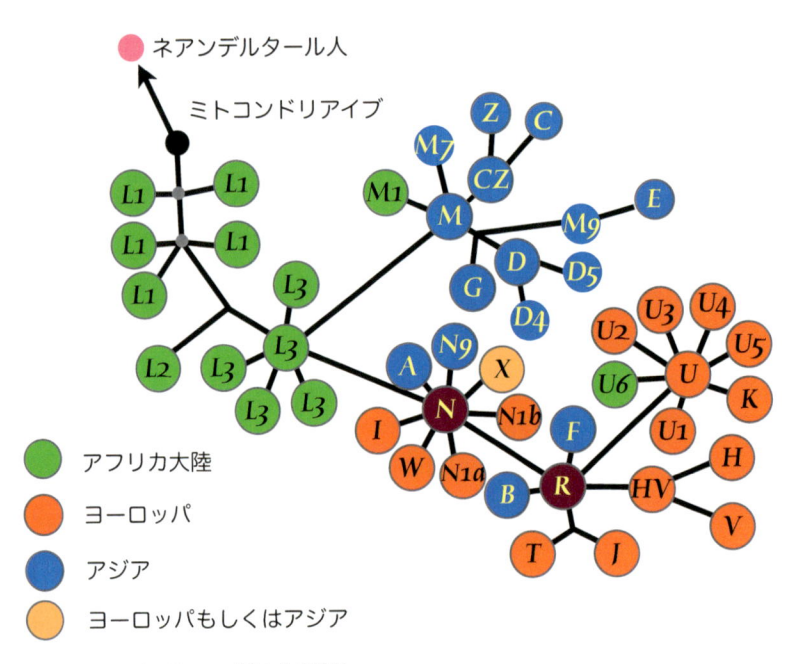

図2 ミトコンドリアDNAのハプログループ間の系統関係.
いくつかの論文（Macaulay *et al*., 1999; Quintana-Murci *et al*., 1999; Watson *et al*., 1997; Kivisild *et al*., 2002）をもとに描いたミトコンドリアDNAのハプログループ間の系統関係．図中の記号はそれぞれの地域で生まれたミトコンドリアDNAのハプログループに付けられた学術上の名称である．それぞれのハプログループが存在する地域を色分けして示している．

ミトコンドリアDNAのハプログループから演繹される人類の拡散

アフリカを出て世界中に拡散した私たちの祖先のミトコンドリアDNAは，移住の過程で突然変異によりさまざまなSNPを生み出し，多くのハプログループに分かれていった．私たちはこの変化を逆にたどることによって，各地の現代人集団が歩んできた道のりを復元することができる．

図2は，世界中のヒト集団に見られるハプログループ間の関係を図式化したものである．図中の記号は，それぞれの地域で生まれたミトコンドリアDNAのハプログループに付けられた学術的な名称である．全人類の共通祖先がもっていたハプログループから直接派生するハプログループは，すべてアフリカに存在している（L1～L3）．現生人類はアフリカで誕生し，その後長い間アフリカに留まっていたために，アフリカの人々のミトコンドリアDNAには多くの突然変異が蓄積している．

L3に属する一つのグループからアジアとヨーロッパの祖先型のハプログループ（スーパーハプログループMおよびN）が生み出されている．Mに属するハプログループはアジア集団と一部のアフリカ集団のみに見られるが，Nはアジアとヨーロッパおよび一部のアフリカ集団に見出される．アジアとヨーロッパの祖先型であるMおよびNからは，種々のハプログループが放散しているので，これらのハプログループをもっていたごく少数の集団が，後のアジア・ヨーロッパ集団の祖先となったと考えられている．スーパーハプログループM集団がアジアに拡散したのに対し，Nはアジアだけでなくヨーロッパにも進出した．なお，双方のグループとも，その成立年代は6～7万年前だと考えられている．

アジアにおける人類の拡散

ミトコンドリアDNAの分析からは，アフ

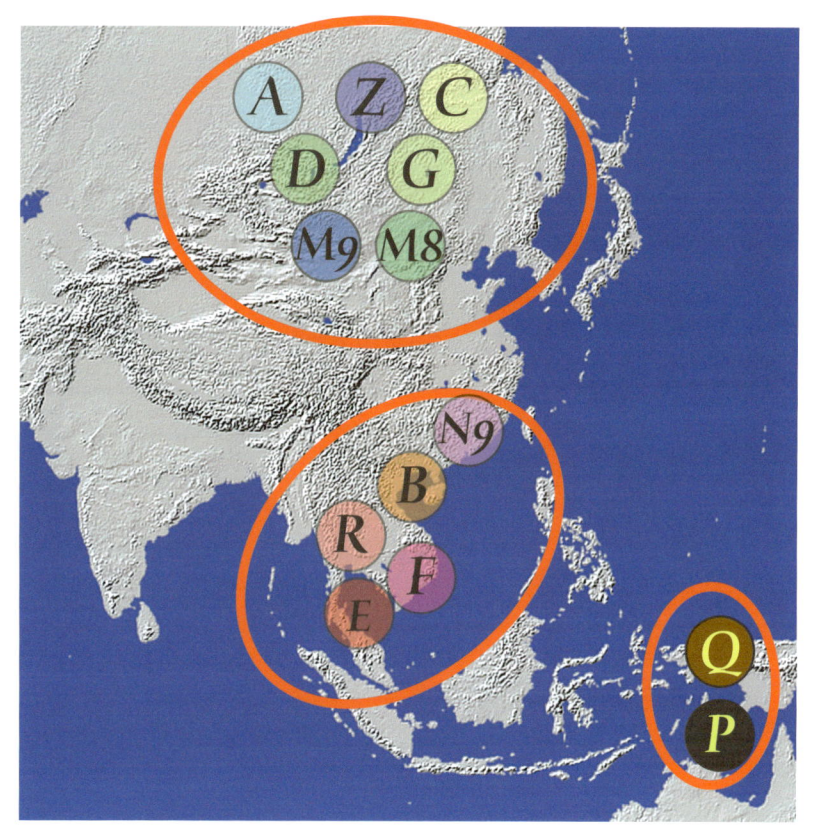

図3 東アジアにおける主なハプログループの分布.
図中の記号は図2と同じく,それぞれの地域で生まれたミトコンドリアDNAのハプログループに付けられた学術上の名称.

リカを出発した人類が5万5,000〜8万年前以降にアジアの各地に進出したと推定されている.しかし,新人が本格的にアジアに展開したと考えられるこの時期の人類化石はほとんど発見されておらず,化石からその移住のルートを復元することは難しいのが現状である.

アジアで最古の新人遺跡は,オーストラリアから発見されている.オーストラリア先住民やニューギニアの高地人の中には,ミトコンドリアDNAの系統樹上ではアフリカの集団から直接派生したと想定されるグループに属するものが存在する.さらに近年,インドネシアやマレーシアの先住民の中にも,同様のグループが存在することが明らかとなっている.これらの事実から,現在では彼らが最初にアフリカを出た新人の末裔であり,初期の新人は海岸線を伝って移動し,最後には海を渡ってオーストラリア大陸やニューギニアに進出したというシナリオが描かれている.ただし,この説はそれを裏付ける化石の証拠や,経路の途中にある中近東・インドにおけるDNAデータも十分ではないので,今のところ仮説の域を出ていない.

一方,他の東アジア集団のミトコンドリアDNAのハプログループは,主として東南アジアから中国南部に分布するものと,バイカル湖を中心とした北方アジアに分布するタイプの二つのグループに分けることができる(図3)(Kivisild *et al.*, 2002).東アジアにおける人類の拡散が,この二つの地域を中心に行われたことが予想される.おそらく6〜4万年前にインドから東南アジアに進入したグループと,ヒマラヤ山脈の北の草原を東に

5.4 遺伝子で探る日本人の成り立ち —— *299*

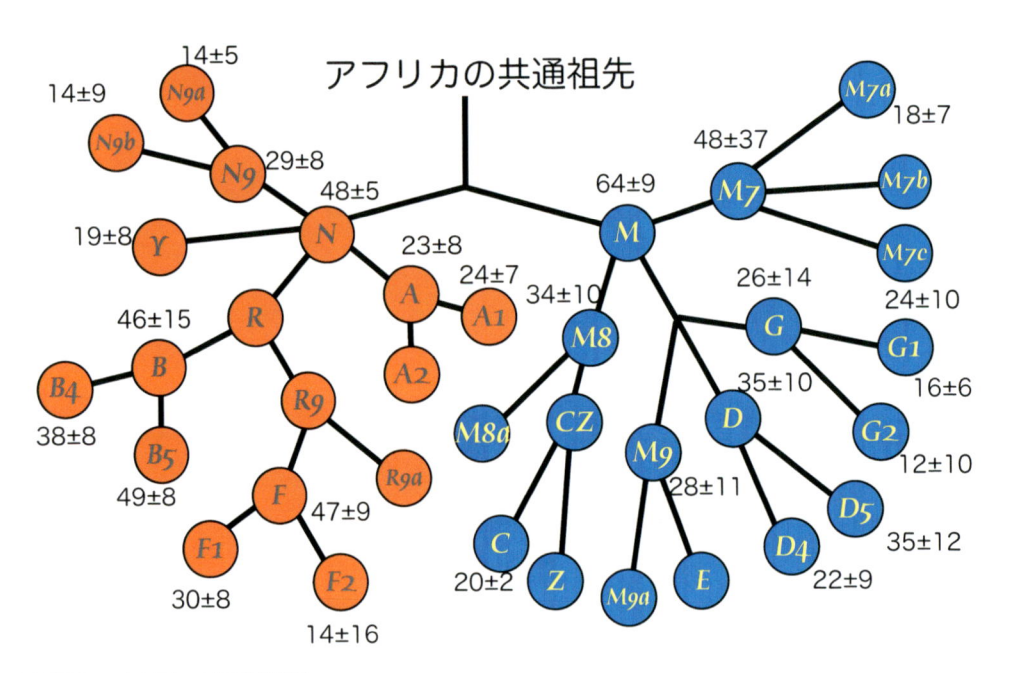

図4　アジアのハプログループの系統関係.
Kivisild et al., 2002 を改変して作成した系統図.　各ハプログループの成立年代は Tanaka et al., 2004 による数値を用いている（単位は千年）.

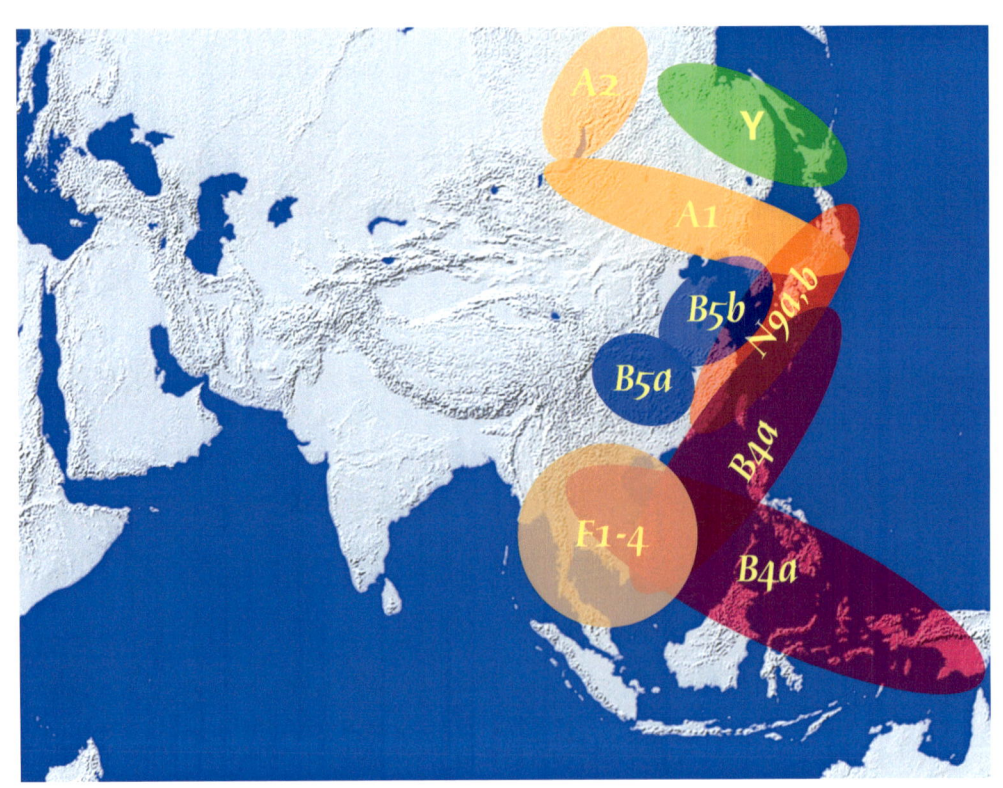

図5　Nの系統のハプログループの分布域.
各ハプログループの主な分布域を示している.

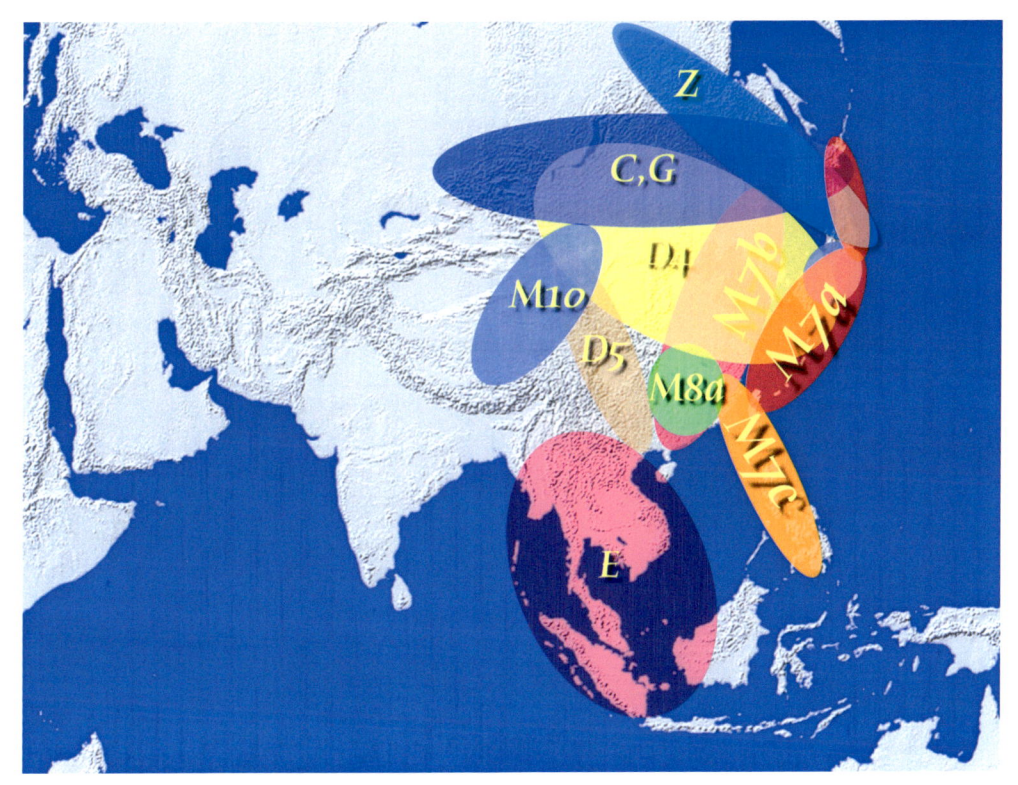

図6　Mの系統のハプログループの分布域．
各ハプログループの主な分布域を示している．

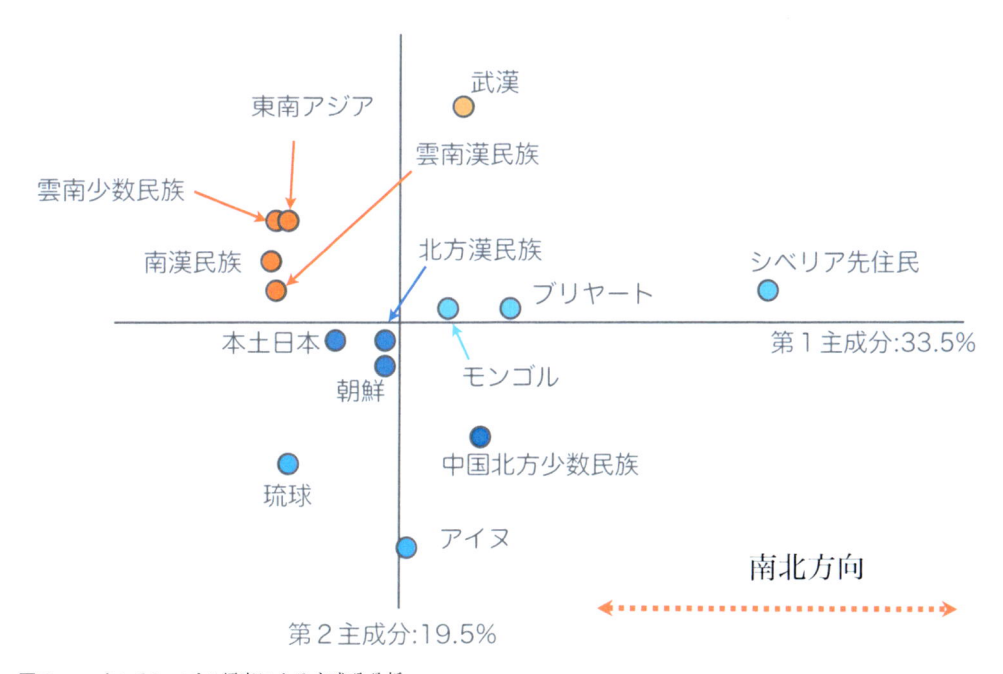

図7　ハプログループの頻度による主成分分析．
東アジアの現代人集団のもつミトコンドリアDNAのハプログループ別頻度をもとに主成分分析を行い，各集団の近縁
関係をプロットした図．アジア集団に見られるDNAの変異のうち，約3割は南北方向の地理的勾配で説明できること
が示されている．第2主成分軸は，サンプリングによる偏りを見ている可能性がある．

5.4　遺伝子で探る日本人の成り立ち

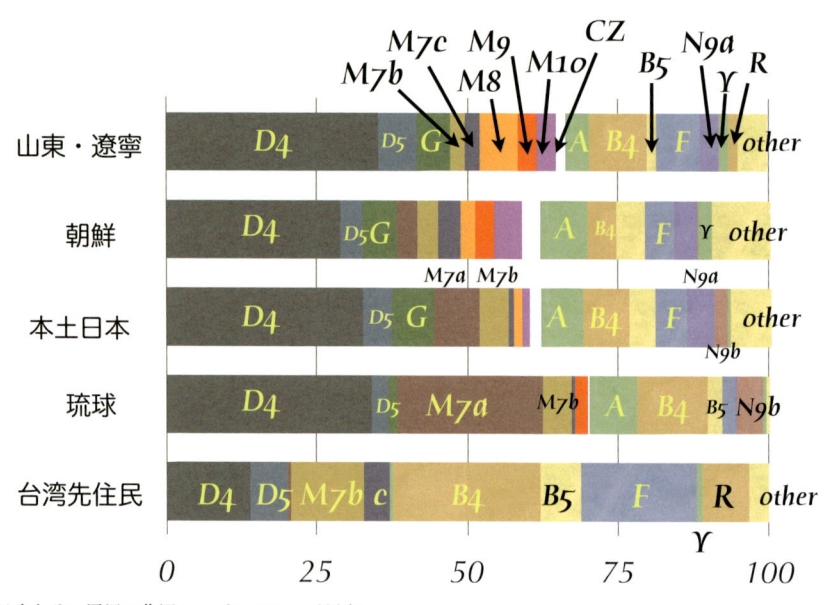

図8 日本とその周辺の集団のハプログループ頻度．
アイヌ集団に関しては，調査個体が50体程度と少なく，サンプリングによる偏りの結果を見る可能性があるので，この比較からは除外している．

向かったグループが存在したのだろう．両者は，その後の長い年月をかけて拡散・移住を繰り返し，現在の東アジア集団が形成されたのだと考えられる．また，その間に彼らの中からベーリング海峡を越えてアメリカ大陸に進出するものも現れ，それが現在のアメリカ先住民の起源となったと考えられる．

アジアに見られるハプログループ間の関係と，それぞれの成立年代を図4に示した．また，各ハプログループのおおまかな分布域を地図上に描いたのが図5と図6である．図5はスーパーハプログループNに，図6はMに属するグループの分布域を示している．両者を比較すると，Nに属するハプログループが主として大陸の周辺部に分布しているのに対し，Mに属するハプログループは大陸中央部を占める傾向があることがわかる．

日本と周辺地域のミトコンドリア DNA

国立遺伝研が運営するDNAデータベース（DDBJ；DNA database Japan）に登録されている東アジア集団3千名あまりのミトコンドリア DNA 配列をもとに，各集団のミトコンドリア DNA のハプログループ頻度データを計算し，主成分分析を使って各集団の近縁関係を表したのが図7である．横軸に注目すると，基本的に各集団が南北の地理的な関係を維持していることがわかる．これは前述したミトコンドリアDNAのタイプに二つのセンターがあることに起因していると考えられる．本土の日本人にもっとも近縁なのは朝鮮半島の人々で，さらに遼東半島や山東半島の漢民族集団と類縁性をもっている．なお，ミトコンドリア DNA 以外の遺伝子を使った研究でも，本土日本と朝鮮半島の類似を示す結果が得られている（徳永，1995）．

日本およびその周辺集団の関係を詳しく見るために，これらの集団のハプログループ頻度データをグラフ化した（図8）．形質人類学の立場から日本人の成立に関しては，旧石器時代人につながる東南アジア系の縄文人が居住していた日本列島に，東北アジア系の弥生人が流入して徐々に混血して現在に至っているという二重構造論が唱えられている

(Hanihara, 1991). 一方，遺伝子を用いた多くの研究では，現代日本人は基本的には北方系の遺伝的要素をもっていると結論付けており（Nei, 1995)，その意見は一致していない．図8から本土の日本人は，朝鮮半島の人々や中国東北部の集団と類似したハプログループ構成をもつことがわかる．また沖縄の人々は，台湾の先住民のハプログループ構成とは大きく違っており，基本的には本土日本人と同じハプログループをもっていることもわかる．ただし，その頻度は本土のそれとは異なっており，沖縄の人々は独自の歴史をもっていることが推察される．

現代日本人のもつ主なミトコンドリアDNAハプログループは10種類ほどあるが，このうちもっとも多くの人が共有するのはD4とよばれるタイプで，全体の約40%を占めている．全体でも北方系のタイプが過半数を占めており，日本人のミトコンドリアDNAは北方系が主体となっていることがわかる．しかし，南方起源のものも多く，日本人の起源は相当に複雑であることをうかがわせている．これらのハプログループは，古いもので4～5万年前，新しいものでも2万年ほど前に成立しているので，たとえ南方系のハプログループでもそれが直接南から入ったという保証はなく，場合によっては北ルートで日本に入ってきた可能性も否定できない．それぞれのグループが流入した時期などは現代人のDNA解析だけでは推定することが不可能なので，直接古代人のもつDNAを分析することが必要となる．

縄文人・弥生人のDNA分析

分子生物学の技術革新の中で，古人骨のDNA分析にもっとも重要なのは1988年に開発されたPCR法（Saiki et al., 1988）である．この実験手法は古代試料のようにわずかなDNAしか残っていないサンプルからも遺伝情報を引き出すことを可能にした．この方法がブレイクスルーとなって，これまで形態に頼っていた古人類学の研究も，従来踏み込めなかった遺伝子の直接解析という領域に進出した．古人骨のDNA分析は，90年代半ばには，ほぼその解析技法が確立し，最近では数万年前のネアンデルタール人骨からのDNAの抽出・増幅にも成功して，人類進化の研究に大きなインパクトを与えている（Krings et al., 1997）．

われわれは過去15年間にわたり，縄文人・弥生人から抽出したDNAをもとにミトコンドリアDNAのDループ領域のDNA配列と，それぞれのハプログループを決定している（Shinoda & Kanai, 1999；篠田，2003；Shinoda, 2004）．本稿では，これらの結果をもとに，縄文人・弥生人と現代人の関係を考察する．

解析に用いた人骨の出土した遺跡を図9に示した．ただし，古人骨試料に残るDNAは経年的な変成を受けており，分析したすべての個体で分析が可能であったわけではない．最終的に解析したのは縄文人66個体，弥生人35個体である．最初にDNAデータベースに登録されている東アジア集団のデータの中から，Dループの配列が縄文人・弥生人と一致するものを検索した．その結果，相同なDNAのタイプはアジアの広範な地域に散在することが明らかとなった．ただしDループの配列は塩基の置換速度が速く，異なるハプログループに属する配列が一致する場合があることが知られているので，このような偶然の一致が知られている配列はあらかじめ除外して考察を進めることにした．

縄文人あるいは渡来系弥生人と共通するDNA配列をもつものの出現数を，地域別にまとめて地図上にプロットしてみたのが図10である．この図を見ると縄文人・弥生人ともに，それぞれに相同なDNAのタイプはアジ

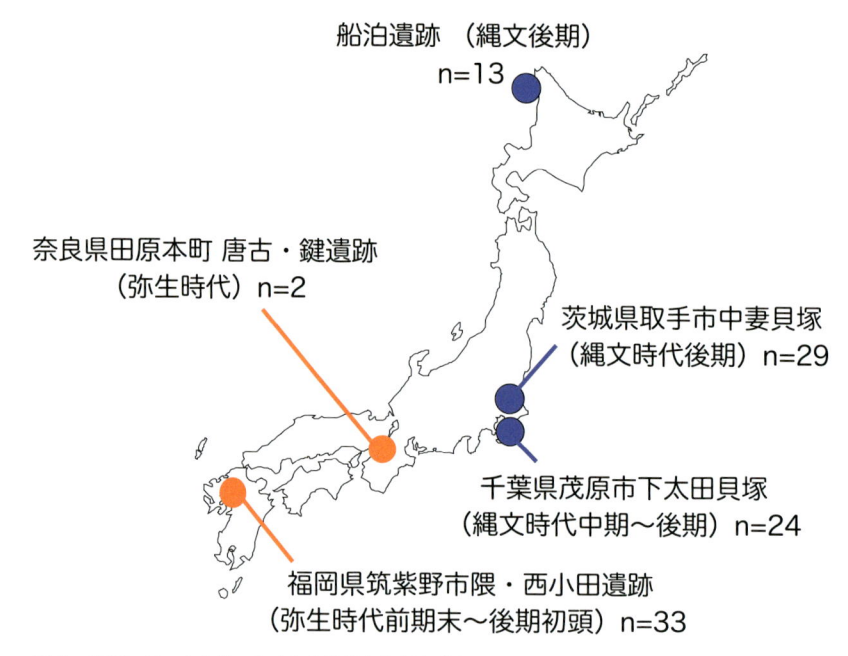

図9 解析に用いた人骨の出土した遺跡と解析個体数.

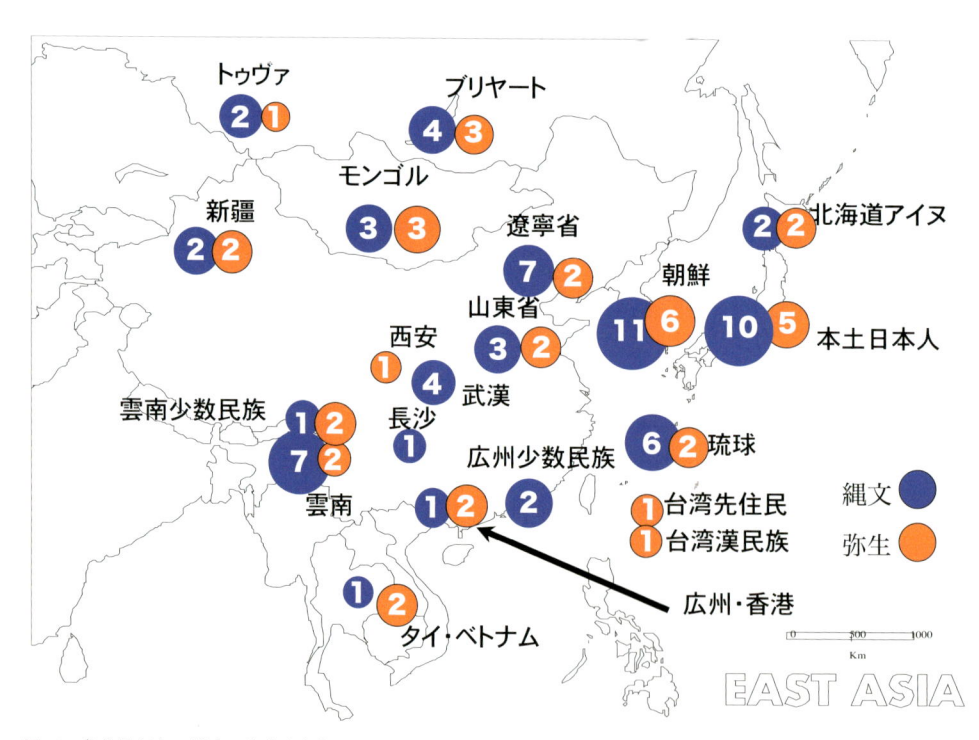

- 船泊遺跡（縄文後期）n=13
- 奈良県田原本町 唐古・鍵遺跡（弥生時代）n=2
- 茨城県取手市中妻貝塚（縄文時代後期）n=29
- 千葉県茂原市下太田貝塚（縄文時代中期〜後期）n=24
- 福岡県筑紫野市隈・西小田遺跡（弥生時代前期末〜後期初頭）n=33

図10 各集団がもつ縄文・弥生人と相同なDNA配列の数.
東アジアの各集団がもつ，縄文人と弥生人と同一のDNA配列の数を示したもの．弥生集団は比較した配列が少ないので，全体として縄文よりも一致したタイプが少なくなっている．また，それぞれの地域の現代人集団も独自のポピュレーションヒストリーをもっているので，このような研究を行う場合，本来であれば同時代の周辺集団と比較することが望ましい．しかし現段階では比較対象となる古代集団はほとんど登録されていないので，結果は一部を除いて現代人との比較となっている．

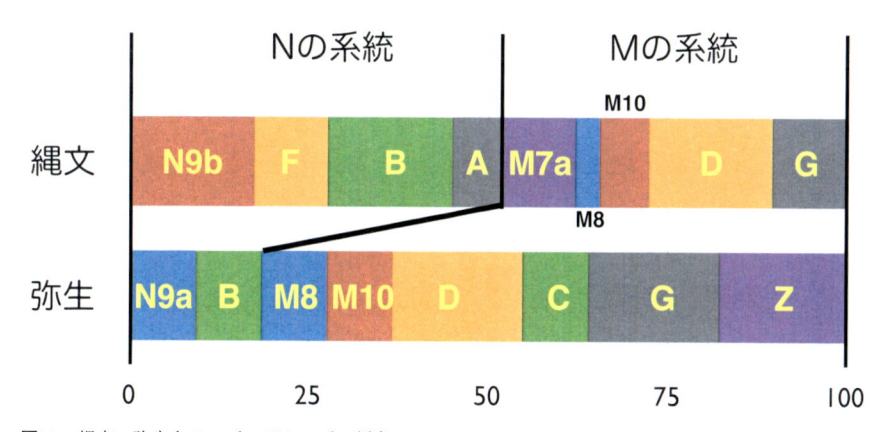

図11 縄文・弥生人のハプログループの頻度．
弥生人のデータのほとんどは一つの遺跡からのものなので，頻度データは血縁関係によるサンプルの偏りを見ている可能性もある．そこで，単純に頻度を求めずに，ハプログループの種類ごとの頻度を計算している．

アの広範な地域に散在するが，一定の傾向が存在する．縄文・弥生人ともに相同なタイプを多く共有するのは本土日本人と朝鮮半島の人々である．本土の日本人との類縁性は，彼らが縄文・弥生人の直接の子孫であると考えられるので当然であるが，この結果は朝鮮半島も縄文時代から日本との遺伝的な交流があったことをうかがわせる．

渡来系弥生人は，とくに本土日本や朝鮮半島の集団と密接に結びついていることが示唆された．このことは渡来系弥生人が比較的狭い地域から日本に流入したことを示しているのかもしれない．ついで琉球やアイヌ，中国東北部からバイカル湖周辺の地域の集団に相同なタイプが出現している．さらに縄文人では，これらの地域に加えて雲南省の集団とも共通のタイプをもっており，弥生人と際立った対照を見せた．中国の分子生物学者は，雲南省に漢民族が流入したのは明代のことであり，当時から相当な人口を抱えていたこの地方では，漢民族の遺伝的影響は少なかったことを指摘している（Yao *et al.*, 2002）．雲南の在来集団はもともと黄河や長江流域から移住してきたと考えられており，その集団の遺伝的特徴は，古代の長江流域集団のものを残している可能性がある．この先住民が縄文人と同じタイプをもっていたと考えると，遠く離れた雲南と縄文人の遺伝的なつながりが見えてくる．

本来ならば，このような比較は同時代のサンプルを用いるべきであり，今回得られた結論は限定的なものにならざるを得ないが，古人骨由来のDNAを直接分析することによって，現代人の遺伝データからは演繹できない朝鮮半島との縄文時代からの遺伝的連続性等について証明できた．残念ながら朝鮮半島や大陸の東岸部からは縄文時代相当期の人骨の出土がほとんどないので，形態学的な研究との整合性を確認することはできないが，今後この地域での発掘調査が進めば，今回の結果との対比が可能になるだろう．

次に，縄文人・弥生人のハプログループ頻度を算出した（図11）．縄文人の方がスーパーハプログループNに属するハプログループが多いのに対し，弥生の方はMに属するものが大多数を占めていることは興味深い．上述したように大陸におけるMとNの各ハプログループの分布には偏りがあるので，これは両者の源郷が異なっていることを示している可能性がある．またM7aとN9bとよばれるハプログループは現代日本人と縄文人に共通して存在するものの，近隣集団にはほとんど見

られない．前者は，縄文人の特徴を色濃く残すといわれている沖縄の人たちでは25％程度存在しており，後者は本土日本の中では東北地方に比較的多く，とくに北海道の縄文人骨からかなり高率に見つかっている．

M7aには兄弟グループであるbとcが存在する．それぞれの祖先型であるM7は，今から5万年ほど前に成立し，a，b，cの各グループは2万5,000年ほど前にそこから派生したと考えられている（図4）．この三つのグループの分布は，aは主として日本に，bは大陸の沿岸部，そしてcは南方に分布していることが知られている（図6）．ここから母体となったM7の分布中心は当時海水面が低下して陸地だった黄海にあったと推定される．この地域に暮らしていた人の中でM7aが誕生し，彼らが日本列島に移住してきたのであろう．

一方，N9の派生グループであるN9aは，日本のほか中国の南部や台湾の先住民などに見られ，もう一つの派生グループYは主としてシベリアから沿海州にかけての北方ユーラシアに分布する．双方の分布域が広く，残念ながら現段階では共通祖先N9の源郷を推定するには至っていない．しかし，縄文人のもつDNAのタイプがわかってきたことによって，縄文時代から私たち日本人に受け継がれているDNAの姿が見えてきた．今後，研究が進めばさらに詳細な日本人の成立に関するシナリオを描くことができるだろう．

おわりに

現代人を用いた遺伝子の分析では，たいていの場合，地理的に隣接する集団が互いに似た遺伝子をもっていることが示されている（Saitou, 1995）．これまで，日本人の起源論では私たちの源郷としてさまざまな地域が想定されてきたが，そこから演繹すれば，いつの時代であっても移住元の第一候補となり得るのは地理的に近接した集団であると考えるべきなのかもしれない．狩猟採集を生業としていた縄文以前の時代には，特定の地域からの大量の移住といった形態ではなく，緩やかな拡散の結果として日本列島にヒトが流入したと思われる．

東アジアに人類が展開した最終氷期には海水面が現在よりも下がって東シナ海や黄海には大きな陸地が出現しており，朝鮮海峡との間も非常に狭い水道で隔てられているだけだった．私たちの祖先は，今は水面下にあるこの地域や日本列島，朝鮮半島の各地に展開した集団から構成されたのだろう．さらに，大陸で農耕が開始する1万年以降には新たな移住の波が東アジアに起こり，それが日本列島にも波及することによって，現在の日本列島に住む人々の遺伝的構成のプロトタイプが完成したのだろう．東アジアにおける遺伝子の解析は，この地域の集団のポピュレーションヒストリーを明らかにし，その一部を形成する日本人の成立過程についても新たな知見を生み出すことが期待される．

今回紹介したのは，母系につながる系統だったが，Y染色体の解析は父系の系統の歴史を描き出す．この分野の研究は，現在猛烈なスピードで進んでいるので，数年のうちにはY染色体の系統が描く日本人の起源も明らかになると思われる．残念ながら技術的な制約から古人骨試料からはY染色体の情報を引き出すことが難しいので，その渡来時期について議論することはできないと思われるが，ミトコンドリアDNA分析の結果と併せて考察することによって，より正確な歴史を紹介できる日がくるだろう．

文献

Cann, R. L., M. Stoneking and A. C. Wilson. 1987. Mitochondrial DNA and human evolution. *Nature*, 325: 31-36.

Hanihara, K. 1991. Dual structure model for the

population history of the Japanese. *Jap. Rev.*, 2: 1-33.

宝来 聰．1997．DNA人類進化学．岩波書店，東京．

Kivisild, T., H-V. Tolk, J. Parik, Y. Wang, S. Papiha, H-J. Bandelt, and R. Villems. 2002. The emerging limbs and twigs of the east Asian mtDNA tree. *Mol. Biol. Evol.*, 19(10): 1737-1751.

Krings, M., A. Stone, R. W. Schmitz, H. Krainitzki, M. Stoneking and S. Paabo. 1997. Neandertal DNA sequences and the origin of modern humans. *Cell*, 90(1): 19-30.

Macaulay, V., M. Richards, E. Hickey, E. Vega, F. Cruciani, V. Guida, R. Scozzari, B. Bonne-Tamir, B. Sykes and A. Trroni. 1999. The emerging tree of west Eurasian mtDNAs: a synthesis of control-region sequences and RFLPs. *Am. J. Hum. Genet.*, 64: 232-249.

Nei, M. 1995. The origins of human populations: genetic, linguistic, and archaeological data. In Brenner S. and K. Hanihara, eds.: The Origin and Past of Modern Humans as Viewed fronm DNA. World Scientific, Singapore and London, pp. 71-91.

尾本恵市．1996．分子人類学と日本人の起源．裳華房．東京．

Quintana-Murci, L., O. Semino, H-J. Bandelt, Passarino, G., McElreavey and A. S. Santachiara-Benerecetti. 1999. Genetic evidence for an early exit of *Homo sapience sapience* from Africa through eastern Africa. *Nature Genet.*, 23: 437-441.

リレスフォード．2005．遺伝子で探る人類史．講談社，東京．

Saiki, R. K., D. H. Gelfand, S. Stoffel, S. J. Scharf, R. Higuchi, G. T. Horn, K. B. Mullis and H. A. Erlich. 1988. Primer-directed enzymatic amplification of DNA with a thermostable DNA polymerase. *Science*, 239: 487-491.

Saitou N. 1995. A genetic affinity analysis of human populations. *Hum. Evol.*, 10(1): 17-33.

齋藤成也．2005．DNAから見た日本人．ちくま新書，東京．

Shinoda, K. and S. Kanai. 1999. Intracemetery genetic analysis at the Nakazuma Jomon site in Japan by Mitochondrial DNA sequencing. *Anthropol. Sci.*, 107: 129-140.

篠田謙一．2003．千葉県茂原市下太田貝塚出土縄文人骨のDNA分析．総南文化財センター調査報告，50: 201-205．

Shinoda, K. 2004. Mitochondrial DNA analysis of the immigrated Yayoi population and implications for the Japanese population. *Bull. Natn. Sci. Mus., Tokyo, Ser. D*, 30: 1-8.

Tanaka, M., V. M. Cabrera, A. M. GonzaÅLlez, J. M. Larruga, T. Takeyasu, N. Fuku, L-J. Guo, R. Hirose, Y. Fujita, M. Kurata, K. Shinoda, K. Umetsu, Y. Yamada, Y. Oshida, Y. Sato, N. Hattori, Y. Mizuno, Y. Arai, N. Hirose, S. Ohta, O. Ogawa, Y. Tanaka, R. Kawamori, M. Shamoto-Nagai, W. Maruyama, H. Shimokata, R. Suzuki and H. Shimodaira. 2004. Mitochondrial genome variation in eastern Asia and the peopling of Japan. *Genom Res.*, 14: 1832-1850.

徳永勝士．1995．遺伝子から見た日本人．百々幸雄（編）：モンゴロイドの地球（3）日本人のなりたち．東京大学出版会，東京，pp. 193-210．

Watson, E., P. Forster, M. Richards and H-J. Bandelt. 1997. Mitochondrial footprints of human expansions in Africa. *Am. J. Hum. Genet.*, 61: 691-704.

Yao, Y-G., Q-P. Kong, H-J. BAndelt, T. Kivisild and Y-P. Zhang. 2002. Phylographic differentiation of mitochondrial DNA in Han Chinese. *Am. J. Hum. Genet.*, 70: 635-651.

6 自然と人

日本列島の歴史から見れば，私たち日本人の歴史はきわめて短い．その点で，私たちはまさに瞬く間に日本列島を開発してきたのである．開発は，自然破壊と表裏一体の関係にあり，そこに生息する生き物たちの生活を翻弄してきたといえる．私たちは，人も生き物たちによって生かされていることを自覚し，彼らとの調和を模索するため，多様で素晴しい日本の自然を愛し，日本列島の自然史の理解をさらに深めていかなければならない．

6.1 森林の変容と自然保護

近田文弘

江戸時代以前

　年間を通して降雨量が多く，地域の大部分が温暖な気候に恵まれる日本では，森林が自然を代表する存在である．古来日本人は，森林を利用する活動によって自らの発展を成し遂げてきた．現在もその図式は変わりない．しかし，現在は人間の影響力があまりにも強大となり，森林をはじめとする自然を利用するだけでなく，保護するという新しい立場にも立つことが必要になった．

　今から約1,500年前，中国の漢の時代に日本の植物を記述した「巍志倭人伝」に，松が入っていない．当時日本には松がなかったか，ごく少なかったのである．このことは地中の花粉の分析からも裏づけられていて，日本の山々は，広葉樹を主とする密林でおおわれていたようである（有岡，1993）．その後，地中の松の花粉が急速に増加する．それは，広葉樹林が伐採され，その跡地が松林に変わっていったことを示している．日本の西南暖地に多い常緑の広葉樹林は，繰り返し伐採されるとアカマツ林に変わる性質がある．早い時代から，鉄の製錬のために大量の自然林が伐採され，森林そのものが消失したこともあった．また，瀬戸内海地方では製塩のために大規模に森林が伐採された．

　奥深い山地では，樹林を伐採した後に山を焼く焼き畑農業が営まれた．平野部の集落に近い里山は，林産物をもたらしてくれる場であったが，より重要な機能は薪炭の供給であった．人口が増えるに従って里山は伐採され，アカマツ林となり，草原へと変わった．このような変化は，水田による稲作の発達と平行しており，里山の灌木や草は水田への肥料として繰り返し伐採され，利用された．昭和の初期というごく最近まで富士山北麓の忍野村では，柴刈りは日々の大切な労働で，刈り取った柴は肥料として水田に入れられた．

　都市が発達するようになると，建築資材を得るための森林の伐採が行われるようになった．大和朝廷の成立による奈良の都の法隆寺，東大寺など大規模な寺院建設（6～8世紀），その後の平城京への遷都（8世紀）により，建築用材として大量の自然林が伐採された．都に近い奈良の吉野川の森林等が，木材資源供給の役目を担うようになった．さらに戦国時代になると，群雄割拠の中で，山林の伐採による荒廃が極端に進行していった．

　このような人間と森林の関係は長い間にわたって維持され，日本の森林は常に撹乱され，失われてきたといえる．戦国時代には日本の森林は荒れ放題となり，各地ではげ山が見られ，洪水が頻発するようになった．追い討ちをかけるように，秀吉は東寺，醍醐寺，南禅寺と次々とに大規模な寺院を建設，家康は二条城，駿府城，江戸城と立て続けに城を築いた．その結果ついに，日本の森林資源は枯渇状態に陥った．こうした状態の山は「尽山」とよばれた．この事態にいたって，幕府は1642年に地頭や代官に樹木の苗を植えることを命じ伊豆の天城山，遠州の天竜川流域，大和の吉野など重要林業地を直轄とし，木曽を名古屋藩に管理させるなど，植林事業に乗り出した．製鉄のために森林が失われて，人々が住むことさえできなくなった津軽では，藩命をうけた野呂理左衛門（1679年）が，大規模な植林事業を展開した（近田，2000）．こ

のような幕府の努力があったが，薪炭林や，水田への肥料として里山を中心に森林の過度の伐採は止むことがなく，江戸時代を通して日本の森林は決して豊かではなかった．

江戸時代のはじめに長崎から江戸へ旅をしたケンペルは「瀬戸内海の真水が得られる島々では，丘陵は大変けわしく耕作も非常に骨が折れるが，畑は見渡す限り山頂まで続いているのが見える．」（斉藤，1977）と記録した．後にケンペルと同じ道をたどった植物学者のチュンベリー（1776年）は，箱根の山にかかるまで，採集できる植物に出会う機会がなく，「日本の勤勉な農夫によって，雑草の少ない田畑の間を通る道中とは異なって，箱根の山道では，かごかきの負担を軽くするという口実もあり，かごから降りて採集した．」（木村，1981）という．街道沿いの水田や里山は，雑草が1本もないほど草刈りが徹底して行われていたのである．

現在，本州中部でもっとも原生的な森林が残されていると考えられた南アルプスの南部の森林は，江戸時代に紀伊国屋文左衛門によって大量の木材が切り出された歴史をもつ．しかし，日本アルプスの山々を縦横に走破し，その風景の美しさをヨーロッパへ紹介したウェストンは「人里離れた渓谷の自然のままのロマンチックな美しさと，立派な樹木が鬱蒼と茂るひっそりとした原始林が，山の斜面を広く覆っている光景は，ヨーロッパのアルプス地方を歩いても，これ以上のものに出会うことがないほど素晴しい景色である」（長野，1987）と述べている（図1）．当時，北海道の森林には手がつかず，その他の地域でも日本アルプス等深い山岳地域には，見事な自然林が茂る場所があったといえよう．

明治時代から第二次世界大戦まで

明治時代に入ると，政府の手により日本の森林は管理されることになった．重要な森林は国有林となり，ドイツの制度が取り入れられて日本の森林の管理の基礎が固まった．国有林をいくつかの営林局に分け，さらにその下に複数の営林署を置くものである．森林の伐採は計画的に，整然と行われるようになった．森林生態学に基礎を置くドイツの制度は森林の保護の観点から望ましいものであったが，その後の日本の林業政策に反映されなかったのは残念なことであった．すなわち日本では生態学を無視して，経済効率を重視した単一樹種による一斉造林が主流となったのである．また，相当に広大な森林が，天皇の直轄地である御料林となった．富士山や大井川上流の一部，天城山等で，御料林は自然林の保護に大きな意味をもつ場となった．民間では，江戸時代から発展した林業経営が，資本主義社会を迎えて本格化した．奈良県の吉野川流域では，土倉庄三郎により吉野林業が隆盛の時を迎えた（藤田，1998）．徹底した育苗管理，密植，多間伐を特徴とする林業で，良い苗を作り，それを高密度に植栽し，頻繁に間伐して間伐材を販売し，120年後に太い良材を収穫する．この林業は全国へ広がった．たとえば，金原明善は土倉庄三郎直伝の林業を天龍川流域で起こし，天龍林業の基礎を作った．このような林業は木材生産を重視するもので，伐採された樹木は川の流れを利用して下流へ運ばれた．そのため，施業対象地域は一つの川の流域が単位となり，その流域では可能な限りスギやヒノキの人工林が作られ，多様な樹木からなる自然林は伐採された．吉野川（図2）と天龍川流域では，こうした人工林のみが目立つようになった．

こうして，国有林や大規模な林業地域等では森林は一定の管理の元に置かれるようになったが，財産区有林として江戸時代から集落の共有林とされた里山や民間の個人所有の里山は，相変わらず薪炭林として繰り返し伐採される状態にあった．そのため，本来，シイ

図1 南アルプスの渓流沿いの自然林と残雪の赤石岳（静岡市）．

やカシなど常緑広葉樹林となる地域の広範な山地はアカマツやコナラ林でおおわれ，また草原となった．

一方，ヨーロッパで起きた自然保護の考えがドイツへ留学した三好学によって日本に伝えられ，やがて史跡名勝天然記念物保護活動が展開されるようになった．それは，珍しい巨木など，自然の記念物を保護しようとするものであった．この運動は史跡名勝天然記念物保護法として実を結び，各地の天然記念物の調査や指定が政府筋によって行われた．これらはいわば政府側のものであったが，民間のものとして，南方熊楠が神社合祀反対の運動を起こし，日本における自然保護運動のはじめとなった．当時，政府は各地の小さな地域ごとに祀られている神社を統合しようとした．これに対して，熊楠は神社を護る御神域として保護されてきた各地の氏神の森が神社合祀により失われることに危機感を抱いたのである（近田，2005）．

このような巨木や森林を対象とする自然保護とは別に，自然の風景の保護を念頭に置く自然保護の考えが，国民の間で意識されるようになった．志賀重昂は，「日本風景論」（1895）を著した．日本の地理学的特徴から日本の自然の素晴しいことを解説した著作で，

図2　現在の奈良県吉野川流域は杉と檜の人工林が多い（奈良県川上村）．

日本には多様な自然があって，豊かな水に恵まれ，火山が多く，美しい国である．青少年におおいに登山をすすめて，その美しさをあじわってもらいたい，と説いた．この書物に啓発された多くの若者は，前記のウェストンの活動にも触発されて，日本の山岳の自然保護を考えるようになった．

　自然の風景の価値を認め，それを保護すると共に公共の自然公園として利用しようとする「国立公園」の考えと制度がアメリカで生まれ，日本に紹介された．これを受けて，日本でも1931年に国立公園法が制定され，1934年に瀬戸内海，雲仙．霧島の三地域が国立公園に指定された．

第二次世界大戦以後

　戦後に起きた高度経済成長は，森林に大きな二つの影響を与えた．一つは，日本人が燃料として薪や炭を使わなくなったことで，昭和30年代に起きた燃料革命である．薪炭林は放置され，松葉掻きが行われた海岸のクロマツ林から人影が消えた（近田，2000）．この時期から，アカマツやコナラの二次林であった薪炭林は，自然林への回帰を開始したのである．とくに関東南部から南の里山では，シイ林が優勢になってきた．このシイ林の存在は，日本人がかつて経験しなかったものである（図3）．それに追い討ちをかけるようにマツノザイセンチュウによる松類の大量枯死が発生し，中国山地のアカマツ林はもはや消失したといってよい．戦後，観光開発や産業開発のために多くの森林が伐採されたが，それをこえて薪炭林の変化には大きなものがある．薪炭林は集落に近い里山に多く，人里の景観要素として，また地域住民の自然に親しむ場としても大きな意義のあることが評価されるようになって，ボランテア活動として間伐などが行われる里山林が見られるようにな

図3 シイが優勢な常緑広葉樹林が一斉に新芽を伸ばしている（静岡県下田市）．

ってきた．ところが，現在，また新たな里山の問題が起きている．それは竹林の異常な拡大である．その主役であるモウソウチクは中国から輸入されたもので，旨いタケノコが採れるので，ほぼ全国的に人家に近い里山に植えられた．ところが，最近中国から安価なタケノコが大量に輸入されたために，国内のモウソウチク林は放置されたのである．人による管理ができなくなった竹林は，爆発するかのように面積を広げ出したのである．タケノコの産地では，周辺のミカンや茶畑に侵入し，人工林のスギを枯らしている（図4）．伊豆半島の南部では，この20年間で竹林の面積は2倍になった．竹林は根茎が発達するので，地震でも安全な場所と考えられたが，樹木に比べて根を張る範囲が小さいので，土砂崩壊を起こす危険が大きいのである．

他の一つは，国策として推進された大規模な植林事業である．木材として質の低い広葉樹の自然林を高質のスギやヒノキの人工林に変えようというもので，拡大造林とよばれ，昭和30〜40年代に推進された．里山の薪炭林ばかりでなく，奥地林開発として山奥深くかろうじて残されてきた貴重な原生林に近い自然林が伐採され，林木が販売されるとともに人工林化が推進された．戦後国有林に編入された御料林は，この事業の中で大半が失われた．静岡県の天城山，富士山，大井川の支流等で，このような旧御料林の大規模な伐採が行われた．大井川の支流の寸又川流域では，2万haの自然林の4分の1が伐採された（近田，1979）．富士山の東麓に広がる広大なコナラの里山林は，ほとんどスギやヒノキの人工林に変えられ，日本全土の森林2,600万haの半分近くの1,000万haが人工林化されたのである．この人工林はやがて，日本の拡大する建築資材の需要をまかなうはずであった．しかし，海外から安価な木材が供給さ

図4　タケノコの産地では竹林が増加している（静岡県岡部町）．

れるようになって，事態は思わぬ方向にそれてしまった．売れるあてのない苗木が密植されたままに人工林は放置され，荒廃にまかされるものが続出した．現在，人工林の一部は伐採の時期を迎えているが，外国産の材木より価格が下がったにもかかわらず，利用されないままであることは大きな問題である（田中，2005）．

拡大造林の時代の林業は木材の生産を専らとする考えが支配的で，野生動植物の保護や，水資源の確保，洪水防止，景観の維持といった森林の機能は軽視された．経済的に効率の良い大面積の皆伐と人工林化はやがて，自然保護を考える世論から厳しくその非が指弾されることとなった．尾瀬の電源開発問題を契機に組織された民間団体の日本自然保護協会は，そうした意見を代表した（日本自然保護協会，1985）．一方，世界的規模で環境保全への必要性が指摘されるようになり，日本政府は，木材生産に重点を置く政策から国土保全重視への政策の転換をはかってきた（日本林業調査会，1999）．従来，木材生産を主とする経済林を縮小して，災害を防止する国土保全，自然保護，そして国民の保健休養に利用する森林面積を増加させようとするのは，その政策の一環で，木材生産から目的を変更した森林については，スギやヒノキばかりの人工林を広葉樹の多い自然林のような森に変えようとする考えも実施されるようになった．筆者は，このような自然保護のやり方を自然林の復元としてとらえ，富士山においてスギ人工林をブナ林へ復元する試みを行い，その問題に関する国際シンポジュウムを開催した．(近田，1994)．また，富士市では，国有林内での市民運動としてブナを植栽した．こうした中で，富士山南斜面の人工林のヒノキやスギが台風によって大面積にわたって根元から倒れる被害が生じた．その跡地にブナの苗が

植えられ，自然林の復元がはかられることになった．

現在，原生自然環境保全地域，生態系保全地域，世界遺産，天然記念物等，さまざまな形で貴重な日本の森林が保護されている．しかし，植栽されて約50年を経過して荒れるにまかされた大面積の人工林と，利用する目的を失って放置されたシイの優勢な里山にどう向き合うのか，日本人がはじめて直面する現代の森林の課題といえる．

文献

有岡利幸．1993．松と日本人．人文書院，京都，pp. 9-33.

藤田佳久．1998．吉野林業地帯．古今書院，東京．

木村陽二郎．1981．シーボルトと日本の植物．恒和本店，東京．

近田文弘．1979．南部寸又川流域における森林植生の概要．近田文弘（編）：南アルプスの森林植生．静岡大学理学部生物学教室，静岡，pp. 36-44.

近田文弘．1994．富士山におけるブナ林の復元．近田文弘，渡邊定元，武居良明（編）：自然林の復元．文一総合出版，東京，pp. 130-150.

近田文弘．2000．海岸林が消える?!．大日本図書，東京．

近田文弘．2005．博物学と南方熊楠．松居竜五・岩崎　仁（編）：南方熊楠の森．方丈堂出版，京都，pp. 104-113.

長野祥三（訳）．1987．ウェストン著，ウェストンの明治見聞記．雄松堂，東京．

日本林業調査会．1999．国有林野事業の抜本的改革．日本林業調査会，東京．

日本自然保護協会（編）．1985．自然保護のあゆみ．日本自然保護協会，東京．

斉藤　信（訳）．1977．ケンペル著，江戸参府旅行日記．平凡社，東京．

志賀重昂．1895．日本風景論．政教社，東京．

田中淳夫，2005．だれが日本の森林を殺すのか．洋泉社，東京．

6.2 レッドデータブック

上野俊一

野生生物と人間との軋轢

1960年代を境にして、日本の野生生物は急速に減少した。その原因の多くは、開発行為によって引き起こされた環境の破壊である。とくに河川や海岸の改変、森林の改変あるいは消滅、ゴルフ場やスキー場の造営などは、野生生物の生息地を破壊し、その生存を脅かしてきた。今日、地球上で、毎年4万種に及ぶ野生生物が絶滅しつつある、といわれているが、その元凶は明らかに人間なのである。

環境破壊が今ほど深刻になる前に、ある種の野生生物は、やはり人間の活動によって衰退の道を歩んだ。それは組織的な乱獲であって、家畜などを襲う獣は害獣として駆除され、羽毛や毛皮の美しい鳥や獣は、その故に狩りたてられた。細工物の原材料としての象牙、解熱剤として狙われた犀角、腹痛の妙薬として珍重された熊の胆など、高価で取引された獣の角や臓器は、枚挙にいとまがない。当然のことながら、このような乱獲の結果として数が減少し、ときには絶滅の淵に追いこまれるような種類も現れた。

この状況に強い危機感をもち、実情を記録して世界中の人びとに知らせようとしたのが「国際自然保護連合」（I.U.C.N.）で、1934年に設立されたときは、「自然保護のための国際事務局」（O.I.P.N.）という小さい組織だったが、ユネスコなどの支援によってその活動の重要性が広く認められるようになり、1956年に現在の連合へと脱皮した。1966年から、レッド・リストが、ルーズリーフ式の出版物として続けられたが、そのうちの重要なものが、1969年に一冊のレッドデータブック（RDB）としてまとめられた。掲載された絶滅危惧種の主体は、やはり哺乳類と鳥類で、合わせて200種あまりが採録されているが、少数ながら爬虫類、両生類、魚類も収録され、末尾には8ページにわたって植物に関する言及もある。なお、書名のレッドは、いうまでもなく赤信号のことだが、書物が赤一色で装丁されていて、野生生物の危機を象徴している。

日本のレッドデータブック

国際自然保護連合のレッドデータブックは、その後何度も改訂され、採録の範囲も無脊椎動物に拡大されたが、これに並行して国別のレッドデータブックが次つぎに刊行された。日本でも、野生生物の衰退が、一般の人たちの目にもわかるほど進行し、レッドデータブックの必要性が叫ばれるようになった。1986年、環境庁に野生生物課が設置されると、野生生物の保護に取り組む基礎を固めるために、日本版レッドデータブックの作成が計画され、野生生物保護対策検討会が設置された。この検討会は、生物のおもな分類群に応じて九つの分科会に分かれ、それぞれの分科会が、担当する動物群のなかから絶滅のおそれのある種を選び出す作業にあたった。国立科学博物館の研究者も、分科会の座長または委員として、積極的にこの検討会に参加し、資料の捜索や最後の取りまとめに貢献した。

この作業は、「緊急に保護を要する動植物の種の選定調査」と呼ばれ、成果がまとまってくるまでに4カ年を要した。分科会によって仮選定された種は、親検討会（座長会）に付託され、そこで仮選定種の妥当性が検討さ

れ，分類群の違いによる階級の不均衡が調整された．因に，この時点で認められていた階級（カテゴリーと呼ばれている）は，絶滅種，絶滅危惧種，危急種，希少種，および（絶滅のおそれが高い）地域個体群の五つであった．1989年末に取りまとめのすべてが完了し，合計693種（亜種を含む）の陸生および淡水性の野生動物が，選定種（亜種を含む）に決定した．この結果は，今の目でみてもおおむね妥当だと考えられるが，希少種というカテゴリーだけはかなり混乱していて，本来なら資格のないものがかなり含まれている．なお，植物については，同じ目的の調査がすでに実施され，日本自然保護協会と世界自然保護基金日本委員会によって，1989年に「我が国における保護上重要な植物種の現状」が刊行されていたので，この時点では選定調査が行われなかった．

　動物に関する選定調査の結果は，「日本の絶滅のおそれのある野生生物 ─レッドデータブック─」，脊椎動物編および無脊椎動物編として，1991年に刊行された．また，ここまでの作業のあいだに集積された資料に基づいて，「日本産野生生物目録 ─本邦産野生動植物の種の現状─」が，脊椎動物編（1993）と無脊椎動物編I－III（1993-1998）の4分冊で刊行され，日本の野生動物の概要を初めて通覧できるようになった．

　レッドデータブックの内容は，5年ないし10年ごとに再調査と見直しが行われることになっていて，すでに最初の見直しが1995年から実施され，その結果が2000年から，「改訂・日本の絶滅のおそれのある野生生物　レッドデータブック」として刊行されつつある．動物は7冊に分かれ，2005年までの既刊は5冊，同時にこのシリーズの植物I，IIが2000年に刊行され，はじめて国のレッドデータブックにはいった．国際自然保護連合のカテゴリー改訂にともない，日本の

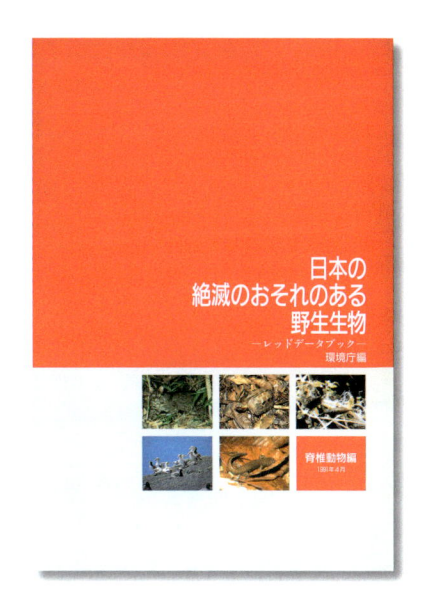

図1　1991年に刊行された日本のレッドデータブック（脊椎動物編）の初版．

レッドデータブックでも，この改訂版から新しい階級が採用された．それらは，絶滅（EX），野生絶滅（EW），絶滅危惧I類（CR＋EN；IA類がCR，IB類がEN），絶滅危惧II類（VU），準絶滅危惧（NT），および情報不足（DD）で，付属資料として絶滅のおそれのある地域個体群（LP）が区分されている．なお，第2回目の見直し作業もほとんど終了に近づき，遠からずその結果が公表される予定になっている．

地方版のレッドデータブック

　環境省版のレッドデータブックに続いて，都道府県でも独自のレッドデータブックを作成しようという動きが活発になり，ここ10年ほどのあいだに，ほとんどすべての都道府県で，新しいレッドデータブックが刊行された．このような関心の高さは結構なことで，環境省版のレッドデータブック改訂の参考資料としても大いに役立つ．環境省の検討員ないし委員には，それぞれの時点でもっともすぐれた研究者が選ばれているが，どれほど博識な人でもその知識は限られているうえ

に，現時点における現地の状況の判らないことが少なくない．全国くまなく調査に歩いた人ほど，必然的に調査期間が長期にわたるので，折角の貴重な知見が現状に即しない，ということもしばしば起こる．それに比べて地元の調査者なら，現況がよく判り，現地まで確認に行くこともたやすいので，最新の情報に基づくレッドデータブックを作成できるはずである．

　しかし，地方版のレッドデータブックには，さまざまな問題もある．最大の欠点は，多くの場合に印刷部数がむやみに少なくて，入手がほとんど不可能に近いことである．われわれが刊行に気づく前に，発行部数のすべてが県内の施設などに配布されてしまって，残部は皆無という事例がひじょうに多い．一機関としてはもっとも多くの研究者が，委員として環境省に協力している国立科学博物館の図書室には，地方版のレッドデータブックがかなりよく集められているが，それでもなお欠けているものがいくつかある．こういう地方版のレッドデータブックは，もちろん当該する県民のために作成されるのだろうが，同時に隣接する府県の住民にも役立ち，ひいては全国的な状況の把握にも大きく貢献するものである．それにもかかわらず，多くの調査者の長時間にわたる努力によって，ようやくできあがったレッドデータブックが，あまり役にも立たないうちに埋もれてしまうのは，いかにももったいない話ではないか．第一，すばらしい成果を誇るべき県当局者が，みすみすその機会を失って平気でいられるのは，いったいどういう神経なのだろうか．

　地方版レッドデータブックのもう一つの欠点は，府県によって事前の調査や最後の取りまとめに雲泥の差があることである．多くの府県で出版されたものは，よくまとまっていて内容的にもしっかりしているが，程度が低くて作成の意図の疑われるようなものにもときどき遭遇する．それぞれの府県のなかだけで，すぐれた学識経験者を検討員に揃えることは，実際問題として不可能なのだから，調査に当たっては県外の研究者にも応援を求めるべきである．自前ですべてを取り仕切ろうというような考え方は，府県境のない野生生物の世界に通用しない．

　もう一つ注意しておきたいのは，レッドデータブック作成の目的がしばしば誤解されていることである．レッドデータブックは，まれな，珍しい，あるいは学術的に貴重な動植物を掲載する本だと考えている向きが，今でも少なくないのではなかろうか．レッドデータブックは，天然記念物の登録簿でなくて，衰退してゆく動植物を記録し，それらの保護に役立てるための元帳なのである．その証拠に，選定されている種のかなりのものが，過去にはごくふつうだった動植物であり，人類が引き起こした環境破壊によって，絶滅に追いこまれようとしているのだ．もっとも，レッドデータブックには，きわめてまれな，あるいは学問的に貴重な動植物も，数多く登録されている．その多くは生命力が弱く，環境の変化に対する抵抗性が低いので，生息地のわずかな改変によっても滅びてしまいかねないものである．

　国の場合と同じように，地方版のレッドデータブックもそろそろ改訂の時期を迎えている．ここで取りあげたような問題がそれまでに解決され，真に役立つ改訂版の地方版レッドデータブックが上梓されることを強く望みたい．

6.3 絶滅危惧種と日本列島調査

柏谷博之

環境省は2000年に動植物のレッドデータブックを印刷公表した．これが契機となって，絶滅危惧種の存在が人々に認知され，自然保護の問題や環境アセスメントと関連して盛んに話題に上るようになった．植物のリストは，維管束植物編と非維管束植物（菌類，地衣類，藻類，蘚苔類）に分かれており，日本に生育する肉眼で認知できる生物の大多数について絶滅のおそれのある種が示されている．公表に先立ち，候補種の選定作業は1986年からすでに始まっており，選定委員には国立科学博物館の動植物研究部の職員が参加しているほか，選定される種の膨大な標本情報が国立科学博物館に保管されている資料の中から提供されてきた．

日本列島の自然史科学的総合研究が始まった1967年当時は，絶滅危惧種の存在は自然史研究者の間でもそれほど話題になっていたわけではない．このプロジェクトの目的には日本列島の自然史科学的な実態と特性を明らかにするとともに，系統的な資料の収集と保存が謳われている．調査地域は毎年異なっているが，同じ目的で長期間にわたって研究が遂行されたことは日本列島の生物学上でも類を見ないものである．この間に集積された資料は膨大なもので，個々の研究分野ごとに整理格納され，研究の資料として利用されている．また，毎年発行されてきた専報にはその研究成果が掲載されている．

さて，レッドデータブックに含まれる種やその候補種を選定するためには，対象種の分布や生育環境を詳細に知る必要がある．この作業はこれまでに公表された日本の動植物の分類学的研究や生態学的研究の成果を探索するとともに，報告の基になった証拠標本などを検討しなければならない．国立科学博物館に集積された標本や，個々の種に関する分類学的な知識をもつ国立科学博物館の研究職員がこの作業に多数関わることは，きわめて自然のことである．また，日本列島調査で採集され，整理保管されている標本が重要な役目を果たすことになった．また，リストに掲載された種は固定のもではなく，最新の知識を反映して見直しや検討作業が必要になってくる．貴重な標本をもつ国立科学博物館が絶滅危惧種の問題について今後も重要な役割を担うことになると思われる．

レッドデータブック

地球上に生命が誕生して以来，多くの種が絶滅と繁栄を繰り返してきた．人の文明が野生の生物に大きな影響を与えなかった時代には，野生種の消長は気候や自然現象に左右されてきた．一方，人間が地球上の生物資源や地中の埋蔵資源を大量に消費するようになった18世紀以降，種の絶滅に人間活動の影響が深く関わっている例も数多く認められる．CO_2増加に伴う地球の温暖化，森林の大規模な破壊，自然林の減少など，その理由は枚挙のいとまがない．このような人為的な破壊から，現存する種，とくに絶滅を危惧される種を少しでも保護する基礎資料を提供するのがレッドデータブックである．対象となる植物群（菌類を含む）には，維管束植物はもちろん，蘚苔類，菌類，地衣類，藻類について，野生で絶滅してしまった種，現在のまま放置すると絶滅のおそれのある種，絶滅危惧種とは認定されないが情報を集めて今後の推

移を見守る必要がある種などが，それぞれの分類学的特徴，日本国内の分布，生育環境，生育を脅かしている要因などの情報とともに国際自然保護連合の評価基準に基づいて次の七つのカテゴリーに従ってリストされている（環境庁，2000）掲載されている．1）絶滅（EXで表示）：すでに絶滅したと考えられる種，2）野生絶滅（EW）：飼育，栽培下でのみ存続している種，3）絶滅危惧Ⅰ類（CR+EN）：絶滅の危機に瀕している種，4）絶滅危惧Ⅱ類（VU）：絶滅の危険が増大している種，5）準絶滅危惧（NT）：現時点では絶滅危険度は小さいが，生息条件の変化によっては絶滅危惧に移行する可能性のある種，6）情報不足（DD）：評価するだけの情報が不足しているが推移を見守る必要がある種．絶滅危惧種のまわりには多くの"普通種"が生活しているので，絶滅危惧種を保護することはその他の生物を大事にすることにもつながるからである．

　絶滅危惧種を保護する方法にはいろいろな手法が考えられる．分子遺伝学者はDNAを抽出して保管しようとするかもしれない．また，生育地が破壊されるおそれがある場合には，より安全な場所に移植して保護することもできる．動物園や植物園などの施設内で保護できる可能性もある．しかし，このような方法は短期的，あるいは限られた条件の下で有効な方法である．長期にわたって保護・育成するためには，なるべくもとの生育環境を変えない方策を模索しなければならないが，その最善策は自然環境の破壊を極力控えることにつきる．

地衣類の絶滅危惧種

　地衣類には環境の変化に敏感で，絶滅を危惧される種も多い．地衣類は菌類と藻類の共生体であり，種としての存続は，両共生者が必要とする生育環境と相互の微妙な共生関係の上に成り立っているからである．日本に広く分布するウメノキゴケは，空気中の亜硫酸ガスが0.2 ppm以上になると生育できない（Kurokawa, 1973）．実験室でも地衣類を構成する菌類と藻類を分離して別々に培養することは比較的容易である．しかし，両者を再共生させて新たな地衣体を人工的に作ることや，地衣類そのものを人為的な環境で育てることはひじょうに難しい．

　日本には，約1,400種の地衣類が生育することがこれまでの研究でわかっている．地衣類の場合，上記のカテゴリーによってEX 3種，CR+En 2種，VU 23種，NT 17種，DD 17種の合計82種がレッドデータブックに掲載されている．掲載されている種のうち過去に採集された標本はすべて国立科学博物館標本庫に保管されているほか，生育地などの情報は科博のホームページの絶滅危惧種の項で検索できるようになっている．このリストはこれまでに比較的研究の進んでいる大型地衣類に重点が置かれているので，分類学的研究が進むとこの数はさらに増える可能性が高い．

地衣類の絶滅を引き起こす要因

　地衣類の絶滅を引き起こすいくつかの要因が考えられる．主なものには，1）生育地の破壊，2）個体数が少なく生長量が少ない，3）生育環境の変化などである．上に述べたように地衣類の多くは生長量がきわめて小さく（年間数ミリ以下のものが多い），現状では大量に培養することが難しいので，生育地の環境を守って保護するしか方法がない．高山や亜高山に生育する種は，大規模な道路建設などに伴う破壊などがなければ比較的生育は保証されるが，人里近くに生育する種についてはとくに注意が必要である．

　地衣類には，過去に生育が確認されてはいるが最近の50年間には採集された記録がなく，絶滅したと考えられるものが3種ある．ヌマジリゴケ，イトゲジゲジゴケ，クダゴケ等である．

図1　ミヤマウロコゴケ．

図2　フクレヘラゴケ．

図3　ツブミゴケ．

いずれも日本が分布の北限に当たり個体数が少なく，もともと生育基盤が弱かった上に生育地の環境が変化したために絶滅したと推定される．

　生育地の破壊が絶滅の要因となる可能性が高いことは，多くの危惧種に共通している．たとえば日本特産のオオバキノリは，石灰岩の上に生育する径5～7 cmの大型葉状地衣である．この属は通常幅3 cmほどの地衣体をもち，属中とくに巨大化した種である．地衣体は乾燥すると破砕しやすく，こすると簡単に基物からはがれてしまう．この種はこれまでに岡山県と徳島県の2カ所の限られた場所で確認されているが，いずれの生育地も民家に近い道路脇の垂直の石灰岩上であり，道路の拡張や採掘，人との接触によって容易に脱落する状況にある．

　絶滅危惧種には，特定の基物にしか生育しないものがある．ミヤマウロコゴケ（図1）の生育地は超塩基性岩地域に限られていて，早池峰山，至仏山，群馬県谷川岳からの報告がある．至仏山では日本列島調査中に立派な群落が確認されたが，その他の場所では生育場所も限られており，地衣体も小さい．登山者の踏みつけなどから保護する対策が必要である．スギの大木に生育するクロイシガキモジゴケ，フクレヘラゴケ（図2）やツブミゴケ（図3）も同様の状況にある．地衣類はもちろん，おなじ地域に生息する多様な生物が健全に成育できる環境の維持が強く望まれる．

文献

Kurokawa, S. 1973. Preliminary studies on lichens of urban areas in Japan. In Numata, M. ed.: Fundamental studies in the characteristics of urban ecosystems, pp. 84-85.

環境庁自然保護局．2000．改訂・日本の絶滅のおそれのある野生生物—レッドデータブック—9　植物II（維管束植物以外）．

6.4 都市化と自然

大和田守

　1967年より開始された日本列島の自然史科学的総合研究では，より多くの研究成果を求められるため，豊かな自然の残された地域での調査が主体となった．その成果は逐次「国立科学博物館専報」に報告され，国立科学博物館の標本資料が充実していったことはいうまでもない．しかし，その一方で，都市部のような自然環境の損なわれた地域に目が向かないのは，やむを得ないことであろう．

　さて，この総合研究計画も終盤にさしかかり最後のまとめに向かいだしたころ，思わぬ計画が持ち上がった．皇居内の生物を徹底的に調査するというものである．これには自然に深いご関心とご配慮をお持ちであられる今上陛下が，都心にありながら動植物が多数生育する皇居を科学的に調査研究する必要があり，20世紀末の皇居内の生物について正確な記録を残し，その記録をもとに経年変化等を把握するのが望ましいとのお考えでいらした経緯があった．

　1996年から開始された「皇居の生物相調査」では，国立科学博物館の研究員はもとより外部からも多数の研究者の協力を仰いで，あらゆる生物を可能な限り探索し，2000年末にその成果を専報3号分を使って発表することができた．動物3,638種，藻類・菌類を含む植物1,366種．5年近くを費やした調査の成果は，予想をはるかに上回る素晴らしいものであったが，この成果と比較して考察を進められるような都市公園などの過去のまとまった資料はほとんどなかった．唯一，利用できたのは1950年代から公表された東京都港区の国立自然教育園（現在は国立科学博物館附属）の動植物目録であったが，目録のもととなった標本資料の多くは残されていなかった．

　皇居の調査を発端として，国立科学博物館では附属自然教育園の生態系特別調査，港区の赤坂御用地と渋谷区の常盤松御用邸の調査も行い，成果を公表した．また，皇居では引き続き動物相のモニタリング調査を行っており，2006年に結果をまとめて公表する予定である．この一連の調査研究で東京都心部にある大型の緑地（図1）の生物相が明らかになったほか，大型緑地間の生物相の類似点と相違点，常盤松御用邸のような小型の緑地（図2）の果たす役割などが判明しつつある．

残され育まれた豊かな自然

　東京都区内の大型緑地は江戸時代から続く城，御料地，寺社，庭園などから由来するものが多いが，緑地の管理法によってその様相はずいぶんと異なっている．自然の推移に任せた管理の部分が大きい皇居，赤坂御用地や自然教育園と，公園の整備を全体にわたって行っている新宿御苑とでは，生物の多様性に大きな差があるのは当然であろう．

　関東地方の豊かな自然を代表する猛禽類オオタカは，皇居，赤坂御用地と自然教育園に見られ，皇居や赤坂御用地では営巣も確認されているようである．しかし，鳥類を捕食するオオタカの存在によって，冬に飛来するカモ類が激減したという（西海ほか，2000）．また，皇居ではかつて多数のサギ類が営巣したことがあったが，樹木を痛めるということで1950年代に追い払われた（毎日新聞社社会部・写真部，1954）．このように孤立している森であっても，動物相は自然にも人為的にも変化しており，大都市の中にあるので人と

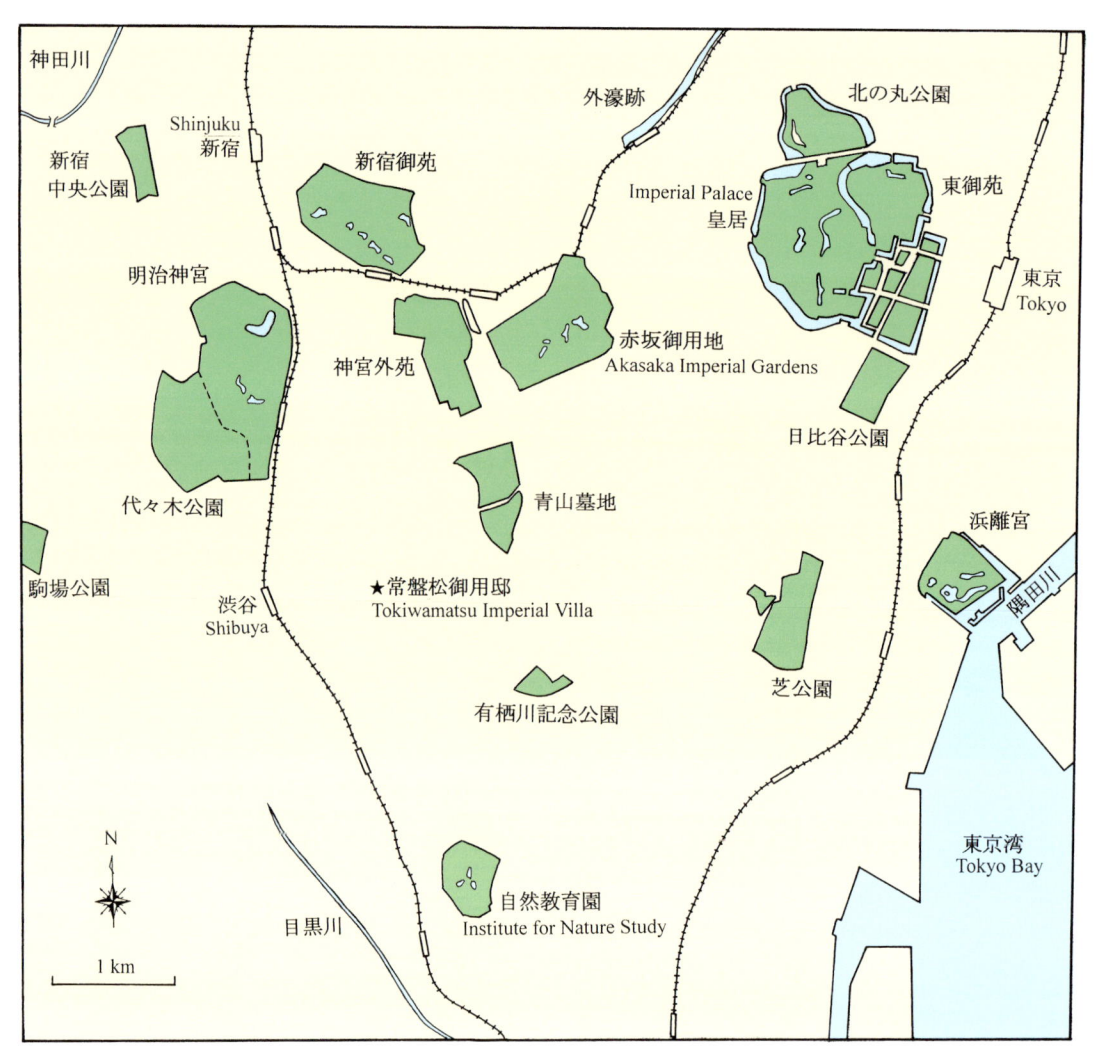

図1　東京都区部の大型緑地.

の関わりはきわめて深い．たとえば，ハシブトガラスへの対応は，今後の課題といえよう．

　幼虫が水生のトンボ類の多様性は，水域の環境変化に強く影響を受ける．皇居は周囲を濠に囲まれ，さらに中央部に道灌濠とよばれる古い濠がある．2000年までの5年の調査で25種を確認し，都区内ではほとんど消滅したと思われていたベニイトトンボ，コサナエ，アオヤンマ（図3-5）が多数生息することが明らかになった（友国・斉藤，2000）．湧水が残っている自然教育園では約3年の調査で28種を出したが（須田，2002），66回という調査回数は皇居のそれをはるかに上回っている．水域の環境が良好に保持されていれば，トンボ類は大都会の中心部でも多数が生息できるということが判明したのである．2001年から開始した皇居のモニタリング調査では，2004年までに8種を追加し，9年間の累計で33種を数えている（斉藤ほか，2006）．調査最終年となる2005年はどうもトンボ類の大発生に当たったようで，2000年までは数個体しか確認できず，その後少しずつ個体数が増加していたチョウトンボの群飛が下道灌濠で見られた．記憶にある50年前の武蔵野市の井の頭公園や杉並区の善福寺池での光景と重なり，感無量であった．

図2　ビルに囲まれた常盤松御用邸と明治神宮や新宿御苑の遠景（国立科学博物館専報第39号より）．

暗い森と明るい空

　大都会に生息する野生の哺乳類はほとんどいない．そんな中で，夕方から飛びだすアブラコウモリを眺めて心をなごます人は多いのではなかろうか．このコウモリはカやユスリカなど小型の双翅類を主要な餌とし，人間の作り出す建造物にもぐりこんで昼のねぐらとしている．スズメと同様に人里に多く，深い森林には生息しない．そういうわけで，皇居ではアブラコウモリの調査だけが難航した．皇居の中心となる吹上御苑は，昭和天皇のご意向で昭和12（1937）年頃より庭園的な管理を止めた．樹木は自然のままに成長し，70年を経て大木となって暗い森を形成している．また，道灌濠の斜面や紅葉山も鬱蒼とした林になっている．濠などの良好な水環境があるので，ユスリカ類は74種が確認されている（山本，2000）．これは多摩川の全水系の調査結果に匹敵している．豊富に餌があるにもかかわらずアブラコウモリがほとんど見られないということは，皇居がいかに広く，深い森となっていることを示しているのであろう．高木の繁茂によって採餌場所となる開けた空間が少なくなっているほか（吉行，2000），外灯が少ないので餌となる小型の昆虫が集中しないこともアブラコウモリが皇居の中心部できわめて少ない原因と思われる（大和田ほか，2005b）．

　皇居には林床に落葉が厚く積もる深い森と濠や池，人工ではあるがゲンジボタルやヘイケボタルが生息する流れ，植栽されたクヌギ林や手入れを極力ひかえた果樹園と梅林，それに小さいながら田圃と畑がある．さらに，ご養蚕のための桑畑は数カ所にあって，その面積はかなりのものである．これだけ森林と里山の要素があれば昆虫の多様性が高まるのは当然で，皇居から記録された動物3,638種のうち3,051種が昆虫であった．甲虫類が738種，鱗翅類が551種，双翅類が525種，ハチ類が513種と続き，それぞれ日本から記録されている総種数の10％近くが5年足らずの調査で皇居から記録されたことになる．

　この調査で活躍したのがポータブル発電機

図3 ベニイトトンボ *Ceriagrion nipponicum*.
皇居下道灌濠，2001年6月27日．

図4 コサナエ *Trigomphus melampus*.
皇居吹上御苑，2005年5月25日．

図5 アオヤンマ *Aeschnophlebia longistigma*.
皇居下道灌濠，2005年5月25日．

で，水銀灯をたくさん点灯して灯火採集を行った．ところが，このきわめて明るいはずの採集装置の効果が上がらないのである．皇居の森は確かに暗いのであるが，日が落ちでもビルや外灯の照明で大都市東京の空は暗くならない．とくに雲が低く垂れ込めたときが最悪で，雲に反射した光で新聞を読むことさえできる．この夜の明るさが昆虫相にどの程度影響をおよぼしているかは興味深いが不明である．

皇居や赤坂御用地と立地条件がきわめて似ている森がロンドンにある．バッキンガム宮殿の生物相は1960年代に一度調査が行われた．その後，やはり2000年を期して再調査が行われ，多数の種が記録されている（Plant, 2001, 2002）．鱗翅類の調査は第1次調査から継続して2000年まで行われていたようで，40年間の調査で累積された種数は640種．5年間の皇居での調査の551種（大和田ほか，2000）に大きく水をあけていた．なお，皇居でも蛾類のモニタリング調査を継続しており2005年までの10年間の累積種数は，40年間のバッキンガム宮殿のそれを超えている．種数の比較はともかく，大都市の中にあっても緑地を育てることによって，多様な生物群集が成立することは間違いない．

失われたもの

皇居の調査を継続する中で，こんなに多数の昆虫が生息するのかという驚きとともに見えてきたものがあった．

林床に堆積した腐葉土層は厚く，土壌性のハネカクシ相はたいへん豊かであったが，後翅が退化して飛翔力を失った種がまったく採集されなかった（Nomura *et al*., 2000）．同様にして，地表を徘徊する移動力の弱いクモ類も少なくなっていた（小野，2000）．江戸時代から濠や庭園はあったものの周囲の市街化は進んでおり，良好な自然がよみがえったときには完全に孤立した緑の島となっていたのであろう．ビルと舗装道路に完全に囲まれた皇居には，飛翔力のない動物の周囲からの補充はもう望めない．また，周囲を濠に囲まれているという皇居の特殊性は，この傾向に拍車をかけているものと思われる．

では，飛翔力の強い蛾類ではどうであろうか．蛾類の幼虫は，ほとんどが植物を食べており，皇居の豊かな植生の中でその多様性は

かなり高い．しかし，ヤママユガ科やカレハガ科，カギバガ科，シャチホコガ科，ヒトリガ科などが著しく衰退していた．どうも大型種は都市化に弱いものと思われる．一方，冬期に成虫が発生するヤガ科のキリガ類やシャクガ科のフユシャク類では，多摩丘陵のそれと同等かそれ以上に多様性が高かった．これらの幼虫の多くは広葉樹の多食性であった．同じ広葉樹食でも，単食性か狭食性のシャチホコガ科が衰退しているのと対照的である（大和田ほか，2000，2005a）．

大気汚染の影響も見られた．1996年から2000年の皇居の調査では幼虫が地衣類を食べるヒトリガ科のコケガ類が1頭も採集されなかった（大和田ほか，2000）．光化学スモッグ警報が連日のように出された1970年代，都区内の地衣類や蘚苔類は大打撃を受けた．その影響と思われるが，地衣類を主要な食草とするコケガ類が，都区内では一度ほとんど消滅してしまったのであろう．その後，多くの施策により日本の大気汚染はかなり改善された．自然教育園や都区内の緑地で，樹上性の地衣類や蘚苔類が回復しているという事実もある（樋口，2001；柏谷ほか，2001）．1998年からの自然教育園の調査では，少ないながらコケガ類は採集され（大和田ほか，2001），赤坂御用地でも，常盤松御用邸でもコケガ類は発見されているので（大和田ほか，2005b），コケ類の回復に伴ってコケガ類も都区内に再び侵入してきているものと考えられる．皇居のモニタリング調査でコケガ類が1頭採集されたのは2004年で，やっと皇居にも侵入の兆しが見えてきた．皇居への侵入が遅れたのは，皇居が濠に囲まれているからだと考えざるを得ない（大和田ほか，2006）．

閉鎖された環境の中で

皇居の水環境が良好であることは前に述べたが，水辺に生きる両生類に異変が起きていた．ウシガエルの異常繁殖である．本来，広い開水面のある大きい水域を好むウシガエルが，皇居では細い流れの川や，狭い池，プールなど，あらゆる水域に進出している．このような環境には，ニホンアカガエル，トウキョウダルマガエルやツチガエルが生息していたはずである．良好な自然環境を考慮すると，これらの種が皇居に残っていて当然と思えるが，ウシガエルの極端な増加によって消滅してしまったものと考えられている（上野，2000）．このように外来種が異常繁殖して生態系が撹乱されると，皇居のような閉鎖環境だと在来種の絶滅に直結することがある．小笠原諸島に移入されたトカゲ，グリーンアノールの繁殖で，固有の昆虫類が絶滅の危機にあるのも，同じ現象といえる（神奈川県立生命の星・地球博物館，2004）．

皇居と赤坂御用地には大型の哺乳類が2種生息していることも注目すべきである．ジャコウネコ科のハクビシンは在来の種ではないとされているが日本で野性化している．また，イヌ科のタヌキは在来種である．ペットとして飼育されていた個体が逃げ出してすみついた可能性もあるが（Endo et al., 2000），いつごろから皇居や赤坂御用地に定着したかは不明である．1954年に毎日新聞社から出版された『皇居に生きる武蔵野』には，皇居にタヌキがいるという説があると記されているので，古くから定着していたのかもしれない．夜行性なので人目につくことは稀であり，警備の皇宮警察官からの情報が多いが，どちらの種か特定できないこともある．しかし，少なくとも野猫と混同することはないだろう．初冬の蛾類調査で，吹上御苑のイチョウの巨木に登っている3頭のハクビシンを見たことがあった．熟した銀杏を食べに上がったものと思われる．

赤坂御用地にはタヌキがたくさん生息している．東宮御所や各宮家の屋敷は調べていな

いが，敷地内に10ヵ所もの溜糞場が発見された．センサー付自動撮影機には同時に3頭のタヌキが写っていたことがあったが，個体識別が難しく，生息総個体数の推定はできていない．御用地を管理している庭園課の職員には，20頭を超えているのではないかと推定する方もいる．糞の成分分析で，昆虫類と植物の種子が主要な餌であると判断された（手塚・遠藤，2005）．タヌキの生息個体数の少ない皇居と，まったくいない自然教育園では地上歩行性の大型甲虫アオオサムシがきわめて多い．ところが，赤坂御用地の調査では発見されなかったのである．タヌキの捕食によって消滅してしまったのか，と考えていたのであるが，溜糞の調査でアオオサムシの破片が少数確認された．赤坂御用地にも，まだアオオサムシは残っていたのである．さて，飛ぶことのできないアオオサムシがこの地で復活するか消滅するかは，今後のタヌキの個体数の増減にかかっているのだろう．

次世代へ残すもの

　国立科学博物館が皇居など都区内の大型緑地の調査を開始して10年が経過している．調査の回数もさることながら，採集した個体を標本にし，可能な限り正確に同定し，報告書に公表するという作業は，たいへん手間のかかるものである．しかし，この一連の調査で収集し蓄積した膨大な資料は，将来の再検討や検証に耐えられる標本として国立科学博物館に残されている．

文献

Endo, H., T. Kuramochi, S. Kawashima and M. Yoshiyuki, 2000. On the Masked PlamCivet and the Racoon Dog introduced to the Imperial Palace, Tokyo, Japan. *Mem. natn. Sci. Mus., Tokyo*, (35): 29-33.

樋口正信．2001．自然教育園のコケ類．自然教育園報告，(33): 11-20.

神奈川県立生命の星・地球博物館（編）．2004．小笠原における昆虫相の変遷—海洋島の生態系に対する人為的影響．神奈川県立博物館調査研究報告，(自然科学)，(12), 88 pp.

柏谷博之・G. トール・文　光喜．2001．自然教育園の地衣類．自然教育園報告，(33): 21.

毎日新聞社社会部・写真部（編）．1954．皇居に生きる武蔵野．毎日新聞社．114 pp.

西海　功・柿澤亮三・紀宮清子・森岡弘之，2000．皇居の鳥類相（1996年4月－2000年3月）．国立科学博物館専報，(35): 7-28.

Nomura, S., T. Kishimoto and Y. Watanabe, 2000. A faunistic study on the staphylinoid beetles (Insecta, Coleoptera) from the garden of the Imperial Palace, Tokyo, Japan. *Mem. natn. Sci. Mus., Tokyo*, (36): 257-286.

小野展嗣．2000．皇居の庭園と濠のクモ．国立科学博物館専報，(35): 127-145.

大和田守・有田　豊・神保宇嗣．2001．自然教育園の蛾類．自然教育園報告，(33): 251-280.

大和田守・有田　豊・神保宇嗣・岸田泰則・中島秀雄・池田真澄・平野長男．2006．皇居の蛾類モニタリング調査（2000-2005）．国立科学博物館専報，(43)：印刷中．

大和田守・有田　豊・神保宇嗣・岸田泰則・中島秀雄・池田真澄・新津修平・慶野志保子．2005a．赤坂御用地の鱗翅類．国立科学博物館専報，(39): 55-120.

大和田守・有田　豊・神保宇嗣・新津修平・慶野志保子．2005b．常盤松御用邸の蛾類．国立科学博物館専報，(39): 121-145.

大和田守・有田　豊・岸田泰則・池田真澄・神保宇嗣．2000．皇居の蛾類．国立科学博物館専報，(36): 115-168.

Plant, C. W. (ed.). 1999, 2001. The natural history of Buckingham Palace Garden, London. Part 1, *Lond. Naturalist*, (78, suppl.): 1-108; Part 2, *Ditto*, (80, suppl.): 109-330. London Natural History Society.

斉藤洋一・大和田守・加藤俊一・井上繁一，2006．皇居のトンボ類モニタリング調査（2001-2005）．国立科学博物館専報，(43)：印刷中．

自然環境研究センター（編）．2003．新宿御苑動物相調査報告書．(財)自然環境研究センター．34 pp.

須田真一．2002．自然教育園のトンボ類．自然教育園報告，(34): 107-130.

手塚牧人・遠藤秀紀．2005．赤坂御用地に生息するタヌキのタメフン場利用と食性について．国立科学博物館専報，(39): 35-46.

友国雅章・斉藤洋一．2000．皇居のトンボ．国立科学博物館専報，(36): 7-18.

上野俊一．2000．皇居の庭園に見られる爬虫両生類．国立科学博物館専報，(35): 51-55.

山本　優．2000．皇居で得られたユスリカ．国立科学博物館専報，(36): 381-395.

吉行瑞子．2000．皇居のアブラコウモリについて．国立科学博物館専報，(35): 35-39.

付録　日本列島の自然史科学的総合研究

「日本列島の自然史科学的総合研究」は，昭和42年（1967）にスタートし，以来平成13年度（2001）までの35年にわたって続けられてきた．国立の研究機関としては，例を見ない長期研究プロジェクトであった．本書企画の原点は，このプロジェクトの成果を盛り込み，日本列島の自然史を一般の方々にも紹介したいというものである．この研究プロジェクトを計画した職員も，最初の野外調査に参加した若手職員もすでに退官し，研究の一線から退いた方や，故人となられた方も少なくない．そこで本書の最後に，「日本列島の自然史科学的総合研究」の発足した経緯や意義を記録しておくことにする．

昭和37年（1962），国立科学博物館に自然史科学研究センターとしての機能が加えられ，研究体制の拡充・強化がはかられた．その一環で多数の研究職職員の増員があった．しかしながら，当時の標本資料は国立科学博物館の長い歴史にもかかわらず質・量ともに不十分で，自然史研究部門をあげての独自の研究プロジェクトも発足していなかった．そうした状況下にあって，当時の杉江清館長のもと，黒川逍（植物学），上野俊一（動物学），氏家宏（地学）らを中心とした若手職員は，自然史研究の新規プロジェクトの必要性を熱く語り，議論し，実現へと邁進していった．

「日本列島の自然史科学的総合研究」プロジェクトの発足にあたり，計画の趣旨の最後には次のように述べられている：「この総合研究によって，日本列島がもっている自然史科学的な実体と特性を明らかにするとともに，資料の系統的・総合的な収集と永久保存が可能となるであろう．さらに，最近しばしば問題となる地域開発と自然保護の問題についても両者の調和を計りながら，国土を効率的に利用するための，学術的な基礎資料を提供することができよう．また，一方では，国民が国土のもつ自然史科学上の財産についての理解を深める一助ともなるであろう」

昭和42年のスタートは，陸中海岸と早池峰山を対象に単年度の変則的な計画であった．以後は対象地域を2年で調査し，調査した年の翌年に成果を「国立科学博物館専報」に報告するスタイルが確立した．調査地域は生物地理学的な特性を考慮して，1期6年の単位で4期23年の計画とされた．途中，昭和47年（1972）には沖縄の日本返還が実現することになり，47年度～48年度は琉球列島が対象となった．当時は交通や通信事情が悪く，調査に多くの困難があったようだ．なお，このプロジェクトに関連して，昭和47年には新宿地区に分館が建てられ，自然史研究でもっとも根幹をなす標本資料の保管と研究を継続的かつ一体化して行う体制が整えられた．

プロジェクト発足当時の予算は1,000万円ほどで，当時としては大プロジェクトであった．予算的には第3期の始まった昭和53年（1978）頃より漸減し，当時の物価上昇の中で実質的目減りは避けようがなかった．しかし，プロジェクト発足当時の熱意と意義は新しく加わった研究職員に引継がれていった．第4期に入ってまもなく，本プロジェクトの総括と後継プロジェクトの議論がなされた．その結果，総括の準備と調査空白域をさらに調査するということで，第5期と第6期の2期12年の計画を続けるようになった経緯がある．

表　日本列島の自然史科学的総合研究の概要.

年度計画	調査年度	調査地域	参加人数	報告書（専報）
I-1	1967	陸中海岸・早池峰山	30	No. 1 (1969)
I-2	1968 - 69	対馬（一部壱岐を含む）	57	Nos. 2 (1969), 3 (1970)
I-3	1970 - 71	北海道日高山系	49	Nos. 4 (1971), 5 (1972)
II-1	1972 - 73	琉球列島	69	Nos. 6 (1973), 7 (1974)
II-2	1974 - 75	西南日本外帯	67	Nos. 8 (1975), 9 (1976)
II-3	1976 - 77	伊豆・マリアナ島弧	42	Nos. 10 (1977), 11 (1978)
III-1	1978 - 79	南アルプスと紀伊半島	45	Nos. 12 (1979), 13 (1980)
III-2	1980 - 81	富士・箱根・伊豆	52	Nos. 14 (1981), 15 (1982)
III-3	1982 - 83	東北脊梁山地	46	Nos. 16 (1983), 17 (1984)
IV-1	1984 - 85	北陸・山陰地域	55	Nos. 18 (1985), 19 (1986)
IV-2	1986 - 87	津軽海峡を挟む地域	48	Nos. 20 (1987), 21 (1988)
IV-3	1988 - 89	奄美諸島・トカラ列島	39	Nos. 22 (1989), 23 (1990)
V-1	1990 - 91	北海道北部	44	Nos. 24 (1991), 25 (1992)
V-2	1992 - 93	北海道東部	44	Nos. 26 (1993), 27 (1994)
V-3	1994 - 95	阿武隈山地	40	Nos. 28 (1995), 29 (1996)
VI-1	1996 - 97	中国地方西部および九州北部	44	Nos. 30 (1997), 31 (1998)
VI-2	1998 - 99	瀬戸内海	39	Nos. 32 (1999), 33 (2000)
VI-3	2000 - 01	関東山地	52	Nos. 37 (2001), 38 (2002)

国立科学博物館における研究活動（平成11年）その他の資料から作成．

　これまでの調査対象地域と調査の概要は別表に示した．調査研究にあたっては，当博物館の職員に加えて，一部は館外の研究者にも調査研究を委嘱した．調査に参加した延べ人数は862人である．得られた研究成果は「国立科学博物館専報」全35冊に収載されている．論文数は702篇，総ページ数は7,446ページにおよぶ．

　このプロジェクトによって日本各地から収集され，標本として登録・保管された標本は十数万点に達する．国立科学博物館のコレクション充実に大きく寄与したことは疑いない．それらは，研究の証拠標本としてだけではなく，日本の生物の多様性や日本列島の生い立ちを理解するための研究素材として，プロジェクト終了後も幅広く活用されている．また，プロジェクト発足の当初はあまり強く意識されていなかったと思うが，蓄積された標本資料には，当時の自然だけでなく，環境の状況が記録されており，地球環境の変遷や変動などの新たな観点からの研究が期待できる．20世紀後半の日本列島における，自然のモニタリングの研究素材として活用され続けるであろう．

　本研究プロジェクトの期間を通じて，当時の文部省（現　文部科学省），文化庁，厚生省（現　厚生労働省），環境庁（現　環境省），各地方営林署，地方自治体，さらに多くの民間団体や個人からは多大のご支援とご協力をいただいた．

日本列島の自然史編集委員会

索　引

【あ】

藍藻綱　254
アイヌ　279, 280, 290
アオオサムシ　330
アオカビ　184
アオキ　88
アオゲラ　99, 106
アオサ藻　256-258
アオサ藻綱　253, 254
アオサ藻類　254, 257, 258
アオバト　104
アオヤギソウ　122
アオヤンマ　326
明石型植物群　76
明石人骨　273
アカゲラ　99
アカコッコ　98, 106
赤坂御用地　325
アカショウビン　102
アカショウマ　154
アカネズミ　96
アカハラダカ　104
アカヒゲ　98, 102, 106
アカボウクジラ　198
アカマツ　313, 314
アカモズ　104
アカモンガニ科　230
亜寒帯　60
亜熱帯　60
亜寒帯海域　217
亜寒帯針葉樹林　5, 81
亜寒帯落葉広葉樹林　91
アコウ　83
アゴハゼ　212, 213
浅貝動物群　64
アサヒアナハゼ　213
アサヒガニ科　231
朝日動物群　64
アジア大陸　205
アシウスギ（ウラスギ）　86
足尾帯　28
芦屋動物群　64
亜種　98, 133
阿仁合型植物群　71
厚岸　208
アツモリウオ　210, 212
アトスジチビゴミムシ群　114
アトスジチビゴミムシ属群　144
亜熱帯　244, 247, 248, 249
亜熱帯海域　217
亜熱帯循環　66
亜熱帯林　83
阿武隈山地東縁　25
阿武隈帯　24
アブラコウモリ　327
アフリカ単一起源説　296
アベマキ　85
アマツバメ　102
アマミヤマシギ　102, 106
アマモ場　213

アミメハギ　212, 213
アメリカ　206
アメリカ先住民　302
アラカシ　85
アラメヒゲブトアリヅカムシ属　173
有明海　214
アリヅカムシ　173
アルーラ　49
Arcid-Potamidid 動物群　65
アルタイキンポウゲ　119
アルバイエラ　56
アロワナ　211
アワダチソウグンバイ　171
アンガラ植物群　28
アンティポフブナ　73

【い】

イイジマムシクイ　98
イイダコ（望潮魚）　218
硫黄島　106
烏賊　218
生きた化石　161
イザナギ・プレート　30
イシサンゴ類　242, 243
イシダイ　211, 213, 214
異常繁殖　329
伊豆・小笠原弧（伊豆小笠原弧）　5, 13, 32
イスカ　99
伊豆諸島　208, 214
イスノキ　83, 92
イソギンチャク　244, 246
イソギンチャク類　242, 244
イソギンポ科　209
イソヒヨドリ　102
遺存固有　156
イチョウ属　76
イチョウハクジラ　200
一斉造林　312
イットウダイ　214
イヌドウナ　88
イヌヤマハッカ　88, 153
イノセラムス　54
異放サンゴ　45
イルカ　193
イワキナガチビゴミムシ種群　113, 115
岩坪谷　43
イワハタザオ　154
イワミアザミ　155
イワユキノシタ　148, 150
いわゆるニタリクジラ　195
殷墟　289
インド－西太平洋　238
インド－西太平洋　232
インドクジャク　107
インドネシア　206
インドネシア海路　66
隠蔽種　233
インベントリー　184, 186

【う】

ウェストン　314
ウェンツェレラ　46
ウキゴケ属　125
ウグイス　102, 104
ウサギ　94
齲歯　281
ウシガエル　329
牛川人骨　273
ウスヒザラガイ科　237, 238
渦鞭毛藻類　253
渦虫類　245
ウスユキソウ　159
ウゼンアザミ　155
ウソ　99
ウタツ魚竜　53
ウチワイカ　221
ウニ類　239, 241, 242
ウヌマ　56
ウネ　195
ウネブクロ　195
ウバメガシ　84
ウミユリ類　239
ウメザキサバノオ　157
ウラジロカガノアザミ　156
ウラナイカジカ科　215
ウルップソウ　158
雲南省　305

【え】

永久凍土　19
SNP　297
エゾアカゲラ　99
エゾウスユキソウ　159
エゾオオアカゲラ　99
エゾコゲラ　99
蝦夷山系　14
エゾフクロウ　99
エゾマツ　90
エゾヤマセミ　99
エゾライチョウ　99
エチゼンクラゲ　242
エナガ　99, 104
エナメル質　294, 295
エナメル質の形成不全　281
エネンテルム科　248
エノキ　85
エボシガイ科　243, 244
縁海　5
エンコウガニ科　228
エンシュウツリフネソウ　93
エンドファイト　182
エンドブス　48
遠洋性深海堆積物　27

【お】

オウギガニ科　227, 230
オウギハクジラ　200
オオアカゲラ　99, 102
大型緑地　325

索引—*333*

オオクイナ 101	隔離 133	ギガントプロダクタス 47
大桑・万願寺動物群 61	カクレゴケ 127	ギギ科 210
オオコノハズク 102	掛川動物群 61	偽菌類 177
オオサワトリカブト 122, 154	カケス 99, 101, 104	キクイタダキ 99
オオシラビソ 90, 92	花崗岩 25	気候的条件 81
オーストラリア 205, 206	花崗岩ペグマタイト 41	気候要因 124
オーストラリアハイギョ 211	カゴメウミヒドラ科 246	岸田久吉 161
オーストンヤマガラ 99	カササギ 104	基質嗜好性 179
オオタカ 99, 325	火山フロント 12	キジバト 102
オオトガリウチワイカ 226	カジカ科 209	貴州サンゴ 46
オオバクロモジ 88	ガジュマル 83	希少種 98
オオバンヒザラガイ 236, 237	カシ類 92	魏志倭人伝 311
オオヒラウスユキソウ 159	カズハゴンドウ 202	ギスカジカ 211, 213
オオヘビガイ 243	化石氷楔 19	寄生虫 245, 250
オオメダコ 221	カタイシア植物群 26, 51	季節風 16
大山盛保 264	花虫類 242	キセルカゴメウミヒドラ 246
オガサワラガビチョウ 104-106	カツオクジラ 196	北アジア 288
オガサワラカラスバト 104-106	褐藻 252, 253, 257, 258	キタキバシリ 99
小笠原諸島 105	褐藻綱 253	キタクシノハクモヒトデ 239
オガサワラマシコ 104, 106	褐藻類 254, 257, 258	北太平洋深層水 217
小片保 273	活断層 14	北太平洋中層水 217
オガラバナ 90	カナダ 206	キタタキ 104, 105
沖縄 207, 267	カニコウモリ 90	キタダケソウ 157
オキナワウラジロガシ 83	カニ類 227, 228, 230-232	キタビゴミムシ亜属 144
オキナワキムラグモ属 161	ガビチョウ 107	キダチヒラゴケ 126
オキナワシジュウカラ 99	カブトヒザラガイ科 238	キツリフネ 93
オキナワミミイカ 223	上麻生礫岩 43	キヌカジカ 213
オキナワルリチラシ 133	カメノテ 243	キヌバリ 211, 213
奥谷喬司 219	カメバヒキオコシ 88, 153	きのこ 179
雄交尾器 173	カメムシ 166-168	キバシリ 99
オサガニ属 230	カメムシ相 166	キビタキ 102, 104
渡島半島 112, 144	カヤクグリ 106	キムラグモ属 161
オヒルギ 81, 82, 92	カラスバト 102, 104	旧北区系 103
オフィストレベス科 248	カラフトミヤマイチゲ 157	九州・パラオ海嶺 32
オペコエルス科 249, 250	カラミテス 51	旧石器遺跡捏造 263
オホーツク・プレート 31	カルデラ火山 15	旧石器時代 276, 280
オホーツク海 207	カレイ科 212	旧石器人 8
親潮 6, 16, 193, 206, 217, 227, 238	カワガラス 99	旧石器人骨 263
親潮海流 257	カワゴケ 125	吸虫類 245
温室化現象 64	カワハギ 213	休眠性 134
温帯 249	カワハギ科 214	共進化 248
温帯海域 217	カワウスユキソウ 159	共生 244
温帯系 238	寒温帯常緑針葉樹林 90, 91	極相 81
	寒温帯性針葉樹林 116	キョクチチョウノスケソウ 118
【か】	眼窩 265, 287	棘皮動物 240, 241
カール 116	環境変動 8	棘皮動物門 239
外弧 3	環境保護 184	魚類相 205, 206
海溝 11	環形動物 244	ギリオウケン科 248
海溝允填堆積物 26	カンザシゴカイ科 243	キリギシソウ 157
外耳道骨腫 282	カンザシゴカイ類 244, 245	菌根菌 182
海水準の変動 63	鉗子状 265	ギンバイソウ 150
海生菌 180	岩礁 237	キンバト 101, 103
海鳥 106	環太平洋造山帯 11	金原明善 312
貝塚 276, 277, 281	間氷期 17, 39	菌類 176
海綿動物 242	カンムリックシガモ 104, 105	菌類インベントリー 185
海洋生物地理 60	カンムリワシ 101, 103	
海洋法 205	寒流 206, 256	【く】
外来種 107	寒流系 232, 236, 238, 245, 247, 249, 250	区系植物地理学 109
外来生物法 170	寒冷水塊 67	クサウオ科 210
海流 206		クサズリガイ科 237
貝類 232, 233, 236, 245	【き】	クサリゴケ科 127
カエデ 89	紀伊半島 207	クサリサンゴ 45
カガノアザミ 155, 156	気温の低減率 81	クジラ 193
角閃岩 26	ギガントプテリス 51	クジラヒゲ 193

クジラ目　193
葛生人骨　271
クスノキ　84
クヌギ　85
クビカザリイソギンチャク科　244
クマ　94
クマゲラ　99
クマタカ　99, 104
クモ　161
クモガニ科　227, 231
クモヒトデ科　239
クモヒトデ類　239-241
クモマキンポウゲ　118, 119
クラゲ　242, 243, 246
クラサワメクラチビゴミムシ類　145
クリ　85
クリガシ　85
クリガニ科　231
クリプト藻類　254
クルマユリ　122
グレートバリアリーフ　215
黒鉱鉱床　41
黒潮　6, 16, 66, 193, 206, 217, 227, 232, 238, 244, 245, 248
黒潮海流　257
黒潮前線　61
黒瀬川構造帯　25, 30
黒田長禮　106
クロマツ林　314
クロミスタ生物　177
クロモジ　88
グンナイフウロ　122
グンバイムシ　171

【け】
脛骨　266
珪藻　252, 253
珪藻類　174
形態距離　290
傾動運動　15
ケーチョーフィラム　46
ケーテーテス　46
ケガニ　231
ケハダヒザラガイ科　236-238
ケムシヒザラガイ科　237
ケヤキ　85
ゲンゲ科　209
原生自然環境保全地域　317
ケンペル　312

【こ】
コアカゲラ　99
コイ科　210
高圧変成帯　24
甲殻　228
甲殻類　232
皇居　325
高山植物　118, 120, 122, 123
高山帯　116
コウジカビ　183
コウスユキソウ　159
紅藻　252, 253, 257
紅藻綱　253
紅藻類　254, 257, 258

後頭骨　265
江南地域　289
コウノトリ　105
コウモリソウ　88
コウライウグイス　104
五界説　176
小型の緑地　325
コガラ　99
コククジラ　195, 197
国際自然保護連合　318
国際頭足類諮問評議委員会　223
国際動物命名規約　222
国立科学博物館　228, 232-234, 236, 238, 246, 247, 249
コケガ類　329
コケ植物　125
コゲラ　99, 102
コサナエ　326
湖沼珪藻土　34
コシキワタゾコダコ　221
古地磁気　33
ゴジュウカラ　99, 101
コジュケイ　98
古人口学　283
古人骨のDNA分析　303
古代魚　211
五島列島　128
コナラ　85, 314
コナラ属　70
コナラ林　313
ゴニアタイト　49
コノドント　28, 43, 50
コブシガニ科　231
コブハクジラ　200
古墳時代人　287
コミネカエデ　90
コメツガ　116
コモチシダ　69
固有種　96, 106, 158
国有林　312
御料林　315
コルダイテス　51
混合水域　208
ゴンズイ　212, 214
ゴンズイ科　214
昆虫　162-166
昆虫相　162, 163, 165
ゴンドワナ　23
コンプトニア属　73
ゴンベ　214

【さ】
細胞性粘菌　188
サイシュウキリガイダマシ　62
採集狩猟生活　269
最終氷期　116
サカキ　84
サガミジョウロウホトトギス　150
相模トラフ　39
相模湾　214
サキシマスオウノキ　81
佐々木望　218
叉状研歯　283

雑種形成　154
里山　314, 315, 317
里山林　315
サバリテス　68
サラサドウダン　92
三角州　16
三郡・蓮華帯　27
サンゴ　230, 232
サンコウチョウ　102, 104
サンゴガニ科　230, 232
サンゴ礁　206, 207, 227, 232, 242, 247
サンゴヤドリガニ科　232
サンショウクイ　102
山頂洞人　272
山東省　289
三内丸山　86
三波川帯　25, 39
散布体　124

【し】
シイ　92
シイタケ　183
シイ林　314
潮だまり　212
塩原・耶麻動物群　62
シオマネキ属　230
志賀重昴　313
シカマイア　49
歯冠径　289
四国　207
四国海盆　32
四肢骨　266, 278
四肢骨の扁平性　278
シジュウカラ　99, 102
始新世植物群　68
始新世末の寒冷化事件　64
シストロキス科　248
沈み込み　24
自然教育園　325
自然史　227, 244-246
自然堤防帯　16
自然林　315
歯槽骨　265
シソバキスミレ（シソバスミレ）　158
シダレウニゴケ　130
シベリア地塊　28
刺胞　243, 244
四放サンゴ　45
刺胞動物　242, 243, 246
シホテ・アリン山脈　113
シマエナガ　98, 99
シマフクロウ　98, 99
シマホタルブクロ　154
シマホルトノキ　83
四万十帯　27
下地原洞穴人骨　270
下末吉海進　39
シモツケアザミ　156
シャチ　202
シュードシュワゲリナ　44
宿主　245, 248-250
シュドフィリップシア　48
小起伏面　14
条虫類　245

索引—*335*

床板サンゴ　45	スルガジョウロウホトトギス　150	大腿骨　266
上部港川人骨　270	駿河トラフ　39	タイプ標本　133, 222, 232, 233, 236
縄文海進　39	駿河湾　214	タイヘイヨウアカボウモドキ　200
縄文時代　8, 276	スルメイカ (柔魚)　218	太平洋プレート　30
縄文時代人　287	ズワイガニ科　231	第四紀　17
縄文時代人骨　276	スンダ歯型　277, 278	タイリンヤマハッカ　153
縄文人　8, 266, 276, 284, 303		苔類　127
縄文人の寿命　283	【せ】	タウエガジ科　212
縄文人の人口　283	セアカゴケグモ　161	タカアシガニ　227
照葉樹　84	生活史　133	タカサゴカケス　101
照葉樹林　5	生存適応戦略　61	タカネキンポウゲ　119
常緑広葉樹林　5	生態系　162, 170	瀧巌　218
常緑針葉樹林　90	生態系の保全　8	ダキクモヒトデ　241, 242
ジョウロウホトトギス　150	生態系保全地域　317	竜ノ口動物群　61
昭和天皇　246	西南日本弧　5, 13	ダケカンバ　91, 92
植物群　76	生物資源　184	ダケカンバ林　92
植物相　128	生物多様性　162, 163	タジマアザミ　155
植物地理学　109	生物多様性条約　162	多食性　329
植物病原菌　182	生物地理学　109, 110	多地域連続進化説　296
植物プランクトン　208	生物地理区　99	タヌキ　329
植林事業　315	世界遺産　317	タブノキ　83, 84
シラビソ　90, 92, 116	脊索動物　243, 244	タマホコリカビ属　188
シロガシラ　101, 103	セッカ　102-104	多様性　162, 165
シロハラゴジュウカラ　99, 101	石灰岩　27	多様度指数　165
深海　227, 233, 234, 236, 237, 239, 240, 242, 247, 249, 250	石灰岩植物　159	タラバガニ科　231
深海性魚類　210	摂餌海域　195	ダルマエナガ　104
新鉱物　41	節足動物　243	単一樹種　312
人工林　312, 315, 316	絶滅　106, 329	暖温帯　60
新固有　154, 156	絶滅危惧種　126, 185, 321	暖温帯常緑広葉樹林　83-85
新種　162, 163, 170, 232, 235, 236, 239, 246, 247	絶滅危惧II類　161	暖温帯常緑針葉樹林 (中間温帯林)　86
新庄型　76	セミクジラ　193	暖温帯落葉広葉樹林　85-87
新人　263	遷移　81	段丘　20
新石器時代　276, 279	漸移帯　60	短日休眠　134
新属　162	尖閣諸島　95	単食性　329
針葉樹・広葉樹混交林　5	前弧海盆　3	単生虫　245
森林生態学　312	扇状地　16	断層　14
森林ツンドラ　91	染色体　96	タンチョウ　98
人類学　293	漸深　236	短頭　291
	漸新世植物群　69	短頭化現象　292
【す】	前頭骨　264	暖流　206, 244, 256
ズアカアオバト　101	蘚類　126	暖流系　227, 236-238, 247-249
吸いあげ　193		
水生不完全菌類　180	【そ】	【ち】
垂直分布　258, 259	層孔虫　45	地衣　181
推定身長　266	ソウシチョウ　107	地域差　280, 281
水平分布　254, 259	葬送儀礼　269	地衣類　321, 329
頭蓋の非計測的小変異　279	相同群集　61	地形の配列　14
スカルン鉱床　41	宗谷海峡　60	地史的要因　124
スギ　92, 312	宗谷岬　207, 208	千島弧　5, 13, 37
漉きとり　193	続縄文時代　290	チシマザサ　88
スキューバダイビング　233, 237	側頭筋　265	千島列島　208
スギ林　86	ソコダラ科　209, 210	秩父帯　28
スケトウダラ　215	ソハヤキ地域　151	チトクロムb　101
鈴木尚　273	襲速紀要素　148	チビゴミムシ類　112, 137, 138
スズタケ　88	ソハヤキ要素　147-150, 152	地方版のレッドデータブック　319, 320
スズメ　98, 99		チマキザサ　88
スズメダイ　208	【た】	チャガラ　211, 213
スズメダイ科　209	大気汚染　329	チャワンタケ　185
スダジイ　83	第三紀要素植物　76	チャート　27
スナガニ科　228, 230	台島型植物群　71	中央アジア　288
スナメリ　202	タイシャクフィラム　46	中央構造線　28
スピリファー　47	胎生種子　82	中央海嶺　26
	堆積型マンガン鉱体　41	中間温帯　60, 86
	堆積平野　15	中間温帯性針葉樹林　89

中間宿主　245
昼行性　134
中国歯型　277, 278
中国東北部　303
中朝地塊　26
中頭　291
中部地方の高山　114
チュンベリー　312
超塩基性岩の植物　156, 157
超塩基性岩変型植物　158
潮間帯　233, 237, 240, 242, 259
長日休眠　134
チョウセンゴヨウ　116
朝鮮半島　104, 303
超大陸　23
チョウチョウウオ　208
長頭　291
長頭化現象　292
チョウトンボ　326
チョウノスケソウ　92, 117, 118
直角貝　49
地理的変異　133

【つ】
津軽海峡　99, 207
尽山　311
対馬海峡　60, 103
対馬海流　16
対馬暖流　6, 207, 217, 227, 238, 245, 257, 258
角島　196
ツノシマクジラ　196
ツバメ　98
ツミ　99, 102
ツリガネニンジン　154
ツリフネソウ　93
ツリフネソウ属　93

【て】
ディクチオフィラム - クラスロプテリス　56
底生動物　227, 241
DNA　121
データベース　232, 236
DDBJ　302
D ループ　297
テギレダコ　222
テチス海　64
手取化石植物群　57
テナガダコ（石矩）　218
テバコモミジガサ　147
テリハボク　83
デレピネア　47
テン　94
テンジクダイ科　209
天然記念物等　317
天龍林業　312

【と】
ドイツ　312
頭蓋　286
頭蓋計測値　286
頭蓋骨　286
頭蓋最大長　292

頭蓋最大幅　292
頭蓋長幅示数　292
東京湾　197
島弧　3, 11
頭骨　277
頭足類　218
同定　235, 238, 241
トウヒ　90, 116
動物地理学　109, 110
動物プランクトン　208
東北地方の高山　113
東北日本弧　5, 13, 37
渡海による拡散　138
トガクシショウマ　152
トガサワラ　92
トカラ海峡　101, 206
トガリネズミ　95
トキ　98, 104, 105
常盤松御用邸　325
特定外来生物　170
トクビレ科　212
土倉庄三郎　312
トゲナガクモヒトデ科　241
都市化　325
ドジョウ科　210
ドスイカ　220
土地的条件　81
トドマツ　90
ドバト　98
富山湾　214
渡来系弥生時代人　287
渡来系弥生人　303
渡来民　289
トラツグミ　102
ドリアス植物群　118, 119
トリゴニア　54
トリティシーテス　44
鳥の巣石灰岩　54
ドレッヂ　233, 242, 246
登呂遺跡　86

【な】
内弧　3
内部骨片　173
直良信夫　273
ナガスクジラ　193
ナガチビゴミムシ群　113
ナガチビゴミムシ属　112, 113, 140, 141
ナガチビゴミムシ属群　139, 141
ナガトアザミ　155
ナガトフィラム　46
ナッセラリア　56
ナマコ類　239
ナマズ科　210
縄張り　230
南海トラフ　39
軟体動物　232, 236, 243
南部フォッサマグナ　39
南部北上山地　25
南方系統　122

【に】
二界説　176
ニギス科　215

ニジカジカ　210
二重構造論　302
二次林　314
二生虫　245, 247, 248, 250
ニタリクジラ　196
日華区系　90
日石サンゴ　45
ニッパヤシ　81, 83, 92
ニッポニテス　55
ニポニテラ　44
日本海　34, 215
日本海溝　5, 205, 214
日本海深層水　217
日本海中層水　217
日本海要素　147, 152
日本固有　232
日本固有種　106, 151, 227
日本産魚類　206
日本産昆虫総目録　163, 166
日本自然保護協会　316
日本新記録　233, 234
日本新記録種　246
日本の植生区分　92
日本のレッドデータブック　318
日本風景論　313
日本列島　124, 165, 205, 227, 232, 236, 238, 245, 263
日本列島の自然史科学的総合研究（日本列島総合調査，日本列島調査）　219, 228, 233, 238, 241, 244-247, 290
二枚貝類　243
二名法　218
ニュージーランド　206

【ね】
ネズミ　94
ネズミイルカ　202
熱水鉱脈　41
熱帯　60, 232, 238, 245, 247, 248
熱帯・亜熱帯境界　61
熱帯海中事件　65
温帯系　238
根室海峡　195
年較差　61
年平均温度　61

【の】
脳容積　264
ノグチゲラ　102, 106
ノコメメクラチビゴミムシ属　145
ノジコ　104
ノスリ　99
呑みこみ　193
ノルマンクモヒトデ　241
野呂理左衛門　311

【は】
歯　277
背弧海盆　5
ハイタカ　99
排他的経済水域　205
ハイマツ　92
ハイマツ林　81, 92
ハガクレツリフネ　93

ハクサンイチゲ 120, 121	飛騨外縁帯 25	プロソゴノトレマ科 248
ハクサンカメバヒキオコシ 153	ヒダカソウ 157	分化 147, 155, 156
ハクサントリカブト 123	日高・夕張地域 112	分解者 179
ハクジラ 198	飛騨帯 24	分子系統学 177
ハクセキレイ 99	ヒトデ類 239-241	分子人類学 296
ハクビシン 329	ヒドロ虫類 242, 246	分布 167, 168, 171, 181
博物館 186	ヒナウスユキソウ 159	分布拡大 170
箱虫類 242	ヒノキ 92, 312	分布型 126
ハシブトガラ 98, 99	ヒプシサーマル（高温）期 86, 122	分布図 125
ハシブトガラス 99, 102, 103	ヒミズ 95, 96	分類 227, 233, 242, 243, 246, 247, 250
ハシブトゴイ 104	ヒメアオキ 88	分類学 163, 164, 232, 233, 236
ハシボソガラス 99	ヒメカラマツ 118	
ハシボソゴケ 130	ヒメシャジン 122	【へ】
バショウ類 68	ヒメシャラ 148, 149	平均寿命 283
ハゼ 206	ヒメバラモミ 116	ヘイケガニ科 228
ハセイルカ 201	ヒメモチ 88	ベーリング陸橋 67
ハゼ科 208	氷河 116, 117	ヘクソカズラグンバイ 171
長谷部言人 273	氷河性海面変動 21	ヘテロカニニア 46
ハタ科 208	氷河地形 19	ベニイトトンボ 326
ハダカイワシ科 209, 210	氷期 17, 39	ヘミウルス科 245, 247, 250
八丈島 208, 214	氷期植物群 77	ベラ 208
ハチジョウショウマ 154	標本 233, 235, 245, 247	ベラ科 208
蜂須賀線 101	ヒヨドリ 99, 102, 103	ヘリコプリオン 50
鉢虫類 242	ピラスター状大腿骨 278	ベレレフォン 49
ハチノスサンゴ 45	ヒラタハバチ類 108	変形菌 179
バッキンガム宮殿 328	ヒラムシ類 245	扁形動物 245
抜歯 269	ヒルギダマシ 81	扁平脛骨 278
ハップスオウギハクジラ 200	ヒルギモドキ 81	片麻岩 26
歯の磨耗 280	ピンザアブ人骨 270	ペンローズ 290
ハバチ類 108		
ハプログループ 297	【ふ】	【ほ】
ハプロタイプ 121	フィールド調査 233	ホウキアザミ 156
浜北人 280	フィリップシア 48	放散虫 27, 56
浜北人骨 269	フィリピン 215	放射性炭素法 269
ハマシャジン 154	フィリピン海プレート 32	房総半島 207
ハヤチネウスユキソウ 159	風習的抜歯 282	ホウボウ科 215
ハラフシグモ科 161	フウ属 73	ホオジロ 104
パラフズリナ 44	フェロディストマム科 249	ホクヨウイボダコ 221
ハリス線 269	フォッサマグナ要素 153, 156	ホシガラス 99
ハリブキ 90	付加体 24	ホソエノアザミ 156
パンゲア 23	フクイサウルス 58	ホソバトリカブト 154
繁殖 124	フクイラプトール 58	ホソバヒナウスユキソウ 159
繁殖海域 195	フクイリュウ 58	ホタルブクロ 154
ハンドウイルカ 201	フクロウ 99	北海道 207
	フサカサゴ科 209	北海道の高山 111
【ひ】	フジアカショウマ 153, 154	ホットスポット 161
PCR法 303	富士山 15	北方アジア人 288
東シナ海 206	フジツボ科 243, 244	北方系統 122
東太平洋海膨 11	フジバシデ属 70	哺乳類 94-97
干潟 214, 230	フジハタザオ 154	ホモラ科 231
ヒガラ 99	フズリナ 43	ホヤ類 243-245
ヒカリダンゴイカ 221, 223	不正咬合 284	ホランディテス 53
ヒクイナ 102	フタバスズキリュウ 57	ポリプ 242, 246
ヒゲ板 193	付着動物 242-244, 246	本州 207
ヒゲクジラ 193	沸石 41	ホンセイインコ 107
ヒゲハリスゲ 92	ブナ 88, 90, 92	本土日本人 305
ヒゲヒザラガイ科 237	ブナ属 71	
ヒコサンヒメシャラ 148, 149	ブナ林 5, 88	【ま】
微細藻類 174	ブラキストン線 99	マイヅルソウ 90
ヒザラガイ類 236-239	プランクトン 206	マイルカ 201
ヒシガニ科 231	プラタナスグンバイ 171	マガキ 243
微小甲虫 173	プラナリア 245	巻貝類 233, 235, 237, 243
聖嶽人骨 273	ブリ 215	マスストランディング 199
飛騨・隠岐帯 27	プレートテクトニス 23	マダコ（章魚） 218

マダラ　215
マダラガ科　133
マダラヒザラガイ科　237
マチガル動物群　64
マッコウクジラ　198, 199
マツノザイセンチュウ　314
松葉石　44
マツバダコ　221
マハラノビスの汎距離（D2）　288
マボヤ科　243
マミジロクイナ　104
マヤプシキ　81, 82
マルダイゴケ　125
マルバハマシャジン　154
マルバマンサク　88
マングローブ　215
マングローブ植物の花粉　74
マングローブ林　81-83
マンサク　88

【み】
未記載種　234
御蔵島　128
ミクロネシア　215
眉間　265, 287
三崎臨海実験所　222
未詳種　238, 239
ミズゴケ類　125
ミズナラ　90, 92
ミズヒキガニ科　231
ミソサザイ　99
三ヶ日人骨　271
三徳型植物群　75
ミトコンドリア・イブ説　296
ミトコンドリア DNA（mtDNA）　101, 105, 296
港川人　264, 280
南方熊楠　313
ミナミコメツキガニ科　228
ミナミハンドウイルカ　201
ミネズオウ　118
美濃・丹波帯　28
ミフウズラ　99
三宅島　208, 214
ミヤコザサ　88
ミヤコショウビン　104, 106
ミヤマカケス　99, 101
ミョウガガイ科　243
三好学　313
ミンククジラ　195

【む】
ムカゴトラノオ　118
ムカシブナ　75
ムクゲネズミ　94
ムクドリ　98
ムクノキ　85
ムツゴロウ　213
ムニンエノキ　83

ムネエソ科　214

【め】
メガロドン　49, 54
メグロ　106
メジナ　213, 214
メジロ　99, 102-104
メタセコイア　76
メタセコイア植物群　76
メヒルギ　81-83, 92
メランジュ　29

【も】
モウソウチク　315
モグラ　95, 96
モチノキ　88
茂庭動物群　65
モノチス　53
モノディキソディーナ　44
モミ　87, 92
モミ・ツガ林　86, 87
モンゴロイド　277, 279
モンスーン気候　3

【や】
ヤエヤマヒルギ　81
ヤギ　95
ヤクスギ（屋久杉）　86
夜行性　134
八尾−門ノ沢動物群　65, 73
ヤドカリ　231, 244
ヤドカリイソギンチャク　244
ヤドカリ類　230
ヤハズヒゴタイ　122
ヤブツバキ　84, 88
ヤベイナ　44
ヤマガラ　99, 102, 103
ヤマゲラ　98, 99
山下町洞穴人骨　270
ヤマセミ　99, 104
大和堆　34
ヤマドリ　106
ヤマホタルブクロ　154
弥生時代人　286
弥生人　8, 303
ヤワラガニ科　227, 228, 231
ヤンバルクイナ　98, 101, 106

【ゆ】
ユウバリソウ　158
ユーラシア大陸　215
ユキツバキ　88
ユキバヒゴタイ　158
ユメゴンドウ　202
ユリノキ属　75

【よ】
揚子地塊　26
幼生生態　64

葉緑素　253
葉緑体 DNA　121
ヨーロッパ　101
ヨーロッパカケス　101
吉野林業　312
ヨツバシオガマ　121
ヨンゴク人　274

【ら】
落葉広葉樹林　5
卵菌　254

【り】
陸上植物　124
利尻島　113
リマン海流　217
リュウキュウガモ　101
リュウキュウカラスバト　98, 102, 104-106
琉球弧　5, 13
リュウキュウコノハズク　101
琉球固有種　103
リュウキュウツバメ　98, 101
リュウキュウヒヨドリ　99
琉球列島　134, 169, 215
柳江人　272, 280
留鳥　106, 107
領家帯　24
領石型植物群　57
緑藻　252-254, 258

【る】
ルリカケス　106

【れ】
冷温帯　60
冷温帯落葉広葉樹林　87, 89
レッドデータブック　318, 319, 321
レッドリスト　161
レピドリーナ　44
レプトダス　48
レプトフォーレム　51
レポクレアディウム科　249

【ろ】
ロディニア　24
ロブストシュワゲリナ　44

【わ】
ワシミミズク　99
ワジャク人　272
渡瀬線　101
ワタリガニ科　228, 230
渡り鳥　98, 106
ワニトカゲギス科　209, 210
ワラスボ　213
ワーゲノフィラム　46
腕足類　47

執筆者一覧 (五十音順)

秋山　忍 (あきやま　しのぶ) 1957年生まれ【3章】
国立科学博物館植物研究部　種子植物

猪郷　久義 (いごう　ひさよし) 1932年生まれ【2章】
筑波大学名誉教授　中古生代化石

上野　俊一 (うえの　しゅんいち) 1930年生まれ【3,6章】
国立科学博物館名誉研究員　昆虫類、両生類、爬虫類

植村　和彦 (うえむら　かずひこ) 1947年生まれ【1,2章】
国立科学博物館地学研究部　植物化石

大和田　守 (おおわだ　まもる) 1948年生まれ【3,6章】
国立科学博物館動物研究部　蛾類

小笠原　憲四郎 (おがさわら　けんしろう) 1947年生まれ【2章】
筑波大学大学院生命環境科学研究科　理博　貝類化石

小野　展嗣 (おの　ひろつぐ) 1954年生まれ【3章】
国立科学博物館動物研究部　クモ類

海部　陽介 (かいふ　ようすけ) 1969年生まれ【5章】
国立科学博物館人類研究部　人類

柏谷　博之 (かしわだに　ひろゆき) 1944年生まれ【6章】
国立科学博物館植物研究部　地衣類

門田　裕一 (かどた　ゆういち) 1949年生まれ【3章】
国立科学博物館植物研究部　種子植物

川田　伸一郎 (かわだ　しんいちろう) 1973年生まれ【3章】
国立科学博物館動物研究部　両生類、爬虫類、陸棲哺乳類

北山　太樹 (きたやま　たいじゅ) 1964年生まれ【4章】
国立科学博物館植物研究部　大型藻類

窪寺　恒己 (くぼでら　つねみ) 1951年生まれ【4章】
国立科学博物館動物研究部　頭足類

倉持　利明 (くらもち　としあき) 1955年生まれ【4章】
国立科学博物館動物研究部　寄生虫

小疇　尚 (こあぜ　たかし) 1935年生まれ【2章】
明治大学名誉教授　自然地理学・地形学

河野　礼子 (こうの　れいこ) 1971年生まれ【5章】
国立科学博物館人類研究部　人類

近田　文弘 (こんた　ふみひろ) 1941年生まれ【6章】
国立科学博物館植物研究部　種子植物

齋藤　寛 (さいとう　ひろし) 1960年生まれ【4章】
国立科学博物館動物研究部　貝類

斎藤　靖二 (さいとう　やすじ) 1939年生まれ【2章】
国立科学博物館名誉研究員　地質

篠田　謙一 (しのだ　けんいち) 1955年生まれ【5章】
国立科学博物館人類研究部　人類

篠原　明彦 (しのはら　あきひこ) 1953年生まれ【3章】
国立科学博物館動物研究部　ハチ類

篠原　現人 (しのはら　げんと) 1964年生まれ【4章】
国立科学博物館動物研究部　海産硬骨魚類

武田　正倫 (たけだ　まさつね) 1942年生まれ【4章】
国立科学博物館動物研究部　十脚甲殻類

谷村　好洋 (たにむら　よしひろ) 1949年生まれ【2章】
国立科学博物館地学研究部　化石・現生珪藻

辻　彰洋 (つじ　あきひろ) 1967年生まれ【3章】
国立科学博物館植物研究部　淡水産珪藻類

堤　之泰 (つつみ　ゆきやす) 1974年生まれ【2章】
国立科学博物館地学研究部　岩石

友国　雅章 (ともくに　まさあき) 1946年生まれ【3章】
国立科学博物館動物研究部　カメムシ類

並河　洋 (なみかわ　ひろし) 1962年生まれ【4章】
国立科学博物館動物研究部　海産無脊椎動物

西海　功 (にしうみ　いさお) 1967年生まれ【3章】
国立科学博物館動物研究部　鳥類

野村　周平 (のむら　しゅうへい) 1962年生まれ【3章】
国立科学博物館動物研究部　ハネカクシ類

萩原　博光 (はぎわら　ひろみつ) 1945年生まれ【3章】
国立科学博物館植物研究部　細胞性粘菌

長谷川　和範 (はせがわ　かずのり) 1961年生まれ【4章】
国立科学博物館動物研究部　貝類

馬場　悠男 (ばば　ひさお) 1945年生まれ【5章】
国立科学博物館人類研究部　人類

樋口　正信 (ひぐち　まさのぶ) 1955年生まれ【3章】
国立科学博物館植物研究部　コケ類

藤田　敏彦 (ふじた　としひこ) 1961年生まれ【4章】
国立科学博物館動物研究部　棘皮動物

細矢　剛 (ほそや　つよし) 1963年生まれ【3章】
国立科学博物館植物研究部　子嚢菌類

松浦　啓一 (まつうら　けいいち) 1948年生まれ【4章】
国立科学博物館動物研究部　魚類

松原　聰 (まつばら　さとし) 1946年生まれ【2章】
国立科学博物館地学研究部　鉱物

溝口　優司 (みぞぐち　ゆうじ) 1949年生まれ【5章】
国立科学博物館人類研究部　人類

山口　敏 (やまぐち　びん) 1931年生まれ【5章】
国立科学博物館名誉研究員　人類

山田　格 (やまだ　ただす) 1950年生まれ【4章】
国立科学博物館動物研究部　海棲哺乳類

横山　一己 (よこやま　かずみ) 1950年生まれ【2章】
国立科学博物館地学研究部　岩石

本書作成に当たり，下記の機関，個人にとくに協力していただいた．

国土地理院
独立行政法人産業技術総合研究所地質情報研究部門
米国海洋気象局（U. S. National Oceanic & Atmospheric Administration）
米国海洋気象局・地球物理学データセンター（National Geophysical Data Center）
天野雅男（東京大学国際沿岸海洋研究センター）
岩尾勇四郎（佐賀大学理工学部）
岩佐真宏（日本大学生物資源科学部）
久保信隆（いおワールドかごしま水族館）
鷺谷　威（名古屋大学大学院環境学研究科附属地震火山防災研究センター）
清水達哉
目黒勝介（宮内庁）
辻野　匠（独立行政法人産業技術総合研究所地質情報研究部門）
中桐　昭（独立行政法人製品評価技術基盤機構生物遺伝資源部門）

日本列島の自然史編集委員会

小野 展嗣
萩原 博光
植村 和彦（委員長）
馬場 悠男

国立科学博物館叢書 —— ④
日本列島の自然史

2006年3月20日　第1版第1刷発行
2010年9月5日　第1版第2刷発行

編　集　国立科学博物館
発行者　安達建夫
発行所　東海大学出版会
〒257-0003　神奈川県秦野市南矢名3-10-35　東海大学同窓会館内
TEL 0463-79-3921　FAX 0463-69-5087
URL http://www.press.tokai.ac.jp/
振替　00100-5-46614

印刷所　港北出版印刷株式会社
製本所　誠製本株式会社

Ⓒ National Science Museum, 2006　　　　　　　ISBN978-4-486-03156-7
Ⓡ〈日本複写権センター委託出版物〉
本書の全部または一部を無断で複写複製（コピー）することは，著作権法上の例外を除き，禁じられています．本書から複写複製する場合は日本複写権センターへご連絡の上，許諾を得てください．日本複写権センター（電話03-3401-2382）